面 向 21 世 纪 课 程 教 材
普通高等教育“十二五”规划教材

胶黏剂与涂料

（第2版）

顾继友 主编

中 国 林 业 出 版 社

图书在版编目（CIP）数据

胶黏剂与涂料／顾继友主编．－2版．－北京：中国林业出版社，2012.8（2025.1重印）

面向21世纪课程教材．普通高等教育“十二五”规划教材
ISBN 978-7-5038-6719-4

Ⅰ.①胶… Ⅱ.①顾… Ⅲ.①胶黏剂－高等学校－教材 ②涂料－高等学校－教材 Ⅳ.①TQ43 ②TQ63

中国版本图书馆CIP数据核字（2012）第197016号

国家林业局生态文明教材及林业高校教材建设项目

中国林业出版社·教育出版分社

策划编辑：杜娟　　**责任编辑**：杜娟　田夏青

电话：（010）83143553　　**传真**：（010）83143516

出版发行	中国林业出版社(100009　北京市西城区德内大街刘海胡同7号) E-mail:jiaocaipublic@163.com　电话:(010)83143500 http://lycb.forestry.gov.cn
经　销	新华书店
印　刷	北京中科印刷有限公司
版　次	1999年5月第1版(共印8次) 2012年9月第2版
印　次	2025年1月第10次印刷
开　本	850mm×1168mm　1/16
印　张	19.25
字　数	456千字
定　价	49.00元

木材科学及设计艺术学科教材

编写指导委员会

“木材科学与工程”学科组

第2版前言

胶黏剂与涂料是木材加工工业重要的化工原料，它们在木材加工生产与技术进步中发挥着举足轻重的作用。特别是在世界性优质天然木材资源锐减，我国全面实施天然林资源保护工程后，木材供给结构发生了根本性的变化，由天然林木材转变为以速生林小径木材为主。利用速生材、小径材、间伐材、低质材以及非木材植物纤维原料，通过胶接复合技术制造胶接木（如集成方材、集成板材）与木质基复合材（如胶合板、单板层积材、刨花板、纤维板、重组木、纤维塑料复合材等）是解决木质材料供给问题的有效途径，这些木质基材料的制造都离不开胶黏剂与胶接技术。木制品及家具质量的提高更离不开涂料和涂饰技术。

随着现代木材工业的发展，胶黏剂与涂料的应用范围日益扩大。特别是木材胶黏剂的产量逐年增加，胶黏剂品种不断增加，胶黏剂制造技术持续进步，到目前为止，木材工业仍是使用胶黏剂数量最大的工业部门，我国木材胶黏剂的产量已超过1000万t（干胶）。

《胶黏剂与涂料》是高等林业院校木材科学与工程专业用教材。1999年国家林业局木材加工教学指导委员会着眼于21世纪木材工业发展的需要，指导编写了这本教材，2001年作为“面向21世纪课程教材”重新出版，现已过去10多年，为适应我国木材科学与工程专业发展的需要，作为“十二五”规划教材进行修订。考虑到国内有关木材胶黏剂与涂料内容的书为数不多、以及国内从事木材工业工程技术人员的需要，本教材结合世界木材工业的发展趋势和最新进展，尽可能地反映近年来胶黏剂与涂料研发和应用的最新科研成果和最新应用技术。本书亦可供从事木材胶黏剂开发和生产的工程技术人员、从事木制品及家具制造的工程技术人员参考之用。

本书由东北林业大学材料科学与工程学院顾继友教授主编，由我国木材胶黏剂专家包学耕教授主审。全书共分胶黏剂和涂料两部分。本书第1版胶黏剂部分的绪论、第1、2、3、10、11章和第7章7.5节，涂料部分的第12章12.1节、第13章13.7节由顾继友编写；胶黏剂部分的第4～9章由艾军编写；涂料部分由李晓平编写。本次全书修订由顾继友统稿，其中，胶黏剂部分的第4～9章由高振华修订，涂料部分由韦双颖修订。

编　者

2011年11月于哈尔滨

第1版前言

胶粘剂与涂料是木材加工工业重要的化工原料，它们在木材加工生产与技术进步中发挥着举足轻重的作用。特别是在世界性优质天然木材资源锐减、我国全面启动天然林资源保护工程后，木材供给结构发生了根本性的变化。利用速生材、小径材、间伐材、低质材以及非木材植物纤维原料，通过胶接复合技术制造胶接木（如集成材、胶接木材）与木质基复合材（如胶合板、LVL、刨花板、MDF、重组木、FRP等）是解决木质材料供给问题的有效途径，这些都离不开胶粘剂与胶接技术。木制品及家具质量的提高更离不开涂料和涂饰技术。

随着现代木材工业的发展，胶粘剂与涂料的应用范围日益扩大。特别是木材胶粘剂的产量逐年增加，到目前为止，木材工业仍是使用胶粘剂数量最大的工业部门。

《胶粘剂与涂料》是高等林业院校木材科学与工程专业用教材。国家林业局木材加工教学指导委员会着眼于21世纪木材工业发展的需要，指导编写了这本教材。考虑到国内有关木材胶粘剂与涂料内容的书为数不多、以及国内从事木材工业工程技术人员的需要，本教材结合世界木材工业的发展趋势和最新进展，尽可能地反应近年来的最新科研成果和最新应用技术。本书亦可供从事木材胶粘剂开发和生产的工程技术人员、从事木制品及家具制造的工程技术人员参考之用。

本书由东北林业大学林产工业学院顾继友教授主编，由我国木材胶粘剂专家包学耕教授主审。全书共分胶粘剂和涂料两部分。胶粘剂部分的绪论、第一、二、三、十、十一章和第七章第五节，涂料部分的第一章第一节、第二章第七节由顾继友编写；胶粘剂部分的第四、五、六、七、八、九章由艾军编写；涂料部分由李晓平编写。

编　者

1999年3月于哈尔滨

目　录

第2篇 涂 料

第1篇

胶黏剂

胶黏剂是一类单组分或多组分的，具有优良黏接性能的，在一定条件下能使被胶接材料通过表面黏附作用紧密地胶合在一起的物质。用作胶黏剂的物质通常可分为天然高分子物质和合成高分子物质两大类。远在几千年以前人类就已经开始利用动物胶黏接生活用品、生产工具和兵器。直到20世纪初，由于各类合成树脂和合成橡胶的相继出现，才促使那些胶合强度高、耐水性能好、综合性能优良的近代合成树脂胶黏剂迅速发展，并开辟了胶黏剂工业发展的新局面，胶接技术在各个方面也获得广泛应用，在国民经济建设中起着越来越重要的作用。目前，胶黏剂已广泛应用于木材加工、建筑、电子工业、造船、汽车、机械和航空航天等重要工业部门，也大量应用于与人们日常生活有关的包装、家具、造纸、医疗、织物和制鞋等轻工业方面。可以说，胶黏剂与国民经济的各个领域都有着非常密切的关系，并已成为它们必不可少的重要材料之一。胶黏剂工业已发展成为国民经济的一个独立的部门。

第1章 概述

1.1 胶黏剂发展简史

中国是人类历史上使用胶黏剂最早的国家之一。早在远古时代就有皇帝煮胶的传说。早期的典籍:《黄帝内经》、魏伯阳的《周易参同契》、葛洪的《抱扑子内外篇》、贾思勰的《齐民要术》等著作中均有关于胶黏剂的制造和使用方面的详细记载。数千年前就有木汁、血胶、骨胶、石灰、松脂、沥青等胶黏剂的应用。许多考古出土文物表明，5000多年前，人类就用水和黏土作为石料的胶黏剂。4000多年前，我国就有生漆黏合的器物。3000年前的周朝已用动物胶作木船的填缝密封胶。2000年前的秦朝用糯米浆与石灰作砂浆黏合长城的基石，使万里长城屹立至今，成为世界古代文明的象征之一。秦朝的胶黏银质器物与秦陵二号铜车马均具有很高的科学与艺术价值。秦汉以来就有胶黏箭羽、泥封和建筑上应用胶黏剂的记载。公元前200年，东汉时期用糯米浆密封棺木，使距今2000多年前的马王堆古尸出土时肌肉和关节仍有弹性，足见密封技术之高超。我国古代还广泛使用骨胶黏合铠甲、刀鞘和弓箭。用骨胶胶接油烟(或炭黑)制成石墨，在我国文化发展史上起过很大作用。在国外，古埃及也有使用阿拉伯树脂、骨胶和松脂等作胶黏剂的记载。

早期的胶黏剂都是以天然高分子物质为原料，并多属水溶性。天然高分子物质的胶黏剂沿用了几千年之久。从19世纪开始，木材加工、机械、交通、纺织工业逐渐发展，被胶接材料与物件随之增加，以天然高分子材料制造的胶黏剂已不能适应要求；另一方面，当时煤化学工业的发展，为合成胶黏剂提供了较多的原料，于是以合成高分子为原料的胶黏剂(合成树脂胶黏剂)就应运而生了。合成胶黏剂诞生之后，在其性质、胶接工艺与装配件性能等方面均表现出明显的优越性。加之第二次世界大战前后石油化学工业的进步为其提供了更加充足、廉价的合成原料，而且这时因高分子化学的进展，人们掌握了更多的制备合成材料的方法，所以合成胶黏剂得到了飞速的发展，新胶种不断地出现。尤其是航空工业发展的需要和合成高分子材料科学的发展，使胶黏剂和胶接技术进入了一个崭新的发展时代。

1905~1907年美国科学家巴克兰(Backeland)对酚醛树脂进行系统而广泛的研究，并于1910年提出关于酚醛树脂“加压、加热”固化专利。20世纪20年代，出现了天然橡胶加工的压敏胶，并研制成功醇酸树脂胶黏剂。30年代，美国开始生产氯丁橡胶、聚醋酸乙烯和三聚氰胺树脂，德国开始生产丁苯橡胶、丁腈橡胶、聚异丁烯及聚氨酯，苏联成功地研制了聚丁二烯橡胶，美国开始生产脲醛树脂，在此时期，橡胶型胶黏剂迅速发展。40 年代，瑞士发明了双酚 A 型环氧树脂，美国出现了有机硅树脂，不饱合聚酯等。环氧树脂的问世大大地促进了合成树脂胶黏剂和热固浇注工艺的发展，并出现改性酚醛树脂、聚氨酯。50 年代，美国试制了第一代厌氧性胶黏剂和 α-氰基丙烯酸酯型瞬干胶。60 年代，醋酸乙烯型热熔胶、脂肪族环氧树脂、聚酰亚胺、聚苯并咪唑、聚二苯醚等新型材料相继问世，胶黏剂品种的研究达到了高峰。70 年代，出现了改性丙烯酸酯。70 年代以后胶黏剂品种的出现略有下降，但胶黏剂工业逐渐转入系列化和完善化阶段。总的来说，合成树脂胶黏剂的发展大致可分为三个时期：诞生期(20 世纪初至 30 年代)，成长期(30 年代至 60 年代)和完善期(60 年代以后)。

我国合成树脂胶黏剂的研制和生产虽然起步较晚，但是，我国胶黏剂工业的发展却非常迅速。从 1958 年建立合成树脂胶黏剂工业至今，年产量仅木材加工用胶黏剂就达 60 多万 t。1975 年胶黏剂品种为 200 种，1982 年为 600 种，1984 年达 1847 种，1989 年已达 3500 种。90 年代后，随着我国国民经济的快速发展，合成树脂胶黏剂的质量和数量均在稳步上升，新产品不断问世。我国合成树脂胶黏剂的年产量 2011 年已超过 1000 万 t。

随着胶黏剂工业的发展，胶接理论研究工作也取得了巨大进展。大约在 3 个世纪以前，牛顿对胶接现象首先作了科学的论述，他指出：在自然界，有些物质能以强吸引力构成相互胶接的基点，并预言通过实践将会发现它们。大约 100 年后，Young 通过表面张力的研究，提出了著名的 Young 公式。稍后，Dupre 研究了表面张力与黏附功的关系，奠定了古典热力学胶接理论的基础。Cooper 等在研究杀虫剂在植物叶上分布的情况时，首次提出湿润的概念，这些研究迄今仍很重要。自 20 世纪 40 年代以来，为了解释胶接这一普遍存在的现象，人们提出了多种关于胶接机理的理论和观点，如吸附理论、静电理论、扩散理论及稍后的关于机械作用、表面能与湿润、界面配位作用、界面化学反应及弱界面层等方面的研究工作。一般情况下，形成胶接力的最普通的，也是最主要的因素是基于分子力的作用过程，如湿润、吸附、弱界面层及表面处理等。界面的配位反应在特定的情况下可对胶接强度作出相当大的贡献。力学性能是胶接技术的一个大课题，如胶黏剂固化后的收缩应力，它是破坏胶接性能的元凶之一。流变学对避免胶接体系不必要的破坏作用及胶接接头设计均具有重大意义。胶接理论的研究迄今仍是国内外学者研究的重要内容之一。

目前，胶黏剂工业已成为一个既有广泛生产实践，又有相当多的理论基础的独立性的新兴行业。现代胶黏剂和胶接技术已发展成为一门多学科性的科学，它涉及高分子物理和化学、热力学、界面化学、材料力学、流变学以及固体的表面科学等诸多领域。从胶接过程来讲，胶黏剂的液化、流动、湿润(吸附、扩散、浸透)、固化以及使用时的变形和破坏都将影响胶接体系的最终性能。胶黏剂和胶接技术在人类社会生活中发挥着越来越重要的作用。

1.2 胶黏剂在木材加工中的作用

我国是少林国家，森林资源匮乏，进入20世纪90年代后，天然优质大径级木材越来越少，人工速生材、低劣质木材及小径级材种已成为木材加工工业的主要原料。因此，发展木材综合利用，充分利用采伐剩余物、加工剩余物和低劣木材发展人造板和木材胶接制品，是解决木材供需矛盾的有效措施。胶黏剂则在这些措施中起着显著的作用。为了保证木材制品的生产量能满足未来社会发展的需要，木材工业对胶黏剂的依赖程度将会不断提高。

胶黏剂是发展林产工业的重要原料之一。现在，全部使用木质材料的产品约70%以上与使用胶黏剂有关，如层积梁、集成板材、胶合板、单板层积材、纤维板、刨花板、装饰贴面板以及所有纸制品和用于人造板表面装饰的涂料。因此，木材加工工业是胶黏剂消耗量最大的部门。例如，胶黏剂用于木材加工工业的比例，日本约为76%，美国约为60%，我国在80%以上。由此可见，木材胶黏剂在胶黏剂领域中具有重要的地位。

20世纪50年代初期，我国木材加工工业中大量使用各种动、植物蛋白系胶黏剂。这些天然胶黏剂一般不能承受较苛刻的环境条件。直到合成树脂胶黏剂(如酚醛和脲醛树脂等)的出现，才克服了上述缺点，促使人造板生产进入了新的发展阶段。特别是脲醛树脂胶黏剂原料易得，成本低廉，为大力发展木材综合利用和扩大人造板的生产提供了有利条件。

合成树脂胶黏剂在木材加工工业中的应用，有效地提高了木材的综合利用率，如纤维板和刨花板生产使小径级材、枝丫材、间伐材以及木材加工剩余物得到充分利用；改善了木材的性能，如制成的集成材、胶合板、层积材、指接材、重组木等克服了木材自身的各向异性与变形的缺陷；使木材更有效地发挥了其特点，并使劣材优用，小材大用；赋予木质材料以特殊性能，如家具生产、表面加工和复合加工等。合成树脂胶黏剂在木材加工领域的应用极大地提高了木材的使用价值。

胶黏剂已成为决定人造板工业发展水平的一个关键环节。人造板生产中新工艺的实施，提高生产率或改善劳动保护，无一不与胶黏剂技术息息相关。如：预压胶的研制，适应了胶合板生产向多层压机无垫板装卸新工艺发展；快速固化胶黏剂，适应了刨花板生产单层压机的发展；微薄木湿贴胶黏剂，满足了表面加工新工艺的要求；室温快速固化水性高分子异氰酸酯胶黏剂的开发，促进了拼接板与积层材的发展。

随着合成树脂胶黏剂合成技术的不断提高。木材加工用胶黏剂的性能不断改进，具有特殊功能的胶黏剂不断在木材加工中应用，扩大了被胶接材的种类，由木材之间的胶接发展到木材或非木质材料与金属、塑料、织物等异种材料的胶接。合成树脂胶黏剂极大地促进了木材加工工业的发展。

1.3 胶黏剂发展趋势

合成树脂胶黏剂的开发和应用已有半个多世纪的历史，其发展速度在各国的工业中一直处于领先地位。20 世纪 70 年代后期，以掺混、接枝共聚等方式对老产品进行改进，同时研制出一大批性能优异、节省能源的新品种。这些年来又引入互穿网络聚合的技术，为合成新胶种开辟新途径，胶接技术在提高生产率、改善产品性能、降低成本、适合大规模自动化高速度生产等方面发挥了很大作用。

木材加工用胶黏剂发展的主要基点是研究开发价格低廉、环保、原料来源有保障的适于木材加工需要、性能优良的胶黏剂。

1.3.1 甲醛类胶黏剂

甲醛类胶黏剂是木材加工工业使用的主要胶种，它包括脲醛树脂、酚醛树脂和三聚氰胺树脂以及它们的共缩合树脂胶黏剂。这类胶黏剂性能优良，相对分子质量低，湿润性好，含有反应性基团，能与含纤维素等的材料产生化学吸附，胶接强度高，耐水性良好并耐化学药剂侵蚀，是木材加工工业中消耗量最大的一类胶黏剂。其合成工艺和使用技术日益完善，但是，随着生产技术的进步和人民生活水平的提高，木材胶黏剂总的发展趋势是专用化，综合性能全面化，低毒环保，低成本，低能耗和高效的。

脲醛树脂主要向低甲醛释放的环保型发展，同时针对不同胶接对象、不同胶接工艺技术要求，提高其适应性，改进其胶合耐水性和耐环境老化性能。

酚醛树脂主要向低游离酚、低游离甲醛、低碱含量、低成本化方面发展，在工艺性能上，向中低温快速固化，提高热压效率，及适用于较高含水率原料胶接要求方向发展。

三聚氰胺树脂主要是提高树脂的韧性和降低成本，开发新型浸渍用树脂。

另外，近年来人们在研究各种共聚甲醛类树脂，如三聚氰胺-脲醛、酚醛-脲醛、酚醛-三聚氰胺等，以求不同类甲醛类树脂性能互补，降低成本，以适应不同用途木材胶合制品的使用要求。如三聚氰胺-脲醛树脂在日本、法国等国家已应用于生产防潮和防水板。

从我国人造板生产实际考虑，无论从提高人造板产品质量、改进其胶接性能、拓展产品种类方面，还是从降低游离甲醛释放量方面，都应该大力推广和使用三聚氰胺·尿素共缩合树脂胶黏剂。

1.3.2 乳液胶黏剂

乳液胶黏剂的聚醋酸乙烯酯乳液在木材加工中的应用量最大，近年来其消耗量仍在逐渐增加。另外，由日本开发的水性高分子异氰酸酯类乳液胶黏剂(API)在集成材、拼接材中的使用量迅速增加。

由于环境安全卫生要求，胶黏剂有由溶剂型向乳液型转变的倾向，改善乳液胶黏剂的性能已成为主要课题。例如，近年开发的高固含量、低黏度(0.8～2.4 Pa·s)、贮存稳定的醋酸乙烯-乙烯共聚乳液 HS-VAE，粒子聚集速度提高，固化速度快(3～6 s)，胶膜耐水；KH1000 系列一液型多功能醋酸乙烯树脂乳液，工艺性好，可冷黏或热压，初黏性好，因交联而使耐水、耐热、耐溶剂性能改善，用于胶合板、发泡聚乙烯、三聚氰胺塑料贴面板和单板的胶接；贮存稳定，低温性好，能胶接铝箔、纸、聚酯和聚烯烃等多种材料的醋酸乙烯-乙烯-丙烯酸酯共聚乳液。对于聚醋酸乙酯乳液的改性研究，主要是向两个方向发展：①改进其抗冻性和低温成膜性能、提高耐水性和耐热性，开发高性能的多元共聚乳液；②开发低成本的普通乳液。各种性能优良的树脂都被研究制备成乳液应用，如环氧树脂乳液、聚酯树脂乳液、聚氨酯水乳液和橡胶乳液等。

1.3.3 热熔胶黏剂

热熔胶不含有机溶剂，固化速度快，受热而熔融湿润被胶接材料的表面，冷却则固化产生胶接。可胶接材料广泛，而且使用于油面等物体的胶接，工业上应用率高，因此，近一二十年其发展特别快，年增加率达 15%，主要用于木材加工、包装、制鞋及金属等的胶接。

热熔胶的黏料主要是乙烯-醋酸乙烯共聚物(EVA)、聚酰胺、聚氨酯、聚乙烯及聚醚酮等，其中 EVA 的消耗量占绝大部分。为使这些树脂兼具适宜的胶接强度、内聚强度、柔韧性、湿润性和热熔黏度等特性，除了要研究用蜡降低黏度、提高流动性，用增黏树脂增加黏性，用填料调节收缩应力之外，进一步研究共聚物中单体的比例、相对分子质量和支化度，以及通过更迭共聚改性树脂结构，调整极性基团，合成出理想的共聚物。

目前对固化型热熔胶研究较多。如湿固化热熔胶、热固化热熔胶、两组分固化型热熔胶。还有特殊性能的热熔胶，如碱水中可溶解的、水溶性的热熔胶，耐水性优良的热熔胶，阻燃性热熔胶与耐高温热熔胶。此外，近年来热熔涂布技术也取得了进步。

1.3.4 其他

环氧树脂胶黏剂的主要研究内容是室温固化耐热环氧树脂胶黏剂、快速固化环氧树脂胶黏剂、弹性环氧树脂胶黏剂和结构环氧树脂胶黏剂，以适应不同胶接对象及不同使用功能的要求。

聚氨酯胶黏剂近年来对聚氨酯结构胶的研究很重视，特别是快速固化型聚氨酯胶黏剂的研究。

无甲醛释放的异氰酸酯胶黏剂近年发展较快，并且使用量在不断增加。用于人造板生产的异氰酸酯胶黏剂由溶剂型逐渐向乳液型发展，脱模技术日臻完善。

丙烯酸酯胶黏剂近年开发了准结构用瞬干胶，油面用瞬干胶，专用于聚烯烃、聚甲醛、低表面能热塑性橡胶等材料胶接用的α-氰基丙烯酸乙酯胶黏剂。第二代丙烯酸酯胶黏剂正在发展非MMA的、高沸点、低臭气的单体，制备低臭味的第二代丙烯酸酯胶黏剂由丙烯酸单体或低聚物、催化剂、弹性体组成，用UV、EB聚合而固化。

近年来，天然可再生的单宁、木素胶黏剂的发展也较快。特别是针对人造板生产用甲醛类树脂胶黏剂存在的游离甲醛问题，各国都在开发研制非甲醛类的蛋白质类胶黏剂、改性淀粉类胶黏剂，以及木材液化物树脂胶黏剂。

总之，世界胶黏剂工业正逐步趋于成熟，对胶黏剂产品也由数量转向质量要求，各类型的胶黏剂普遍追求低公害、节能、工艺性、高性能、功能性、环境安全、降低成本、提高制品生产率。为适应并开拓现代社会市场的多样化需要，广大科研和技术人员在极为广泛的胶黏剂领域中进行了深入的研究开发，不断地推动着胶接技术的进步。

第2章 木材胶接基础

胶接是一个复杂的物理、化学过程。它包括胶黏剂的液化、流动、湿润、固化、变形、破坏等诸多过程。胶接力的生成也与诸多因素相关，例如：

(1)与界面相关的因素：湿润，接触角，被胶接体的临界表面张力和胶黏剂的表面张力的关系，胶接张力，胶接功，扩散系数，界面张力，溶解度参数，固化后的胶黏剂和被胶接材的界表面张力的关系等。

(2)与胶黏剂相关的因素：化学构造，相对分子质量及相对分子质量分布，固含量，流动性，黏附力，黏弹性，内聚力，延伸率，固化方法，固化温度，表面张力等。

(3)与被胶接材料相关的因素：如木材的组织构造，密度，强度，含水率，表面张力，表面平滑度，纹理，纤维方向，抽提物，早晚材及边心材的物理化学差异，胶接面的吸附污染等。

(4)与胶接工艺相关的因素：涂胶量，陈化时间，加压压力，加压时间，胶接温度等。

由此可见，胶接涉及界面化学、热力学、材料力学、流变学、高分子化学、高分子物理及固体表面科学等。总之，各种与胶接相关的因素都将对胶接体系的最终性能产生影响。要获得良好的胶接接头，必须掌握与胶接相关的基础知识。

2.1 胶接理论

胶接理论是研究胶接力形成机理、解释胶接现象的理论。随着胶接工业的飞速发展，胶接技术日益广泛地应用于航天航空、机械、汽车、木材工业、轻工业、建筑、包装及日常生活等领域，这为胶接机理的研究提供了物质基础，也对胶接理论研究提出了新的课题。胶接技术是一门古老的学科，但是，胶接理论的研究却是近百年来才开始的。直到20世纪40年代才相继出现了几种学说，其中主要的理论有：40年代A. D. Mclaren等人提出的吸附理论，Deryaguin等人提出的静电理论，Voyutskii等人提出的扩散理论。60年代前后建立并逐渐完善的化学键理论，弱界面层理论，机械结合理论和胶黏剂流变学理论等。

2.1.1 吸附理论

20世纪40年代，由A. D. Mclaren等人提出的吸附理论是以表面吸附且其极性相异、聚合物分子运动及分子间作用等理论为基础的。后经许多学者进一步研究使其发展。早期，吸附理论特别强调胶接力与胶黏剂极性的关系，认为被胶接物和胶黏剂都是极性的才有良好的胶接性能。后来又提出用表面自由能来解释胶接现象。强调表面张力，而不是强调极性。吸附理论认为：胶接作用是胶黏剂分子与被胶接物分子在界面层上相互吸附产生的。胶接作用是物理吸附和化学吸附共同作用的结果。而物理吸附则是胶接作用的普遍性原因。

吸附理论认为胶接过程可以划分为两个阶段。第一阶段胶黏剂分子通过布朗运动，向被胶接物体表面移动扩散，使二者的极性基团或分子链段相互靠近。在此过程中，升温、降低胶黏剂的黏度和施加接触压力等都有利于布朗运动的进行。第二阶段是吸附引力的产生。当胶黏剂和被胶接物体的分子间距达到 10Å 以下时，便产生分子间引力，即范德华力。其作用能 E 的公式为：

$$E = \frac{2}{R^6}\left(\frac{\mu^4}{3KT} + \alpha\mu^2 + \frac{3}{8}\alpha^2 I\right) \tag{2-1}$$

式中：μ —— 分子偶极矩；

α —— 极化率；

I —— 分子电离能；

R —— 分子间距离；

K —— 玻尔兹曼常数；

T —— 绝对温度。

可见，胶黏剂与被胶接物的极性(μ)越大，接触得越紧密(R 越小)，吸附作用越充分(即物理吸附的分子数目越多)，物理吸附对胶接强度的贡献越大。

胶接的吸附特性已为许多试验所证实。例如 Mclaren 等人用醋酸乙烯-氯乙烯-顺丁烯二酸共聚物胶接玻璃，当改变共聚物中的—COOH(羧基)浓度时，发现剥离强度 F 与—COOH 基浓度存在如下关系：

$$F = k[\text{—COOH}]^n \qquad n = 0.5 \sim 0.75 \tag{2-2}$$

式中：k——常数。

等温吸附的 Freudlich 方程为：

$$\frac{x}{m} = KP^n \tag{2-3}$$

式中：x —— 被吸附的溶质或气体的量；

m —— 吸附剂的总量；

$\frac{x}{m}$ —— 吸附强度；

P —— 吸附平衡时，溶质的浓度或气体压力；

K, n —— 与吸附体有关的特性参数。

显然，上例的剥离强度与羧基浓度的关系基本上遵循吸附规律。从理论上证明了胶接过程中的吸附本质。

De Bruyne 利用环氧树脂胶接铝合金，其剪切强度(F)与环氧树脂中的—OH 基含量之间存在如下关系：

$$F = A + B\,[—\mathrm{OH}]^{2/3} \tag{2-4}$$

式中：A，B —— 常数。

物理吸附是指固体表面由于范德华力的作用能够吸附液体和气体。范德华力包括偶极力、诱导偶极力和色散力。带有偶极的极性分子或基团之间正负电荷相互吸引的作用力称为偶极力。极性分子的偶极和非极性分子的诱导偶极之间同样存在正、负电荷的相互吸引，这种作用力称为诱导偶极力。非极性分子瞬间偶极所产生出来的相互间的吸引力称为色散力。

氢键是由电负性的原子共有质子而产生的。它的键能比其他次价力大得多，接近于弱的化学键。因此，可把它包括在范德华力之内，看做一种特殊的偶极力。

吸附理论正确地把胶接现象与分子间作用力联系在一起。在一定范围内解释了胶接现象。因此，得到广泛的支持。但它还存在着明显的不足：①吸附理论把胶接作用主要归于分子间的作用力。它不能圆满地解释胶黏剂与被胶接物之间的胶接力大于胶黏剂本身的强度这一事实。②在测定胶接强度时，为克服分子间的力所作的功，应当与分子间的分离速度无关。事实上，胶接力的大小与剥离速度有关，这也是吸附理论无法解释的。③吸附理论不能解释极性的 α-氰基丙烯酸酯能胶接非极性的聚苯乙烯类化合物的现象；对高分子化合物极性过大，胶接强度反而降低的现象，以及网状结构的高聚物，当相对分子质量超过5000时，胶接力几乎消失等现象，吸附理论也无法解释。

以上事实说明，吸附理论尚不完善。

另一方面，许多胶接体系无法用范德华力解释，而与酸碱配位作用有关。例如，酸性沥青在碱性石灰上胶接牢固，在花岗岩上则不牢；表面呈碱性的钛酸钡粉是酸性聚合物的良好填料，却不能增强聚碳酸酯等碱性聚合物；当碳酸钡与铝盐进行离子交换，使表面呈酸性时，则成为碱性聚合物的良好填料；橡胶中烯键的 π 电子使炭黑表面的酸性质点黏附于橡胶上等；根据以上事实，Fowkes 提出酸碱作用理论。他认为被胶接物体与胶黏剂按其电子转移方向划分为酸性或碱性物质。电子给体或质子受体为碱性物质，反之则为酸性物质。胶接体系界面的电子转移时，形成了酸碱配位作用而产生胶接力。

许多高分子化合物的原子、基团都有电子受体(酸)或电子给体(碱)的性质，都可通过酸碱配位作用形成胶接力。氢键可作为酸碱配位作用的一种特殊形式。

酸碱配位理论已在胶黏剂配方设计中获得了具体应用。

酸碱配位作用实质上是分子间相互作用的一种形式，因此，酸碱配位作用可视为吸附理论的一种特殊形式。

2.1.2 机械结合理论

由 Mcbain，Hopkis 提出的机械结合理论是胶接领域中最早提出的胶接理论。该理论认为液态胶黏剂充满被胶接物表面的缝隙或凹陷处，固化后在界面区产生啮合连接(或投锚效果)。该理论将胶接作用归因于机械黏附作用。

机械连接形式与浸润、分子间作用力无关，通常称为锚固作用或紧固作用。即使按照浸润或分子力的概念是无法胶接的材料，采用机械连接方式往往也可以获得成功。机械连接的作用力与摩擦力有关，后者可用下式表示：

$$F = WH/\lambda \tag{2-5}$$

式中：F —— 摩擦力；

W —— 法线压力；

H —— 固体表面的凹凸高度；

$1/\lambda$ —— 单位长度的凹凸高度。

机械结合力与摩擦力有关。它必然与压力、表面不平度有关。胶接过程中的机械黏附作用已被许多试验所证实。例如，无机胶黏剂中氧化铜和磷酸(H_3PO_4)的固化反应，生成 $CuHPO_4 \cdot \frac{3}{2}H_2O$ 微晶，通过氢键和配位键把 Cu^{2+} 与 H_2O 结合在一起，形成穿插连续分布的物相，与 CuO 结合产生牢固的接头，固化速度快，且体积膨胀，胶黏剂膨胀如同机械装配中的过盈配合，产生胀紧力，使胶接接头更加牢固。正因为如此，才使套接强度比相同条件下的对接或搭接等的强度高几倍。又如，表面不平度(R_Z)从 >0.8～1.6μm 降到 >80～160μm 时，套接剪切强度从 1MPa 上升到 6.8MPa，说明了机械结合力的存在。

对于木材来讲，机械结合理论显得更为重要。因为木材是多孔性材料，木材表面存在大量的纹孔和暴露在外的细胞腔，这是木材胶接形成胶接力(胶钉作用)的有利条件。因此，机械结合理论对木材这种多孔质的被胶接材料显得尤为重要。佐伯等人利用扫描电子显微镜观察经过化学处理后的婆罗洲樟木胶合板的胶接层，发现由导管腔至细胞壁纹孔的各种木材组织内腔中都有胶黏剂渗入。

机械结合理论不能解释非多孔性材料，如表面光滑的玻璃等物体的胶接现象，也无法解释由于材料表面化学性能的变化对胶接作用的影响。许多事实证明，机械结合力比之于物理吸附和化学吸附作用，它是产生胶接力的第二位重要原因。

2.1.3　扩散理论

Voyutskii 基于高分子链段越过界面相互扩散产生分子缠绕强化结合而产生胶接强度，提出扩散理论。扩散理论对于同属于线性高分子的胶接体系或轻度交联的高分子胶接体系是有效的。

扩散理论认为胶黏剂和被黏物分子通过相互扩散而形成牢固的接头。两种具有相溶性的高聚物相互接触时，由于分子或链段的布朗运动而相互扩散。在界面上发生互溶，导致胶黏剂和被黏物的界面消失和过渡区的产生，从而形成牢固的接头。

高聚物的扩散胶接可分为自黏和互黏两种。自黏指同种分子间的扩散胶接，互黏指不同类型分子间的扩散胶接。一般已交联的聚合物或结晶聚合物都无自黏性，结构致密的聚合物自黏性很差。胶接过程中，液体胶黏剂涂于被胶接固体表面，通过溶胀或溶解作用二者互相扩散形成胶接接头。扩散理论认为高分子化合物之间的胶接作用与它们的互溶特性相关。当它们的极性相似时，有利于互溶扩散。因此，极性与极性和非极性与非极性聚合物之间都具有较高的黏附力。

2.1.3.1 扩散的热力学条件

在互溶或扩散过程中，体系的自由能变化可用下式表示：

$$\Delta G = \Delta H - T\Delta S \tag{2-6}$$

式中：ΔG —— 体系的自由能变化；
ΔH —— 体系的热焓变化；
ΔS —— 熵变；
T —— 绝对温度。

当互溶或扩散过程的 $\Delta G \leqslant 0$ 时，过程可以自动进行。对于两种高分子化合物的互溶过程，体系的热焓变化可用下式计算：

$$\Delta H = (x_1 v_1 + x_2 v_2)(\partial_1^2 + \partial_2^2 - 2\varphi \partial_1 \partial_2)\varphi_1 \varphi_2 \tag{2-7}$$

式中：x_1，x_2—— 分别为两种高分子的摩尔分子分数；
φ_1，φ_2—— 分别为两种高分子的体积分数；
∂_2^1，∂_2^2—— 分别为两种高分子的内聚能密度；
∂_1，∂_2—— 分别为两种高分子的溶解度参数；
v_1，v_2—— 分别为两种高分子的摩尔分子体积；
φ —— 两种高分子的相互作用常数。

体系的熵变为：

$$\Delta S = -R(x_1 \ln\varphi_1 - x_2 \ln\varphi_2) \tag{2-8}$$

式中：R —— 气体常数。

溶解或扩散过程，混乱度增大，体系的熵变 $\Delta S > 0$。要满足 $\Delta G < 0$，必须 $\Delta H < 0$ 或者 $\Delta H \leqslant T\Delta S$。对高分子化合物而言，摩尔分子体积很大，从式(2-7)看出，只有当$\partial_1 = \partial_2$ 时，才能满足扩散热力学条件，一般情况，$(\partial_1 - \partial_2) \leqslant 1.7 \sim 2.0$，溶剂和高聚物的溶解过程才能进行。$(\partial_1 - \partial_2) > 2.0$，溶解就无法进行。因此，通常情况，只有同类高分子化合物才能互溶和扩散。所以，扩散理论适用于解释同种或结构、性能相近的高分子化合物的胶接作用。

要提高高分子材料的胶接强度，必须选择溶解度参数与被胶接物尽可能接近的胶黏剂，以便于被胶接材料与胶黏剂界面上的链段扩散。

2.1.3.2 扩散过程的动力学条件

根据 Fick 扩散定律，扩散速度 dm/dt 可用下式表示：

$$\frac{dm}{dt}=-D\frac{dc}{dx} \tag{2-9}$$

式中：m —— 单位接触面积扩散物质的数量；

t —— 时间；

D —— 扩散系数；

dc/dx —— 浓度梯度。

负号表示扩散方向与浓度增加方向相反。

扩散系数不是一个恒值，它受扩散进程、温度、扩散物质的相对分子质量和分子结构的影响。扩散系数 D 与扩散进程的关系为：

$$D_\varphi=D_0\left[\frac{D_1}{D_0}\right]^{1-\exp[-\beta\varphi(1-\varphi)]} \tag{2-10}$$

式中：φ —— 已扩散物质的体积分数；

D_φ—— 扩散进程为 φ 时的扩散系数；

D_0—— 初始扩散系数($\varphi=0$)；

D_1—— 扩散终止时的扩散系数；

β —— 常数。

扩散系数 D 与温度及扩散形态的关系：

$$D=kT/F \tag{2-11}$$

式中：k —— 玻尔兹曼常数；

F —— 溶解物粒子以单位速度运动时，与液体的摩擦力。

F 的大小与自身的粒度、形状有关，同时也受溶剂的黏度等影响。

扩散系数 D 与扩散物相对分子质量的关系：

$$D=k'M^{-\alpha} \tag{2-12}$$

式中：k'—— 常数；

M —— 扩散物的相对分子质量；

α —— 体积的特征常数。

石蜡扩散于橡胶时，$\alpha=1$；染料扩散于橡胶时，$\alpha=2$。

扩散系数 D 受分子结构的影响主要表现在扩散聚合物的空穴体积。单元链段内存在空穴和链段间的自由空间越大，扩散越容易。天然橡胶的空穴体积为 $0.057cm^3/g$，乙丙橡胶为 $0.009\ cm^3/g$。

橡胶态物质的自黏力 F 与扩散系数 D 的关系：

$$F=(\rho/M\cdot D)^{1/2}t^{1/2} \tag{2-13}$$

式中：t —— 接触时间；

ρ —— 密度。

在胶接体系中，适当降低相对分子质量，有助于提高扩散系数，改善胶接性能。提高两种聚合物的接触时间和胶接温度，都可增强扩散作用，从而提高胶接强度。

用扩散理论解释聚合物的自黏作用已得到公认。它可以解释许多工艺因素(温度、时间等)对胶接性能的影响，胶黏剂组分对胶接强度的影响；某些胶黏剂中适当加入增塑剂或填料，可以提高胶接强度；共溶剂胶接体系自黏性提高等现象等都获得了圆满的解释。

扩散理论也有明显的局限性。例如，它不能解释金属和陶瓷、玻璃等无机物的胶接现象；也无法解释聚甲基丙烯酸甲酯($M_\omega=90\ 000$，$\partial=9.24$)和聚苯乙烯($M_\omega=30\ 000$，$\partial=9.12$)，各自以7.5%的溶液共溶于甲苯中，而它们的固相却互不扩散的现象。

2.1.4 静电理论

1949年苏联学者根据胶膜从被黏物表面剥离时的放电现象，提出了静电理论。该理论认为，在胶接接头中存在双电层，胶接力主要来自双电层的静电引力。有人从量子力学观点出发，认为胶接时，在金属和高聚物的紧密接触层上，表面能垒的高度和宽度变小，电子有可能在无外力作用下，穿过相界面而形成双电层。他们将双电层等效为电容器的极板。当胶黏剂从被黏物剥离时，两个表面间产生了电位差，并且随着被剥离距离的增大而增加。达到一定的极限时，便产生放电现象。此时，黏附功就等于电容器瞬时放电的能量。可按下式计算：

$$W_A=\frac{2\pi Q^2}{\varepsilon}h \tag{2-14}$$

式中：W_A—— 黏附功；

Q —— 电荷的表面密度；

h —— 放电距离(相当于电容器的极板间距)；

ε —— 介质的介电常数。

静电理论是以胶膜剥离时所耗能量与双电层模型计算的黏附功相符的事实为依据的。实验中，当胶接接头以极慢的速度剥离时，电荷可以从极板部分逸出，降低了电荷间的引力，减少了剥离时消耗的功；当快速剥离时，电荷没有足够的逸出，黏附功偏高。这就解释了黏附力与剥离速度有关的实验事实，克服了吸附理论的不足。

在胶膜剥离实验中证实了静电作用的存在。但静电作用仅存在于能形成双电层的胶接体系中，不具有普遍意义，故此理论存在明显的缺陷：①静电引力对胶接强度的贡献可以忽略不计。双电层的电荷密度必须在10^{21}电子/cm^3以上，其静电引力相当于4MPa，才对胶接强度有明显的影响。但是，双电层的电荷密度一般在$10^9\sim10^{19}$电子/cm^3，其静电引力小于0.04MPa。因此，静电引力虽然在某些胶接体系中存在，却不起主导作用。Robert等人测定硫化橡胶-玻璃黏接体系的黏附功时，静电作用仅占0.1%~1%，也证实了这一点。②静电理论无法解释用炭黑作填料的胶黏剂以及导电胶的胶接现象。③由两种以上互溶的高聚物构成的胶接体系，二者均不能成为电子的授、受者，无法形成双电层。因此，静电理论无法解释这类体系的胶接现象。

由于静电理论并未经过严格的证明，静电效应在相应的体系中，对胶接强度的贡献至今未获得定量结果。因此，静电理论有待进一步探索研究。

2.1.5　化学键理论

化学键理论认为胶接作用主要是化学键力作用的结果。胶黏剂与被黏物分子间产生化学反应而获得高强度的主价键结合。化学键包括离子键、共价键和金属键。在胶接体系中主要是离子键和共价键。化学键力比分子间力大得多。

显然，胶接体系产生化学键连接时，将有利于提高胶接强度，防止裂缝扩展，也能有效地抵抗应力集中和气候环境老化等因素的影响。

胶接界面两相物质一般难以达到原子间的接触状态。例如，表面粗糙度为 0.025μm 的镜面间接触面积，仅占 1% 左右的几何面积。可见接触点是很少的。而且，并非每个接触点都能形成化学键，只有满足一定的量子化学条件才可能发生化学反应而形成化学键。事实上，接触点并非活性中心，活性中心相遇也只是产生化学反应的必要条件，只有当两个相互接触的活性中心的电子云密度达到足够高的程度时，才可发生化学反应而形成化学键。可见单位面积上化学键的数目是非常少的。相反，分子间作用键一般每平方厘米可达 4×10^{15} 个。所以，化学键的存在是不会改变胶接体系总能量的数量级的，特别是对于干状胶接强度的影响不大，但是，对湿状胶接强度的影响却非常大。

由于化学键对胶接强度有相当大的影响，所以，早就为人们所重视。1948 年 C. H. Hofricher Jr. 等人研究了胶接强度与界面化学活性基团浓度的关系：

$$f = KC^n \tag{2-15}$$

式中：f —— 胶接强度；

K —— 常数；

C —— 化学活性基团浓度；

$n \approx 0.6$。

化学键胶接现象为许多实例所证实。例如用电子衍射法证明，硫化橡胶与黄铜表面形成硫化亚铜，通过硫原子与橡胶分子的双键反应形成化学键。已经证明，铝、黄铜、不锈钢、铂等金属表面从溶液中吸附酚醛树脂时，均产生化学键连接。另外，聚氨脂胶接木材、皮革等也存在化学键胶接作用。

化学键是在化学反应中形成的。胶接体系界面的化学键可通过下述途径发生化学反应而形成。

2.1.5.1　通过胶黏剂和被胶接物中的活性基团形成化学键

(1)活泼氢与—NCO、—COOH 及 —COCl 反应：

$$\mathrm{R{-}H + R'NCO \longrightarrow R{-}\overset{\overset{\displaystyle O}{\|}}{C}{-}NH{-}R'}$$

$$R{-}H + R'{-}COOH \longrightarrow R{-}\overset{\overset{\large O}{\|}}{C}{-}R'$$

$$R{-}H + R'{-}COCl \longrightarrow R{-}\overset{\overset{\large O}{\|}}{C}{-}R'$$

这类反应可能发生在羧基橡胶与聚酰胺类纤维或塑料的体系中。

(2)羟基与 —NCO，$R{-}\underset{\diagdown O \diagup}{CH{-}CH_2}$ 及 $R{-}CH_2{-}OH$ 反应：

$$R{-}OH + R'{-}NCO \longrightarrow R{-}O{-}\overset{\overset{\large O}{\|}}{C}{-}NH{-}R'$$

$$R{-}OH + R'{-}\underset{\diagdown O \diagup}{CH{-}CH_2} \longrightarrow R{-}O{-}CH_2{-}\underset{\underset{\large OH}{|}}{CH}{-}R'$$

$$R{-}OH + R'{-}CH_2{-}OH \longrightarrow R{-}O{-}CH_2{-}R'$$

$$\text{木材}{-}OH + OCN{-}R{-}NCO \longrightarrow \text{木材}{-}OCONH{-}R{-}NCO$$

异氰酸酯或环氧树脂类胶黏剂与纤维素、玻璃胶接时，可能发生上述反应。羟甲基反应可能发生在酚醛或脲醛胶黏剂与木材的胶接体系中。

2.1.5.2 通过偶联剂使胶黏剂与被黏物分子间形成化学键

胶接体系中，很多情况下胶黏剂与被胶接表面之间不能直接发生化学反应。为了提高胶接强度，改善胶接接头的耐环境应力性能，尤其是对水的稳定性，应当使胶黏剂与被胶接表面形成化学键连接。通常采用偶联剂以达到上述目的。

偶联剂，一般含有两类反应基团。其中一类可与胶黏剂分子发生化学反应；另一类基团或其水解形成的基团，可与被黏物表面的氧化物或羟基发生化学反应，从而实现胶黏剂与被胶接表面的化学键连接。

偶联剂有若干类型，应用最多的是硅烷及其衍生物。其通式为：

$$X_3Si(CH_2)_nY$$

其中 X 为可水解的基团，水解后生成羟基并与被胶接表面的基团发生反应。Y 是能与胶黏剂发生反应的基团。

硅烷基过氧化物偶联剂，它在热的作用下分解成自由基，可与烯类聚合物发生作用，从而促进烯类聚合物的胶接。偶联剂类型还有烷氧基型或烷氧基焦磷酸酯型的，例如：

$$RO{-}Ti{-}(OR')_3$$

螯合型或配位型偶联剂，如：

$$R\begin{matrix} \diagup O \diagdown \\ \nwarrow O \diagup \end{matrix}Ti(OR')_2$$

它们常用于无机物胶接的表面处理。

2.1.5.3　通过表面处理获得活性基团，与胶黏剂形成化学键

许多被胶接表面经过表面处理后可获得活性基团，在胶接过程中与胶黏剂分子发生化学反应。例如聚乙烯薄膜经电晕放电处理可产生 $-\overset{\overset{\large O}{\|}}{C}-$ 、—OH、—ONO_2、—NO_3 等活性基团，胶接时，与相应的胶黏剂分子可发生化学反应。金属材料的表面处理，如氧化、阳极化处理或酸洗处理均可产生活性氧化层，与水可以形成水合结构 Me—OH。胶接时，与胶黏剂可发生化学反应。

化学键理论为许多事实所证实，在相应的领域中是成功的。但是，它的不足也是显而易见的。它无法解释大多数不发生化学反应的胶接现象。

以上介绍的几种胶接理论都有一定的实验事实作依据，分别可以解释一定的胶接现象，同时，又都存在着明显的局限性。事实上，胶接过程是一个复杂的过程。胶接强度不仅取决于被胶接物的性质、胶黏剂的分子结构和配方设计，而且也取决于表面处理及操作工艺，同时，还与周围环境介质及其应力有关。所以，胶接效果是主价力、次价力、静电引力和机械作用力等综合作用的结果。至今尚难找到一种通用的胶接理论。实际上，关键在于灵活应用有关的理论借以指导胶接实践，以获得良好的胶接效果。

2.2　胶接界面化学

所谓胶接简单地讲就是使胶黏剂相和被胶接体相形成必要的具有稳定的机械强度的体系。单纯地考虑其胶接过程的话，包括胶黏剂的液化、流动、湿润、扩散、胶接、固化、变形、破坏多种过程，每个过程都对胶接强度具有一定的影响，只就某一个过程来理解胶接是不可能的。在此，以湿润、胶接等问题为着眼点，从界面化学或热力学的观点来考虑胶接问题。

2.2.1　固体表面上液体的平衡

胶接时，首先胶黏剂(液体)必须在被胶接体(固体)表面浸润扩散开。这是获得高强度胶接接头的必要条件。因此，有必要了解液体胶黏剂和被胶接材料固体的界面化学性质。

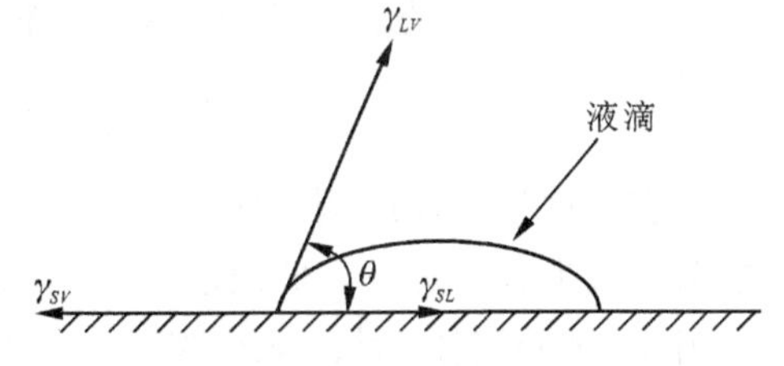

图 2-1　液体在固体表面上的浸润状态

胶黏剂液滴与被胶接固体表面接触时，其平衡状态如图 2-1 所示。经过固、液、气三相交界线上一点的液面切线与液体附着面一侧的夹角 θ，称为接触角。常用 θ 角或者 $\cos\theta$ 表示体系的浸润特性。三相平衡时，Young 的式(2-16)、式(2-17)所示的关系成立。

$$\gamma_{SV} = \gamma_{LV}\cos\theta + \gamma_{SL} \tag{2-16}$$

$$\gamma_S = \gamma_{SV} + \pi \tag{2-17}$$

式中：γ_{SV}—— 固/气界面张力；

γ_{LV}—— 液/气界面张力；

γ_{SL}—— 固/液界面张力；

γ_S—— 在真空状态下固体的表面张力；

π——吸附于固体表面的气体膜压力，也称吸附自由能。对于有机高分子等低表面能固体，可以忽略不计。

因此，对于有机高分子等低表面能固体来讲，$\gamma_S=\gamma_{SV}$，则有：

$$\gamma_S = \gamma_{SL} + \gamma_{LV}\cos\theta \tag{2-18}$$

当 $\theta=180°$，$\cos\theta=-1$，表示胶液完全不能浸润被胶接固体的状态，这种状态在实际上是不可能的。

当 $\theta = 0°$，$\cos\theta=1$，代表完全浸润状态。当体系接近完全浸润状态时，式(2-18)可表示为

$$\gamma_S-(\gamma_{SL}+\gamma_{LV})\geqslant 0$$

设 $\varphi = \gamma_S-(\gamma_{SL}+\gamma_{LV})$，并称 φ 为铺展系数。用于描述浸润特性。

对于一般有机物的液、固体系，γ_{SL}可忽略不计，则有

$$\gamma_S\geqslant \gamma_{LV}$$

胶接体系只有满足上述条件，才有可能出现 $\cos\theta = 1$，从而获得形成良好胶接接头的必要条件。这也是选择胶黏剂时的必要条件，即被胶接物表面能大于或等于胶黏剂的表面能。

实际上 γ_{LV}和 $\cos\theta$ 是可以通过实验测定的，而 γ_S和 γ_{SL}的测定是非常困难的。这个问题可以通过临界表面张力来解决。

2.2.2 胶接张力

胶接张力 A 是由式(2-16)变形而得到的，也称其为湿润压。如下所示：

$$A = \gamma_{SV}-\gamma_{SL}=\gamma_{LV}\cos\theta \tag{2-19}$$

它表示当液体浸润固体表面时，固体的表面自由能减少的量。自然界的物体其自由能都向减少方向进行，此值越大浸润越容易。当 γ_{LV}一定时，即液体(胶黏剂)固定，改变固体(被胶接体)时，$\cos\theta$ 越大(θ 越小)湿润越好。

但是，对于某种被胶接物在选定胶黏剂时，$\cos\theta$ 与 γ_{LV}也随之改变，因此只由接触角 θ 来判断湿润状况是危险的。

在测定多孔类易渗透材料(如木材)与胶液的接触角时，在考虑表面粗糙度和空隙对接触角的影响之外，还必须考虑扩散和渗透随时间变化率对接触角的影响 $d\theta/dt = K\theta$，K 为接触角变化率，是常数。

2.2.3　临界表面张力

液体的表面张力 γ_c 与 $\cos\theta$ 可以直接测定，但是，固体的表面张力却是很难直接测定的。W. A. Zisman 根据各种同系列液体对某一固体的浸润角呈有序变化这一规律，测定各种液体在某一固体表面上的接触角 θ，以 γ_{LV} 对 $\cos\theta$ 作图得一直线，将其外推到 $\cos\theta = 1(\theta = 0°$：完全浸润)处，此时的 γ_{LV} 即为临界表面张力 γ_c，由此提出了临界表面张力 γ_c 的概念，如图 2-2 所示。

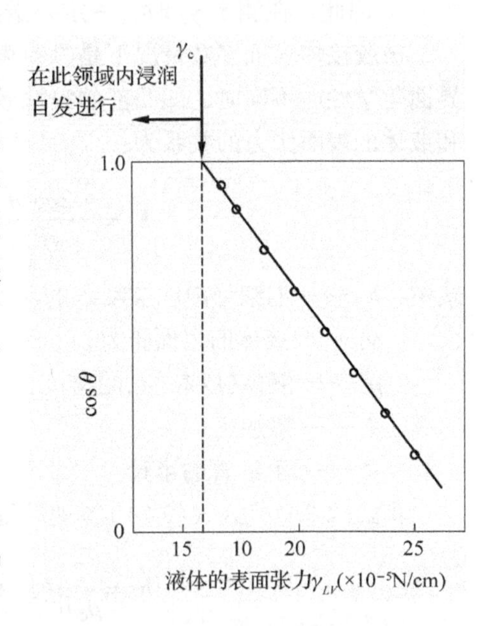

图 2-2　Zisman 曲线图(模型图)

直线的斜率用 $b(b>0)$ 表示，则直线可用下式表示：

$$\cos\theta = 1 - b(\gamma_{LV} - \gamma_c) \tag{2-20}$$

γ_c 与固体表面的化学构造有着密切的关系，即不同的物质有其固有的界面化学参数。在某种固体表面上，当液体的 γ_{LV} 大于该固体的 γ_c 时，液体在固体表面上保持一定的接触角，并达到平衡；当液体表面张力 γ_{LV} 低于 γ_c 时，即 $\gamma_{LV} < \gamma_c$，此时液体在固体表面上的接触角不能保持，液体对固体的浸润将自发地进行。

通常物质可分为极性、非极性和氢键结合性三种类型。分子之间的作用力也因其是在极性基之间、还是在非极性基之间以及不具有极性基的情况下而不同。北崎等将测定 γ_c 所用液体分为非极性液体(A)、极性液体(B)和氢键结合性液体(C)，如图 2-3 所示

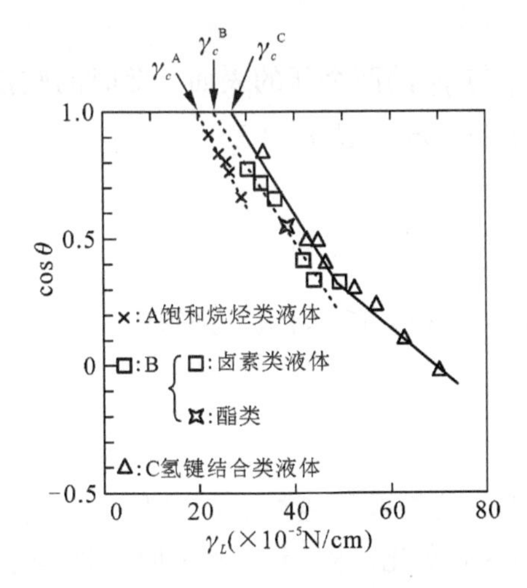

图 2-3　三氟化乙烯的 Zisman 的曲线

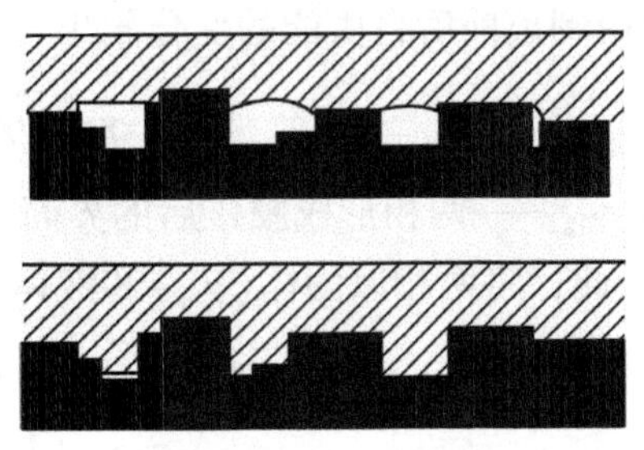

上：对胶接体完全不能浸润的状态
下：对胶接体完全浸润状态

图 2-4　液体胶黏剂对被胶接体的浸润状态

作 Zisman 曲线，由不同种类的液体分别得到不同的临界表面张力 γ_c^{A}、γ_c^{B}、γ_c^{C}。

当固体与液体为同系列时，由此系列所测得 γ_c 的值最大，接近于其固体的表面张力 γ_S。因此，在测定 γ_c 时，一定要选择同系列液体进行测定。

被胶接体表面多数情况下是具有微细凹凸的，如图 2-4 所示。胶黏剂和被胶接体的界面化学性质不同时，凹凸部的浸润效果不同。若将凹凸部比作毛细管，则毛细管上升和液体的表面张力的关系为：

$$h = \frac{\gamma_L 2\cos\theta}{\rho g R} \tag{2-21}$$

式中：h —— 毛细管内能够浸入的深度；

γ_L—— 液体的表面张力；

ρ —— 液体(胶黏剂)的密度；

θ —— 接触角；

R —— 毛细管的半径。

将式(2-20)代入式(2-21)整理后得

$$h = \frac{2}{\rho g R}(1 + b\gamma_c)\gamma_L - \frac{2b}{\rho g R}\gamma_L^2 \tag{2-22}$$

将 h 看做 γ_L 的函数时，式(2-22)是向上凸起的抛物线，当 $\gamma_L = (1/b + \gamma_c)/2$ 时，h 最大。实际对聚乙烯进行测定时，当 $\gamma_c = 31 \times 10^{-5}$N/cm，$b = 0.026$，$\gamma_L = (31 + 38.4)/2 = 34.7 \times 10^{-5}$N/cm 时，最容易浸润。此数值是比 γ_c 的值大 3.7×10^{-5}N/cm 的点。实际上在胶接低能表面时，并不要求胶黏剂的接触角等于0，有些人把 $\gamma_L \leqslant \gamma_c$ 当做胶黏剂能够良好黏合的条件是一种误解。

2.2.4 胶接功

将已胶接的两相剥离开，形成表面张力为 γ_1 与 γ_2 的两个新的表面，此时的胶接功 W_A 可由剥离前后自由能的变化给出，如下式所示(Dupre 公式)：

$$W_A = \gamma_1 + \gamma_2 - \gamma_{12} \tag{2-23}$$

式中：γ_{12}——两相形成胶接后的界面张力。

在此，将两相以固体(γ_{SV})和液体(γ_{LV})置换，将式(2-18)引入，则得到：

$$W_A = \gamma_{SV} + \gamma_{LV} - \gamma_{SL} \tag{2-24}$$

$$= \gamma_{LV}(1 + \cos\theta) \tag{2-25}$$

W_A 是胶接的热力学指标，通常认为 W_A 越大，胶接效果越好。当胶黏剂一定，改变被胶接物体，此时 γ_{LV}固定不变，$\cos\theta$ 只在 $-1 \sim 1$ 变化，即当 $\theta = 0°$时，$W_A = 2\gamma_{LV}$ 最大；当 $\theta = 180°$时，也就是胶黏剂完全不能润湿被胶接物体时，则有 $W_A = 0$。

将某种物体在一平面上剥离时，根据公式(2-23)有 $\gamma_1 = \gamma_2$、$\gamma_{12} = 0$，其胶接功(凝

集功）W_C 由下式给出：

$$W_C = 2\gamma \tag{2-26}$$

将液体放到固体表面上时，如果其胶接功 W_A 比液体的凝集功 W_C 大，液体就会自动地浸润扩散开来。即当满足下式时，浸润良好：

$$\begin{aligned} S &= W_A - W_C \\ &= \gamma_{SV} - \gamma_{LV} - \gamma_{SL} \geqslant 0 \end{aligned} \tag{2-27}$$

这是由 Harkins 提出，S 被称为初期扩散浸润张力或者称为初期扩散系数。

2.2.5　界面张力

作为界面化学的另一个尺度是界面张力 γ_{SL}。这是基于考虑当作为界面的自由能的 γ_{SL}越小，界面越稳定。

一般认为界面存在就一定能找出界面张力。但是，对于固体-液体或固体-固体之间的界面张力实际测定是非常困难的。另一方面，关于界面张力保持一定的值这一问题，可用两相间的界面是理想的热力学不稳定的事实来解释。因此，正确地预测界面张力的大小，对于胶接是非常重要的。作为可实测的预测界面张力的方法，Good 和 Girifalco 为使 Berthelot 法则适用于胶接，利用修正系数 Φ 导出下式：

$$\gamma_{SL} = \gamma_S + \gamma_L - 2\Phi \sqrt{\gamma_S \gamma_L} \tag{2-28}$$

式中 Φ 由物质 1 与 2 的组合决定，在 0.5 ~ 1.0 范围内变化。对极性类物质 $\Phi \approx 1.0$，如水与饱和碳水化合物类极性大的物质；非极性物质 $\Phi \approx 0.5$，这些数值可以通过实验测定。但是，也存在不能将特定组合的 Φ 迅速准确求出的缺点。

Sell 和 Neumann 得到 $\Phi = 1 - 0.0075\gamma_{SL}$这一实验公式，并将其代入式(2-26)，消去 Φ，得如下公式：

$$\gamma_{SL} = \frac{(\sqrt{\gamma_S} - \sqrt{\gamma_L})^2}{1 - 0.015\sqrt{\gamma_S \gamma_L}} \tag{2-29}$$

在 $\gamma_S = \gamma_L$时，γ_{SL}最小。

Fowkes 将 γ 用源于色散力的成分与源于其他力的成分之和来表示，其后北崎等又将其扩展为色散力(a)、极性力(b)与氢键结合力(c)三种成分之和

$$\gamma_{SL} = \gamma_S + \gamma_L - 2\sqrt{\gamma_S^{a}\gamma_L^{a}} - 2\sqrt{\gamma_S^{b}\gamma_L^{b}} - 2\sqrt{\gamma_S^{c}\gamma_L^{c}} \tag{2-30}$$

$$\begin{cases} \gamma_S = \gamma_S^{a} + \gamma_S^{b} + \gamma_S^{c} \\ \gamma_L = \gamma_L^{a} + \gamma_L^{b} + \gamma_L^{c} \end{cases} \tag{2-31}$$

Owens、Kaelble 以及 Wu 等也将表面张力分为色散力与极性力两部分，导出 Fowkes 的扩展公式。

2.2.6 胶接功、胶接张力及界面张力的最适宜条件

当胶黏剂改变时，采用什么条件才能使胶接功达到最大？将式(2-20)代入式(2-25)得：

$$W_A = (2 + b\gamma_c)\gamma_{LV} - b\gamma_{LV}^2 \qquad (2\text{-}32)$$

把 W_A 看做 γ_{LV} 的函数，它是向上凸的二次曲线(抛物线)。在满足

$$\gamma_{LV} = \frac{1}{b} + \frac{1}{2}\gamma_c \qquad (2\text{-}33)$$

时，W_A 达到最大。

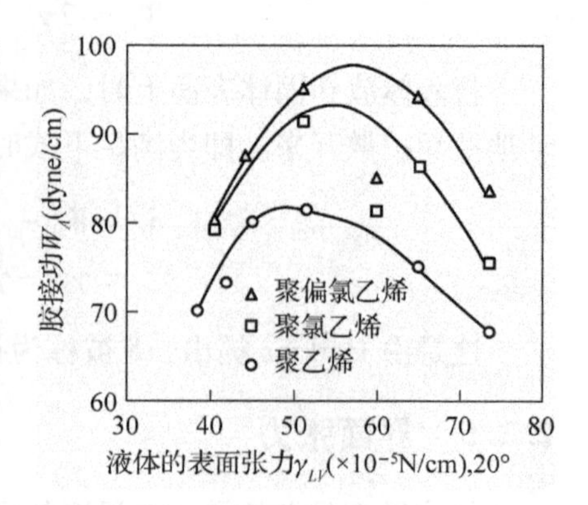

图 2-5　胶接液体的表面张力(γ_{LV})与各种固体的胶接功(W_A)之间的关系

将由多种固体表面的 γ_c 和液体的 γ_{LV} 以及它们的接触角 θ 求得的 W_A 和 γ_{LV} 的关系作图，如图 2-5 所示。

如聚乙烯，$\gamma_c = 31 \times 10^{-5}$N/cm，$b = 0.026$，为使 W_A 取最大值，根据式(2-33)，当 $\gamma_{LV} = 54 \times 10^{-5}$N/cm 时，这与图 2-5 的曲线所表示的最大值基本是一致的。此值比 γ_c 大，并且，此时的接触角根据式(2-20)，$\theta = 66.2°$。

对于胶接张力(A)用同样的方法，由式(2-19)与式(2-20)得到

$$A = (1 + b\gamma_c)\gamma_{LV} - b\gamma_{LV}^2 \qquad (2\text{-}34)$$

当

$$\gamma_{LV} = \frac{1}{2}\left(\gamma_c + \frac{1}{b}\right) \qquad (2\text{-}35)$$

时，A 最大。对于聚乙烯在 $\gamma_{LV} = 34.7 \times 10^{-5}$N/cm($\theta = 25.4°$)时，$A$ 最大，显然此时的 γ_{LV} 比 γ_c 高些。

根据界面张力胶接的最适宜条件，也可从式(2-24)得知，即 γ_{SL} 越小，界面越稳定。

根据式(2-29)，当 $\gamma_S = \gamma_L$ 时，$\gamma_{SL} = 0$ 为最小。进而，将式(2-31)代入式(2-30)得到：

$$\gamma_{SL} = \left(\sqrt{\gamma_S^a} - \sqrt{\gamma_L^a}\right)^2 + \left(\sqrt{\gamma_S^b} - \sqrt{\gamma_L^b}\right)^2 + \left(\sqrt{\gamma_S^c} - \sqrt{\gamma_L^c}\right)^2 \qquad (2\text{-}36)$$

在 $\gamma_S^a = \gamma_L^a$、$\gamma_S^b = \gamma_L^b$、$\gamma_S^c = \gamma_L^c$ 时，γ_{SL} 最小。

2.2.7 界面化学尺度和胶接强度的关系

Raraty 和 Tabor 就接触角和胶接强度的关系进行过研究。他们采用多种表面处理方法对不锈钢进行表面处理，然后测定不锈钢与水的接触角及其与冰的剪切强度，得到剪切强度和 $\cos\theta$ 呈直线关系，如图 2-6 所示。因为此时 γ_{LV} 是一定的，并且满足式(2-19)和式(2-25)，胶接张力与胶接功越大，接触角越小，胶接强度越高。

由 Zisman 曲线可知，被胶接物体的临界表面张力越高，湿润越好，还可推知胶接强度也高。Levine 等用环氧树脂胶接各种 γ_c 不同的高分子材料，得到其剪切胶接强度和 γ_c 之间呈直线关系，如图 2-7 所示。即如果胶黏剂的 γ_{LV} 是一定的话，被胶接物体的 γ_c 越高，胶接强度越高。

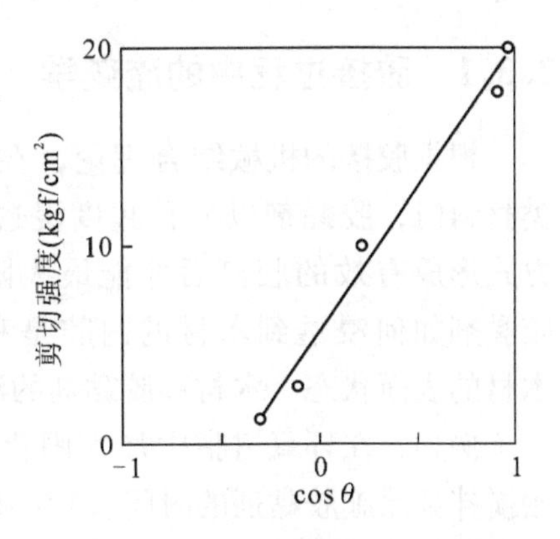

图 2-6 各种固体对水的接触角和对冰的胶接强度

对此，远山等也根据 Levine 等的原理，对在比较宽阔范围内的 γ_c，测定了黏接胶带的剥离强度，如图 2-8 所示，在“黏接剂”的 γ_c(用的是固体则不是 γ_L)和被黏接物体的 γ_c 近乎相等之处出现峰值。另外，当考虑在使“黏接剂”的 γ_c 与胶黏剂的 γ_L、被黏接物体的 γ_c 与固体的 γ_S 取相近的值时，在 Sell-Neumann 提出的界面张力(γ_{SL})为最小的条件下($\gamma_S = \gamma_L$)，胶接强度(剥离强度)最高。

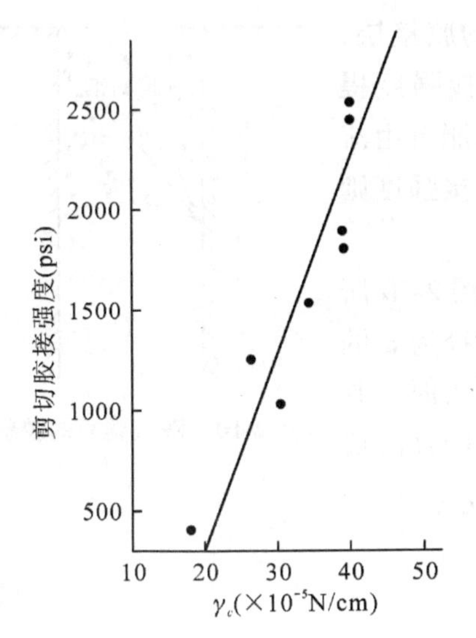

图 2-7 各种高分子固体的 γ_c 和环氧树脂胶黏剂的胶接强度的关系

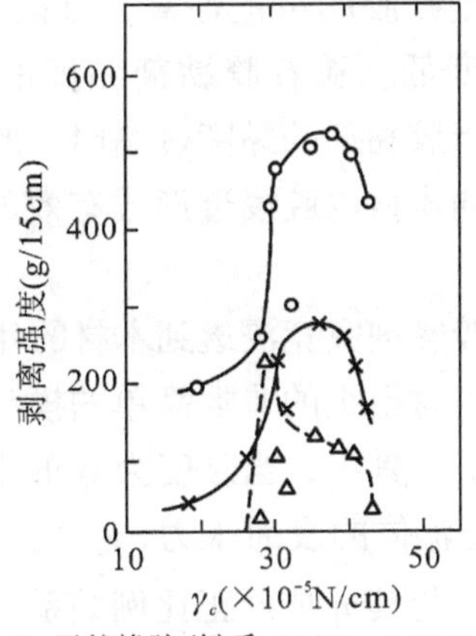

图 2-8 γ_c 不同的固体与“黏接剂”的剥离强度

2.3 胶接流变学与胶接破坏

有关胶接的试验方法种类很多，这些方法都与材料的变形和破坏有关。在通过胶接试验结果所观察到的有关胶接的各种现象中，许多问题不从流变学的观点考虑是难以理解的。因此，无论是胶接过程还是破坏过程都具有流变的特征。本节对胶接过程中的流变学问题，以及从流变学的观点出发对胶接破坏作一简单介绍。

2.3.1 胶接过程中的流变学

根据胶接的机械结合理论，在胶接木材这类多孔质类材料时，胶黏剂以何种程度浸透到其内腔，又以何种方式形成有效的胶钉后才能最大限度地左右胶接强度。胶黏剂如何浸透到木材的内腔是和胶黏剂的流动特性、木材的表面状态、木材和胶黏剂的浸润等相关的。

例如，在环氧树脂中加入固化剂（交联剂），测定开始搅拌到涂施胶黏剂的时间(t)与其拉伸胶接强度，如图2-9所示，胶接强度在某个时间达到最高。当在环氧树脂中加入固化剂时，化学反应立即开始，其各种物性都在发生变化，当然胶黏剂的黏度也随时间的延续逐渐增高。当t短时，胶黏剂的相对分子质量小，黏度也低，故此胶黏剂充分流动，致使胶黏剂向木材内腔过度浸透以及胶压挤出，产生缺胶的可能性高，难以形成均匀的胶接层，因此胶接强度低。随着胶黏剂黏度的升高，胶接强度提高。但是，当胶黏剂的黏度过高时，胶黏剂则不能自由流动，也不能向木材内腔浸透形成有效的胶钉，胶接强度则下降。

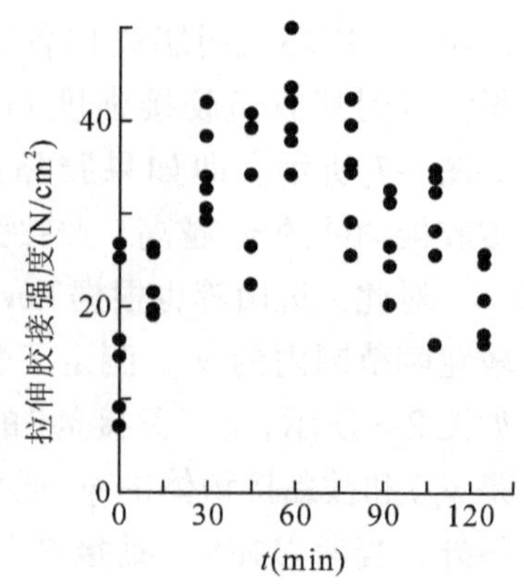

图2-9 加入固化剂后的时间(t)与拉伸胶接强度的关系

然而，胶黏剂究竟浸透到木材的什么位置？图2-10所示为多孔质木材组织的非常简单的模型，即用直径为d的圆筒来表示。在其中，当黏度为η的牛顿流体浸入时，其浸入深度z与流体的表面张力(γ_{LV})、$\cos\theta$以及时间(t)成正比例关系，与其η成反正比例关系，如下式所示：

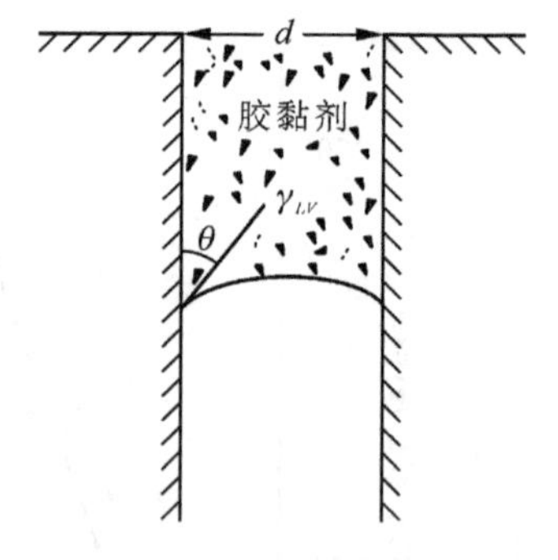

图2-10 浸入圆筒的胶黏剂

$$z^2 = \frac{d\gamma_{LV}\cos\theta}{4\eta}t \tag{2-37}$$

式中：θ——液体和木材内腔表面的接触角。

胶接时若加压，当其加压压力为p时，其浸透深度用下式表示：

$$z^2 = \frac{d\gamma_{LV}\cos\theta + p(d/2)^2}{4\eta}t \tag{2-38}$$

在胶接时应以黏度为η的胶黏剂代替上述液体，而对于非牛顿液体使用对应其切变速率的表观黏度η_a为好。并且，以上关系式是对应于圆筒模型的关系式，而对于狭缝或者V形沟槽应将其分母中的常数4分别用3和8.4来代替。当加压压力足够大时，可以忽略界面化学的第一项。

由上述公式可知，胶黏剂的黏度越低其浸透深度越深，即使对于直径较小的内腔，

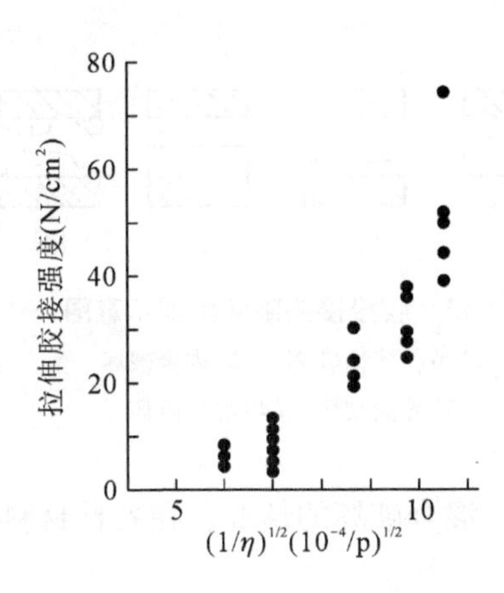

图 2-11　$(1/\eta)^{1/2}$与拉伸胶接强度的关系

胶黏剂的浸透也容易进行。

关于浸透深度与胶接强度的关系，假设切变速率一定，使用表观黏度依存于温度的热熔胶(高密度聚乙烯)。根据公式(2-38)，浸透深度正比于$(1/\eta)^{1/2}$，将$(1/\eta)^{1/2}$作为横轴，对应于不同温度(黏度)的拉伸胶接强度如图2-11所示。可见两者之间几乎成正比例关系。即在此黏度范围内胶黏剂的黏度越低，可形成多而有效的胶钉，胶接强度也越高。将试件的木质部用化学药剂除去，然后用扫描电子显微镜(SEM)观察，确认了因黏度的不同胶黏剂渗透到细胞壁等细微部的差异。诚然，若进一步再降低胶黏剂的黏度，胶黏剂将向木材组织内过度浸透，导致缺胶，造成胶接强度下降。

对于胶接过程，重要的是在考虑到胶黏剂的流动性、界面化学特性、加压压力、热压温度等胶接工艺因素的同时，能够形成多而有效的胶钉、不缺胶且胶层厚度均匀。

2.3.2　胶接破坏

胶接接头在材质上是不完全连续的，通常是应力集中部位，在外力和环境应力作用下，可能导致接头破坏。单位胶接面积或单位胶接长度上所能承受的最大载荷称为接头的破坏强度。

胶接接头是一个复杂系统。根据接头的微观结构，也就是胶黏剂与被胶接材料之间物质的分布梯度可划分为9层，如图2-12所示。任何结构层中都是非均质，各种物质都存在着分布梯度。层间力学性能相差悬殊。例如1、9层可以是金属被胶接材料，是刚性弹性体。5层胶黏剂高分子材料，为黏弹体。因此承受外力时应力分布是不均匀的，呈复杂分布。胶接接头各层的材料不同，热膨胀系数不等，固化成型时的体积收缩、环境介质作用等的影响也各不相同。最终导致接头中的应力分布不均。接头内部缺陷的存在，内应力作用的结果造成局部应力集中。当局部应力超过局部强度时，缺陷扩展成裂缝，导致接头发生破坏。

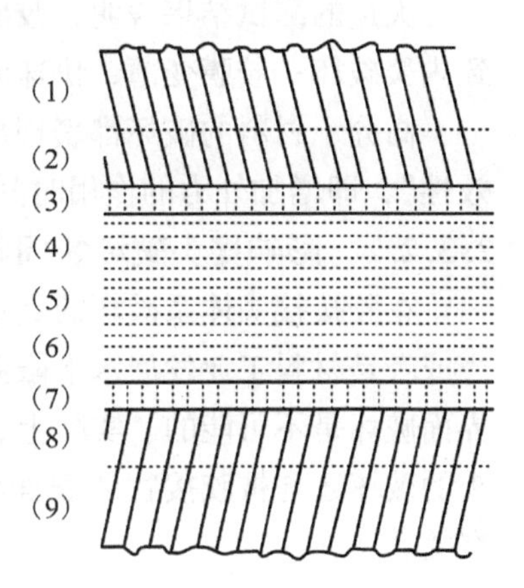

图 2-12　胶接接头结构组成示意图
(1)和(9)被胶接物　(2)和(8)被胶接物的表面层　(3)和(7)胶黏剂与被胶接物的界面层　(4)和(6)受界面影响的胶黏剂层　(5)胶黏剂

2.3.2.1　胶接接头的破坏类型

胶接接头的结构如上所述，根据接头破坏的位置可以划分为4种类型，如图2-13所示。

被胶接物破坏和胶黏剂的内聚破坏，主要取决于二者材料自身的强度。当然还与材料内部的缺陷、构成接头后体系内部胶层厚度、被胶接表面处理状况、组分间相互作用等有关。此时，接头强度并不等于材料自身强度。一般略低于材料强度。当然也有少数例外情况。

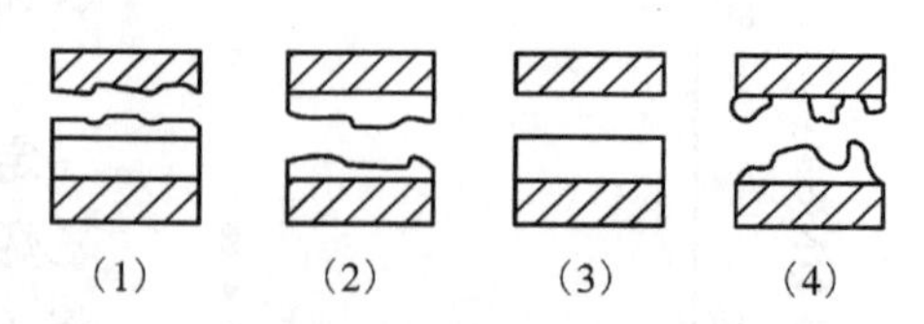

图2-13 胶接接头破坏类型示意图

(1)被胶接物破坏 (2)内聚破坏

(3)界面破坏 (4)混合破坏

界面破坏的原因是被胶接材料的可黏性差造成的。由于材料的非均一性及表面处理、工艺实施等环节的不均一性，完全的界面破坏是不存在的。在理想的条件下，即没有界面区存在时，其破坏强度主要取决于胶黏剂与被胶接物之间的黏附强度。混合破坏的情况，在各种材料强度相近时特别容易发生。

接头破坏类型会随着各种条件的变化而转变。对于黏弹性高聚物，当温度升高时，分子链段热运动增加，应力松弛过程加快，受载时变形较大而强度较低。同样加载速度降低，外力作用时间增加了，应力松弛更充分，因此受载时，变形较大，强度较低。温度和加载速度对胶接强度的上述影响，其内在联系是十分明显的。当增加测试的加载速度或降低测试温度时，接头从内聚破坏转向界面破坏。这是由于胶黏剂的模量和内聚强度增加的缘故。

大量的测试结果表明，胶膜变厚、慢速测试和升高测试温度三者是等效的，往往导致内聚破坏；胶膜变薄、快速测试和降低测试温度也是等效的，结果导致界面破坏。

高分子材料的破坏都表现出一定的流变学特性，其破坏强度具有“时间—温度的等效性”，即增加外力的作用时间等效于提高温度，降低外力作用时间等效于降低温度。

2.3.2.2 影响接头破坏的因素

在胶接接头体系破坏的类型中，被胶接物和胶黏剂的内聚破坏是材料选择、使用不当或者是材料工业发展水平限制所造成的。在充分湿润的条件下，胶接接头发生纯粹的界面破坏是不可能的。实际上，在各类破坏中都存在着一定程度的界面破坏。此外，接头的破坏还与被胶接物的表面状态，被胶接物和胶黏剂的内应力以及环境应力等因素有关。

(1)弱界面层。弱界面层理论认为被胶接材料和胶黏剂中，由于材料表面与内部存在着性质上的差异而造成结构不均匀性“弱界面层”。它也可能由于体系的低分子物或杂质通过扩散、吸附或聚集，在界面内产生低分子物富集的“弱界面层”。接头在外力的作用下出现胶接的弱界面破坏或胶接强度的急剧下降。

实际上，弱界面层破坏的过程是低分子物质解吸界面区内胶黏剂分子的过程。弱界面层主要对物理吸附为主的胶接体系产生影响，而对基于扩散作用的自黏体系和化学反应型的胶接体系的影响不大。它只在下述情况中才对胶接接头起破坏作用：①胶接强度主要来源于分子间的物理吸附，即次价键力的体系，弱界面层才有影响；②胶接体系中的低分子物与被胶接物、胶黏剂的基料不能混溶或处于饱和状态时，通过渗析、迁移和富集而形成弱界面层时，才对接头破坏起作用；③胶接体系中的低分子物对被胶接物具有比胶黏剂更强的吸附力，弱界面层对胶黏剂能起解吸作用时，才对接头破坏有影响。

弱界面层理论是关于界面结构的理论。它可作为接头破坏因素分析的理论指导，同时也是材料选用、配方设计和表面处理、提高胶接强度的理论基础。

(2)内应力。胶接接头破坏的重要原因之一是体系的内应力。胶接体系的内应力主要是收缩应力和热应力两类。收缩应力是胶黏剂固化过程中体积收缩产生的应力；热应力是材料间热膨胀系数不等、温度变化所产生的应力。当接头是多种材料构成时，不同的被胶接材料之间以及它们与胶黏剂之间，由于线膨胀系数不等，温度变化时就产生热应力。

收缩应力产生的本质过程是固化反应中的体积收缩。不同固化方法产生应力的原因也不同。热熔胶，由于冷却速度的变化、温度的分布梯度、高聚物的结晶度及结晶区的分布等均会产生内应力。温度变化引起的材料收缩，在某些情况下是相当严重的。例如，熔融聚苯乙烯冷却至室温，体积收缩率为5%；结晶聚乙烯从熔融降至室温，体积收缩率高达14%；溶液胶黏剂固化过程中溶液的浓度梯度、溶剂的挥发速度等的分布与变化都将产生内应力。溶液胶黏剂的固体含量一般为20%～60%，这是固化过程中体积收缩极为严重的重要原因；乳液胶黏剂，体系本身就是非均相的，产生内应力的因素很多；“塑料溶胶”是以增塑剂作为高分子的分散介质的，体积收缩率很低，这是减小内应力、提高胶接强度的好方法；热固性胶黏剂固化反应的体积收缩率分布范围较宽，例如，环氧树脂胶的收缩率一般为2.5%～5%。缩聚反应有低分子产物生成，体积收缩率较大。酚醛树脂固化时有水生成，收缩率是环氧树脂的5～10倍。不饱和聚酯的固化收缩率为10%，是环氧树脂的3～4倍。为了提高接头的破坏强度，应当根据胶黏剂类型及其固化方法，采取相应的方法减小收缩应力的产生。

热应力是热膨胀系数不等的材料胶接在一起，当温度变化时在界面中产生的。其大小正比于温度变化、胶黏剂与被胶接物膨胀系数的差值以及材料的弹性模量。因此，接头设计时，尽可能减少材料种类，由同一种材料构成的方案最理想。在必须由多种材料构成接头时，应采用膨胀系数匹配的材料和胶黏剂。聚合物的热膨胀系数一般比金属高一个数量级以上，常用材料的热膨胀系数如图2-14所示。

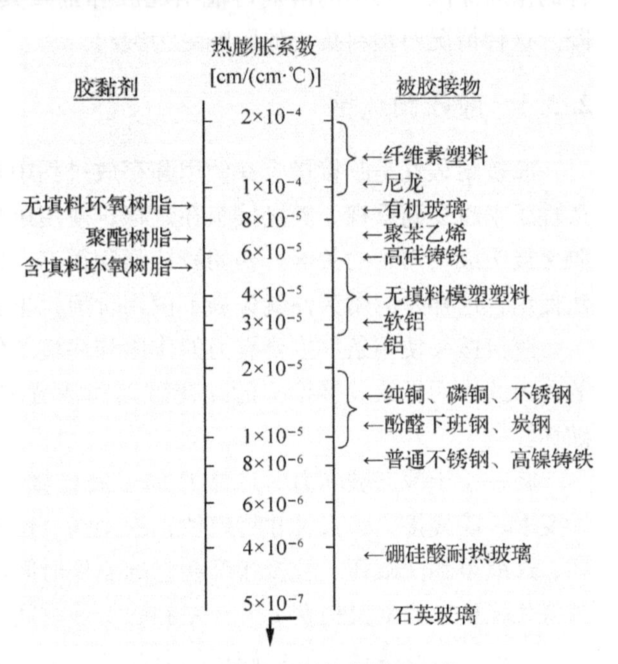

图2-14　某些材料的热膨胀系数

图2-14中所列数据是对材料类别而言的。设计时应当根据材料型号的热膨胀系数进行设计。某些材料和胶黏剂可用填料等助剂来调节膨胀系数

的大小。在许可的范围内，尽可能选用模量低、延伸率高的胶黏剂，使热应力通过胶黏剂的变形释放出来。适当提高胶层厚度，选用室温固化的胶黏剂等都可减小接头的热应力。

(3)环境应力。胶接接头的破坏一般是在环境应力作用下，通过胶接体系内的缺陷造成应力集中而导致破坏的。环境应力包括外界的机械作用力、温度波动的热冲击以及油、水等介质因素对胶接界面的物理化学作用。这里主要讨论介质因素对接头破坏的影响。

油污的影响。油脂的表面张力低于一般的胶黏剂的表面张力。油比胶黏剂更容易湿润被胶接表面，形成不易清除的吸附层，在胶接过程中形成弱界面层，降低接头强度，导致接头界面破坏。除了抗油胶黏剂外，其他胶黏剂在胶接前应排除油污再进行胶接以保证胶接强度和接头的使用寿命。

水分的影响。极性表面对水的吸附力远高于一般胶黏剂。某些高能被胶接物表面对水产生化学吸附，不会被胶黏剂所解吸，水能解吸借次价键力结合的胶黏剂体系，接头在外力和水分的共同作用下，其破坏类型可能由胶黏剂的内聚破坏转化为界面破坏。

多环境因素的联合作用。当水分被接头材料和胶黏剂吸收时，在氧气存在下可能生成酸性物质，进而腐蚀接头。水中溶解其他电解质对接头产生电化学腐蚀。微生物、霉菌在高分子材料中的生长、腐蚀也是破坏接头的因素之一。

各种溶剂可能使聚合物，特别是溶剂型胶黏剂、热熔胶及其他热塑性胶黏剂产生溶胀、裂纹，使接头的功能和胶接强度下降，以致遭到破坏。例如，包含胶接接头的零部件的重新涂漆，其中的溶剂可能引起胶黏剂及其他非金属材料产生银纹和接头性能下降。这种情况对塑料接头的影响更为突出。

2.3.3 胶接耐久性

胶接耐久性是胶接接头在使用和存放过程中长期保存其性能的能力。胶接制品的耐久性越来越受到重视，胶接接头在贮存、使用过程中能否保持设计所要求的性能往往是胶接接头成功与否的关键。初始胶接强度很高，但使用时间不长，胶接强度就降低到无法使用，这样差的耐久性就失去了使用价值，也就失去了胶接的意义。

胶接接头使用条件主要有力的作用和环境的作用，实际两者是同时存在又相互影响的。力的作用导致胶接接头的蠕变破坏和疲劳破坏，环境的作用导致胶接接头的老化破坏。

将一小于静态破坏力的负荷 P 加于胶接接头，胶黏剂在长时间应力作用下发生塑性变形，胶接接头失去尺寸稳定性，胶接强度也不断下降，到一定时间，接头就发生破坏，这就是蠕变破坏。胶接接头在它的工作时间内，每单位面积所能承受的最大负荷称为持久强度。通常又把在1万 h 左右的工作时间的持久强度称为持久强度极限。在给定应力标准下，胶接接头发生破坏的时间就称为持久寿命。在应力作用下沿力作用方向，两被胶接物发生的位移称为蠕变长度。

胶接接头受到长时间循环应力作用，而使接头强度不断下降以致破坏，这种破坏称为疲劳破坏。在规定循环次数下，不引起破坏的最大循环应力称为疲劳强度，疲劳强度所对应的循环次数就是疲劳寿命。一般把10^7次循环以上不发生破坏的疲劳强度称为疲劳极限。

胶接接头和其他各种材料一样，在其使用和存放过程中由于热、水、光、氧(臭氧)以及盐类和微生物等环境因素的作用，性能会逐渐下降，以致不能使用，这就是胶接接头的环境老化问题，也就是人们常说的胶接接头耐老化性能。

有关胶接耐久性的研究虽然很多，但是实际上要正确地预测适用的胶接制品、部件的耐久性，却是相当地困难。预测胶接耐久性困难的原因是胶接耐久性受：①胶黏剂的种类、成分；②被胶接材料的种类、表面状态；③胶接部位的形状、尺寸；④胶接作业的方法、条件；⑤胶接部件所受应力的方向、大小；⑥环境条件等诸多因素的影响。这些因素复杂地交织在一起，因此其劣化机理是非常复杂的。

在森林资源日益锐减的情况下，延长木材胶接制品的使用寿命尤为重要。因此，在设计木材胶接制品时，应充分考虑木材胶接制品的耐久性问题。

2.4　胶接与木材相关的因素

木材胶接制品胶接性能的好坏，除了遵循一般胶接原理外，在很大程度上受木材自身的性能所左右。影响木材胶接性能的因素除了木材固有的因素之外，还有被胶接材在加工过程中所产生的因素。前者包括木材的密度、树种、湿润性、抽提物等，后者包括被胶接材的含水率、表面粗糙度、表面污染等。

2.4.1　密度和树种

对于木材—胶黏剂—木材这种胶接结构，要获得良好的胶接效果，其胶接强度需满足胶黏剂层的强度以及胶黏剂层和木材的界面强度等于或大于木材自身的强度，这样的胶接系统，胶接破坏应该发生在木质部。作为破坏试验结果所展现的胶接强度是不可能超过木材自身强度的。

除难胶接树种外，若将密度不同的木材使其胶接面纤维走向相同，并用同一种胶黏剂进行胶接力试验时，胶接力的值近乎与密度呈直线关系。通常随着密度提高，木材的弹性模量与内聚力提高。在进行胶接力试验时，胶接层的破坏面或附有木材(引起木材部分破坏)或不附有木材，通常将木材破坏面积占整个胶接面积的比率叫做木材破坏率(简称木破率)。这种木破率对于内聚力小的低密度木材会高，而从密度0.5kg/m^3左右(因胶黏剂的种类不同会有一定的差异)开始随着密度的增加木破率会降低。因此，对于密度小的木材，将木破率作为评价胶接性能好坏的重要指标。但是，即使木破率为100%，而胶接力的值异常小的情形在缺陷木材(如脆心材、存在压缩破坏、腐朽等)上也可能发生，对于胶接制品将其作为次品处理。另外，因为高密度木材(多为阔叶材)

具有木破率低的倾向，所以将胶接力的值充分大作为形成良好胶接的评价指标。

低密度木材与高密度木材相比，容易产生胶接问题的是高密度木材。因为高密度木材的材质硬，对于通过化学反应进行固化的胶黏剂，胶层的内应力大，应力集中也大。并且，因含水率变化产生的膨胀、收缩而导致的胶层内应力也大。为此，使用相同种类的胶黏剂和相同尺寸木板在相同条件下制成的集成材，在做胶接耐久性试验时，高密度木材的胶接耐久性不好。故此，在胶接高密度木材时，应该使用力学强度高的胶黏剂(例如与脲醛树脂相比酚醛树脂的胶接性能好)，或者使用具有应力缓和作用的胶黏剂(水性高分子异氰酸酯胶黏剂等)，或者使用具有能减少内应力作用的填充剂。

不同树种的木材其胶接强度、胶接难易程度和胶接耐久性在某种程度上受被胶接材的物理、化学以及解剖学性质影响，其影响规律目前还不十分清楚。例如龙脑树材，当使用脲醛树脂胶接时，难以胶接，而当使用酚醛树脂胶接时，则可获得良好的胶接性能。对于进口的热带木材，对应某种胶黏剂存在着难胶接问题。在难胶接木材中，因润湿性不好及引起胶黏剂固化障碍等原因有些已经查明，有些还不十分清楚。

2.4.2 湿润和湿润性

为形成良好的胶接，首先要求胶黏剂分子和被胶接材(木材)分子充分接触。为此，一般要将被胶接体表面的空气或者水蒸气等气体排除，使胶黏剂液体和木材接触。即将气-固界面转换成液-固界面，这种现象叫做湿润，其湿润能力叫做湿润性。

在固体表面上滴下胶黏剂等液滴时，由于液体与固体所具有的亲和力不同，液体在固体表面上扩展的程度也不同。亲和力越大湿润越好。液滴的切线和固体表面所构成的夹角 θ 即接触角(图 2-1)，它是判断湿润好坏的指标。

接触角的测定方法有光点反射法、斜板法、液滴法、垂片法、毛细管上升法等，木材的接触角常使用液滴法和毛细管上升法测定。

通常被胶接材的湿润性不好其胶接也不好。如阿皮栎等高密度木材，含有大量的抽提物，湿润不好，容易引起胶接阻碍。如若采用冷水、碱液或乙醇抽提处理、电晕放电处理后，则可改善其胶接性能。

2.4.3 含水率

胶接木质材料时，含水率是一个重要的参数。当木材干燥过度时，胶黏剂含有的水等溶剂首先被木材吸收，导致胶黏剂本身难以向木材中浸透，结果会造成胶接强度降低(选择性吸收的后果)。从选择吸附性的角度出发，胶接木材时其含水率应保证在适当的范围内。达到绝干状态(含水率0%)，在干燥木材表面涂胶时产生润湿热，有时会使胶黏剂的凝胶化提前。相反，若被胶接材料含水率过高时胶黏剂会被稀释，致使黏度降低而过度向木材中渗透，导致胶层缺胶、胶黏剂固化迟缓，结果引起胶接不良。

胶接木材时的适宜含水率因胶黏剂的种类、性状、胶接条件等的不同而异，一般为7%～15%。脲醛树脂及三聚氰胺·尿素共缩合树脂为6%～8%、聚醋酸乙烯酯乳液为

5%、间苯二酚树脂为 6% ~12%、常温固化(酸催化固化)型酚醛树脂为 6% ~12%、热固型(碱性)酚醛树脂为 3% ~7%、酪蛋白胶(制造集成材时)为 7% ~15%。以上是胶接时木材的含水率，胶接完成时的含水率还与胶接耐久性相关。胶接完成时的含水率与制品使用环境的平衡含水率存在差异时，因木材的干燥或吸湿会引起木材收缩或膨胀，从而使胶层产生内应力。当含水率的差异较大时，制品将产生翘曲或扭曲变形。因此，希望将胶接完成时的含水率与制品使用环境的平衡含水率相一致，但这并非易事，需严格调控。影响胶接完成时含水的因素除了胶接时木材的含水率之外，还有胶黏剂的含水率和施胶量、加压方式(冷压、热压)、加压时的温度和加压时间。

胶合板的芯板一般较厚，并且胶黏剂都涂施在芯板上，因此芯板含水率对胶接的影响非常大，为获得良好的胶接，控制芯板的含水率是非常重要的。若芯板的含水率过高，会造成中心部位胶接强度低下，这是由于在热压时水蒸气在高含水处推移，胶黏剂层的温度难以升高，再加上因水分的影响致使胶黏剂固化延缓而导致的结果。单板含水率过高，极易产生缺胶、胶压后板翘曲与开裂，热压时还容易产生放炮现象。

0.3mm 微薄木的胶贴、胶合板生产时截头短木段的胶接等都是高含水率即生材胶接。前者要使用高黏度，并用 SBR 胶乳或白胶(醋酸乙烯乳液)改性的水溶性脲醛树脂胶黏剂，后者使用能与木材中的水分发生化学反应而交联固化的聚氨酯树脂胶。在考虑实际木材胶接时，先将木材干燥，然后在适宜的含水率状态下进行胶接是非常重要的。

2.4.4　胶接面的纤维走向与纹理

木材根据其相对于树干的方向不同，其膨胀和收缩量不同。与树干平行方向(纤维的长度方向，L)的膨胀和收缩率小，切线方向(圆周方向，T)和木射线方向(从髓心到表面的方向，R)大。当 L 方向的收缩和膨胀率为 1% 时，T 方向约为 10%，R 方向约为 5%。因此，胶接面的纤维走向和纹理与胶接力值及胶接耐久性相关。

对胶接面的纤维走向与纹理进行考虑，分为如下两种情况比较方便。

A. 纹理的组合：径切面与径切面、径切面与弦切面、弦切面与弦切面、径切面与端切面、弦切面与端切面、端切面与端切面；

B. 作为纹理组合的径切面与径切面、径切面与弦切面、弦切面与弦切面，相互之间的纤维走向是否平行？还是交叉？

在 A 中，径切面与弦切面的胶接性能几乎没有差异，径切面和弦切面不论采用什么样的组合都会获得良好的胶接效果。但是，端切面的胶接因其有效胶接面积小、胶黏剂过度向空隙(细胞腔)渗透，不论采用何种组合都难以获得良好的胶接效果。端切面与端切面的胶接，当采用斜接、指接及对接时胶接强度会提高。

在 B 中，不论采用哪种组合，只要纤维走向相互平行即可获得最大的胶接强度。若两表面之间的纤维走向不平行则胶接强度会降低，呈直角交错时胶接强度最低。对于胶合板因面方向的尺寸变化小，使其纤维走向垂直交错构成，但若与使用同样单板并使其纤维走向平行层积胶接得到的 LVL(单板层积材)相比，胶接力值低。

2.4.5　表面粗糙度与加工精度

通常被胶接材表面越平滑，并且被胶接的两个表面的密切接触性(加工精度)越好，胶接效果越好，实际上若是用净光刨加工的刨削表面及砂光表面都会获得良好的胶接效果。对于粗糙表面(因切面、树种与年轮构成及木段直径大小等原因在旋切单板上产生凸凹等粗糙面)，当胶黏剂的涂胶量小或者加压压力不足时会产生胶接不良问题。因此，对于粗糙表面必须增加胶黏剂的涂布量，提高加压压力，需要注意的问题很多。

对于刨切表面，因为木材组织没有过分损坏，导管或管胞等的内腔呈开口状态，胶黏剂浸透后容易形成有效的胶钉，如若忽略组织上的凸凹则近似于平面，因此能形成均匀的胶层。砂光表面其组织的内腔损伤多，当加压压力低时，难以形成有效的胶钉，胶接强度低；当提高加压压力时，会促进胶黏剂的浸透，胶接强度提高。

对于单板，当增加胶黏剂的涂布量与提高热压压力时，成品板厚度将大幅度减小，即压缩增大，影响出材率。进而，因水分增加，热压后降压时容易产生分层或鼓泡问题，必要时应降低单板的含水率。

对于厚的被胶接材，被胶接材之间的密切接触性非常重要。

材面有波浪纹、螺旋纹时会产生间隙，例如在将胶合板等饰面材料胶贴到板框材上时，使用一般密切接触型的胶黏剂(氨基类树脂、酚醛树脂、间苯二酚树脂等)时，被胶接材之间的错口 0.2mm 这是一个界限。集成材，特别是当使用高密度、厚度大的木材生产集成材时，其加工精度极为重要。使用具有间隙填充性能的胶黏剂(固化时无体积收缩或收缩非常小的胶黏剂，如环氧树脂及聚氨酯树脂胶黏剂)时，错口大及表面粗糙度大的材料进行胶接能获得好的胶接效果，但要增加胶黏剂的使用量。在可能的情况下应尽量减小错口及表面粗糙度。

2.4.6　抽提物

抽提物是木材中含有的可用溶剂抽出的成分，其种类和量因树种或部位的不同而不同。在难胶接木材中存在着阻碍胶接的特殊成分(构成木材的辅助成分)，其中抽提物是主要阻碍因素。这些成分影响胶黏剂的湿润、阻碍胶黏剂的固化，造成胶接困难。

一般情况下，抽提物(特别是油溶性成分)含量高的木材湿润性不好，胶接性能也不好。判断木材润湿性能的好坏，只要将胶黏剂的液滴放置在木材表面即可明了。液滴若呈圆球形，倾斜木材时液滴旋转滚落，这种木材很难获得良好的胶接效果。如要胶接这类木材的话，必须进行表面处理。

橡木干燥后在其表面有大量的抽提物析出，这些析出物阻碍胶黏剂的湿润，致使胶接性能显著恶化。抽提物向木材表面移动聚集导致润湿性变差时，可采用砂磨与刨削方法进行改善。也有使用溶剂进行清除的改善办法。电晕放电处理与等离子体处理也有效果。如果表面处理无效果，只能使用油溶性胶黏剂(如溶剂型橡胶胶黏剂)。

除了阻碍润湿之外，还有阻碍胶黏剂固化的抽提物。椴木在使用脲醛树脂进行胶接时，虽然没有阻碍润湿的问题，但也存在产生胶接不良的问题。用热水将椴木中的热水抽提物去除后，其胶接强度明显提高。山樟使用碱性酚醛树脂进行胶接时，存在胶接不良的问题。将山樟材的各种溶剂抽提物浸注到桦木材中，然后使用酚醛树脂进行胶接，测定其胶接力时，与未进行处理的桦木材相比，胶接力值降低。这可认为是某种抽提物成分阻碍了酚醛树脂的固化。胶黏剂固化障碍的简单判断方法，是将抽提物成分(除去溶剂)加到胶黏剂中，测定其凝胶时间，与不加任何东西的胶黏剂相比较，凝胶化迟缓的成分即具有阻碍胶黏剂固化作用。

归纳难胶接的原因有以下三种：①抽提物的特殊成分阻碍湿润；②抽提物的特殊成分导致胶黏剂固化不良；③胶黏剂过度浸透，相反水分的浸透能力显著降低。这些原因分别和如下胶接面的现象相对应：①胶黏剂层和木材之间为界面层破坏；②胶黏剂层为内聚破坏；③缺胶。

2.4.7 木材缺陷及其生长特征

木材自身的缺陷显然对其胶接性能有影响。这里所指的缺陷不是在加工过程中产生的缺陷，而是在木材生长过程中产生的缺陷，即所谓天然缺陷。节子等缺陷一般会使胶接力下降，然而，如针叶树的应力木因其压缩强度大，也有使其胶接力提高的情况。不过由于应力木纵向收缩率异常地大，其耐水胶接力反而不如正常木材。应力木若同正常木材混用，会导致翘曲、变形和开裂。

旋转纹理和交错纹理的表面采用净光刨刨削后，不会对胶接产生影响，可是这种木材加工困难，通常加工表面粗糙，结果导致胶接性能下降。并且有这种纹理的木材不仅使胶接力降低，还容易产生致命的结构缺陷。

脆心材只见于南洋材的柳安类和桉类，它是树木在生长时由树体内的应力造成的。原木的中心部与其他心材并无显著的区别，但是没有光泽呈干酥状，拉伸强度极低。其纤维呈破损状，制浆后完整的纤维非常少，为碎断纤维。因此，强度异常地低，不能做结构材用。这种木材胶接后，虽然木破率很高，但是胶接力极低。

脆弱材包括脆心材在内，因为其密度低、木材构造组织的变化、化学成分的变化、压缩损伤等原因，强度极低。这类木材虽然胶接没有问题，但是不能获得理想的胶接强度。

树脂道常见于落叶松、云杉、松属类，在木质部的细胞间隙内存有树脂。树脂的扩散阻碍湿润，致使此部位不能形成良好的胶接，这是导致针叶材胶合板鼓泡及放炮的原因之一。

湿心材常见于冷杉，其心材的含水率远高于边材，与正常材混在一起时，加工后产生含水率异常高的部位，由于其反常的收缩，导致变形、翘曲。虽然对胶接无直接影响，但是因含水率的异常，会产生胶接不良现象。

边心材，心材在某种程度上含有树脂与抽提物，与边材相比其胶接性不好。年轮密度大的木材容积密度也大，因此其胶接力亦大。针叶材晚材的胶接性能不如早材。

2.4.8 被胶接面的污染及其他

被胶接面的污染对胶接性能影响很大。当被胶接材表面附有油脂类、碱或酸时，会导致胶黏剂的润湿性变差，妨碍胶黏剂的固化，致使胶接不良。

被胶接材表面切削或研磨后长时间放置，会导致胶接性能下降。其原因是阻碍胶接的树脂或抽提物向表面析出、光劣化等造成表面钝化。可通过再研磨、再切削被胶接面加以改善。

胶合板与素材或者其他材料胶接，即异种材料胶接，采用砂光等处理是有效的。它和金属表面的胶接前处理不同，不是为了赋予其极性，而是为了将木材表面的污染物除去。特别是胶合板，应注意其因热压表面受脱模剂等的污染，所以在表面装饰、贴面等二次加工时，尤其应予以注意。

当用溶剂清拭表面时，对于多孔性材料应注意由于残余溶剂蒸发潜热而导致的水分凝结。金属表面、塑料表面也随着溶剂的蒸发伴有水蒸气的凝结，常常会造成胶接不良。

此外，关于表面性能还有表面硬化的问题。它是单板或者板材在过度干燥时产生的木材表面变质，材面颜色变暗，特别是湿润性恶化。板材干燥后直接胶接的很少，而胶合板则是将干燥后的单板直接进行胶接的，所以应予以注意。特别是对于酚醛树脂胶合板，有的要求单板含水率在3%以下，其湿润性恶化的危险性更大。

木材表面的pH多为酸性、弱酸性。Freeman对美国产树种的研究结果表明，密度在0.8kg/m^3以上的木材，与湿润因子相比，虽然pH对胶接性能有影响，但是一般只是对胶黏剂的凝胶化或固化时间有不同程度的影响，而对胶接性能几乎无影响。

2.5 胶接与胶黏剂相关的因素

首先应根据被胶接材、用途、使用环境来选择胶黏剂。多数情况必须进行胶黏剂的调制。因此，为获得良好的胶接结合，调制的胶液或者固化后的胶层应具备以下条件：

(1)胶黏剂液体(调制后的胶液)能良好地湿润被胶接表面，胶黏剂分子与被胶接体表面的活性点形成特效黏附，对于木材这类多孔质材料因为胶黏剂要向其孔隙内浸润，不仅要形成特效黏附，还必须发挥其机械结合的胶钉作用。因此，要求胶黏剂应具有适当的流动性和与被胶接面相应的极性，并且分子链的挠性大，易于接近被胶接面的活性点。

(2)胶接层形成时，虽然必须使呈流动状态的胶黏剂固化而增大其内聚力，但是应使其从凝胶到完全固化的过程中的收缩应尽可能地小。

(3)胶黏剂完全固化后，因为胶黏剂层的自由收缩、膨胀被束缚而产生内应力。希望胶黏剂层能使此内应力得以缓和，具有适应这一性质的能力。例如，柔性的热塑性树脂由于应力松弛的作用，使固化时所产生的应力得以消除，但同时其抗蠕变性不好又成为其缺点。相反，刚性的热固性树脂内有应力残留，一部分固有胶接强度被消耗掉。

(4)对应于环境条件，胶接性能应长期得以保持。构成胶黏剂的主体树脂几乎都是高分子材料，其机械类的性质、黏弹性特征极大地依附于温度和水分，因此必须考虑其与使用条件的关联性。

2.5.1 相对分子质量及其分布

聚合物的相对分子质量大小及其分布对胶接性能有较大的影响。相对分子质量较小时，具有较低的熔点，较小的黏度，胶接性能良好，但内聚能较低，获得的胶接内聚强度不高；聚合物分子较大时，难以溶解，熔点高，黏度较大，胶接性能较差。不过内聚强度较大，可能获得较高的胶接内聚强度。一般胶黏剂所用聚合物应具有相应的相对分子质量大小或聚合度范围，胶黏剂才能有良好的胶接性能和较高的胶接内聚强度。在进行胶黏剂基料选用和分子结构设计时，应当控制聚合物的相对分子质量。一般在适宜的相对分子质量范围内，相对分子质量偏低时，胶接强度较高。

聚合物相对分子质量(聚合度)对内聚力的影响，可用下式表示：

$$\sigma = \sigma_{\infty} - K/\overline{P}_n \tag{2-39}$$

式中：σ —— 聚合度为 $\overline{P}_n$ 时，聚合物的抗张强度；

σ_{∞} —— 聚合度为无限大时的抗张强度；

K —— 与聚合物特性有关的常数；

$\overline{P}_n$ —— 数均聚合度。

以硝基纤维素为胶黏剂胶接玻璃时，其剥离强度与聚合度之间存在如下关系：

$$F = K\mathrm{e}^{-kP} \tag{2-40}$$

式中：F —— 剥离强度；

P —— 聚合度；

K，k —— 常数。

另一方面，聚合物的平均相对分子质量相同而相对分子质量分布不同时，其胶接强度也不同。低聚物含量较高时，接头破坏呈内聚破坏；高聚物含量高时，接头破坏呈界面破坏。

2.5.2 黏度

胶黏剂的黏度是由其浓度、胶黏剂的相对分子质量及添加物(增黏剂、增量剂、填充剂)的有无和量的多少决定的。脲醛树脂与酚醛树脂等水溶性热固型树脂，当浓度一定时随着缩合程度(聚合度)的提高其黏度增大。制造时虽然控制在某一聚合度，但在贮存过程中缩合反应还在缓慢进行，黏度会逐渐提高。因此，根据制造后的贮存时间及保存状态，其黏度值与生产时测定的黏度会有较大差异，则使用时重新测定确认其黏度问题非常重要。一般热固性树脂胶黏剂的黏度与树脂的固体含量以及树脂的缩合度成比例关系，在这种意义上讲黏度与胶接性能是相关的，但是无直接关系。若黏度过低时，在加压的时候胶黏剂容易从胶接层渗出，向木材中过度浸透，造成胶接不良(缺胶)。

受黏度影响最大的是胶黏剂的涂饰性能。涂饰方式不同时，黏度的适宜范围是不同的。喷胶、淋胶等黏度要低，辊涂时黏度应尽可能地高为好。不过黏度若过高将造成涂饰困难，涂胶量难以控制，导致涂胶量增大。并且，黏度高时流动性不好，不易形成均匀的胶接层。

采用辊涂方式涂胶，黏度在 1.5 Pa·s 以上时，涂胶量随黏度的升高呈线性增大，黏度的适宜范围是 1.0～1.5 Pa·s。冷压胶接的黏度可稍低些，而对于热压胶接，由于干燥、浸透等原因，在预压或者堆放过程中即使水分失去，当加热时又呈流动状态，黏度高些为好。胶合板生产，有时采用提高黏度的方法来提高预压效果。

水溶性胶黏剂的黏度可以通过添加增量剂、填充剂或者加水来进行调节。但是，聚醋酸乙烯树脂等乳液类胶黏剂若加水，有时会使黏度急剧下降，应注意因树脂浓度降低导致胶接性能下降的问题。

2.5.3 浸透性

对于木材这种多孔质材料机械结合力对胶接强度起着重要的作用，为提高机械结合力对胶接的贡献度，必须使胶黏剂向木材中进行一定程度的浸透(通常认为从表面开始浸入 1～3 个细胞为宜)。但是，浸透过度，胶黏剂将在木材中扩散，不能形成均匀的胶接层，产生表面缺胶，造成胶接不良。

这种浸透可用式(2-41)表示，虽然胶黏剂的黏度对其浸透性影响很大，但是所用溶剂的种类、胶黏剂种类等也有影响。当被胶接体是木材时，特别是水溶性胶黏剂其浸透性受木材含水率的影响较大。木材含水率高，式(2-41)所表现出的浸透性则大。

$$\mathrm{d}x/\mathrm{d}t=(\gamma\cos\theta/2\eta)\cdot(\gamma/x) \tag{2-41}$$

式中：$\mathrm{d}x/\mathrm{d}t$ —— 胶黏剂的浸透速度；

η —— 胶黏剂的黏度；

γ —— 胶黏剂的表面张力；

r —— 毛细管的半径；

θ —— 接触角。

例如，用水溶性酚醛树脂制造胶合板时，所用单板的含水率若高，即产生放炮和由于胶液渗出而造成表面污染。所以，脲醛树脂胶黏剂要求单板含水率在 8%～12%，而酚醛树脂胶黏剂则要求单板含水率在 6% 以下。

2.5.4 极性

被胶接体的极性与湿润性关系极大。含有极性分子水、乙醇、酯等的胶黏剂能很好地湿润木材与纤维素等极性物质，利于胶接。另外，聚苯乙烯与聚乙烯等无极性的物质使用无极性的胶黏剂容易胶接，一般极性物质之间可以形成牢固的胶接。代表性的极性和非极性物质见表2-1。

表2-1　被胶接体的极性

极性物质	非极性物质
纤维素、木材、酚醛树脂、脲醛树脂、聚酯树脂、甘油、水、玻璃、金属氧化物	橡胶、聚苯乙烯、聚四氟乙烯、尼龙、石蜡、金属、醚、苯

木材胶接用胶黏剂最常用的是热固性树脂，如脲醛树脂、三聚氰胺·尿素共缩合树脂和酚醛树脂等，这些都是极性物质，可以获得良好的胶接。当被胶接体是非极性物质时，为赋予其极性，采用对表面进行氧化处理或者采用使其形成胶接媒质的底涂方法是有效的。

例如，采用金属处理液(配比：重铬酸钠1份；水30份；浓硫酸10份)对金属表面氧化。将铝板在70℃浸渍10min，充分洗涤干燥之后尽早胶接。若在氧化处理之前对表面预先研磨，可获得更好的胶接效果。

底涂是为了提高被胶接材表面和胶黏剂的亲和性而采取的措施，使用具有反应能力的高分子化合物或者高分子化合物含量比较低的低黏度溶液。例如，使用异氰酸酯、环氧类底漆来防止被胶接物金属因吸附水、增塑剂而产生的劣化作用。

2.5.5　pH值

通常将胶黏剂调整到适合贮存的pH或适合固化的pH。使用时需要添加固化剂的胶黏剂(氨基类树脂、间苯二酚类树脂、酸固化型酚醛树脂)通常为中性至弱碱性，氨基类树脂和酸固化型酚醛树脂添加固化剂后呈酸性。酚醛树脂的pH通常在10左右，高缩合度树脂为降低其黏度而碱的用量多，则pH也有超过11的。酪蛋白胶与大豆胶是加碱调制而成，呈现很强的碱性。胶黏剂与胶接层呈极端的强酸性或强碱性时，会导致木材自身的脆弱化、或者变色，这是造成胶接性能低下、污染的原因。酸性对木材的劣化远较碱性严重。例如，由酪蛋白胶、大豆胶引起的是碱性污染，碱性强的胶黏剂对于刨切单板等薄型被胶接材还会引起变色问题，常温固化酚醛树脂是由于酸性导致对木材的劣化，脲醛树脂由于固化时残留的酸使木材老化性增加，它引起残留的酸原因是使用酸性固化剂导致的。

由脲醛树脂内残留酸导致的老化，它是基于树脂的加水分解，残留酸作为催化剂促进了劣化。如果将这些酸中和的话，可大大地提高其胶合耐水性。

胶黏剂的固化若受pH影响非常大时，由于胶黏剂选择不当可能导致胶接失败。例如，强碱性的水泥与混凝土会导致酸性固化的脲醛树脂产生胶接不良。

2.5.6　胶接层的厚度

胶接层的厚度在不产生缺胶的情况下应尽可能地薄并且均匀方能获得良好的胶接层。一般希望胶接层的厚度在20～50μm。其理由为：①胶接层越薄，使凝聚力降低，缺陷进入的概率减少，减少了胶接层中的应力集中点；②在胶接层中产生的内应力小，而且能使其易于向被胶接材分散，耐老化性也提高。

然而，由于被胶接体表面形状的原因，不得不增加胶接层的厚度时，应使用空隙填充性胶黏剂，或者赋予它填充性，比如添加填充剂。

2.6 胶接与胶接作业相关的因素

在胶接过程中，首先是选择胶黏剂，然后调制胶液(调胶)。其次是将胶液涂施到被胶接材上，进行加压，如果有必要的话还要加热，使胶黏剂相固化或硬化。这一连续作业过程被称为胶接作业，如果没有这一胶接作业过程，无论如何调整胶黏剂和被胶接材料，都很难得到满意的结果。

2.6.1 调胶

胶液的调制，通常根据或参考胶黏剂厂家的配方，加入固化剂、填充剂、增量剂、增强剂、水等，用调胶设备搅拌混合而成。添加物多数情况由厂家和胶黏剂一起提供，当使用胶黏剂厂家所指定以外的添加物时，是否进行试验及其用量的确定并不困难。例如，作增量剂的小麦粉时常用廉价的食用小麦粉代替，食用小麦粉从普通粉到强力粉其性能存在差异，主要是对于黏度的影响不同。在使用调胶设备调胶时，能使添加物均匀地搅拌混合，并确认调整到所需的黏度这一点非常重要。当调胶设备选择不当时，因添加物加入方式不当，有时会起球。

填充剂与增量剂有时难以区别。填充剂主要是为改善树脂的性能，同时具有调整黏度(木质类粉末会因其吸收水分而使黏度增加)的作用，有木粉、核桃壳粉、椰子壳粉、栗子粉、土粉子、碳酸钙粉、碳酸镁粉、硅砂粉、浮石粉、钛白粉、白垩粉等，通常相对于胶黏剂其添加量为5% ~20%。增量剂是为了降低胶液价格而添加的物质，常用的有小麦粉、大麦粉、大豆粉、淀粉、血粉等，它们也具有调整黏度(增黏)的作用。

胶接木材，因为木材是多孔质材料，特别是旋切单板等存在背面裂隙，低黏度的胶黏剂单独使用时容易产生胶液过度渗透问题，通过添加填充剂及增量剂来抑制胶液向木材中的渗透。随着黏度的增加，填充剂与增量剂的微粒子堵塞木材大的孔隙。伴随胶液固化的体积收缩的减少及填充剂的种类不同，耐久性也会得到提高。为了达到使用填充剂和增量剂的预期目标，选择适宜的添加量非常重要。添加量过多时，黏度过高，会使胶接作业性变差，还会降低胶接耐久性。

增量剂和填充剂应具备的性能：能与胶黏剂和水良好混合；调胶后至加压前胶黏剂不产生化学反应；中性或接近中性的微酸性或微碱性；对胶液的黏度随时间延长影响小；不影响胶黏剂的固化反应；对胶接强度及胶接耐久性影响小；价格低廉。

2.6.2 施胶量

胶层越薄，应力集中越小、内应力也小，如果被胶接材表面是致密的平面，并且可以完全密切接触的话，胶层越薄越能获得高的胶接强度。与胶层的厚度相关的因素有胶黏剂的涂布量、被胶接材的表面状态(如表面粗糙度、裂隙的存在与否、错口的大小等)、堆积陈化条件以及加压条件。涂布量越小越经济，并且胶层的厚度也小，但胶层的厚度也不能小于一定限度。实际上，木材的胶接不管表面如何平滑，不涂施一定量的胶黏剂是不能获得良好的胶接强度的。因木材的多孔质而引起的胶液渗透，若不超过这个渗透量即会产生缺胶问题。根据被胶接材表面状态的不同，有时需要相当大的涂布量。不过，认为涂布量多则安全的观点，也是不全面的，过多的胶黏剂在加压时会被挤出，反而造成浪费。制造胶合板及其他板材时，涂布量过多带入的水分多，会导致热压时产生胶黏剂固化不充分及分层与鼓泡问题。对于胶合板，当水分多时会导致因热压而产生的厚度压缩率增大。涂布量适当范围的大小因胶黏剂的种类、被胶接材的表面状态、堆积陈化条件，以及加压条件不同而存在一定的差异，在保障胶接性能的前提下尽可能降低成本。

(1)普通胶合板。胶合板生产并不是所有单板都涂胶，三层胶合板只对芯板的两面进行涂胶，表背板不涂胶。五层胶合板的二、四层单板的两面涂胶，表背板及第三层单板不涂胶。涂胶量以两面涂胶量280～390g/m^{2}为准。芯层单板为薄型单板(2.5mm以下)时，因为由胶液带入的水分会使单板含水率提高的概率大，所以胶液涂布量取上述的下限值280g/m^2。对于厚单板，一般表面粗糙度大的单板胶液涂布量取上述的上限值390g/m^2。

(2)装饰胶合板。在普通胶合板表面粘贴刨切单板或装饰纸后的板材称之为装饰胶合板，粘贴这种装饰材料时，胶液的涂布量在110～170g/m^2(单面)。但是，由于刨切单板越薄越容易引起透胶，因此对于厚度在0.5mm以下的刨切薄木与装饰纸胶液的涂布量控制在70g/m^2(单面)左右，尽可能减少胶液的涂布量。胶液涂布是针对胶合板而言。

(3)细木工板。以板条构成的拼板为芯板，在其两面粘贴单板，通常芯板的两面涂胶量为330～440g/m^2。

(4)集成材。通常两面涂胶量为280～330g/m^2。若使用酪蛋白胶及大豆胶这类天然高分子类胶黏剂时，其涂胶量要比合成树脂类胶黏剂高。

这里所说的涂胶量的数值，对于单个胶层在160g/m^{2}左右，将其换算成胶黏剂相的厚度时，取树脂浓度为50%、密度为1.1kg/m^3，大约为0.075mm(75μm)，相当于木材细胞直径的10～20倍。若除掉向木材内渗透的胶量，实际胶层的厚度还要薄。

2.6.3 陈化与陈化时间

通常，在工厂生产胶合板、单板层积材(LVL)、集成材等材料时，并不是涂完胶后直接去加压，而是积攒够压机一次加压(不包括连续加压)所需数量的板坯时方去加压，所以涂胶后的板坯要放置一定的时间。当涂施橡胶类溶剂型胶黏剂时，为使溶剂挥发，需要放置。这种放置称为堆积陈化(陈化)，放置时间称为堆积陈化时间(陈化时间)。陈化有开口陈化和闭口陈化，开口陈化是将涂有胶液的面曝露在空气中，使溶剂处于可挥发状态，闭口陈化是将涂有胶液的面与另一被胶接材面贴合后堆放(胶层不曝露在空中)。

(1)开口陈化。对于使用有机溶剂类的溶剂型胶黏剂必须进行开口陈化，橡胶类胶黏剂是其代表，溶剂挥发到何种程度为好，通常以手指触摸不黏状态为准。必须注意的是若完全干燥失去流动性时，则会产生胶接不良问题。水性胶黏剂进行开口陈化时，也要注意不能干燥过度。

(2)闭口陈化。具有适宜含水率的单板与拼板当使用水性胶黏剂进行胶接时，采用闭口陈化。闭口陈化胶液的水分不能迅速蒸发，堆放时间过长时水分向木材中移动，胶液被浓缩会使其流动性降低，或者使涂胶面呈半干燥状态，即使加压也会产生从涂胶面向非涂胶面的胶黏剂转移及渗透不充分问题，结果导致胶接不良。开口陈化时这种危险性更大。通常将这种状态称作干燥胶接。

陈化时间除具有上述特性之外，还关系到胶液的可使用时间。胶黏剂从调胶到加压阶段必须保持其具有流动性，对于通过缩合反应固化的胶黏剂还必须满足这一条件的时间限界。酚醛树脂具有比较长的可使用时间，在调胶时加入固化剂的氨基树脂胶黏剂、间苯二酚类树脂胶黏剂、环氧树脂胶黏剂、水性高分子异氰酸酯胶黏剂、氰基丙烯酸酯胶黏剂等最短的可使用时间只有几分钟，最长的可使用时间达6h(常温20~25℃)。这种可使用时间受温度影响大，高温时间短，低温时间长。可使用时间是建立在一定作业环境温度条件下的，若长时间堆放必然会产生胶接不良的问题。基于工艺上的原因，要求必须满足某一堆放时间时，对应这一时间采取必要的措施，如适当减少固化剂用量或改变固化剂种类等来延长堆放时间。

2.6.4 加压与加压时间

为使被胶接面密切接触，以及使胶液从涂胶面向未涂胶面转移与渗透，必须进行加压。加压压力根据被胶接材的性质(软硬度、表面粗糙度等)、胶液黏度、加压温度等进行选择。通常，软材选低压，硬材选高压，表面粗糙度大的材料与黏度高的胶黏剂(堆放时间长时流动性变差、胶膜类加热熔融后固化的胶黏剂)选择高压。胶合板类采用热压加压时，因压力越高板材厚度方向的压缩率越大，影响出材率，在冷压预压时采用高压，而在热压成板时采用低压。

对于木材胶接可供参考的加压压力：泡桐、枫属、杨木在0.5MPa左右，杉木、扁柏在0.5~0.7MPa，桂树、厚朴、柳桉、辽杨、椴木在0.7~0.8MPa，柞木、水曲柳、刺楸、榆木、白栎、长叶岳桦在1.0~1.5MPa，红楠、柚木在1.5~2.0MPa。

2.6.5 固化温度(加压温度)与时间及养生

通过化学反应进行固化的胶黏剂其固化温度有一个适宜的范围，根据温度不同变化固化时间。化学反应随着温度的升高反应速度加快，要快速固化的话，采用高温为宜，但高温也是有限度的。温度过高，胶液发泡易喷出，有时会导致胶接强度降低。当固化后的胶黏剂与木材的热膨胀系数相差较大时，固化后冷却到室温时的温度差越大越容易引起界面应力。在不引起胶接障碍的前提下，应在充分考虑能量消耗和生产效率的同时选择固化温度。即使不伴随化学反应固化的胶黏剂，温度也对固化速度和胶膜强度有影响。例如聚醋酸乙烯酯乳液胶黏剂的固化是随着其分散相水分向木材中扩散，聚醋酸乙烯酯粒子凝聚吸附而固化的，水分向木材中的浸透速度随着温度的降低而迟缓，树脂粒子的熔融黏附状态也随温度的降低而恶化。从生产性能和胶接强度角度出发，适宜的固化温度如下所述。聚醋酸乙烯酯乳液胶20～80℃，聚醋酸乙烯酯乳液+脲醛树脂20～120℃，酪素胶20～60℃，脲醛树脂100～115℃，三聚氰胺树脂120～130℃，酚醛树脂130～145℃，间苯二酚树脂20～40℃，水性高分子异氰酸酯胶黏剂20～130℃。

只采用冷压时，加压所需时间为胶黏剂充分固化的时间或达到固化完成的时间。采用热压时，加压所需时间为芯层胶黏剂的温度达到所要求的固化温度的时间和达到此胶层充分固化所需时间。冷压后再进行热压时，所需的冷压时间为胶液从涂胶面向未涂胶面转移渗透充分完成的时间，并且应保证冷压后的板坯能向热压机中装板所要求的初始强度(板坯预压冷胶接强度)形成的时间。

加热加压通常使用热压机，板坯芯层温度达到固化温度所需时间与热压板的温度、板材厚度、材料的密度及板坯含水率有关，热压板的温度越高、板材的厚度越小、材料密度越小，所需时间越短。含水率的影响比较复杂。热压板的温度在100℃以下时，含水率越高所需热压时间越长。要想知道准确的时间，必须在不同的板坯中使用热电偶进行实际测量。在确保适宜含水率的前提下，可参考的加压时间如下所述。

胶合板热压，相当于胶合板的每1mm厚度所需要的加压时间，当使用脲醛树脂、三聚氰胺·尿素共缩合树脂时为20～30s/mm，当使用酚醛树脂时为30～60s/mm。

集成材若需要加热加压时，使用高频加热可在比较短的时间内完成，应注意过热而导致的劣化问题。

只采用冷压进行胶接时，温度在20～25℃条件下所需加压时间，常温固化脲醛树脂为10～24h，酪素胶为5～24h，间苯二酚树脂为6～20h。水性高分子异氰酸酯胶黏剂与某种聚醋酸乙烯酯树脂可在比较短的加压时间内获得较高的胶接强度，但要得到稳定的胶接强度，加压时间应保持在20h左右。

集成材等生产，通常是在常温条件下进行，为了提高生产效率，利用压机进行分段时间加压，然后用夹具固定在加热养生。加热用薄膜或帆布遮罩后，放入蒸汽管、电加热器、通热风等进行加热保温，应注意若养生温度高于60℃时，会因木材被干燥而使集成材变形、端面与表面还容易产生开裂。若有可能，设置专用的养生室，在加湿的同时进行加热。利用酚醛树脂制造胶合板时，因为热压温度高，板材厚度方向压缩率大且能耗高，为了提高生产效率，应尽可能缩短加压时间，热压后将板材堆积起来利用余热进行后固化，即采用热堆放手段进行养生从而缩短热压时间。

养生是为了使上述胶接固化充分进行而采取的措施，此外，也有为平衡制品内含水率，采用调湿处理稳定制品质量而进行养生处理的情况。另外，对于使用甲醛类胶黏剂进行胶接时，为了除去板材中残留甲醛也有采用养生处理的。

2.7　胶黏剂的组成与分类

实际胶接所用的胶黏剂是以基料为主剂，配合各种固化剂、增塑剂、稀释剂、填料以及其他助剂等配制而成。最早使用的胶黏剂大多来源于天然的胶接物质，如淀粉、糊精、骨胶、鱼胶等，以水作溶剂，通过加热配制而成。由于组分单一，不能适应各种用途上的要求。当今的胶黏剂大多采用合成高分子化合物为主剂，制成的胶黏剂有良好的胶接性能，可供各种胶接场合使用。

2.7.1 胶黏剂的组成

胶黏剂的品种繁多，组成不一，有的简单、有的复杂，但是胶料是胶黏剂的主要成分，再配合一种或多种的以下所述其他成分。

2.7.1.1 胶料

也称为基料或主剂。它是胶黏剂中的主要成分，决定了胶黏剂的基本特性，也是区分胶黏剂类别的重要标志之一。不同类型的胶黏剂，其胶料也不同。一种胶黏剂一般由一种或两种，甚至三种高聚物构成。胶料起胶接作用，要求有良好的湿润性和胶接性。作为胶料的物质有合成树脂包括热固性树脂(酚醛树脂、脲醛树脂、三聚氰胺·尿素共缩合树脂、三聚氰胺树脂等)、热塑性树脂(聚醋酸乙烯树脂等)，合成橡胶(氯丁橡胶、丁腈橡胶等)；天然高分子物质(淀粉、蛋白质、天然橡胶等)；无机化合物(硅酸盐、磷酸盐等)。有时使合成树脂和合成橡胶相互配合以改善胶黏剂的性能。

2.7.1.2 固化剂

胶黏剂必须在流动状态涂布并浸润被胶接物表面，然后通过适当的方法使其成为固体才能承受各种负荷，这个过程称为固化。固化可以是物理过程，如树脂中溶剂的挥发，树脂中乳液的凝聚，以及热熔胶熔融体的凝固。也有些树脂因加热等物理因素引起化学反应而固化，有些树脂必须有固化剂存在才能使胶黏剂发生固化。固化剂的选择，主要是以胶料分子结构中特征基团的反应特性为依据。不同的聚合物胶料用不同的固化剂。同种胶料，固化剂种类或用量不同，都可能产生性能差异悬殊的胶黏剂。

为了促进固化反应，有时加入固化促进剂以加速固化过程或降低固化反应温度。热固性树脂常需要用固化剂固化。

2.7.1.3 增塑剂与增韧剂

增塑剂与增韧剂是指胶黏剂中改善胶层的脆性，提高其柔韧性的成分。它们的加入能改善胶黏剂的流动性，提高胶层的抗冲击强度和伸长率，降低其开裂程度。但是用量过多会使胶层的机械强度和耐热性能有所降低，通常的用量为胶料的20%以内。一般要求无色、无臭、无毒，挥发性小，不燃和化学稳定性好。

增塑剂是一种高沸点液体或低熔点的固体化合物，与胶料有混溶性，但不参与固化反应，在固化过程有从体系中离析出来的倾向。其主要通过隔离、屏蔽与耦合作用，削弱聚合物分子间作用力而达到增塑目的，从而降低软化温度，减小熔体的黏度，增加流动性，改善加工性能和胶黏剂的柔韧性。如邻苯二甲酸二丁酯、邻苯二甲酸二辛酯、磷酸三酚酯等。

增韧剂是一种单官能或多官能团的化合物，能与胶料起反应成为固化体系的一部分。它们大多是黏稠液体，如低相对分子质量的环氧树脂、不饱和聚酯树脂、聚酰胺、橡胶等。而聚酰胺、聚硫橡胶等也可作为环氧树脂的固化剂。增韧剂也称内增塑剂。

2.7.1.4 填料

胶黏剂体系中应用填料的目的是改善胶黏剂的某些特性、降低成本或赋予它一些新的功能。一般情况，填料是不与胶料、固化剂等组分发生化学反应的物质。通常为中性或弱碱性化合物，其主要作用为：

(1)提高机械性能。常用的无机填料，如金属粉末，金属氧化物和矿物质等均可提高胶黏剂的抗压强度、尺寸稳定性、降低收缩率。但也会降低胶黏剂的某些性能，如剥离强度等。橡胶中加入炭黑、白炭黑、碳酸钙等可提高抗张强度、硬度和耐磨性。

(2)赋予胶黏剂以新的功能。胶黏剂中加入银粉制成导电胶；用碳基铁粉制造导磁胶；用铜、铝粉作填料，改善胶黏剂的导热性；环氧树脂中加入铬酸锌，提高强度的保持率，在填料中加 50% 的三氧化锑，可增强抗氧化破坏能力。加入 $Zr(SiO_3)_2$ 可降低环氧树脂的吸水性。加入气相 SiO_2 可改善胶黏剂的触变性，改善工艺操作性能。

(3)减小接头应力。固化反应经常是放热反应，填料可以防止局部过热；胶接过程多数情况产生固化收缩，填料可以调节收缩率，如脲醛树脂中加入面粉可减少因固化收缩而产生的龟裂；正确使用填料可以缩小胶黏剂与被胶接材料之间热膨胀系数和膨胀速率的差异，减小接头的内应力。

(4)改善操作工艺。胶黏剂可以通过填料增稠获得触变性，适应垂直、悬置施工，可以调节固化速度，延长使用寿命，利于操作施工。如在脲醛树脂中加入面粉生产胶合板时，可以提高胶液的稠度，防止胶液向木材内过度浸透，造成缺胶和透胶。

填料用量要适当，既要提供相应的功能，又要保证胶黏剂配方的整体优越性能。在调胶配方中填料过多，会使胶黏剂的黏度增大，操作困难，胶料混合不均，胶黏剂与被胶接物的浸润性变差，导致胶接强度降低。

2.7.1.5　稀释剂与溶剂

用来降低胶黏剂黏度的液体物质称为稀释剂。其分子中含有活性基团的能参与固化反应的稀释剂称为活性稀释剂；其分子中不含有活性基团，在稀释过程中只达到降低黏度的目的，不参加反应的稀释剂称为非活性稀释剂。活性稀释剂多用于环氧型胶黏剂，加入此种稀释剂，固化剂的用量应增大。非活性稀释剂多用于橡胶、聚酯、酚醛、环氧等型的胶黏剂。一般来说胶接强度随稀释剂的用量增加而下降。

能溶解其他物质的成分称为溶剂。溶剂在橡胶型胶黏剂中用的较多，在其他类型胶黏剂中用的较少。它与非活性稀释剂的作用相同，主要的作用是降低胶黏剂的黏度，便于涂布操作。

2.7.1.6　偶联剂

在胶接过程中，为了使胶黏剂和被胶接物表面之间形成一层牢固的界面层，使原来直接不能胶接或难胶接的材料之间通过这一界面层使其胶接力提高，这一界面层的成分称之为偶联剂。偶联剂的种类及其特点如前所述。

2.7.1.7　其他助剂

为满足某些特殊要求，改善胶黏剂的某一性能，有时还加入一些特定的添加剂。加入防老剂以提高耐大气老化性；加防霉剂以防止细菌霉变；增黏剂以增加胶液的黏附性和黏度；阻聚剂以提高胶液的贮存性；阻燃剂以使胶层不易燃烧，提高胶接制品的耐燃性。它们不是必备的组分，依据配方主成分的特性和胶黏剂的要求而定。

2.7.2 胶黏剂的分类

随着胶接技术的飞速进步，胶黏剂已发展为一个独立的工业部门，渗透到各行各业中。胶黏剂也从单一的功能要求，不断地向多功能(如耐水性、耐热性、耐候性和导电性等)的要求发展。在满足这些要求的同时，胶黏剂的应用范围也不断地扩大，商品胶黏剂的种类也越来越多。胶黏剂分类至今尚无统一的方法，但可以从不同角度对胶黏剂进行分类，以突出其不同的特征。

常用的主要有按胶黏剂胶料的主要成分、用途、形态和固化方法对胶黏剂进行分类。

2.7.2.1 按固化方式分类

根据固化方式的不同，可将胶黏剂分为溶剂挥发型、化学反应型和冷却冷凝型(表2-2)。具体对某个胶黏剂，它的固化方式可能是其中的一种形式，也可能同时具有两种固化形式。如湿固化反应型热熔胶，既属于冷却冷凝型，又属于化学反应型；API类的水性高分子水乳液属于溶剂(水分)挥发型，而同时加入的异氰酸酯交联剂与体系中含羟基化合物反应，因而又属于化学反应型。

表2-2 胶黏剂按固化方式分类

固化方式			胶黏剂品种
溶剂挥发型	溶剂型	水	淀粉、CMC(羧甲基纤维素)、PVA(聚乙烯醇)
		有机溶剂	氯丁二烯橡胶溶剂型、聚醋酸乙烯
	乳液型		聚醋酸乙烯酯乳液
化学反应型	两液型	催化剂型	脲醛树脂、三聚氰胺树脂
		加成反应型	环氧树脂、间苯二酚树脂
		交联反应型	水性高分子异氰酸酯系、反应型乳液
	一液型	热固型	加热固化型酚醛树脂、三聚氰胺树脂
		抢夺反应型	聚氨酯树脂、α-烷基氰基丙烯酸酯
		其他反应型	光化学反应型树脂、厌氧型固化树脂
冷却冷凝型			骨胶、热熔胶

2.7.2.2 按物理表观形态分类

根据胶黏剂的外观形态，可分为液态型、固态型、膏状与腻子型、带状等(表2-3)。

表2-3 胶黏剂按物理表观形态分类

外观形态		胶黏剂品种
液态型	水溶液	聚乙烯醇、纤维素、脲醛树脂、酚醛树脂、三聚氰胺树脂、硅酸钠
	非水溶液	硝酸纤维素、醋酸纤维素、聚醋酸乙烯、氯丁橡胶、丁腈橡胶
	乳液(胶乳)	聚醋酸乙烯酯、聚丙烯酸酯、天然橡胶、氯丁橡胶、丁腈橡胶
	无溶剂型	环氧树脂、聚酯丙烯酸、α-氰基丙烯酸酯

（续）

外观形态		胶黏剂品种
固态型	粉状	淀粉、酪素、聚乙烯醇氧化铜
	片、块状	鱼胶、松香、虫胶、热熔胶
	细绳状	环氧胶棒、热熔胶
	胶膜	酚醛-聚乙烯醇缩醛、酚醛-丁腈、环氧-丁腈、环氧-聚酰、酚醛树脂
带状	黏附型	
	热封型	
膏状与腻子型		

2.7.2.3　按主要化学成分分类

按胶料的主要化学成分，胶黏剂可分为无机胶黏剂和有机胶黏剂两大类（表 2-4）。无机胶黏剂包括硅酸盐类、磷酸盐类硫酸盐类等；有机胶黏剂又可分为天然有机胶黏剂和合成有机胶黏剂；合成有机胶黏剂还可分为树脂型、橡胶型、复合型胶黏剂等，它们还可继续分为其他更小的类型。

表 2-4　胶黏剂按主要化学成分分类

外观形态				胶黏剂品种
无机胶黏剂	硅酸盐类			硅酸盐水泥、硅酸钠（水玻璃）
	磷酸盐类			磷酸-氧化铜
	硫酸盐类			石膏
	陶瓷			氧化锆、氧化铝
有机胶黏剂	天然有机胶黏剂	淀粉类		淀粉、糊精
		蛋白类		大豆蛋白、血蛋白、骨胶、鱼胶、酪素、虫胶
		天然树脂类		木质素、单宁、松香、树胶
		天然橡胶类		胶乳、橡胶溶液
		沥青类		
	合成有机胶黏剂	树脂型	热塑性	聚醋酸乙烯、聚乙烯醇、聚乙烯醇缩甲醛、聚丙烯、聚乙烯、聚氯乙烯、聚氨酯、聚酰胺、饱和聚酯等
			热固性	脲醛树脂、酚醛树脂、间苯二酚树脂、三聚氰胺树脂、三聚氰胺·尿素共缩合树脂、环氧树脂、不饱和聚酯、聚异氰酸酯、呋喃树脂等
		橡胶型		氯丁橡胶、丁腈橡胶、丁苯橡胶、丁基橡胶、聚硫橡胶、端羧基橡胶、有机硅橡胶、热塑性橡胶
		复合型		酚醛—聚乙烯醇缩醛、酚醛-氯丁橡胶、酚醛-丁腈橡胶、环氧-酚醛、环氧-聚酰胺、环氧-丁腈橡胶、环氧-聚氨酯

2.7.2.4　按用途分类

按是否能长期承受较大负荷，是否有良好的耐热、油、水等性能，胶黏剂可分为结构胶、非结构胶，此外还有能满足某种特定性能和某些特殊场合使用的特殊胶黏剂（表 2-5）。

表 2-5 胶黏剂按用途分类

外观形态	胶 黏 剂 品 种
结构胶	酚醛树脂、间苯二酚树脂、异氰酸酯树脂胶、酚醛-丁腈、环氧-酚醛、环氧-尼龙等
非结构胶	聚醋酸乙烯、聚丙烯酸酯、橡胶类、热熔胶等
特种胶	导电胶、导热胶、光敏胶、应变胶、医用胶、耐超低温胶、耐高温胶、水下胶、点焊胶等

2.7.2.5 按耐水性分类

根据胶合制品的耐水程度，可将胶黏剂分为高耐水性胶、中等耐水性胶、低耐水性胶和非耐水性胶(表2-6)。

表 2-6 胶黏剂按耐水性分类

外观形态	胶 黏 剂 品 种
高耐水性胶	酚醛树脂、环氧树脂、间苯二酚树脂、异氰酸酯树脂胶、三聚氰胺·尿素共缩合树脂等
中等耐水性胶	脲醛树脂等
低耐水性胶	蛋白类胶等
非耐水性胶	豆胶、淀粉胶、皮骨胶、聚醋酸乙烯乳液等

木材加工用主要胶黏剂的化学组成、品种、商品形态、固化条件、固化原理和胶接强度性能见表2-7。

表 2-7 主要胶黏剂分类一览表

化学组成		胶黏剂种类	商品形态	固化条件		固化原理	强度性能	木材胶接
				配合	温度			
天然高分子化合物	淀粉	各种淀粉胶	粉末、水溶液	单组分	常温	溶剂挥发型	非结构、非耐水	使用
		小麦粉等	粉末	增量剂	加热		非结构、非耐水	多用
		糊精	粉末、水溶液	单组分	高温	溶剂挥发型	非结构、非耐水	
		可溶性淀粉	粉末、水溶液	单组分	常温	溶剂挥发型	非结构、非耐水	
		改性淀粉	粉末、水溶液	单组分	中温	化学反应型	非结构	
	蛋白质	骨胶	固体、水溶液	单组分	常温	冷却凝固型	非结构、非耐水	多用
		酪蛋白胶	粉末、水溶液	单组分	常温	化学反应型	准结构、弱耐水	使用
		大豆胶	粉末、水溶液	单组分	常温	化学反应型	非结构、非不耐水	使用
		白蛋白	粉末	增强剂	加热	化学反应型		使用
	纤维素	硝酸纤维素	有机溶剂溶液	单组分	常温	溶剂挥发型	非结构	使用
		甲基纤维素	粉末、水溶液	单组分	常温	溶剂挥发型	非结构、非耐水	使用
		羧甲基纤维素(CMC)	粉末、水溶液	单组分	常温	溶剂挥发型	非结构、非耐水	使用
		乙基纤维素	粉末	配 合	常温	冷却凝固型	非结构	使用
	其他	生橡胶	有机溶剂溶液	单组分	常温	溶剂挥发型	非结构	
		阿拉伯树胶	粉末、水溶液	单组分	常温	溶剂挥发型	非结构、非耐水	
		大漆	水分散液	单组分	中温	化学反应型	非结构、中耐水	多用
		沥青	固体、有机溶剂	单组分	常温	溶剂挥发型	非结构	

（续）

化学组成		胶黏剂种类	商品形态	固化条件		固化原理	强度性能	木材胶接
				配合	温度			
合成高分子化合物	热固性树脂	脲醛树脂	水溶液	双组分	常温	催化反应型	非结构、中耐水	多用
		脲醛三聚氰胺树脂	水溶液	双组分	高温	催化反应型	准结构、高耐水	多用
		甲阶酚醛树脂	水溶液、胶膜	单组分	高温	热固化型	结构、高耐水	多用
		线型酚醛树脂	有机溶剂溶液	双组分	中温	催化反应型	结构、高耐水	使用
		间苯二酚树脂	水溶液	双组分	中温	加成反应型	结构、高耐水	多用
		环氧树脂	液状	双组分	常温	加成反应型	结构、高耐水	使用
		不饱和聚酯树脂	液状	双组分	常温	加成反应型	准结构、高耐水	
	热塑性树脂	醋酸乙烯树脂	乳液	单组分	常温	溶剂挥发型	非结构、非耐水	多用
		醋酸乙烯树脂	甲醇溶剂	单组分	常温	溶剂挥发型	非结构、弱耐水	使用
		丙烯酸树脂	乳液	单组分	常温	溶剂挥发型	非结构、中耐水	多用
		乙烯-醋酸乙烯共聚树脂	乳液	单组分	常温	溶剂挥发型	非结构、中耐水	多用
		乙烯-醋酸乙烯共聚树脂	颗粒	配　合	高温	冷却凝固型	非结构、中耐水	多用
		聚乙烯醇(PVA)	粉末、水溶液	单组分	常温	溶剂挥发型	非结构、非耐水	使用
		聚酰胺树脂	薄膜	单组分	高温	冷却凝固型	准结构、高耐水	
		聚乙烯醇缩醛树脂	薄膜	单组分	高温	冷却凝固型	非结构、高耐水	
		聚氨酯树脂	液状	单组分	常温	亲合反应型	非结构、中耐水	使用
		氰基丙烯酸脂	液状	单组分	常温	亲合反应型	非结构、弱耐水	使用
	弹性体	氰丁橡胶	有机溶剂溶液	单组分	常温	溶剂挥发型	非结构、非耐水	多用
		丁腈橡胶	有机溶剂溶液	单组分	高温	加成反应型	准结构、高耐水	
		SBR	胶乳（水）	配　合	常温	溶剂挥发型	非结构、非耐水	多用
	复合型胶黏剂	酚醛-丁腈橡胶	液状	单组分	高温	交联反应型	结构、高耐水	
		环氧-酚醛	液状、薄膜	单组分	高温	加成反应型	结构、高耐水	
		尼龙-环氧	薄膜	单组分	高温	加成反应型	结构、高耐水	
		丁腈橡胶-环氧	液状	单组分	高温	加成反应型	结构、高耐水	
		醋酸乙烯-间苯二酚	乳液	双组分	常温	加成反应型	准结构、高耐水	使用
		醋酸乙烯-酚醛	乳液	双组分	常温	加成反应型	准结构、高耐水	使用
		水性高分子异氰酸酯类	溶液（水）	双组分	常温	交联反应型	准结构、高耐水	多用
		α-烯烃-马来酸酐树脂	乳液	双组分	常温	交联反应型	非结构、中耐水	使用

第3章

氨基树脂胶黏剂

氨基树脂是指带有氨基(—NH_2 或—NH)基团的化合物与醛类反应而生成的聚合产物。氨基基团可与多种化学试剂反应，常用的氨基化合物有尿素、三聚氰胺、硫脲和苯胺等。各种醛类均可与氨基化合物反应，但在木材胶黏剂的合成中主要使用甲醛，而如糠醛等其他醛类一般不用作木材胶黏剂的合成。

虽然曾经对许多种酰胺和氨基类化合物进行过研究，但只有尿素和三聚氰胺具有实用价值(极少数情况下苯胺也可应用)。氨基树脂是由尿素或三聚氰胺与甲醛反应而制成的，在反应中首先由加成反应生成羟甲基化合物，这些羟甲基化合物进一步脱水缩聚形成低相对分子质量的水溶性树脂。这些低相对分子质量的树脂再进一步缩合，即形成不溶不熔的高度交联的高分子固体产物。

固化与未固化的脲醛树脂(UF)及三聚氰胺甲醛树脂(MF)的化学和物理性质均有许多共同之处，所以在使用中将这一类树脂统称为氨基树脂。不同之处是在苛刻的使用条件下，MF 优于 UF。前者具有较优异的耐水性、耐热性、硬度以及较短的固化时间。氨基树脂中的脲醛树脂胶易于老化，长期在水和湿气的环境中使用易使其胶层遭受破坏，这是氨基亚甲基键发生水解的原故。

MF 树脂具有较好的耐水性是由于三聚氰胺本身是一环状结构，当其固化时形成更多的环状结构，环状结构具有热稳定性和良好的耐水性，如同酚醛树脂具有苯的环状结构一样。因此，UF 树脂仅能用于室内，而 MF 树脂或三聚氰胺—尿素—甲醛树脂(MUF)则可以广泛用于条件恶劣的室外。如果需要完全用于室外，使用酚类树脂比氨基树脂更为可靠。

3.1 脲醛树脂胶黏剂

脲醛树脂是一种由尿素和甲醛缩聚而成的合成树脂，它属中等耐水性胶黏剂。脲醛树脂于 1844 年由 B. Tollens 首次合成，并于 1929 年被 IG 公司开发用于胶接木材之后，作为胶合板与刨花板生产用胶黏剂，得到迅速发展。特别是由于脲醛树脂固化后胶层无色，工艺性能好，成本低廉，并具有优良的胶接性能和较好的耐湿性，在木材胶接领域中的使用量不断增加。现在仍是木材工业使用量最大的合成树脂胶黏剂，特别是生产室内用人造板的主要胶种，它既可用于胶接木材和非木质材料，又可用于浸渍纸张作人造板表面的装饰材料。

脲醛树脂除可用作木材胶黏剂外，还可应用于纺织品、纸张、乐器、肥料以及涂料等。脲醛树脂可制成水溶液状、泡沫状、粉末状以及膏状使用。

随着用脲醛树脂胶黏剂制造的木材胶接制品使用量的增大，由木材胶接制品散发出的游离甲醛已成为社会问题。因此，自20世纪60年代起开始研究减少由木材胶接制品散发游离甲醛的问题。减少木材胶接制品游离甲醛释放量的方法有：降低合成树脂的尿素(U)与甲醛(F)的F/U摩尔比；在脲醛树脂中添加甲醛捕捉剂；对木材胶接制品用氨或尿素溶液进行后处理；改变树脂的合成工艺。其中降低合成树脂F/U摩尔比的方法被广泛采用。通常降低脲醛树脂的合成F/U摩尔比，往往会招致树脂的胶接性能下降、贮存期缩短、树脂的水溶性降低、胶接制成品的尺寸稳定性下降以及树脂的初黏性不好等问题。为解决这些问题，必须在树脂合成时添加各种改性剂以及调整合成工艺。目前低甲醛释放量的脲醛树脂已被广泛应用于木材胶接制品的生产。

3.1.1　合成脲醛树脂的原料

合成脲醛树脂的主要原料是尿素和甲醛。此外还需要一定量的酸碱催化剂及助剂等，在此就尿素和甲醛与树脂合成有关的物理化学性质作简单介绍。

3.1.1.1　尿素

尿素又名脲，学名碳酰胺。分子式：$CO(NH_2)_2$，相对分子质量：60.055，熔点：132.7℃。尿素为无色针状结晶或白色结晶，呈弱碱性，易溶于水、甲醛、乙醇和液态氨。晶体尿素的吸湿性很强，吸湿后结块。晶体尿素的吸湿速度比颗粒尿素快12倍。

尿素是一元碱，符合两性离子结构，与酸形成盐，可用下式表示：

$$H_2N^+{=}C(NH_2)(O^-) + HCl \longrightarrow H_2N^+{-}C(NH_2)(OH) \cdot Cl^-$$

尿素在稀酸或稀碱中很不稳定，在稀碱中加热50℃以上时放出氨，在稀酸液中放出二氧化碳：

$$H_2N-\overset{\overset{\displaystyle O}{\|}}{C}-NH_2 \xrightarrow{H_2O} \begin{cases} \xrightarrow{H^+} NH_4^+ + CO_2\uparrow \\ \xrightarrow[OH^-]{} CO_3^- + NH_3\uparrow \end{cases}$$

尿素在熔点温度以下相当稳定，在略微超过于它的熔点之上加热时，则分解成氨和氰酸。假若加热不太强烈，有些氰酸和脲结合，形成缩二脲。硫酸铜和缩二脲反应呈紫色，可用来鉴定尿素。

$$H_2N-\overset{\overset{\displaystyle O}{\|}}{C}-NH_2 + HOC{\equiv}N \longrightarrow H_2N-\overset{\overset{\displaystyle O}{\|}}{C}-NH-\overset{\overset{\displaystyle O}{\|}}{C}-NH_2$$

尿素的主要用途为农业肥料及树脂、塑料、医药、食品等工业原料。

3.1.1.2　甲醛

甲醛的分子式：HCHO，相对分子质量：30.03，沸点：-19.5℃。甲醛在常温下为气体。当空气中浓度达到0.15~0.3mg/m^3时，使人感到刺激眼睛和呼吸道黏膜；浓度在2.4~3.6 mg/m^3时，对呼吸道黏膜起刺激作用，也会刺激皮肤，引起灼伤。我国规定一般空气中甲醛的浓度要≤1.0mg/m³，生产车间≤3.0mg/m³。1987年美国环保署将甲醛列为人类可疑致癌物(B－1组)并规定在甲醛浓度超过0.5mg/L的环境中应设有警示标志。1992年修改规定甲醛的8h工作环境允许浓度为0.75mg/L，15min短期工作环境的允许浓度为2mg/L。甲醛剧烈中毒会使人失去知觉。

甲醛易溶于水，甲醛含量为37%的水溶液称为福尔马林，其水溶液为甲二醇、聚甲醛、甲醇、甲酸及水的混合物。工业用甲醛水溶液为透明液体，混入铁等物质后呈淡黄色。工业甲醛水溶液合格品甲醛含量为36.5%～37.4%。

甲醛水溶液易被氧化，极易聚合，遇冷聚合变混。在硫酸存在下与变色酸(1，8-二羟基萘-3，6-二磺酸)一起加热10min，出现亮紫色，可检出甲醛的存在。

甲醛溶于水后形成的水合物为甲二醇，甲二醇与甲醛再聚合生成二聚体的水合物，如此聚合下去形成多聚体的水合物——多聚甲醛。

$$CH_2O + H_2O \rightleftharpoons HOCH_2OH$$

$$HOCH_2OH + CH_2O \rightleftharpoons HOCH_2O\,CH_2OH$$

$$HOCH_2OH + n\,CH_2O \rightleftharpoons HOCH_2O(CH_2O)_nH$$

甲醛水溶液在贮存过程中，形成聚合度 $n>3$ 的聚甲醛，是微溶于水的沉淀，加热可使其溶解，但加热温度不要超过50℃，且不可用明火加热。甲醛水溶液的有效贮存期为3个月。

为了防止甲醛聚合，常在甲醛水溶液中加入甲醇，甲醇含量越高，甲醛水溶液贮存期间的容许温度就越低，但过多会降低甲醛与尿素的反应速度，一般甲醇含量为8%～12%。但近年来，甲醛生产企业为追求甲醛转化率而提高效益，极力降低甲醇含量，通常小于2%。

甲醛易氧化生成甲酸，甲酸含量随甲醛水溶液贮存时间的延长而增加：

$$2CH_2O + O_2 \longrightarrow 2HCOOH$$

甲醛在碱性介质中发生歧化反应生成甲酸和甲醇：

$$2CH_2O + H_2O \longrightarrow CH_3OH + HCOOH$$

甲醛与氨反应生成六次甲基四胺和盐酸：

$$6CH_2O + 4NH_4^+ \rightleftharpoons (CH_2)_6N_4 + H^+ + 6H_2O$$

甲醛与一系列其他羟甲基化合物如聚乙烯醇、淀粉和纤维素也可以发生反应。甲醛是一种反应性很强的化合物，大量用于制造合成树脂、合成纤维、医药、塑料防腐剂及还原剂等产品。

3.1.2 脲醛树脂的合成原理

尿素和甲醛的反应是非常复杂的。这两种化合物反应时，既可生成线型产物又可生成支链型产物，同时在固化过程中生成三维网状结构。这是由于尿素的官能度为4，其分子中有4个可被取代的氢原子，在常见的甲醛缩合物中是三官能度，而甲醛的官能度为2。反应中决定产物性能的最重要因素是：①尿素和甲醛的摩尔比；②缩聚反应时介质的 pH 值；③反应温度。这些因素影响树脂相对分子质量增长的速度。因此不同缩聚程度树脂的性能差别很大，特别是树脂的溶解度、黏度、水稀释度和固化速度等。这些性能在很大程度上取决于树脂相对分子质量的大小及其分布。

尿素和甲醛之间的反应通常分为两个阶段。第一阶段是在中性或弱碱性介质中，首先进行加成(羟甲基化)反应，生成一羟、二羟和三羟甲基脲(四羟甲基脲从未分离出来过)。第二阶段是在酸性介质中，羟甲基化合物分子之间脱水缩合，生成水溶性树脂，此树脂状产物在加热或酸性固化剂存在下即转变为不溶不熔的交联树脂。也可采用酸性起始一步合成。

3.1.2.1 尿素和甲醛的加成反应

尿素和甲醛在中性或弱碱性介质中，首先进行加成(羟甲基化)反应，生成初期中间体一羟、二羟和三羟甲基脲同系物。这些羟甲基衍生物是构成未来缩聚产物的单体。

1mol 的尿素与不足 1mol 的甲醛进行反应，生成一羟甲基脲。

$$H_2N-\overset{\overset{O}{\|}}{C}-NH_2 + HO-CH_2-OH \longrightarrow H_2N-\overset{\overset{O}{\|}}{C}-NHCH_2OH + H_2O$$

尿素 水合甲醛 一羟甲基脲

白色固体，熔点 111～113℃

1mol 的尿素与大于 1mol 的甲醛进行反应生成二羟甲基脲。

$$O{=}C\begin{matrix} \diagup NH_2 + HO-CH_2-OH \\ \diagdown NH_2 + HO-CH_2-OH \end{matrix} \longrightarrow O{=}C\begin{matrix} \diagup NH-CH_2OH \\ \diagdown NH-CH_2OH \end{matrix} + 2H_2O$$

二羟甲基脲

白色微晶体，熔点 121～126℃

$$\xrightarrow{+CH_2O} O{=}C\begin{matrix} \diagup NH-CH_2OH \\ \diagdown N(CH_2OH)-CH_2OH \end{matrix}$$

三羟甲基脲

羟甲基脲的分子中都含有亲水性的羟基(— OH)，因而都能溶于水，还可溶于乙醇等有机溶剂中。研究结果表明，在加成反应中，尿素分子氨基上剩余氢原子的反应活性随着羟甲基的引入而依次降低，所以生成一羟甲基脲、二羟甲基脲和三羟甲基脲的反应速度比例为 9:3:1。当尿素与甲醛的摩尔比高于 1:2 时，生成三羟甲基脲的数量增多。但是，尽管甲醛的用量再增加，1mol 的尿素也只能结合 2.8mol 的甲醛，所以即使生成四羟甲基脲，其量也不会太多。在合成脲醛树脂时，二羟甲基脲的生成非常重要。

尿素与甲醛的加成反应，在碱性条件下反应的控制因素是尿素负离子的浓度，碱性催化剂从尿素分子中吸引了一个质子，生成带负电荷的尿素负离子，尿素负离子再与甲醛反应，其反应机理如下：

$$H_2N-\overset{O}{\overset{\|}{C}}-NH_2 + OH^- \longrightarrow H_2N-\overset{O}{\overset{\|}{C}}-NH^- + H_2O$$

$$H_2N-\overset{O}{\overset{\|}{C}}-NH^- + H-\overset{O}{\overset{\|}{C}}-H \longrightarrow H_2N-\overset{O}{\overset{\|}{C}}-NHCH_2O^-$$

$$H_2N-\overset{O}{\overset{\|}{C}}-NHCH_2O^- + H_2O \longrightarrow H_2N-\overset{O}{\overset{\|}{C}}-NHCH_2OH + OH^-$$

当尿素与甲醛的摩尔比大于1:1时就能生成二羟甲基脲或三羟甲基脲。

在酸性条件下，甲醛受氢离子的作用，首先生成带正电荷的亚甲醇，再与尿素反应，生成不稳定的羟甲基脲，进而脱水缩聚，生成以亚甲基键连接的低分子缩聚物或亚甲基脲，其反应历程如下：

$$CH_2O + H_2O \rightleftharpoons HO-CH_2-OH$$

$$HO-CH_2-OH + H^+ \rightleftharpoons {}^+CH_2OH + H_2O$$

$$H_2N-\overset{O}{\overset{\|}{C}}-NH_2 + {}^+CH_2OH \longrightarrow H_2N-\overset{O}{\overset{\|}{C}}-{}^+NH_2CH_2OH$$

$$H_2N-\overset{O}{\overset{\|}{C}}-{}^+NH_2CH_2OH \longrightarrow H_2N-\overset{O}{\overset{\|}{C}}-NHCH_2OH + H^+ \longrightarrow$$

$$\longrightarrow H_2N-\overset{O}{\overset{\|}{C}}-NH-CH_2-HN-\overset{O}{\overset{\|}{C}}-NHCH_2OH$$

$$\xrightarrow{pH<3} H_2N-\overset{O}{\overset{\|}{C}}-N=CH_2 + H_2O$$

以上尿素与甲醛的加成反应在不同的反应介质条件下，对反应的进行方向、产物的化学构造以及反应速度等都有一定的影响。尿素与甲醛的加成反应速度和反应产物的化学构造决定反应介质的酸碱度。

通常合成脲醛树脂时，此阶段多是在弱碱性条件下进行。例如，用碱液（NaOH水溶液）将甲醛水溶液的pH值调节至8～9，然后根据摩尔比确定加入尿素量，由于尿素的加入，会使反应液的温度降至10℃左右。然后再升温到80～90℃。在这个阶段，从凝胶色谱分析发现尿素的峰降低（即含量减少），一羟甲基脲和二羟甲基脲的峰增高（含量增加），随着羟甲基化阶段的继续进行，尿素及一羟甲基脲的浓度减少（峰降低），二羟甲基脲的浓度增加（峰增高），并有缩聚物生成。pH值下降到6～7。

3.1.2.2 缩聚反应

合成脲醛树脂时的缩聚反应（或树脂化反应）是羟甲基化合物形成大分子的反应。在酸性或碱性条件下都可以进行，但由于在碱性条件下的缩聚反应速度非常缓慢，因而工业上合成脲醛树脂均在弱酸性条件下进行。树脂化反应的历程可能有以下几种途径：

（1）羟甲基脲中的羟基和尿素中的氨基或一羟甲基脲中氮上氢原子作用脱去一分子水。

$$-\overset{|}{N}-CH_2OH + H_2N-\overset{O}{\overset{\|}{C}}-NH-CH_2OH \longrightarrow -\overset{|}{N}-CH_2-HN-\overset{O}{\overset{\|}{C}}-NH-CH_2OH + H_2O$$

$$-\overset{|}{N}-CH_2OH + H\overset{|}{N}-CH_2OH \longrightarrow -\overset{|}{N}-CH_2-\overset{|}{N}-CH_2OH + H_2O$$

（2）羟甲基脲中的羟基和另一羟甲基脲中的羟基相互作用脱掉一分子水形成醚键（— O—）。

$$-\overset{|}{N}-CH_2OH + HOCH_2-\overset{|}{N}- \longrightarrow -\overset{|}{N}-CH_2-O-CH_2-\overset{|}{N}- + H_2O$$

（3）羟甲基脲中的羟甲基和另一羟甲基脲中的羟基相互作用脱掉一分子水和一分子甲醛形成次甲基（$—CH_2—$）键。

$$-\overset{|}{N}-\boxed{CH_2OH + HO}-CH_2-N- \longrightarrow -\overset{|}{N}-CH_2-\overset{|}{N}- + H_2O + CH_2O$$

上述三种反应以第一种反应最为可能。随着树脂化反应的继续进行，分子逐渐增大，黏度也随着缩聚程度的增加而增大。由于体系中羟甲基数量的减少，其水溶性逐渐降低，一般形成线型或带有支链的线型缩聚物，其相对分子质量从几百到几千范围内，相对分子质量分布比较宽，含有大量活性端基如羟甲基、酰胺基等，能溶于水。如果参与反应的甲醛量多，则体系中的羟甲基量也越多。

这个阶段在具体合成工艺上是用甲酸等调 pH 至 4 ~ 5，根据使用要求控制好缩聚程度，避免凝胶。当达到预定的反应终点即用碱中和。由于此时的固体含量为 45% ~ 50%，比较低，根据被胶合对象的不同使用要求，有时要真空脱水，提高固体含量至 60% ~ 65%。

3.1.2.3　凝胶（固化）反应

上述缩聚反应继续进行，达到凝胶点后则形成不溶不熔的三向交联的空间结构。作为胶黏剂使用的脲醛树脂，此阶段是在热压或冷压时完成最后的缩聚反应。

脲醛树脂交联固化转化成不溶不熔的化合物时释放出水和甲醛，可用下列反应式表示：

$$\begin{array}{l}
\cdots-HN-CO-NH-CH_2-\underset{\displaystyle |}{N}-CO-NH-CH_2-\overset{\displaystyle CH_2OH}{\overset{|}{N}}-\cdots \\
\qquad\qquad\qquad\qquad\quad CH_2\boxed{OH} \\
\qquad\qquad\qquad\qquad\quad | \\
\cdots-HN-CO-N-CH_2-N\boxed{H}-CO-N-CH_2-NH-\cdots \xrightarrow{-(CH_2O+3H_2O)} \\
\qquad\qquad\quad | \qquad\qquad\qquad\qquad\qquad\quad | \\
\qquad\qquad CH_2\boxed{OH} \qquad\qquad\qquad\quad CH_2O\boxed{H} \\
\qquad\quad \boxed{CH_2OH} \qquad\qquad\qquad\quad CH_2\boxed{OH} \\
\qquad\qquad\quad | \qquad\qquad\qquad\qquad\qquad\quad | \\
\cdots-HN-CH_2-N-CO-NH-CH_2-N-CO-NH-CH_2OH
\end{array}$$

$$
\begin{array}{l}
\cdots\!-\!HN\!-\!CO\!-\!NH\!-\!CH_2\!-\!N(\!-\!CH_2\!-\!)\!-\!CO\!-\!NH\!-\!CH_2\!-\!N(CH_2OH)\!-\!\cdots \\
\longrightarrow \cdots\!-\!HN\!-\!CO\!-\!N(\!-\!CH_2\!-\!)\!-\!CH_2\!-\!N\!-\!CO\!-\!N(\!-\!CH_2\!-\!O\!-\!CH_2\!-\!)\!-\!CH_2\!-\!NH\!-\!\cdots \\
\cdots\!-\!HN\!-\!CH_2\!-\!N\!-\!CO\!-\!NH\!-\!CH_2\!-\!N\!-\!CO\!-\!NH\!-\!CH_2OH
\end{array}
$$

根据 Kellg 的研究，缩聚时还有环状三聚物，例如：

$$
\begin{array}{c}
NH-R \\
| \\
C{=}O \\
| \\
N \\
CH_2 \qquad CH_2 \\
R-NH-C(=O)-N \qquad N-C(=O)-NH-R \\
CH_2
\end{array}
$$

R为H或CH_2OH

体型结构树脂的交联程度和参与反应的二羟甲基脲的数量有关。若树脂全部是由二羟甲基脲缩聚而成，则树脂分子结构便是高度交联的。

尿素和甲醛直接在酸性条件下反应，特别是尿素和甲醛的摩尔比低于1∶2很多时，则有不溶产物沉淀出来，此不溶物质被认为是1,2-羟甲基脲 $H_2N{-}C{=}N$（C、N间经 $O{-}CH_2$ 成环）。最近的研究指出，这是相对分子质量在200～500的缩聚混合物。

当F/U摩尔比大于2.5时，直接在pH=4.5的条件下缩聚，可得到性能良好的脲醛树脂，并且其甲醛释放量低于普通脲醛树脂。当F/U摩尔比大于3.0时，直接在pH=1的条件下缩聚，得到的脲醛树脂其甲醛释放量极低。当缩聚反应在较低的pH值下进行时，有糖醛(Uron)生成。

$$
\begin{array}{c}
O \\
CH_2 \qquad CH_2 \\
| \qquad\quad | \\
RN \qquad NR \\
C \\
\| \\
O
\end{array}
$$

(Uron)其中R：为H或CH_2OH或CH_2OCH_3

目前生产上通用的脲醛树脂其合成工艺路线都采用“碱—酸—碱”工艺，即将尿素和甲醛先在碱性条件下进行羟甲基化反应，然后在酸性条件下进行树脂化反应，达到预定缩聚程度后将其 pH 值再调节到碱性。

在实际脲醛树脂合成过程中，当缩聚反应达到预定反应程度(要求的相对分子质量)时即终止缩聚反应，终止缩聚反应所采用的方法是调整反应液 pH 值至碱性，同时降低反应温度至常温。此时树脂化反应并未完全终止，仍以非常缓慢的速度进行，这种树脂在常温所能放置的时间即为树脂的贮存期，高 F/U 摩尔比脲醛树脂的贮存期可达 6 个月，而低 F/U 摩尔比脲醛树脂的贮存期通常在 30 天左右。

脲醛树脂的固化必须恢复其缩聚反应条件，通常温度由外部提供(如热压的压板)，酸性环境通过添加固化剂形成，这样初期树脂在温度和酸性条件作用下交联固化，最终形成不溶不熔的大分子将被胶接材料胶合在一起。脲醛树脂在强酸性条件下也可实现常温固化。脲醛树脂的固化剂常用强酸弱碱盐类物质，如氯化铵、硫酸铵等，这类物质与树脂中的游离甲醛反应生成酸使树脂形成酸性环境而固化，氯化铵与甲醛的反应如下式所示：

$$\underset{pH=5.6\sim5.8}{6CH_2O + 4NH_4Cl} \longrightarrow \underset{pH=4\sim5\quad 最终降至2\sim3}{(CH_2)_6N_4 + 4HCl + 6H_2O}$$

低 F/U 摩尔比 UF 树脂中游离甲醛含量少，为了保证树脂胶的固化速度需要加入一定量的酸。被胶接物的酸碱度对脲醛树脂的固化速度也有一定的影响，在相同固化剂用量前提下，被胶接物的酸性越强固化速度越快。

3.1.3 脲醛树脂合成反应的影响因素

脲醛树脂胶黏剂的性能取决于其缩聚作用机理和固化后树脂空间结构特点。树脂合成工艺不同时，合成树脂的化学构造、胶接性能和游离甲醛释放量等差异较大。尿素与甲醛之间的反应历程，受一系列因素的影响，其中包括原料组分的摩尔比、不同反应阶段反应液的 pH 值、反应温度和反应时间等，这些因素对树脂的性能起着决定性的作用。

3.1.3.1 尿素与甲醛的摩尔比

脲醛树脂的形成，是先由尿素和甲醛反应，生成一羟甲基脲和二羟甲基脲，然后由二者的混合物继续缩聚形成树脂。因此在树脂合成的初期，要尽可能保证一羟甲基脲和二羟甲基脲的形成，尤其是二羟甲基脲的形成，显得非常重要。这是因为在缩聚过程中，有二羟甲基脲的存在，才具有促使羟甲基形成交联结构的可能，以确保胶层具有足够的内聚力。另外二羟甲基脲是增加胶层与木材之间胶接强度的主要组分。同时，缩聚后树脂分子中必须具有足够的羟甲基才能确保与木材的胶接及交联。Steele. R 与 Giddens. L. E 发现脲醛树脂中的羟甲基与纤维素可以形成醚键交联，因此羟甲基含量对胶接性能有显著影响。可以说，羟甲基含量越高的胶黏剂对木材的胶接性能就越佳。但同时，羟甲基含量越高的胶黏剂固化后释放出的游离甲醛也越多，特别是固化后树脂中没有参加固化反应的羟甲基在环境因子作用下会分解释放出甲醛。二羟甲基脲的形成及其数量以及树脂中羟甲基的含量与尿素和甲醛的摩尔比有关。如果以1mol的尿素与不足1mol的甲醛进行反应，则仅能生成一羟甲基脲。一羟甲基脲继续缩聚，最后只能形成线型结构的树脂。而如果在同样的条件下，以1mol的尿素与大于1mol的甲醛进行反应，则能生成一羟甲基脲和二羟甲基脲，继续缩聚，最后可以形成具有体型结构的树脂。

脲醛树脂胶黏剂的耐水性和尿素与甲醛的摩尔比有着密切的关系。在固化后的树脂中，仍然残存少量亲水基团(羟甲基及氨基)，其含量决定了胶黏剂的耐水性。而游离羟甲基含量和尿素与甲醛的摩尔比有关，当尿素与甲醛的摩尔比(F/U)增大时，游离羟甲基含量增加，树脂的耐水性降低；相反，尿素与甲醛的摩尔比减小，游离羟甲基含量下降，胶黏剂的耐水性增强。但是另一方面，尿素与甲醛的摩尔比增大时，树脂中羟甲基含量上升，固化后胶层的交联密度上升，游离羟甲基含量上升对耐水性有不利影响，同时由于交联密度上升对耐水性起有利的作用，所以要兼顾两种影响所造成的结果，选择适当的尿素与甲醛的摩尔比。

尿素与甲醛的摩尔比增加(F/U)，树脂中的游离甲醛含量(表3-1)及树脂在使用中甲醛的释放量均增加(图3-1)。

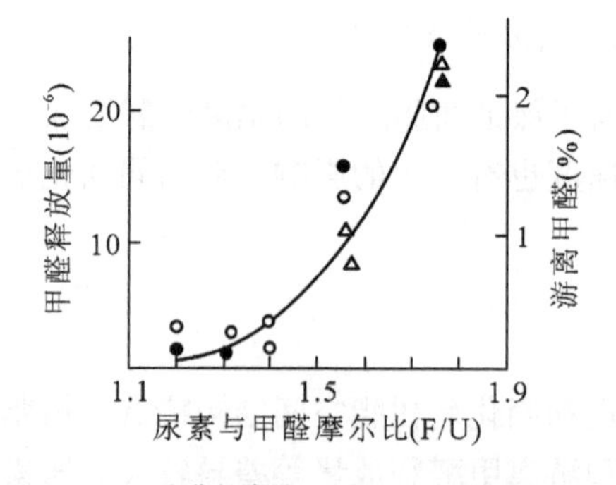

●▲—甲醛释放量　○△—游离甲醛

图3-1 尿素与甲醛摩尔比与甲醛释放量的关系

表3-1 尿素与甲醛的摩尔比与游离甲醛含量的关系

尿素与甲醛摩尔比(U:F)	树脂中游离甲醛含量(%)
1:1.80	2.17
1:1.70	2.01
1:1.60	1.58
1:1.40	1.00
1:1.20	0.50
1:1.05	0.10

一般来说，脲醛树脂胶黏剂的固化时间，随F/U摩尔比的增加而缩短，见表3-2。相同摩尔比的脲醛树脂，无论聚合度如何，其固体含量都大致相同。摩尔比不同时，摩尔比小的树脂固体含量高于摩尔比大的树脂的固体含量。摩尔比大的树脂稳定性好，摩尔比小的树脂稳定性差，贮存期短。另外，摩尔比较高的树脂的初黏性较好。

表3-2 尿素与甲醛摩尔比与固化时间的关系

尿素与甲醛的摩尔比(U:F)	树脂的固化时间(s)
1:1.50	22.2
1:1.65	19.5
1:1.70	18.2
1:1.74	14.5

以往，人们比较关注尿素与甲醛最终摩尔比，而忽视当尿素分次加入时所造成的实际不同反应阶段摩尔比的不同对最终合成树脂性能的影响。

为降低脲醛树脂的游离甲醛释放量，多采用降低 F/U 摩尔比的方法。使最终 F/U 摩尔比降至(0.90～1.30)∶1。这类脲醛树脂的合成通常采用尿素分次加入的方法，并且合成了性能优良的脲醛树脂。尿素分次加入量的不同，即不同反应阶段 F/U 摩尔比不同，对反应速度、生成树脂的化学构造、相对分子质量大小及其分布、合成树脂的性能等都有较大影响。通常在碱性阶段采用较高的 F/U 摩尔比，以使其充分地羟甲基化；在酸性阶段再加入尿素降低 F/U 摩尔比，使树脂充分地缩聚达到理想的缩聚程度；在反应后期有时也加入一定量的尿素以降低树脂中的游离甲醛含量。尿素分次加入时，对合成树脂性能的影响见表 3-3，虽然合成树脂的最终摩尔比相同，但是由于尿素加入的次数不同，其游离甲醛含量、羟甲基含量、次甲基含量以及树脂的贮存稳定性却有较大差异，特别是尿素分次加比一次加的游离甲醛含量低、贮存稳定性好。在酸性阶段 F/U 摩尔比不同时，合成树脂的性能见表 3-4，虽然合成树脂的最终摩尔比都为 1.2∶1，但是由于酸性阶段的 F/U 摩尔比不同(尿素的加入量不同)，合成树脂的性能显著不同。

表 3-3　分次加尿素对合成脲醛树脂性能的影响

合成树脂的 F/U 摩尔比（不同反应阶段的 F/U 摩尔比）	尿素加料次数	合成树脂的理化指标和胶接性能						
		固体含量（%）	游离甲醛含量（%）	羟甲基含　量（%）	次甲基含　量（%）	树脂贮存稳定性		胶合板的湿强度（MPa）
						初黏度（s）	21 天黏度（s）	
1.7∶1	一次	55.3	1.80	10.23	13.83	5.9	30	1.48
1.7∶1（1.9∶1～1.7∶1）	二次	54.5	1.33	11.22	13.35	4.4	6.8	1.52
1.7∶1（2.3∶1～1.9∶1～1.7∶1）	三次	54.6	1.37	11.72	12.72	4.0	5.6	1.41

表 3-4　酸性阶段 F/U 摩尔比与合成树脂性能的关系

尿素与甲醛在不同反应阶段的 F/U 摩尔比			合成树脂的性能和胶接强度		
最终 F/U 摩尔比	一次尿素加入后（酸性阶段）	二次尿素加入后	固体含量（%）	树脂的外观与贮存稳定性	胶合板的湿强度（MPa）
1.2∶1	1.6∶1	1.45∶1	61.90	反应中混浊，2 天分层，几天后呈膏状	1.24
1.2∶1	1.8∶1	1.45∶1	61.90	冷却后混浊，贮存期 1 个月以上	1.04
1.2∶1	2.0∶1	1.45∶1	61.57	透明黏液，第 2 天混浊，贮存期 1 个月以上	0.90
1.2∶1	2.2∶1	1.45∶1	61.41	透明黏液，数日后混浊，贮存期 1 个月以上	脱胶
1.2∶1	2.4∶1	1.45∶1	61.98	透明黏液，数日后混浊，贮存期 1 个月以上	脱胶

3.1.3.2　反应介质的 pH 值

反应介质的 pH 值的不同直接影响到尿素与甲醛的反应过程和生成物的化学构造，因而所得树脂的性质有很大差异。

(1)加成反应阶段。pH 值在 11 ~ 13 时，在强碱性介质中，即是在稀溶液中，可生成一羟甲基脲。

pH 值在 7 ~ 9 时，在中性至弱碱性介质中，尿素与甲醛生成稳定的羟甲基脲。F/U 摩尔比小于 1 时，生成一羟甲基脲白色固体，溶于水；F/U 摩尔比大于 1 时，除生成一羟甲基脲外，还生成二羟甲基脲白色结晶体，在水中溶解度不大。如果甲醛过量很多，也可生成三羟甲基脲和四羟甲基脲，后者的存在还只有间接的证明。

pH 值在 4 ~ 6 时，在酸性介质中反应生成的羟甲基脲，进一步脱水缩聚生成次甲基脲和次甲基醚键连接的低分子化合物。因此，尿素与甲醛一直在弱酸性介质中进行加成和缩聚反应也是一种制造脲醛树脂的工艺，这种工艺可以节省碱和酸的用量，缩短反应时间。

pH 值在 3 以下时，在酸性介质中生成的一羟甲基脲和二羟甲基脲立即脱水，生成次甲基脲，采用特殊的合成工艺在 pH 值为 1 条件下也可以合成脲醛树脂。并且这种树脂的次甲基键含量远高于羟甲基键，次甲基醚键的含量极低，固化后树脂的游离甲醛释放量也极低。

在不同 pH 值下合成的树脂其性能见表 3-5，其中在强酸性条件下合成的树脂虽然在 100℃下不能固化，但用其压制的胶合板还有一定的湿强度，在进一步调整其合成工艺后合成的脲醛树脂其湿胶接强度达到 0.7MPa 以上，并且其游离甲醛释放量仍保持在较低的水平。

表 3-5　不同 pH 值下合成树脂的性能

缩聚反应条件和生成树脂性能		合成树脂		
		UF-A	UF-B	UF-C
缩聚阶段 F/U 摩尔比		2.0	2.5	3.0
缩聚时 pH 值		5.0	4.5	1.0
缩聚温度(℃)		85	85	85
缩聚时间(min)		60	90	85
最终 F/U 摩尔比		1.3	1.3	1.3
黏度(涂-4 杯，25℃，s)		15.1	13.2	12.8
固体含量(%)		52.1	51.1	49.7
固化时间(100℃，s)		55	46	不固化
树脂中甲醛含量(%)		0.58	0.78	0.56
柳安胶合板胶接性能(MPa):木材破坏率(%)	干状	2.19:96	1.91:87	1.09:15
	湿状(60℃，3h)	1.23:5	1.17:8	0.49:0
胶合板游离甲醛释放量(mg/L)(干燥器法)		6.64	4.84	0.93

(2)缩聚反应阶段。在碱性条件下，反应停止在羟甲基脲阶段。羟甲基脲之间不直接反应生成次甲基键，而是进行脱水缩聚生成二次甲基醚键，二次甲基醚键再进一步分解，放出甲醛，生成次甲基键。不过反应速度相当缓慢。为了有利于缩聚反应进行，将

反应介质的pH值转为酸性。

在酸性条件下，一羟甲基脲和二羟甲基脲与尿素及甲醛进行缩聚反应，主要生成次甲基键和少量醚键连接的低分子化合物。在pH值较低的情况下，树脂缩聚反应速度快，易生成不含羟甲基的聚次甲基脲不溶性沉淀，使树脂的溶解性降低。缩聚反应速度激烈树脂黏度增长很快，而且控制不好，树脂容易凝胶。所以缩聚阶段pH值的高低，应根据F/U摩尔比的大小、甲醇含量高低而定。一般pH值在4~6之间。

尿素与甲醛在反应过程中的pH值，除外加催化剂调节之外，反应液体本身也会自行降低pH值，其原因有2种：一是参加反应的甲醛被氧化产生甲酸；二是反应初期甲醛在碱性水溶液中进行康尼查罗反应产生甲酸。

3.1.3.3　反应温度

反应温度也是影响脲醛树脂生成反应的因素之一。反应温度对反应速度有重要的影响，温度每增加10℃反应速度增加1倍。在缩聚反应过程中，当其他反应条件相同的情况下，反应温度与缩聚反应速度基本是呈直线关系，提高反应液的温度，增加了原料分子间彼此接触碰撞的机会，从而加速了分子之间的缩聚反应速度。

在酸性介质中，反应温度对于缩聚反应速度、树脂中游离物的含量以及树脂的贮存等方面的影响更为显著，因此在酸性介质中进行反应，对于温度的控制尤须严格。在保障缩聚反应安全的前提下，采用高温缩聚所得树脂的次甲基醚键含量低，次甲基键含量高，树脂的固化速度快，固化后树脂的甲醛释放量也低，但要避免反应温度过高，树脂缩聚反应急剧进行而造成凝胶化事故或相对分子质量分布不均匀，致使胶接强度下降及贮存期大大缩短。也要避免反应温度过低，缩聚缓慢致使所得到的树脂缩聚程度低、黏度小、树脂固化速度过慢，从而降低胶层内聚力等不良后果。

对各种采用不同合成工艺路线的树脂反应温度的控制各有不同。采用低温缩聚的树脂，反应温度自始至终控制在45℃以下，所得到的产品为糊状树脂。采用高温缩聚的脲醛树脂的合成是先控制反应液于低温(50℃以下)，而后才逐渐升温至沸腾，直至缩聚反应完毕，才降温放料。

在反应中，由于原料如尿素在溶解过程中的吸热以及缩聚过程中的放热反应，对于树脂合成过程中反应温度的控制有一定的影响，必须予以注意，以保证缩聚反应正常进行。

脲醛树脂的合成应尽可能利用反应放热升温，避免波动升降温而减少能耗。通常在投料后尿素溶解时加热升温至50℃左右，之后靠反应放热升温至一定温度，然后再升温(或降温)进行缩聚，直到反应结束再降温。

3.1.3.4　反应时间

反应时间关系到树脂的缩聚程度，因而关系到树脂的性能以及产品的质量。如果时间控制不当，也会产生各种不良的后果。例如反应时间过短，树脂缩聚不完全，则制得的树脂固体含量低、黏度小、树脂中游离甲醛含量高、胶合强度低。相反，反应时间过长，树脂的缩聚程度过高，树脂的相对分子质量大、黏度高、树脂的水溶性降低，则会影响施胶操作以及缩短树脂的贮存期。

反应时间还需要考虑与其他条件的共同作用效果，如摩尔比、pH值和反应温度它们与反应时间是互相依存又互相制约的，不能将某一个因素看成是孤立的，一成不变的，要考虑各因素相互之间的关系，才能获得理想的树脂。例如制造刨花板用的脲醛树脂胶黏剂，根据其使用要求，树脂的性能应该是低黏度、高固体含量、固化速度快、贮存期要长，并且要求树脂的游离甲醛含量要低，同时在胶接制板后其物理力学性能要符合标准。这本身就充满矛盾，如降低游离甲醛，只要降低 F/U 摩尔比，一般说来降到 1.3 以下，即可使树脂中的游离甲醛含量低于 0.3%，但随之而来的是板的力学性能下降。要固化速度快，则往往贮存期短。现在低 F/U 摩尔比的脲醛树脂胶黏剂已在实际生产中广泛应用。对于低 F/U 摩尔比树脂的合成，当反应温度低、pH 值也低时，可延长反应时间；反之反应温度高、pH 值也高时，可缩短反应时间。

总之，只要很好地控制上述因素，辩证地掌握，这些矛盾是可以得到解决的。

3.1.3.5 原材料质量

(1)尿素的质量。尿素中的杂质主要是硫酸盐、缩二脲和游离氨，它们对脲醛树脂胶黏剂的合成过程及生成树脂的质量有较大影响。

①尿素中的硫酸盐含量。尿素中的硫酸盐一般以硫酸铵的形式存在。不论在加热升温或保温缩聚过程中，尿素中的硫酸盐含量越高，反应介质 pH 值越低，反应液升温越快。当硫酸盐含量为 0.035% ~0.05% 时，温度很快升到沸点(97 ~98℃)。从而使反应液在反应最初阶段就呈乳浊状态。硫酸盐含量增加，会使树脂的黏度增加、固体含量下降和树脂的水混合性下降，见表 3-6。

表 3-6 硫酸盐含量与脲醛树脂性能的关系(U:F = 1:1.98)

性能指标	尿素中硫酸盐含量(%)			
	0.00	0.02	0.035	0.05
黏度(s)	14.0	15.5	21.0	24.0
折光指数	1.424	1.419	1.416	1.414
固体含量(%)	48.3	46.3	15.1	44.4
与水混合的质量比(13℃，不凝聚)	1:30	1:20	1:5	1:3

尿素中硫酸盐含量对树脂的贮存期及胶接强度也有明显影响，如图 3-2 所示，当硫酸盐含量为 0.02% ~0.035% 时，树脂贮存 24h，胶接强度开始下降。综上所述，尿素中硫酸盐含量不应大于 0.01%，否则将降低脲醛树脂胶黏剂的物理化学性能。

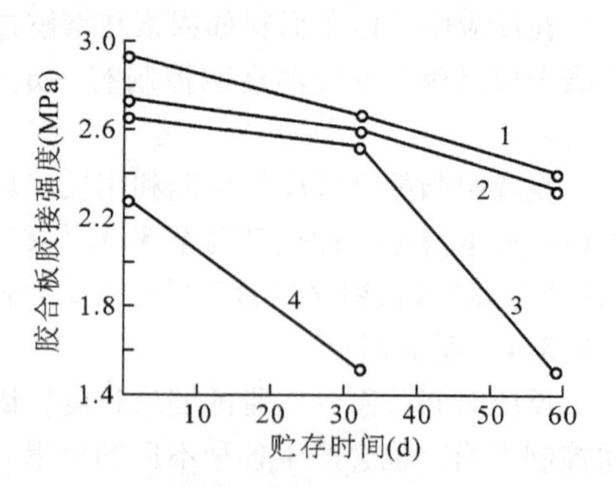

图 3-2 硫酸盐含量不同的树脂其贮存期与胶接强度的关系(U:F =1:1.66)

1—硫酸盐含量为 0 2—硫酸盐含量为 0.02% 3—硫酸盐含量为 0.035% 4—硫酸盐含量为 0.05%

②尿素中缩二脲的含量。尿素中缩二脲的含量低于 1.5% 时，对多数脲醛树脂的生产工艺及其物理化学性质影响不大，只是在采用低 F/U 摩尔比(如 1 :1.3)合成低游离甲醛脲醛树脂时，如果缩二脲含量高于 1%，方能看出其影响作用。尿素中缩二脲含量越高，

在贮存期间树脂的羟甲基含量下降越明显，树脂的贮存稳定性越差。通常农用尿素的缩二脲含量高于工业尿素。

③尿素中游离氨的含量。尿素中的游离氨能提高缩聚反应初期阶段及补加尿素再缩合阶段介质的 pH 值。当游离氨含量高于0.015%时，会延长树脂的固化时间和降低树脂的贮存期间的稳定性。

为了生产符合预定要求、性能稳定的脲醛树脂，尿素中杂质的含量应满足下述要求：硫酸盐含量不超过0.01%，缩二脲含量不超过0.7%，游离氨含量不超过0.015%。

(2)甲醛溶液的质量。

①甲醛浓度。在其他条件相同时，甲醛的浓度对反应速度有明显的影响。浓度为30%时，反应速度太慢，而高于50%时，反应速度又过于快。由于甲醛自身的溶解特性，一般工业用甲醛浓度为37% ±0.5%。利用高浓甲醛(需保温贮存)合成的脲醛树脂固含量高，对于刨花板生产可省去脱水工序，解决废水处理问题。

②甲醛溶液中甲酸和甲醇含量。甲酸是由甲醛自身氧化而产生的，甲酸的存在直接关系到反应介质的 pH 值。甲醛溶液的 pH 值依据甲酸含量的不同在2.8～3.8范围内，一般甲醛中甲酸含量不应高于0.05%～0.1%。

甲醇有阻碍缩聚反应的作用，还影响树脂的贮存性稳定性，同时也使固化后的树脂吸水性上升。通常甲醇是作为甲醛的阻聚剂而存在于甲醛水溶液中，由于甲醛的水溶液不稳定，极易聚合而从水容易中析出来，形成白色的聚甲醛，这给使用带来诸多不便。为使甲醛溶液具有良好的稳定性，常需加入少量的甲醇作阻聚剂(其含量亦可通过控制甲醇转化率来调节)。甲醛浓度越高，加入甲醇的量越大。浓度为37%～41%的甲醛视贮存温度不同，通常需加入6%～12%的甲醇，而30%的甲醛则仅加入少量甲醇即可(0.05%～1%)。

由于甲醇的存在，可使羟甲基甲氧基化。甲氧基化产物不能进一步交联，从而降低了交联密度。使固化产物的耐水性急剧下降甚至完全丧失。

为了避免上述情况，在脲醛树脂生产中常使用不加甲醇的甲醛溶液，或在使用前将其中的甲醇蒸馏除去。较有效的方法是在甲醛生产时，配成甲醛、尿素、水混合溶液，使用时再按摩尔比补加尿素，即制成 UF 预缩液，这样不但克服了甲醛在运输、贮存中的自聚现象，也可节约大量运费及能源。通常 UF 预缩液中的甲醛、尿素、水的比例为甲醛:尿素:水 =50:20:30。现在，甲醛生产厂家为提高甲醛转化率，降低生产成本，甲醇含量都很低。

③甲醛溶液中铁含量。甲醛溶液中铁含量较多时，反应初期此铁离子是加速甲醛氧化的催化剂。在后期树脂固化过程中，延长固化时间，同时胶层的颜色变成黄褐色，影响外观。甲醛溶液中铁离子的产生，主要来自贮存容器，如铁质容器，由于甲醛腐蚀铁，使甲醛溶液的铁含量逐渐增高。

3.1.4　脲醛树脂的合成工艺

脲醛树脂的合成可以根据使用目的和对树脂性能指标要求的不同，采用不同的配方和合成工艺路线。具体的合成工艺依据 F/U 摩尔比、缩聚次数、缩聚程度、反应温度、反应各阶段 pH 值、浓缩与否等的不同，生成树脂的化学结构与物理化学性能以及使用性能各有不同。在此仅就以下几个方面作以介绍。

3.1.4.1 原料计算

合成脲醛树脂所用原料量是根据尿素与甲醛的摩尔比来进行计算的。如果原料的摩尔比已确定，则可根据尿素与甲醛的纯度按下式计算出与一定量尿素进行反应时所需甲醛溶液的用量。计算公式也适用于三聚氰胺树脂和酚醛树脂。

$$G = M \cdot N \cdot \frac{W}{M'} \cdot \frac{P}{Q}$$

式中：G —— 甲醛用量(kg)；

M —— 甲醛相对分子质量；

N —— 甲醛与尿素的摩尔数；

P —— 尿素纯度(%)；

W —— 尿素量(kg)；

Q —— 甲醛的浓度(%)；

M' —— 尿素相对分子质量。

在实际生产中，因为甲醛厂家生产的甲醛的浓度不是恒定不变的，再者甲醛在贮存过程中其浓度也在变化，因此脲醛树脂合成时必须测定甲醛浓度，并准确计量甲醛用量。特别是低 F/U 摩尔比脲醛树脂的合成，甲醛浓度分析和重量计量尤为重要，若控制不准，一是导致胶接制品游离甲醛释放量波动，二是导致胶接性能波动。

3.1.4.2 树脂反应程度的控制

脲醛树脂的理化性能、使用性能以及胶接性能等，是由树脂化学构造和相对分子质量大小及其分布所决定的。因此在树脂合成过程中，必须正确地控制缩聚产物相对分子质量的大小(即缩聚程度)。

脲醛树脂的合成反应十分复杂，其缩聚产物是多种化学构造且相对分子质量分布较宽的一类混合物。在实际生产中准确地测定其相对分子质量，用以测定反应终点是很困难的，因为需要很精密的特殊仪器，操作也很复杂，又费时。如前所述，羟甲基脲在缩聚反应进程中脱水缩聚形成次甲基键及次甲基醚键，随着缩聚反应时间的延长，树脂的相对分子质量逐渐增大，树脂的黏度也随之增高。又由于羟甲基数量的减少，其水溶性逐渐降低。树脂的相对分子质量和树脂的黏度、水溶性之间存在一定的内在关系。为此，树脂的相对分子质量可以通过测定树脂的黏度或水溶性间接地测定，并以此来控制树脂的缩聚反应程度，确定反应终点。

(1)根据树脂溶液与水相溶性的变化来确定反应终点。这种方法简便，也不需特殊仪器，常用的方法有以下几种。

①水稀释度：是指在室温下，对单位体积树脂液，使其开始沉淀所加的水量，这个数值也称为沉淀点，国内称为水数。测定水稀释度的简便方法是从树脂反应器中取出一份试样，立即冷却以终止反应，达到室温后吸取 5mL 试样于小烧杯或三角瓶内，从滴定管放出蒸馏水，直至略微发生云雾状沉淀时，所加水的毫升数除以 5 就是试样的水稀释度。缩聚反应继续进行，水稀释度就下降。这个方法对酚醛树脂和氨基树脂都适用。

显然稀释度决定于温度，故在必要时试验也可在不是室温下进行。

②憎水温度：最常用于氨基树脂，特别是三聚氰胺-甲醛缩聚反应，反应一开始时，缩聚物和水相互混溶，反应继续进行，树脂液含水量下降，若用少量树脂液，用大量水稀释，树脂便开始分出。工业上因为树脂从亲水阶段变为憎水阶段，故有憎水温度这个名称。简便方法可以将一二滴树脂液滴入于维持在一定温度而半盛水的试管或烧杯内，发现白色云雾状不溶物时的温度就是憎水温度。当反应继续进行时，这个憎水温度就升高。由于这样稀释，树脂和水量的正确比例就不重要，水的温度就成为唯一的度量，这是一个简易而十分灵敏的测试方法，温度范围可以从0～70℃。生产上也有采用以20℃水中树脂液出现云雾状作为反应终点的。

③浊点：当反应混合物冷却时，由于水分的析出，最初发现混浊时的温度称为浊点。浊点的精确测定是将10～15mL反应液放入备有搅拌器和温度计的15cm×ϕ2.5cm的试管内，冷却，快速搅拌直至初次发现混浊的温度即浊点。如果浊点很高，可以预先温热试管设备，以免冷却不当，这个方法很适用于苯酚—甲醛树脂的缩合反应。

(2)以黏度确定反应终点。这种方法应用较普遍，也是比较理想的方法。采用的仪器有改良奥氏黏度剂、恩格拉黏度剂、涂-4杯黏度剂、格氏管等。由于黏度随温度变化，所以测定黏度时一定要注意控制温度。

以反应时间控制反应终点的方法也较常用。但是由于反应时间受pH值、温度等的波动影响很大，不能真实确切地表征树脂的缩聚程度，因此这种方法的准确性很差。

近年来有报道，脲醛树脂的折光指数与其固体含量之间存在线性关系，即可根据树脂的折光指数确定其固体含量。因为在生产上常要求树脂具有一定的固体含量，故可用折光计来控制脱水终点。

3.1.4.3 工艺类型的选择

(1)缩聚次数的选择。

①一次缩聚。在树脂合成时，尿素一次加入与甲醛进行一次性缩聚反应。最好先用蒸汽或少量水将尿素溶解后，缓缓加入进行反应。这样可以避免由于放热反应而使反应温度急剧升高，对生产操作及树脂质量带来不利的影响。

②二次缩聚。在树脂合成时，尿素分两次加入与甲醛进行二次缩聚反应。这样可以减缓尿素加入后的放热反应，使反应平稳易于控制。二次缩聚的目的是提高第一次尿素与甲醛的摩尔比，这样有利于形成二羟甲基脲和降低游离甲醛含量。

目前，为了将树脂中的游离甲醛降低到最少的程度，采用三次或四次缩聚工艺来合成脲醛树脂。

(2)缩聚温度的选择。

①低温缩聚。尿素与甲醛的缩聚反应温度，自始至终在45℃以下形成树脂，树脂外观为乳状液。树脂化速度与甲醛的浓度有关，甲醛浓度低，树脂化速度慢；甲醛浓度高，树脂化速度快，但贮存性能不佳，树脂有分层现象，不便于使用。

②高温缩聚。尿素与甲醛的缩聚反应温度在90℃以上时，形成的树脂外观为黏稠液体。树脂贮存期长，一般为2～6个月。贮存中无分层现象，使用方便。

(3)反应各阶段pH值的选择。

①碱—酸—碱工艺。尿素与甲醛首先在弱碱性介质(pH=7~9)中反应，完成羟甲基化形成初期中间产物，而后使反应液转为弱酸性介质(pH=4.3~5.0)，达到反应终点时，再把反应介质pH值调至中性或弱碱性(pH=7~8)贮存。

②弱酸—碱工艺。尿素与甲醛自始至终在弱酸性介质(pH=4.5~6.0)中反应，树脂达到反应终点后，把pH值调至中性或弱碱性贮存。

③强酸—碱工艺。尿素与甲醛自始至终在强酸性介质(pH=1~3)中反应，要特别注意尿素的加入速度不能过快，否则反应极难控制。另外随着反应液pH的降低必须相应提高甲醛与尿素的摩尔比，在反应液pH接近1时，甲醛与尿素的摩尔比要大于3，同时反应温度也要相应降低。当树脂达到反应终点后，把pH值调至中性或弱碱性贮存。

(4)浓缩与不浓缩的选择。

①浓缩。树脂达到反应终点后进行减压脱水。这种树脂的特点是黏度大、树脂固体含量高、游离甲醛含量低、胶合性能好等。

②不浓缩。树脂达到反应终点后，不经减压脱水处理。不浓缩树脂的特点是树脂固体含量低、游离甲醛含量相对浓缩树脂高、胶液黏度小、生产成本低等。

3.1.4.4 脲醛树脂合成实例

(1)合成实例A。树脂的配方见表3-7。

表3-7 脲醛树脂的配方实例A

原 料	纯度(%)	摩尔比(F/U)	用量(kg)	备 注
甲醛水溶液	37		1000	
尿素A	98	2.0	377.6	
尿素B	98	1.7	66.6	
尿素C	98	1.5	59.2	
六次甲基四胺	工业纯		3.9	
聚乙烯醇	工业纯		11	预先用3倍水浸泡8 h以上
氢氧化钠	30~40		适量	
甲酸	甲酸:水=1:2		适量	

合成工艺：甲醛水加入反应釜后，加入六次甲基四胺。用氢氧化钠调pH = 7.8~8.2。加入尿素A和聚乙烯醇并加热升温，在30~50 min内升温至88~92℃，并保温30 min。用甲酸调pH = 5.2~5.4，在88~92℃下保温30 min后，再用甲酸调pH = 4.7~4.9。反应20 min后不断测定黏度，当黏度达到19~21s(涂-4杯，30℃)，加入尿素B并用氢氧化钠调pH = 4.9~5.1，在温度85~87℃下反应到黏度为25.5~28.5s。用氢氧化钠调pH=7.5~8.0，并降温到80℃，加入尿素C，然后在65℃下保持30 min。冷却并调pH = 7.0~7.6，在35℃以下放料。

合成树脂A的性能指标如下：

固体含量(%) 48~50

黏度(涂-4杯，30℃)(s)　25~28
pH值　7.0~7.5
游离甲醛(%)　1.3以下
适用期(40℃)(min)　20~45
贮存期(d)　10

该树脂初黏性好，可预压成型。用于胶合板生产，可加入面粉填充剂15%~18%。

(2)合成实例B。树脂的配方见表3-8。

表3-8　脲醛树脂配方实例B

原　料	纯　度	重量比	F/U摩尔比
甲醛	37%	1000	
尿素A	98%	370	2.0
尿素B	98%	211	1.3
氢氧化钠	30%	适量	

合成工艺：用氢氧化钠溶液调甲醛水溶液pH=7.0~7.5，按尿素与甲醛的摩尔比U:F=1:2的比例加入尿素。加热升温至90~92℃，并保温30 min，此时反应液的pH降至6.0~6.5。用甲酸调pH=4.2~4.5，并在90~92℃温度下反应20~30 min，当树脂试样与水混合出现白色沉淀时，此阶段结束，此时树脂液黏度为(涂-4杯，20℃)16~18s。用氢氧化钠溶液调整反应液pH = 6.7~7.0，冷却至70~72℃，在65~70℃下真空脱水。脱水量为原料总量的22%，折光指数为1.450。加尿素，使尿素与甲醛的摩尔比由1:2降到1:1.3。在60℃下再缩聚30 min后，冷却到20~30℃放料。

合成树脂B的性能指标如下：

固体含量(%)　65~67
黏度(涂-4杯，30℃)(s)　30~50
折光指数　1.462~1.467
pH值　6.5~8.0
羟甲基含量(%)　13~14
游离甲醛(%)　0.1~0.3
固化时间(100℃)(s)　40~55
适用期(20℃)(h)　8~24
贮存期(月)　2

该树脂最大特点是游离甲醛含量低，主要用于刨花板生产，也可以用于胶合板生产。

(3)合成实例C。树脂的配方见表3-9。

表 3-9 脲醛树脂配方实例 C

原　料	纯　度	质量比	摩尔数
尿素	98%	100	1.0
甲醛	37%	233.1	1.8
氢氧化钠	35%	适量	
六次甲基四胺	100%	5	32

合成工艺：将甲醛加入反应釜，开动搅拌器，用35%氢氧化钠调甲醛的pH值为5.4~5.6。加热使甲醛水升温到40℃时，向反应釜内加入六次甲基四胺，并测定pH值为8.1±0.1。向反应釜内加入尿素总量的75%。在60 min内缓慢加热至95℃，在96℃±1℃下反应40 min后，测定反应液的pH值降至5.4~5.6，继续反应30 min。向反应釜内再加入余量25%的尿素，在30 min内缓慢加完(二次尿素需用热水溶开后加入，水温不超过60℃，水量为尿素的60%)。在96℃±1℃下继续反应，当黏度达到要求时，用35%氢氧化钠调整反应液的pH值为6.8~7.0，然后进行脱水。脱水量达到要求时，调pH值为6.8~7.2，冷却至25~35℃放料。

合成树脂C的性能指标如下：

固体含量(%)	60±2
黏度(涂-4杯，30℃)(s)	100~140
固化时间(s)	50~70
pH值	6.8~7.2

此树脂胶主要用于细木工板、单板拼接、塑料贴面板胶贴等。

3.1.5 脲醛树脂的调制

脲醛树脂在加热或常温下，虽然也能够“固化”，但固化后树脂的胶接性能不十分理想，因此，脲醛树脂合成后，在具体使用前通常都要对其进行调制。在树脂中加入固化剂、助剂和改性剂等，并且调制均匀后使用，这一过程称为脲醛树脂的调制亦称为调胶。它是树脂使用过程中的一个不可缺少的重要工序之一，越来越受到人们的重视。

人造板用脲醛树脂经调制后应满足以下要求：①具有较好的胶接强度、较高的耐水性和耐老化性能；②具有较好的操作性能。胶液的使用时间长(也称胶液的适用期长)，一般调制后的胶液的适用期应在4h以上，不能过快凝胶；③胶液在胶接过程中，要求固化速度快，以减少热量消耗，缩短热压时间，提高生产效率；④操作性能好，成本低廉。

3.1.5.1 固化剂

脲醛树脂的固化原理是在树脂中加入酸或能释放出酸的盐类，使树脂的pH值降低，缩聚反应迅速进行，达到固化的目的。脲醛树脂的固化剂种类很多，可分为酸类、盐类和潜伏型(表3-10)。

表 3-10　固化剂的种类与实例

种类		实例
酸类	无机酸	盐酸、磷酸、硫酸、硝酸、硼酸
	有机酸	草酸、苯磺酸、丙二酸、醋酸乙烯、硝基醋酸
盐类	酸性盐	氯化铵、硫酸铵、磷酸铵、氯化锌、硫酸铁铵、盐酸羟胺
潜伏型		酒石酸、草酸、柠檬酸、有机盐酸、有机醇胺、氨基磺酸铵、草酸二甲酯、对甲苯磺酸-β苯基乙酯、乙二醇胺硫酸酯、一氯乙酰胺、丙二酸、乙酸乙酯、乙烯基醋酸酯、一氯醋酸、二甲胺、氯丙基二甲胺的盐酸盐、氨基烷二醇和烷基醇胺的盐酸盐混合物

潜伏型固化剂是一种低温下不显酸性，而在高温时(100℃)才呈酸性的物质。在生产上既要求脲醛树脂能在胶接过程中快速固化，又要求在使用时具有较长的适用期，这是生产上急待解决的问题。在国内外有用潜伏性固化剂来解决这一问题。

一般常用的酸性盐类固化剂，如氯化铵、硫酸铵、氯化锌等，它们具有加热分解，在水溶液中发生水解以及与某种物质相互作用产生游离酸，因而可以促进脲醛树脂固化作用。

氯化铵在受热条件下的分解：

$$NH_4Cl \longrightarrow NH_3\uparrow + HCl$$

氯化铵、氯化锌在水溶液中产生水解：

$$NH_4Cl + H_2O \longrightarrow NH_4OH + HCl$$

$$ZnCl_2 + 2H_2O \longrightarrow Zn(OH)_2 + 2HCl$$

特别是铵盐与树脂中的游离甲醛反应生成盐酸(HCl)：

$$4NH_4Cl + 6CH_2O \rightleftharpoons 4HCl + (CH_2)_6N_4 + 6H_2O$$

强酸性物质(如盐酸)虽然能迅速地促进树脂固化，但实际生产上却不能直接采用此类物质作固化剂。因为将强酸直接加入树脂内，则首先与强酸接触的部分树脂瞬刻即发生固化，失去使用效能。由于被胶接物是木材，木材本身易受酸的水解。所以作为木材加工用的胶黏剂加入的固化剂其酸性不能过高，一般控制在 pH = 4～5 之间，在此范围内的 pH 既可加速固化又不致使木材发生水解而降低强度。最好是设法使胶层固化后呈中性。如在制造胶合板的脲醛树脂胶中加入碱性的矿石粉可以显著地提高胶合板的湿强度。

理想的固化剂应能使树脂胶的适用期长，固化时间短。为此目的，常使用迟缓剂。迟缓剂是固化剂的一种组分，常用的迟缓剂如氨、尿素、六次甲基四胺、三聚氰胺等。这些迟缓剂在常温下能使上述氯化铵和甲醛的反应平衡向左边移动，使生成酸的量减少，固化速度减慢，适用期延长。而在高温时上述反应的平衡向右边移动，生成酸的量迅速增加，固化速度加快。所以加入迟缓剂后，低温时胶固化慢，高温时固化速度快。

脲醛树脂胶在热固化时，由于树脂中存在游离甲醛有利于链和链之间的交联，如两个分子链上的酰胺键($-\underset{|}{N}H$)和甲醛形成次甲基键相互连接。

$$\cdots-\underset{|}{N}H + CH_2O + H\underset{|}{N}- \longrightarrow \cdots-\underset{|}{N}-CH_2-\underset{|}{N}-$$

对游离甲醛含量很低的脲醛树脂则借助甲醛来形成次甲基键的可能性就大大下降，若要形成交联必须借助两个分子以上的羟甲基相互作用形成次甲基醚键或次甲基键。因此低游离甲醛含量的树脂其羟甲基含量应适当提高，以有利于快速固化。当然羟甲基含量过高，若固化不完全，则导致板的吸湿性提高。

固化剂加入量取决于胶合工艺是室温固化还是高温固化、板的类型和厚度、填料的加入量以及希望的固化时间和适用期。

脲醛树脂的凝胶受温度影响很大，尤其在冬季低温时，凝胶时间会显著地延长。在夏季则会由于气温高，树脂凝胶过快，影响涂胶工艺操作。所以固化剂的加量需根据不同的气候条件来选定，通常脲醛树脂加入固化剂的数量占树脂液总量的 0.2% ~1.5%，加入固化剂后，胶液的适用期不得少于 4h。夏季加量稍小，冬季适当增加，这样就可以避免在高温下胶液适用期过短，来不及涂胶就呈凝胶状态，从而引起胶接力下降和使用时由于胶液黏度过高致使涂胶量增加造成胶液浪费，同时也可以防止在冬季低温情况下，胶液长时间不凝胶，停留于单板表面，并且严重渗入木材内部而引起透胶或缺胶现象。

3.1.5.2　助剂

有关胶黏剂调制时所用助剂的种类和作用已在第 2 章 2.7 节中作过介绍，在此仅就脲醛树脂调制时常用的助剂作简单介绍。

（1）填料和增量剂。在脲醛树脂中加入填料的目的是节约树脂用量，降低生产成本；增加胶液工作黏度，避免由于胶液过稀，渗入木材内部引起缺胶；防止或减少胶液在固化过程中由于水分蒸发、胶层收缩而产生的内应力，提高胶层的耐老化性能。

①填料。是不挥发的固体物质，没有黏性或稍带黏性，不能成糊状，一般是不溶解于水的粉状物质，可以分散在胶液中。加填料有两个作用：一是提高胶液的黏度；另外可以降低成本。从理论上看，填料是细小的颗粒状的物质，增加了胶液的黏度，同时能堵住木材细胞的孔隙，防止胶液渗入木材的孔隙中去。常用填料见表 3-11。

表 3-11　木材加工用脲醛树脂常用填料

类别	填料
无 机 物	瓷土、白垩、高岭土、矿石粉
果壳粉	椰子壳粉、核桃壳粉、油橄榄粉、松子壳粉、花生壳粉
木　粉	软木粉、硬木粉、树皮粉
其　他	玉米芯、稻壳粉

②增量剂。也是不挥发的固体物质，可形成糊状，含有淀粉，有的含有蛋白质。增量剂除能降低胶液成本外还有下列作用：增量剂中的淀粉可吸收胶中的水分，使涂胶后胶层保持有一定的水分。水分可以增加胶液的流动性，也可以湿润木材表面，并可以使少量的胶液渗进木材形成胶钉，使胶接更牢固。而增量剂中的蛋白质可以与甲醛反应，使胶液的黏度增大，防止热压时胶液黏度降低，从而避免胶液被木材过度吸收。增量剂中的淀粉和蛋白质能增加胶的黏性和自黏性，它可使成型板坯具有预压性能，便于板坯运输和热压机自动装板。预压属于机械黏结，主要是通过加入适量的增量剂、对树脂进行改性以及通过涂胶后单板的陈化来获得。

增量剂的种类有：含淀粉的增量剂(如小麦粉、黑麦粉、豆粉、木薯粉、高粱粉、马铃薯粉、米粉和大豆粉等)；含可溶性纤维素类增量剂(如可溶性纤维素、甲基纤维素、乙基纤维素、羟甲基纤维素等)；含蛋白质类增量剂(如大豆粉、血和血粉等)。

木薯粉、高粱粉、马铃薯粉、米粉、大豆粉需加热才能成糊状。可溶性纤维素只需加入很少就能起很大作用。小麦粉是胶合板用胶非常好的增量剂，它除了可以赋予胶液预压性能外，还可以提高胶接的工艺性能，减少透胶和分层鼓泡。大豆粉也是非常好的增量剂，豆粉中的蛋白质具有两重性既能与酸作用又能与碱作用，因此用豆粉作增量剂时加入同样多的氯化铵其胶液的pH仍为8左右，延长了胶液的适用期，当热压时由于蛋白质变性失去了两重性，氯化铵又显酸性，所以不影响胶液固化，可以将豆粉看做良好的潜伏性固化剂。

填料和增量剂的加入量，需根据树脂的情况，如树脂本身浓度大小以及胶接制品的质量要求来决定。一般为树脂用量的5%～30%，也有高达50%的。填料和增量剂加入量越多，树脂耗用量相应减少，可以降低用胶成本。但是添加量过多，会延长树脂的固化时间，降低胶合强度及树脂的耐水性能。所以在确定填料和增量剂加入量时，必须在保证胶接质量要求的前提下适量加入。

(2)发泡剂。在脲醛树脂中加入发泡剂，经激烈搅拌起泡，最终可以得到容积较大，比重较小的泡沫脲醛树脂胶。采用泡沫胶黏剂的最大特点是减少胶黏剂的耗用量，降低用胶成本。树脂制成泡沫状应用，使体积增大了3～4倍，这种微孔状胶液在涂胶层表面很快形成一层膜状泡沫体，这种膜状体在木材间固化，不会深度地渗透到木材中部，因而虽然用较小的涂胶量亦足够保证胶接质量。

发泡剂是一种表面活性物质，它的主要作用是降低树脂胶液的表面张力，使空气易于在胶液中分散，并形成稳定的泡沫。制造泡沫脲醛树脂胶所用的发泡剂有血粉、明胶、酪素等。也有用拉开粉(烷基萘基磺酸盐)与骨胶配合作发泡剂的。生产上主要以血粉作发泡剂，因为血粉易于起泡，泡沫稳定性好，使用简便，成本低廉。但是因血粉具有一定的酸度，在打泡过程中会改变胶液的pH值，对胶液的适用期有一定影响。

发泡剂用量为树脂质量的0.5%～2%。为了增加泡沫的稳定性，可以加入1.2%～1.8%的豆粉作稳定剂。

木材胶黏剂的助剂种类繁多，除上述几种主要助剂之外还有防水剂、防腐剂、阻燃剂、消泡剂、甲醛捕捉剂等。通过加入不同种类的助剂以改进或赋予胶接制品以不同的性能。

3.1.5.3　脲醛树脂调制实例

调胶是树脂使用过程中的一项非常重要的工作，因为它对于胶接质量以及胶黏剂使用性能均有较大的影响。

在进行树脂调制时，首先需根据树脂本身的情况以及树脂胶在使用上的要求，制定调胶配方，确定树脂、固化剂以及其他助剂的组分及其加入量，然后进行调胶。具体实施调胶配方需经过试验验证后才可用于实际生产之中。

(1)F2级特种无臭胶合板用JN-90低毒性脲醛树脂的调胶配方。

树脂性能：F/U＝1.3；固体含量50%±2%；黏度(25℃)0.08～0.12Pa·s；游离甲

醛含量(4℃)＜0.3%；pH 值 7.0～7.5；固化时间＜50s；适用期＞4h；密度(25℃)1.20g/cm³；贮存期(20℃)＞15d。

调胶配方：①脲醛树脂 100 份，面粉 20 份，水 20 份，矿石粉 5 份，木粉 3 份。

②脲醛树脂 100 份，面粉 20 份，水 20 份，木粉 3 份。

③脲醛树脂 100 份，面粉 10 份，水 10 份，矿石粉 20 份，木粉 3 份。

④脲醛树脂 100 份，面粉 20 份，水 15 份。

固化剂加量以调胶后胶液 pH 值 4.8 左右为宜。此胶液初黏性好，具有预压性能，特别适用于表板改薄芯板加厚的快速胶压工艺。

(2)E_1 级刨花板用 DN-6 低毒性脲醛树脂的调胶配方。

树脂性能：F/U＝1.05；固体含量 60%～65%；黏度(25℃)0.20～0.40 Pa·s；游离甲醛含量(4℃)＜0.1%；pH 值 7.0～7.5；固化时间＜60～70s；适用期＞4h；密度(25℃)1.26g/cm³；贮存期(20℃)＞30d。

表层刨花用胶液的调胶配比见表 3-12，芯层刨花用胶液的调胶配比见表 3-13。表层胶液固体胶含量一般为 42%～52%，pH 值为 8～9，固化速度为 200～300s；芯层胶液固体胶含量一般为 50%～56%，pH 值为 6～7，固化速度为 70～90s。

表 3-12　表层胶液调胶配方

原料种类	浓度(%)	密度(g/cm³)	干质量(kg)	溶液质量(kg)	体积(L)
原胶	65	1.26	34.40	52.92	42
石蜡乳液	20	0.97	0.78	3.88	4
氨水	25	0.91		0.46	0.5
固化剂	20	1.09	0.17	0.87	0.8
水		1.0		10.12	10.12
混合胶液	50.49	1.19	35.35 / 51.89%	68.13	57.3

表 3-13　芯层胶液调胶配方

原料种类	浓度(%)	密度(g/cm³)	干质量(kg)	溶液质量(kg)	体积(L)
原胶	65	1.26	34.40	52.92	42
石蜡乳液	20	0.97	0.87	4.37	4.5
固化剂	20	1.09	0.35	1.74	1.6
水		1.0		5.0	5.0
混合胶液	53.72	1.21	35.62 / 55.63%	64.03	53.1

3.1.6　脲醛树脂胶黏剂的改性

作为木材胶黏剂主要品种的脲醛树脂胶黏剂具有许多优良的性能。诸如：无色透明或为乳白色混浊的黏稠状液体；一般具有 50% 以上的干物质含量，初期缩聚树脂具有水溶性；它属于热固性树脂，但是当加入固化剂以后，在树脂的 pH 值下降到 5.0 左右时，即使是在室温下胶液也能够逐渐凝胶而最后固化，所以可用于冷压或热压胶接；脲醛树脂胶黏剂具有较高的胶接强度，与动植物胶相比具有较好的耐水性，能够耐稀酸和稀碱，胶层不受微生物及虫类的破坏，对日光具有稳定性，同时原料易得，成本低廉，因而被广泛用于人造板生产。

但是脲醛树脂胶黏剂在应用过程中，尚存在着对沸水抵抗力弱的问题，胶膜易老化，在制胶特别是树脂使用过程中存在严重的甲醛污染问题。这对于提高产品质量，扩大产品的应用范围，以及净化人类生存环境等方面都存在着不利的影响。因此对于脲醛树脂胶黏剂存在的缺陷进行改性，是科研工作者和生产企业十分关注的问题。对脲醛树脂胶黏剂存在问题的改进，主要从以下两个方面进行：一是在树脂合成过程中通过共聚、混溶的方法，从分子内部改进其结构，或从分子外部改进其物理化学性质；二是在树脂中加入各种改性剂，使树脂的某些性能得以改善。

3.1.6.1　提高脲醛树脂胶黏剂的耐水性

脲醛树脂胶黏剂的耐水性，比蛋白质胶黏剂强，但比酚醛树脂胶黏剂及三聚氰胺树脂胶黏剂弱，特别是对于沸水的抵抗力更弱。这是由于在固化了的脲醛树脂胶黏剂中尚存在着具有亲水性的羟甲基。因此用脲醛树脂胶黏剂制得的人造板或其他胶接制品，仅限于室内用。如作为室外用途，则会在反复干湿的条件下，由于胶膜的吸湿性，使胶层性能逐渐恶化，胶接强度迅速下降，制品的使用寿命显著缩短，这种现象在高温、高湿的条件下尤为严重。

提高脲醛树脂胶黏剂的耐水性能，可以在脲醛树脂缩聚过程中加入适当的苯酚、间苯二酚或三聚氰胺等使之共聚，产生耐水性的共聚体；或将制得的脲醛树脂与酚醛树脂或三聚氰胺树脂共混；也有在进行胶接前加入三聚氰胺粉末或其他化合物在进行热压，以提高脲醛树脂胶黏剂的耐水性能。其中三聚氰胺改性脲醛树脂胶黏剂（UMF）已用于防潮、耐水和无臭人造板生产。

利用各种合成乳胶对脲醛树脂进行改性，如丁苯胶乳、端羧基丁苯胶乳、丁腈胶乳、丁吡胶乳、氯丁胶乳和各种丙烯酸酯胶乳等，其中以丁苯及端羧基丁苯胶乳效果最佳，成本也低廉。改性后胶黏剂的耐水、耐沸水及耐久性全面提高。利用反应能力极强的异氰酸酯树脂对脲醛树脂进行改性，以提高其耐水与耐老化性能。将异氰酸酯引入氨基树脂-乳胶体系，制成的胶黏剂特别适用与高含水率（30% ~70%）湿木材的胶接。

利用聚氧乙烯基醚对脲醛树脂、三聚氰胺树脂进行化学改性，胶黏剂的耐水性明显提高。利用造纸木素对脲醛树脂改性即可适当提高其耐水性，又可降低成本。在脲醛树脂中添加少量的环氧树脂会使其耐水性和胶接性能得到明显提高。另外，将$Al_2(SO_4)_3$、$AlPO_4$、白云石、矿渣棉及 NaBr 等无机盐或填料引入脲醛树脂，胶黏剂的耐水性明显提高。

3.1.6.2　改善脲醛树脂的老化性

老化现象是合成树脂的通病，脲醛树脂同样存在，其固化后的胶层随着时间的增长，逐渐地产生龟裂以及发生胶层脱落现象。胶层越厚，龟裂剥离现象越甚。

引起脲醛树脂胶黏剂老化的原因有：①树脂固化后仍继续进行缩聚脱水反应；②在固化后的产物中仍存在着游离羟甲基，使胶层对于大气中的水分不断地吸收或放出，在反复干湿的情况下，即收缩-膨胀应力的作用下，引起胶层的老化；③在外界因子如大气中的水、热、光等的影响下，树脂分子断裂，导致胶层老化。此外，固化剂的浓度、加压压力、木材表面的粗糙程度等都是引起树脂老化的因素。

改善胶层老化性的方法有：

（1）从工艺方面要求被胶接木材表面平整光滑，尽量减少凸凹不平，以免胶液分布不均而形成过厚的胶层，在表里收缩不均匀的情况下产生开裂。

（2）对脲醛树脂进行改性，为了使树脂的交联程度减少，脆性下降，挠性增加，可以加入热塑性树脂来改性，如在树脂缩聚时加入聚乙烯醇形成聚乙烯醇缩甲醛来改性脲醛树脂，或与热塑性树脂（如聚醋酸乙烯树脂）混合使用，这样可兼具脲醛树脂及聚醋酸乙烯树脂的特点，即增加了聚醋酸乙烯树脂的耐水性，同时增加了脲醛树脂的韧性和黏性，并改善了脲醛树脂胶黏剂的耐老化性能。如用20%～30%的聚醋酸乙烯酯乳液与脲醛树脂共混后用于人造板表面装饰的微薄木湿贴，即可防止透胶，又可以实现快速胶贴。另外在树脂中加入适量的醇类物质，使树脂醚化，可以提高树脂的柔韧性。

（3）在树脂中加入各种填料，如豆粉、小麦粉、木粉、石膏粉等，这是改善脲醛树脂的老化性，防止胶层由于应力作用而引起的龟裂的简便而又行之有效的方法。

（4）适当使用固化剂，固化剂的酸性越强，虽然可以明显地缩短树脂的固化时间，但也相应地促使胶压后树脂的迅速老化，因此选用适当的固化剂，可以减少这种现象，延长制品的使用寿命。一般以氯化锌或氯化铁等作固化剂，效果较好。

3.1.6.3 降低脲醛树脂中的游离甲醛含量

脲醛树脂中的游离甲醛含量，取决于甲醛与尿素的摩尔比，甲醛与尿素的摩尔比越高，树脂中的游离甲醛含量就越大。游离甲醛含量高，直接导致树脂使用环境（生产现场）的甲醛污染和胶接制成品使用环境（居室等）的甲醛污染。严重的还会造成甲醛公害，影响生产工人和消费者的身心健康。胶接制品的甲醛释放量不仅受胶中的游离甲醛含量控制，还与树脂的合成工艺有关，也与树脂胶固化时所放出的游离甲醛有关。树脂胶在固化时放出游离甲醛的反应如下：

在液体树脂胶中羟甲基和游离甲醛之间存在着平衡

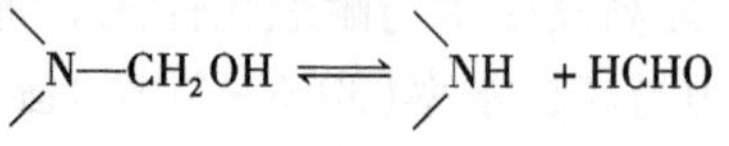

$$>N—CH_2OH \rightleftharpoons >NH + HCHO$$

当加入固化剂后，树脂液的酸性增大，固化时反应如下：

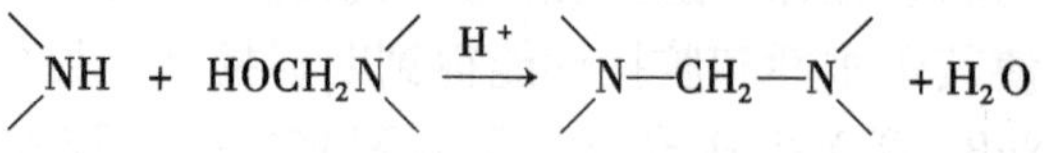

$$>NH + HOCH_2N< \xrightarrow{H^+} >N—CH_2—N< + H_2O$$

当加入固化剂后，树脂液的酸性增大，固化时反应如下：

$$>NCH_2OH + HOCH_2N< \xrightarrow{H^+} >N—CH_2—O—CH_2N< + H_2O$$

$$—\underset{\underset{CH_2OH}{|}}{N}—CO— \xrightarrow[(液)]{H^+} —\underset{\underset{H}{|}}{N}—CO— + HCHO$$

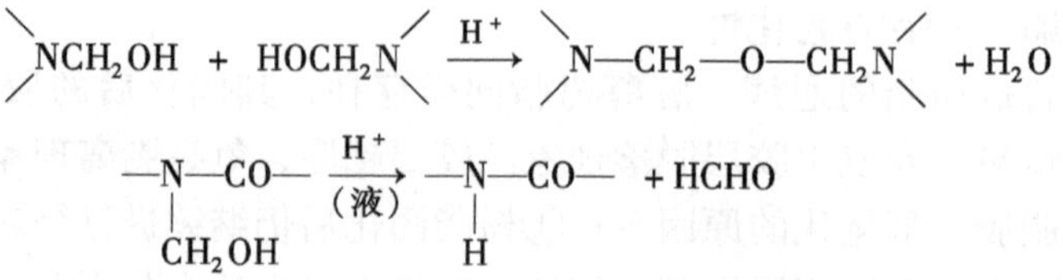

$$\begin{array}{l} —N—CO— \\ \;\;| \\ \;\;CH_2 \\ \;\;| \\ \;\;O \\ \;\;| \\ \;\;CH_2 \\ \;\;| \\ —N—CO— \end{array} \xrightarrow[\text{(液)}]{H^+} \begin{array}{l} —N—CO— \\ \;\;| \\ \;\;CH_2 \\ \;\;| \\ —N—CO— \end{array} + HCHO$$

只要在脲醛树脂中有羟甲基和二次甲基醚键存在，固化时就会有游离甲醛产生。热压时放出的游离甲醛其数量一般决定于热压温度和热压时间。热压温度越高，成品中的游离甲醛越少；热压时间越短，成品中的游离甲醛越多。若板坯含水率越高，成品中的游离甲醛也越多。因此为了减少成品中的游离甲醛，可适当降低板坯含水率和提高热压温度，同时使热压时间保持在经济允许的范围内。

固化后脲醛树脂中各种官能团的水解难易程度依次是：羟甲基＞次甲基醚键＞糖醛基(Uron 环)≥次甲基。

当脲醛树脂中有酸存在时，在高温情况下容易水解。因此为降低树脂中游离甲醛含量，可以设法降低尿素与甲醛的摩尔比，不过只降低尿素与甲醛的摩尔比，而不在合成工艺上采用相应的措施，当降得过低时会招致树脂的物理力学性能下降。为此在工业生产上也采用向树脂中添加甲醛捕捉剂(尿素、三聚氰胺、间苯二酚、对甲苯磺酰胺、各种过硫化物等)及对成品板进行后处理(氨气、尿素溶液等)等方法来降低胶接制成品的游离甲醛含量。

3.1.7　毒性

从本质上看，各种合成树脂及其原料都有一定的毒性。但是，相对看来氨基树脂及其原料的毒性却不大。固化后的氨基树脂基本无毒。氨基树脂的主要原料中，尿素的毒性等级为Ⅴ级、三聚氰胺、苯胺、苯酚及甲醛为Ⅳ级，间苯二酚及糠醛为Ⅲ级。

上述原料中只有甲醛对人体刺激性较大。Rader、Neusser 和 Zenter 的研究结果表明：人对甲醛的嗅觉界限为 $0.15 \sim 0.3\ mg/m^3$；刺激界限为 $0.3 \sim 0.9\ mg/m^3$；忍受界限为 $0.9 \sim 6\ mg/m^3$。关于甲醛中毒的记录很少见，因为甲醛以其令人难以忍受的气味起着报警作用。然而，口服 10～15mL 浓度为35%的甲醛溶液，在大多数情况下足以使人致死。我国(工业企业设计卫生标准)GBJ1-62 甲醛的工作场所允许最高浓度为 $3mg/m^3$。

甲醛是一种反应活性很强的醛类化合物，它容易和人体的蛋白质结合，引起眼睛、鼻子和嘴部位的黏膜发炎而产生痛感。空气中存在低浓度的甲醛蒸汽对眼睛和鼻子也会产生令人难受的刺激。但这种刺激在很短的时间内就可以消失，不会造成永久性的伤害。有时会使人产生过敏反应。多种动物实验表明，甲醛具有明确的致癌性，但目前尚无确实的证据予以证明，而且人群流行病学研究却经常发生显著的差异。1981 年美国国家职业安全与卫生研究所将甲醛作为可疑致癌物，2004 年世界卫生组织发布了第153号“甲醛致癌”公报确定甲醛对人体有致癌作用，最近美国健康和公共事业部及公共卫生局发布的致癌物质报告将 8 种化合物列入致癌或可能致癌名单，其中包括甲醛。

3.2 三聚氰胺树脂胶黏剂

三聚氰胺树脂是三聚氰胺甲醛树脂的简称。它是由三聚氰胺与甲醛在催化剂作用下经缩聚合成的。在木材加工中主要用于制造塑料贴面板的装饰纸及表层纸的浸渍、人造板饰面纸的浸渍。

用于三聚氰胺塑料贴面板的三聚氰胺树脂使用时需采用高温(140～160℃)高压(7～11MPa)，最后压板冷却至40℃时出板。由于采用“热—冷法”生产的热能和冷却水的消耗甚大，热压时间长，所以，这种贴面板成本较高。但是，由于其性能优越，至今仍然在广泛使用，如厨房家具等使用的防火板等。

为解决高压三聚氰胺存在的问题，20世纪70年代初，西德科学家研制出一种高度改性的三聚氰胺-甲醛树脂，充分改善了它的柔软度和弹性，并且，用这种树脂浸渍的装饰纸，在压机中可实现“热进热出”，即二次加工的“低压短周期”方法。

用于各类人造板饰面的预油漆纸的制造，使用的是改性三聚氰胺树脂，固化后树脂的柔韧性非常好，适合于曲面和折角包覆胶贴饰面。

三聚氰胺树脂具有很高的胶接强度，较高的耐沸水能力(能经受3h的沸水煮沸)，热稳定性高，低温固化能力较强，硬度高，耐磨性优异。尤其是三聚氰胺树脂胶膜具有在高温下保持颜色和光泽的能力，固化速度快，甚至在较低的适宜温度下也是如此。并具有较强的耐化学药剂污染能力。由于其硬度和脆性高，因而易产生裂纹。

由于三聚氰胺在水中的溶解度相当低，所以三聚氰胺树脂具有较好的耐水性。三聚氰胺只溶于热水，而尿素在冷水中也能溶解，因此脲醛树脂胶黏剂仅能用于室内，而三聚氰胺—尿素—甲醛树脂(MUF)则可以成功地用于条件颇为恶劣的室外。

3.2.1 合成三聚氰胺树脂的原料

三聚氰胺又称三聚氰酰胺、蜜胺。纯的三聚氰胺为白色粉末状结晶物，结晶体的结构(针状、棱形)决定于制备方法，三聚氰胺的分子式为：$C_3H_6N_6$，化学结构式为：

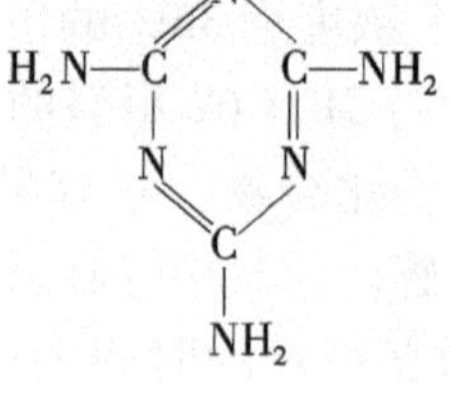

```
              N
           //   \
  H2N—C          C—NH2
          |          ||
          N          N
           \\      /
              C
              |
             NH2
```

相对分子质量：126.13，熔点：354℃，密度：1.573g/cm^3。三聚氰胺为弱碱性，但比尿素强，水溶液呈弱碱性。三聚氰胺易溶于液态氨、氢氧化钠及氢氧化钾的水溶液中，难溶于水(在100℃水中仅溶解5%)，微溶于乙二醇、甘油，不溶于乙醚、苯、四氯化碳。加热升华，急剧加热则分解。低毒，在一般情况下较稳定，但在高温下可能会分解出氰化物。

三聚氰胺易水解，形成一系列水解产物，最后变成三聚氰酸。三聚氰胺随着三个氨基水解，酸性逐步上升，这对三聚氰胺树脂的合成非常不利，所以必须将其从三聚氰胺中用碱水洗去或重结晶精制，其含量不得超过1%。

三聚氰胺是6个官能度，因为氨基的全部氢原子都显活性。这样每一个三聚氰胺分子则可以与6个甲醛分子反应。

```
*H          N          H*
   \      //  \       /
    N—C         C—N
   /    |       ||    \
*H      N       N      H*
          \\   /
            C
            |
            N
           / \
        *H     H*
```

三聚氰胺的工业制备方法如下：

(1)由石灰石($CaCO_3$)制备三聚氰胺。

$$CaCO_3 \xrightarrow{\text{加热}} CaO$$

$$CaO + C \xrightarrow{200℃} CaC_2 + CO$$

$$CaC_2 + N_2 \xrightarrow{\text{加热}} CaNCN + C$$

$$CaNCN \xrightarrow[CO_2]{\text{水}} NH_2CN \xrightarrow{\text{二聚作用}} H_2N—\underset{\underset{NH}{\|}}{C}—NH—CN \xrightarrow[\text{加热加压}]{NH_3}$$

```
          N
       //   \
H2N—C         C—NH2
     |         ||
     N         N
       \\    /
          C
          |
         NH2
```

由石灰石制备三聚氰胺是传统方法，需要消耗大量的能量。

(2)由尿素制备三聚氰胺。

$$6H_2NCONH_2 \xrightarrow[\text{加压}]{\triangle、NH_3} (\text{三聚氰胺，结构同上}) + 6NH_3 + 3CO_2$$

```
          N
       //   \
H2N—C         C—NH2
     |         ||
     N         N
       \\    /
          C
          |
         NH2
```

由尿素制备三聚氰胺的方法，在技术上存在有腐蚀性和需要多次循环的问题。目前，工业化生产的三聚氰胺主要由尿素制造。

3.2.2　三聚氰胺树脂的合成原理

三聚氰胺树脂1933年才在文献上报道，然而1939年即作为商品在美国出售。其工艺迅速发展是由于三聚氰胺与甲醛的反应同尿素与甲醛的反应类似。甲醛与三聚氰胺的反应较之与尿素的反应更容易进行，并易于反应完全，它的反应过程也是分阶段进行的，首先是进行加成反应，形成羟甲基三聚氰胺。然后才逐步进行缩聚，最后形成具有不溶不熔的体型热固性树脂。

3.2.2.1 三聚氰胺与甲醛的加成反应

在中性或弱碱性介质中，三聚氰胺与甲醛进行加成反应，形成羟甲基三聚氰胺。三聚氰胺分子中存在的6个活泼氢原子，在一定的条件下，能够直接与甲醛分子进行加成反应，形成一至六羟甲基三聚氰胺。如果在三聚氰胺的分子中结合的羟甲基越多，则形成的树脂具有较高的稳定性。

1mol的三聚氰胺与3mol的甲醛作用，反应介质为中性或弱碱性(pH = 7～9)，反应温度为70～80℃时，可形成三羟甲基三聚氰胺。

$$C_3N_3(NH_2)_3 + 6HCHO \longrightarrow C_3N_3(NHCH_2OH)_3$$

在甲醛过量达到12mol，介质pH为中性或弱碱性及温度为80℃时，能形成六羟甲基三聚氰胺。

$$C_3N_3(NH_2)_3 + 6HCHO \longrightarrow C_3N_3[N(CH_2OH)_2]_3$$

与尿素不同，三聚氰胺在水中的溶解度较低，只溶于热水而不溶于冷水。但由于三聚氰胺官能度高，羟甲基化反应速度较快，反应产物很快即变为水溶性产物，其变为憎水性产物的速度也极快。

羟甲基三聚氰胺是合成三聚氰胺树脂的单体，由羟甲基三聚氰胺单体相互缩聚即可得到三聚氰胺树脂。由于单体上所结合的甲醛的数量不同，其生成的树脂固化速度、对酒精的溶解度以及树脂的适用期均有所不同。

3.2.2.2 缩聚反应

羟甲基三聚氰胺的树脂化历程与脲醛树脂相同，同样是分子间或分子内失水或脱出甲醛形成次甲基键或醚键连接的过程，同时低聚物的相对分子质量迅速上升并形成树脂。羟甲基三聚氰胺在缩聚反应中，三氮杂环仍保留。

与脲醛树脂缩聚反应不同的是三聚氰胺树脂缩聚及固化反应不仅在酸性条件下可以进行，而且在中性甚至弱碱性条件下也能进行。

由第一阶段制得的羟甲基三聚氰胺在中性、80～85℃条件下进行树脂化反应，其反应可按下述几种方式进行。

$$HOH_2CHN-C_3N_3(NHCH_2OH)-NHCH_2\boxed{OH} + HOH_2C\boxed{H}N-C_3N_3(NHCH_2OH)-NHCH_2OH$$

$$\longrightarrow HOH_2CHN-C_3N_3(NHCH_2OH)-NH-CH_2-N(CH_2OH)-C_3N_3(NHCH_2OH)-NHCH_2OH + H_2O$$

$$HOH_2CHN-C_3N_3(NHCH_2OH)-NHCH_2\boxed{OH} + \boxed{H_2}N-C_3N_3(NHCH_2OH)-NHCH_2OH$$

$$\longrightarrow HOH_2CHN-C_3N_3(NHCH_2OH)-NH-CH_2-NH-C_3N_3(NHCH_2OH)-NHCH_2OH + H_2O$$

$$HOH_2CHN-C_3N_3(NHCH_2OH)-NHCH_2\boxed{OH} + \boxed{H}OH_2CHN-C_3N_3(NHCH_2OH)-NHCH_2OH$$

$$\longrightarrow HOH_2CHN-C_3N_3(NHCH_2OH)-NH-CH_2-O-CH_2-HN-C_3N_3(NHCH_2OH)-NHCH_2OH + H_2O$$

在上述反应中，反应分子之间是靠羟甲基连接的。反应时有水分子析出。

由于羟甲基三聚氰胺在缩聚反应过程中可同时形成次甲基键和醚键，当三聚氰胺与甲醛的摩尔比为 1:2 时，形成的次甲基键占优势；若三聚氰胺与甲醛的摩尔比为 1:6，树脂几乎全部是醚键连接。

与脲醛树脂相比，三聚氰胺具有较多的官能度，这就决定它能产生较多交联，同时三聚氰胺本身又是环状结构，所以三聚氰胺树脂具有良好的耐水性、耐热性以及较高的硬度，其光泽和抗压强度等也较好。

三聚氰胺与甲醛形成初期缩聚物之后，再进一步缩聚，使反应深化，最终形成不溶不熔的体型结构的高聚物。

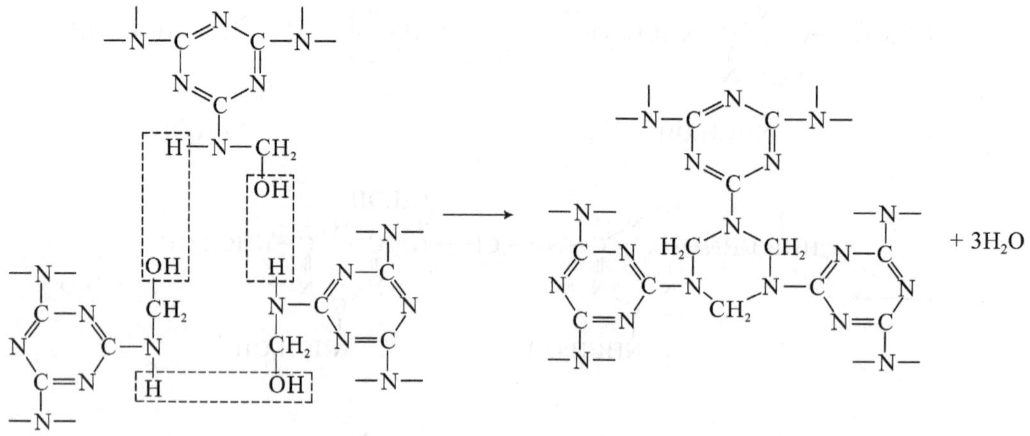

3.2.3　三聚氰胺树脂合成反应的影响因素

在三聚氰胺树脂形成过程中，原料组分的摩尔比、反应介质的 pH 值、反应温度和反应时间，以及原材料质量与反应终点的控制等都是影响树脂质量的重要因素。同时对最初及最终产物的结构、树脂的质量和性能也起着决定性的作用。

(1)三聚氰胺与甲醛的摩尔比。由实验得知，当三聚氰胺与甲醛的摩尔比为 1∶12，pH 值为 7～7.5，反应温度为 60～80℃时，反应后可以形成六羟甲基三聚氰胺。当摩尔比改为1∶8时，则形成五羟甲基三聚氰胺。由此说明在树脂生成反应中，需要相当大数量的甲醛参加反应。这是因为三聚氰胺与甲醛结合速度除受温度影响外，还与三聚氰胺被取代程度有关。三羟甲基三聚氰胺较易形成，其反应迅速，并在反应过程中放出大量的反应热。三羟甲基三聚氰胺形成后，再要与甲醛继续反应，其反应速度则比较慢，在生成四至六羟甲基三聚氰胺时尚需吸收热量。所以只有用过量的甲醛参加反应，并且在高温条件下，才可以逐渐形成六羟甲基三聚氰胺。在树脂合成时，其三聚氰胺与甲醛的摩尔比为 1∶(2.5～3.5)，反应 pH 值控制在 8.0～9.0，温度约在沸点或接近沸点。

三聚氰胺与甲醛的摩尔比与树脂的胶接强度直接相关。当其摩尔比在1∶2 以下时，胶合板的干强度下降，而湿强度却有上升的趋势。当其摩尔比在 1∶3 以上时，胶合板的湿强度下降。所以作为木材胶接用的三聚氰胺树脂其三聚氰胺与甲醛的摩尔比以 1∶(2～3)为宜。

(2)反应介质的 pH 值。反应介质的 pH 值影响三聚氰胺与甲醛的反应过程。在中性或弱碱性介质中，可形成羟甲基衍生物。在酸性介质中将以较快的速度形成树脂。为了避免过早地树脂化，反应开始宜在中性或弱碱性介质中进行，同时甲醛的浓度以20%～30%为好。随着反应的进行，反应液中的甲醛逐渐被氧化成甲酸，pH 值下降，酸度增高，有利于形成黏稠性的三聚氰胺树脂。

浸渍用三聚氰胺树脂的贮存稳定性对表面装饰材料的质量来说是非常重要的指标。浸渍用三聚氰胺树脂的贮存稳定性是指树脂由无色透明转变为乳白色的贮存时间，转变时间越长树脂的贮存稳定性越好。

反应介质的 pH 值不同，形成树脂的稳定性有很大的差别。试验表明：pH 值过高

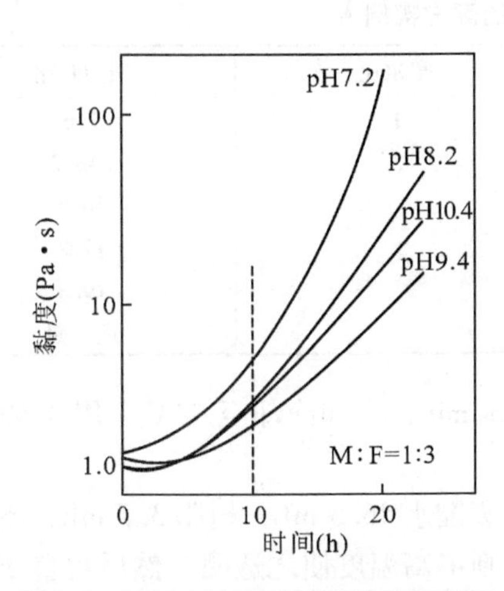

图3-3　不同pH值下树脂黏度的变化(70℃)

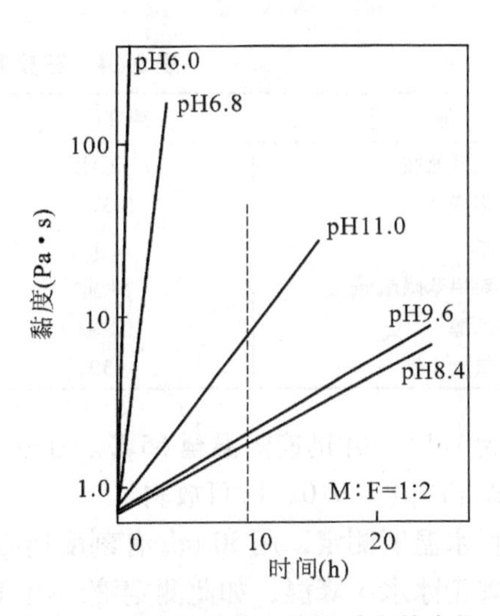

图3-4　不同pH值下树脂黏度的变化(70℃)

或过低，树脂的贮存稳定性都不佳，只有在弱碱性介质中(pH = 8.5~10)形成的树脂，贮存中黏度上升慢，贮存稳定性高。试验结果如图3-3与图3-4所示。

(3)反应温度。反应温度影响三聚氰胺在甲醛中的溶解性，因而影响二者之间的反应速度。例如当反应液的温度在40~50℃以下时，三聚氰胺是很难溶解于甲醛的，因而使相互间的反应进行得非常缓慢。然而当温度超过60℃时，三聚氰胺被甲醛溶解，则反应速度迅速加快。另外反应液中三聚氰胺与甲醛结合的数目，也与反应温度有密切的关系。反应温度越高，则三聚氰胺分子中结合甲醛的分子数目也越多。在三聚氰胺树脂生产中，反应温度以保持在75~85℃为宜。

三聚氰胺树脂一般在高温下不用固化剂即可以很好固化，如在100℃固化时则要加入强酸性盐作固化剂才能很好地固化。若pH值降至足够低时，三聚氰胺树脂也能在较低的温度下固化。但固化很不完全，固化后的产品胶接强度太低，没有使用价值。

3.2.4　三聚氰胺树脂的合成工艺

纯三聚氰胺树脂由于成本高，胶层固化后性脆易开裂，所以一般都采用改性三聚氰胺树脂。三聚氰胺树脂的稳定性和柔韧性是作为浸渍树脂所要求的重要特性。因此在合成三聚氰胺树脂中控制较低的反应速度很重要，通常都是在弱碱性和温度为85℃的条件下合成，但由于所用改性剂的性质不同，树脂的合成工艺条件也有所不同。

3.2.4.1　合成实例A

原料配方见表3-14。

合成工艺：将甲醛与水加入反应釜，用30%氢氧化钠溶液调pH值至9.0。加入三聚氰胺，在20~30min内升温到85℃，当温度升到70~75℃时，反应液呈现透明，此时测pH值应不低于8.5。保持反应温度在85℃±1℃，30min后测定憎水温度(俗称混浊度)，当反应液的憎水温度达到29~32℃时(夏季用29℃，冬季用32℃)，立即加入乙醇和对甲苯磺酰胺(也可用大量的乙醇来代替对甲苯磺酰胺，即乙醇与三聚氰胺的摩

表3-14 三聚氰胺树脂的配方实例A

原 料	纯度(%)	摩尔比	质量比
三聚氰胺	工业	1	126
甲醛	37	3	243.2
水			56.8
对甲苯磺酰胺	工业		17.2
乙醇	工业		19.3
氢氧化钠	30		适 量

尔比为1:1)，并迅速降温至65℃。在65℃保持30min，立即冷却至40℃，用30%氢氧化钠调pH值至9.0，即可放料。

憎水温度测定，用50 mL有刻度离心管，取蒸馏水46.5 mL、树脂3.5 mL，不断搅拌，置于冰水中降温，如此测定液已出现混浊，则提高温度使之透明，然后再置于冰水浴，当测定液开始呈现白色混浊状时的温度即为憎水温度。

合成树脂A的性能指标如下：

固体含量(%)	46~48
黏度(20℃，mPa·s)	65~70
游离甲醛(%)	0.6~0.9
pH值	9.0
外观	无色透明液体

此树脂适用于塑料装饰板的装饰纸及表层纸的浸渍。

3.2.4.2 合成实例B

原料配方见表3-15。

合成工艺：将pH值为4的甲醛水溶液加入反应釜后，依次加入水、硼砂和三聚氰胺。在40~50min之内使反应物升温至90℃。在90℃条件下反应1h后，冷却至80℃，并在此温度下反应2h之后加入20%的氢氧化钠溶液，在80℃条件下再反应1h，差15min达到反应终点时，将数量相当于树脂质量的5%的尿素加入树脂里。反应结束后，将树脂冷却到20~25℃，并且通过100~200目/cm^2的筛网放入贮罐。

表3-15 三聚氰胺树脂的配方实例B

原 料	纯度(%)	摩尔比	质量比
三聚氰胺	工业	1	100
甲醛	37	2.77	178.5
尿素	工业		16.5
硼砂	工业		7
水			67
氢氧化钠	20		0.43

合成树脂B的性能指标如下：

固体含量(%)	36~40

游离甲醛含量(%) 1.0～1.5
黏度(涂-4杯，s) 11～13
密度(20℃，g/cm³) 1.2
pH值 8.5～9.0
贮存期(20℃，d) 15～20

此树脂用于浸渍定量为20～22g/m² 的硫酸盐纸，以供饰面胶合板的保护胶膜纸使用，也适用于浸渍供人造板饰面的装饰纸。

3.2.4.3 合成实例C

原料配方见表3-16。

表3-16 三聚氰胺树脂的配方实例C

原料	纯度(%)	摩尔比	质量比
三聚氰胺	工业	1	100
甲醛	37	2.8	180
乙醇	95		12.5(稀释至75.0后用)
聚乙烯醇	工业		2.5
水			32
氢氧化钠	30		适量

合成工艺：将甲醛与水加入反应釜，用30%氢氧化钠溶液调pH值至8.5～9.0。加入三聚氰胺和聚乙烯醇。在30～40min内升温至92℃±2℃，在此温度下反应30min后取样测定混浊度，当混浊度达到24～25℃时立即冷却加乙醇(此阶段反应时间一般为60～90min)。加完乙醇后用氢氧化钠溶液调pH值为8.0～8.5，然后升温至80℃±2℃，并保持取样再测混浊度(此阶段pH值为7.5～8.0)。当混浊度达到23～24℃时，立即冷却并加入稀释用乙醇和水。在反应液温度降至40℃，调pH值为7.5～8.0后放料。

合成树脂C的性能指标如下：

固体含量(%) 31～36
游离甲醛含量(%) ≤0.5
黏度(mPa·s) 16～23
pH值 7.5～8.0
外观 透明液体

此树脂主要用于刨花板贴面用装饰纸的浸渍。由于加了稀释剂，使树脂的稳定性显著提高，便于贮存。

3.2.4.4 合成实例D

原料配比见表3-17。

合成工艺：将甲醛加入反应釜中，用30%氢氧化钠调pH值9.4～9.5，加入三聚氰胺、聚乙烯醇和三乙醇胺。升温，在30～40min内使反应液升温至95℃，当接近95℃

表3-17 三聚氰胺树脂的配方实例D

原 料	纯度(%)	摩尔比	质量比
三聚氰胺	工业	1.0	126
甲醛	37	2.0	162.2
乙二醇	工业		12.6
聚乙烯醇(1799)	工业		0.832
三乙醇胺	工业		0.252
尿素	98		6.52
水	软化水		38

时反应液透明，此时pH值大于9.0，如果低于此值的话用30%氢氧化钠调整。在95℃条件下保温反应至在10～15℃冷水中出现混浊，这段时间大约为1h，当温度达到95℃，30min后开始测定混浊度，每10min测定一次。降温到85℃，加入乙二醇，在85℃条件下保温反应到在20℃水中稀释度为1∶3时，降温至80℃，这段时间大约需要50min。在80℃条件下保温反应到水稀释度为1∶1.5，加入尿素，冷却到40℃，调pH值为9.0，放料。

合成树脂D的性能指标如下：

固体含量(%)	51～53
游离甲醛含量(%)	0.26～0.28
黏度(涂-4杯，20℃，s)	20～21
pH值	9.0～9.2
加入1%固化剂固化时间(min)	5
密度	1.250
贮存期(d)	20

固化剂调制：三乙醇胺100，邻苯二甲酸酐66.7，水100。调制时，首先加入三乙醇胺，在搅拌下加水，搅拌10min后加入苯酐，缓慢升温，在20～30min内升温至70～80℃，保温50min，冷却到30℃放料。贮存在玻璃或耐腐蚀容器中。

此种改性三聚氰胺树脂用于低压短周期贴面用浸渍纸的浸渍。

3.2.5 三聚氰胺树脂的改性

三聚氰胺树脂是无色透明的黏稠性液体，可溶于水和乙醇，属热固性树脂。固化后的三聚氰胺树脂胶膜耐水、耐热、耐化学药剂以及耐腐蚀等性能极为优良，因而常用于制造塑料贴面板，广泛地使用于家具、建筑、车辆、船舶等方面。

三聚氰胺树脂在使用中存在着低温易冻结，保存性能差以及胶膜易于发脆等缺点。这对于树脂的贮存、产品的质量以及使用寿命有一定的影响。三聚氰胺树脂保存性能差是由于初期树脂性质极活泼，结构不稳定。分子间易于相互结合而逐渐趋于均衡的状态，因而贮存时间短，一般不超过两周，其贮存稳定性远不如脲醛树脂。为此有的生产厂家将其喷雾干燥制成粉末状的三聚氰胺树脂，其保存期至少在1年以上，使用时只要将粉末状胶重新用水溶解即可。也有用双氰胺改性，可使树脂的水溶性得到改善，贮存稳定性大为提高。

三聚氰胺树脂胶膜的脆性，是由于固化后的树脂具有高度的三向交联结构所引起。另外，在固化的树脂中存在有未参加反应的羟甲基，致使树脂具有某种程度的吸湿性。在湿度经常变化的大气环境中，树脂因吸湿、解吸而产生应力，最终也会导致脆性树脂发生裂纹。其改性办法一般是减少树脂的交联度，以增加其柔韧性，使脆性下降。如用醇类(乙醇)对树脂进行醚化；加入蔗糖、对甲苯磺酰胺、硫脲、氨基甲酸乙酯、己内酰胺以及热塑性树脂(如聚醚、聚酰胺等)进行改性。

用三聚氰胺中的一个氨基被甲基或苯基所置换，得到甲基鸟粪胺和苯基鸟粪胺来代替三聚氰胺而合成甲基(苯基)鸟粪胺甲醛树脂。用这种树脂制作的塑料贴面装饰纸胶膜本身柔顺可挠不脆，树脂本身稳定性也好。另外在合成三聚氰胺树脂过程中，加入聚乙烯醇，使三聚氰胺、聚乙烯醇和甲醛进行共聚，也可以增加树脂的韧性，降低脆性。

3.3　三聚氰胺·尿素共缩合树脂胶黏剂

三聚氰胺树脂与酚醛树脂和脲醛树脂相比开发的比较晚，因此应用于木材胶接的时间也比较晚。

三聚氰胺能够与脲醛树脂中的吸水性基团发生反应，提高树脂的耐水性能；同时，三聚氰胺呈碱性可以中和胶层中的酸，并且其具有稳定的环状结构，提高树脂的水解活化能，在一定程度上防止和降低树脂的水解速度和热降解。

用三聚氰胺改性脲醛树脂实质上是针对脲醛树脂存在耐水性差、游离甲醛含量高的原因，用一定量的三聚氰胺进行改性，以提高脲醛树脂的耐水性、尺寸稳定性、耐龟裂性、耐磨性，并降低游离甲醛释放量。

早在1944年，McHale就用三聚氰胺来提高脲醛树脂的耐水性。1947年，Delmonte用三聚氰胺来提高脲醛树脂的耐沸水能力，并得出三聚氰胺的用量与煮沸3h后剪切强度的关系曲线，如图3-5所示。

1965年Houwink和Salemon将脲醛树脂胶黏剂、三聚氰胺树脂胶黏剂、三聚氰胺·尿素甲醛共缩合树脂胶黏剂的耐沸水能力进行比较，结果如图3-6所示。由图可知，用三聚氰胺改性后的脲醛树脂胶黏剂的耐水性接近三聚氰胺树脂胶黏剂。Blomquist研究证明用三聚氰胺改性脲醛树脂比用间苯二酚，其产品耐高温性能强。Kehre指出，三聚氰胺同其他改性剂相比，制得的刨花板具有较高的尺寸稳定性和较低的厚度膨胀率。

20世纪70年代末，樋口对改善脲醛树脂胶黏剂的耐水性的可能性进行了研究，指出如果能除去树脂中的酸就可以使胶的耐水性迅速上升。他认为用三聚氰胺改性脲醛树脂提高耐水性是由于三聚氰胺的碱性使固化树脂的酸度下降，抑制了树脂水解的缘故。

Kreibich研究指出，采用高温固化和延长固化时间可以改善胶层的耐久性。他把MUF胶合试件进行真空加压、干燥之后再煮沸4h，发现剪切强度和木材破坏率都为零，他认为这是由于胶层中的三聚氰胺并未完全固化，在真空加压时，未完全参与到聚合物链段中的三聚氰胺被萃取出来的缘故。

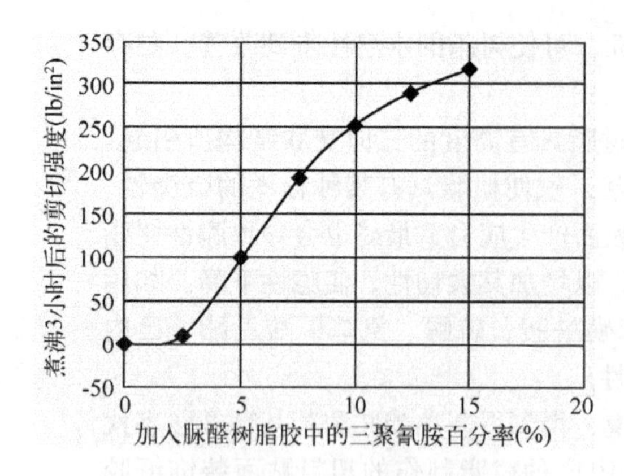

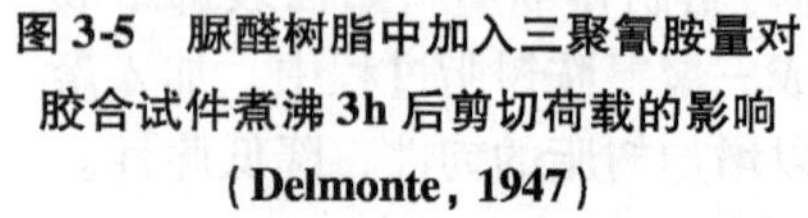

图 3-5　脲醛树脂中加入三聚氰胺量对胶合试件煮沸 3h 后剪切荷载的影响
(Delmonte，1947)

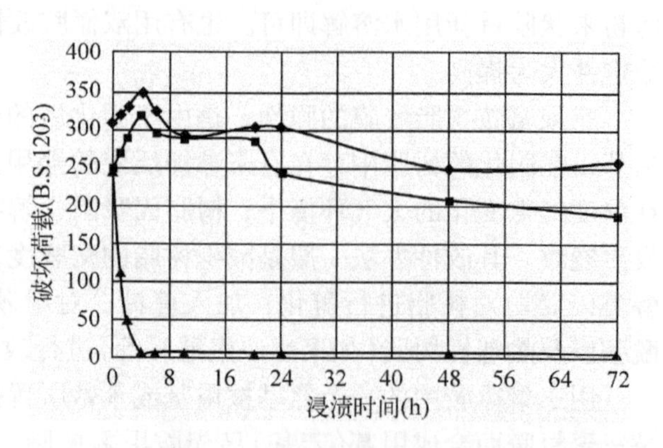

图 3-6　三聚氰胺·尿素共缩合树脂胶胶黏剂、脲醛树脂胶和三聚氰胺甲醛树脂胶耐沸水性比较
(Houwink 和 Salemon，1965)

20 世纪 80 年代，Deppe 和 Stolznburg 进一步研究了用酚醛树脂、异氰酸酯胶黏剂改性 MUF 树脂胶黏剂，进一步改善了 MUF 树脂胶黏剂的耐水性。

包学耕、黄平在研究 MUF 树脂胶黏剂的合成工艺时得到以下几条规律：①若在树脂合成的开始阶段或中间阶段加入三聚氰胺其用量不宜超过 10%，否则，一调到酸性，黏度增加很快，反应不易控制，容易发生凝胶。②若在脲醛树脂合成的后期加入三聚氰胺，则需要较多的三聚氰胺才能达到耐水要求。③在脲醛树脂合成过程中加入少量的三聚氰胺，热压前再加入适宜比例的三聚氰胺树脂与其共混，制得的刨花板具有优良的耐水性。

顾继友等采用先共聚后共混的方法，开发了一种 MUF 共缩合树脂胶黏剂，用其制造准耐水级中密度纤维板。

3.3.1　三聚氰胺·尿素共缩合树脂的性能及应用

三聚氰胺树脂的耐水性虽然不如酚醛树脂，但与脲醛树脂相比却具有极高的耐水性。三聚氰胺和尿素复合树脂的耐水性，因三聚氰胺和尿素及甲醛的摩尔比不同而不同。当甲醛的用量在适当范围内时，三聚氰胺与尿素相比其用量越多，复合树脂的耐水性越好。

用三聚氰胺·尿素共缩合树脂胶接木材，日本标准 JIS 规定木材拉伸剪切强度在经过反复煮沸处理后应大于 0.98MPa。

三聚氰胺·尿素共缩合树脂可用于制造耐水胶合板、刨花板、MDF、集成材、单板层积材等，属热固性树脂。通常以氯化铵作为固化剂，并加入面粉等填加剂与增量剂使用。加入固化剂虽然在常温下也可达到某种程度的固化，但是很难达到理想的固化状态。

日本胶接协会所属的胶接耐久性研究委员会对三聚氰胺·尿素共缩合树脂制造的胶合板进行了胶接耐久性试验。其结论为：用三聚氰胺·尿素共缩合树脂制造的胶合板其胶接耐久性界于酚醛树脂和脲醛树脂胶合板之间。未进行防腐处理的普通胶合板经不同地点3年室外暴露后其胶接强度接近为零；而用杂酚油进行防腐处理后，三种树脂的胶合板其胶接强度下降的速度都减缓。杂酚油处理不仅具有防腐效果，还赋予其防水性和拒水性，这种综合效果使其胶接耐久性得以提高。

近年来，随着人造板产量的不断提高，亟须增加人造板的品种及提高其性能，以求扩大人造板的应用范围。特别是厨房家具快速发展，对防潮级刨花板需求增加，以及强化复合地板用高档高密度纤维板的巨大市场需求，极大地促进了MUF树脂胶黏剂推广应用。苯酚的价格持续上涨，也为三聚氰胺·尿素共缩合树脂胶黏剂的推广应用创造了机遇和发展空间。这类胶黏剂已经用于制造E_{1-0}级防潮刨花板、水泥模板、多层实木复合地板、胶接木材(集成板材)及模压托盘等生产。

由于我国木材胶接制品主要用于家具制造和室内装修，不同于欧美等发达国家以建筑类结构用材为主，所以三聚氰胺·尿素共缩合树脂胶黏剂尤其适合于我国木材胶接制品制造的需求。

3.3.2　三聚氰胺·尿素共缩合树脂的合成原理

三聚氰胺·尿素共缩合树脂的合成方法有两种，一种方法是使三聚氰胺和尿素在一个反应釜内同时与甲醛进行反应合成；另一种方法是将三聚氰胺和尿素分别先与甲醛反应合成三聚氰胺树脂和脲醛树脂，然后再将两种树脂混合后使用。究竟哪一种方法更好，还没有确定的数据。

三聚氰胺·尿素共缩合树脂是一种复合型的树脂，其合成原理与脲醛树脂以及三聚氰胺树脂基本相同。人们更关注的是最终固化产物的化学构造，即在三聚氰胺和尿素之间是否产生共聚缩合反应？固化产物的化学构造如何？

关于用三聚氰胺改性脲醛树脂的机理、树脂的固化过程以及固化后聚合物的构造等，日本学者柳川、樋口、富田等人在三聚氰胺改性脲醛树脂基础理论研究方面做了大量的研究工作。

柳川等让三聚氰胺和尿素以及它们的羟甲基化合物以不同的比例组合进行反应，然后利用红外光谱对其生成产物进行解析，证明在酸性条件下是通过尿素的羟甲基和三聚氰胺的自由氨基之间进行共聚缩合反应的。

富田等研究了三聚氰胺树脂、脲醛树脂以及三聚氰胺·尿素共缩合树脂的$^{13}C-NMR$核磁共振谱图，三者的次甲基键和二次甲基醚键碳原子的吸收几乎在同一位置出现，因此很难判断是否产生共聚缩合反应。不过最近利用更先进的测定装置可以对其进行判别，并且发现共聚缩合反应是在羟甲基和自由氨基之间产生的。

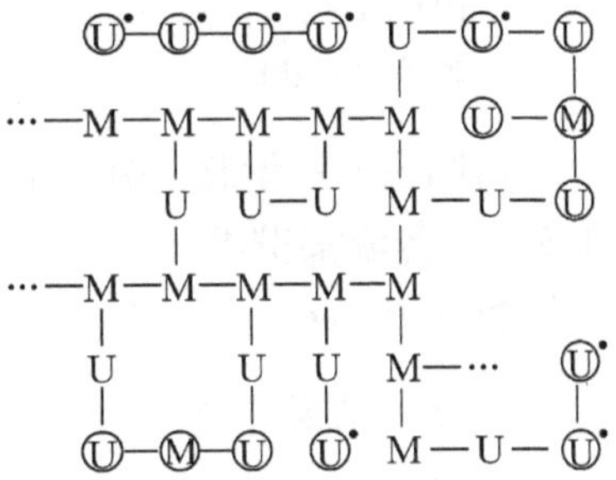

```
Ⓤ'—Ⓤ'—Ⓤ'—Ⓤ'   U—Ⓤ'—Ⓤ
                 |       |
…—M—M—M—M—M    Ⓤ—Ⓜ
     |   |   |   |        |
     U   U—U   M—U—Ⓤ
     |               |
…—M—M—M—M—M
   |     |   |   |
   U     U   U   M—…    Ⓤ'
   |     |   |   |        |
   Ⓤ—Ⓜ—Ⓤ  Ⓤ'  M—U—Ⓤ'
```

图3-7　三聚氰胺·尿素共缩合树脂固化产物的构造模型

Ⓜ：为易于分解的三聚氰胺

Ⓤ、Ⓤ'：分别为易于分解的尿素的馏分1与2

—：为次甲基键和二次甲基醚键

樋口等将三聚氰胺·尿素共缩合树脂在固化过程中生成的凝胶体分离出来，并解析凝胶体氮含量的变化规律、以及固化后树脂加酸水解的规律，提出了如图3-7所示的固化后树脂的化学构造。

3.3.3 三聚氰胺·尿素共缩合树脂的合成工艺

3.3.3.1 合成实例A

原料配方见表3-18。

表3-18 三聚氰胺树脂的配方实例A

原料	纯度(%)	质量比
三聚氰胺	工业	100
甲醛	30	360
尿素	工业	48
其中：一次尿素	工业	38.4
二次尿素	工业	9.6
氢氧化钠	10	适量

合成工艺：首先将甲醛水溶液加入反应釜，然后加入第一批尿素和三聚氰胺。加热至80℃后，用10%氢氧化钠水溶液将混合液体的pH值调至9.0。在此温度下反应45min，然后用10%的盐酸将pH值调至7.7～7.8，继续反应至水数为5～6。将反应液pH值调至9.0，加入第二批尿素，再继续反应至水数为3～4，反应温度始终为80～85℃，得到无色透明树脂，冷却至35℃放料。

合成MUF树脂A的性能指标如下：

固体含量(%)	70
折光指数	1.462～1.4649
黏度(mPa·s)	330～490
游离甲醛含量(%)	0.35
pH值	7～8
贮存期(d)	60

此树脂主要用于胶合板、细木工板及各种木材胶接制品的制造。

3.3.3.2 合成实例B

原料配方(mol)：

三聚氰胺	3.2
尿素	13.4
甲醛(37%)	18.7

合成工艺：将甲醛水溶液加入反应釜，用二甲氨基乙醇将pH值调至10.0。加入三聚氰胺，升温至96℃使反应液回流。在升温的同时将尿素分两次加入，在此温度下反应100min，用Na_2CO_3将反应液pH值调至9.5，真空脱水后得到浅黄色透明树脂。

合成MUF树脂B的性能指标如下：

固体含量(%)	55
折光指数	1.4671~1.4677
游离甲醛(%)	0.15
pH值	9.0~9.5
贮存期(d)	90

此树脂亦主要用于胶合板、细木工板及各种木材胶接制品的制造。

第4章

酚醛树脂胶黏剂

酚醛树脂(PF树脂)是酚类与醛类在催化剂作用下形成的树脂的统称。它是工业化最早的合成高分子材料。在近一个世纪的时间里，被用于诸多产业领域，现在仍是重要的合成高分子材料。在木材加工领域中酚醛树脂是使用广泛的主要胶种之一，其用量仅次于脲醛树脂。尤其是在生产耐水、耐候性木制品方面，酚醛树脂具有特殊的意义。它具有优异的胶接强度、耐水、耐热、耐磨及化学稳定性好等优点，特别是耐沸水性能最佳。酚醛树脂的缺点是颜色较深、有一定的脆性、易龟裂，特别是水溶性酚醛树脂与脲醛树脂相比，固化时间较长、固化温度高，对单板含水率要求严格(一般要求控制在5%～10%)等，因而在应用上受到一定的限制。即使如此，仍被广泛用于生产耐水的Ⅰ类胶合板、装饰胶合板、木材层积塑料以及纤维板等方面。

4.1 合成酚醛树脂的原料

合成酚醛树脂的酚类主要是苯酚及其衍生物(二甲酚、间苯二酚、多元酚等)，醛类主要是甲醛，还有乙醛、糠醛等，催化剂有盐酸、草酸、硫酸、对甲苯磺酸、氢氧化钠、氢氧化钾、氢氧化钡、氨水、氧化镁和醋酸锌等。合成酚醛树脂所用原料不同，生成树脂的性能差异较大。因此了解它们的性质，并根据所合成树脂的性能要求正确选择和使用原料是十分重要的。

4.1.1 苯酚

苯酚又称为石炭酸。其分子式：C_6H_5OH，结构式：C_6H_5—OH，相对分子质量：94.11，熔点：40.9℃，沸点：182.2℃，密度：1.055。

纯苯酚为无色针状结晶体具有特殊的气味。在空气中受光的作用，逐渐变成深红色，有少量铜、铁存在时会加速变红过程。苯酚易被水蒸气蒸出，易潮解，苯酚若含有水分，其熔点急剧下降，每增加1%的水分其熔点下降1.2℃。在常温下苯酚含有27%的水就成为均匀的液体，随着含水量的继续增加，则使液体分为两层，上层为苯酚在水中的溶液，下层为水在苯酚中的溶液，苯酚在水中的溶解度随温度的升高而增加。

苯酚能溶于乙醇、乙醚、氯仿、苯、丙三醇、冰醋酸、脂肪酸、松节油、甲醛水溶液及碱性水溶液中。

苯酚分子结构中具有羟基和苯环，因此它具有羟基和苯环的某些性质。苯酚分子中的羟基直接与苯环相接，由于共轭效应的结果，氧原子的负电荷分散到整个共轭体系中，使苯氧负离子稳定，所以苯酚呈酸性。当其溶于氢氧化钠水溶液中时，生成酚盐。

$$C_6H_5OH + NaOH \longrightarrow C_6H_5ONa + H_2O$$

由于苯酚的酸性比碳酸弱，故可将 CO_2 通入酚盐中，使苯酚游离析出。

$$C_6H_5ONa + CO_2 + H_2O \longrightarrow C_6H_5OH + NaHCO_3$$

苯酚的羟基系供电子基团，使苯环上的电子云密度增加，尤其是羟基的邻、对位增加的更多。因此苯环易发生亲电取代反应，并且取代基主要在酚羟基的邻、对位上，即苯酚有三个反应活性点。

苯酚与溴水作用立即生成白色沉淀，这个反应很灵敏，可用来检验苯酚的存在。甚至 10^{-7} 的苯酚也能检查出来。反应可定量完成，可用于苯酚的定量分析。

苯酚与卤代烷作用生成醚，与酰氯或酸酐作用生成酯，在涂料工业中利用这个反应制得改性酚醛清漆。

苯酚在常温下稍有挥发。苯酚极毒，具有腐蚀与刺激作用。它能使蛋白质降解，皮肤接触苯酚时，首先变为白色，继而变成红色，并起皱，有强烈的灼烧感，较长时间接触会破坏皮肤组织，大量地接触能麻痹中枢神经系统而导致生命危险。空气中蒸汽的最大允许浓度为0.005mg/L。当皮肤受到侵害时，可用大量的水冲洗，用酒精清洗，再擦3%丹宁溶液，并涂敷樟脑油。

苯酚根据其来源可分为煤焦油苯酚和合成苯酚两种。煤焦油（炼焦工业的副产物）苯酚是从煤焦油中提取出来的，但它的产量远不能满足工业的需要，所以苯酚的来源主要是采用合成方法得到的。

4.1.2　甲酚

分子式：$CH_3C_6H_4OH$，相对分子质量：108.1。甲酚为含有一个甲基的一元酚，它有三种异构体，即邻甲酚、对甲酚和间甲酚。

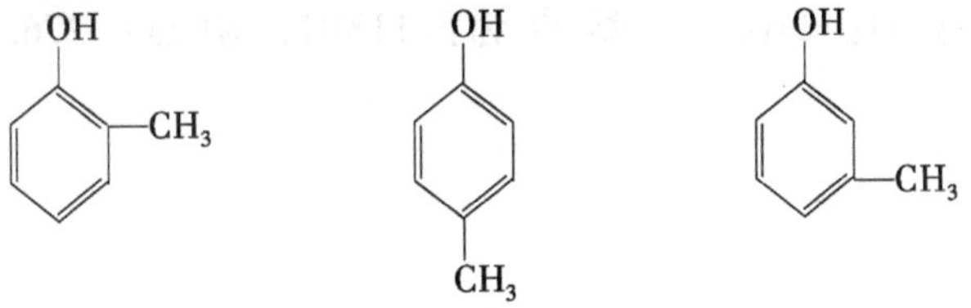

OH　CH3　　OH　CH3　　OH　CH3

邻甲酚　　对甲酚　　间甲酚

工业甲酚系三种甲酚的混合物，来自煤焦油在160～230℃蒸馏范围内的馏分。为暗黑色油状液体，密度1.03～1.05，因为三种异构物沸点相近，不易单独分离出来，所以生产树脂时，也采用这种混合物。用邻甲酚和对甲酚与甲醛反应只能生成线性树脂，所以作为制造树脂的混甲酚，其中间甲酚的含量应大于40%。间甲酚有三个反应活性点，可与甲醛缩聚生成热固性树脂，间甲酚含量越多，反应越快，越完全，生成树脂的缩聚程度也越高，游离酚含量少，固化速度快。

甲酚在水中的溶解度低于苯酚，能溶于碱的水溶液、乙醇和乙醚，其毒性和腐蚀性与苯酚相似。甲酚蒸汽对呼吸道、眼睛的黏膜特别有害，使用时必须要有防护措施。

4.1.3 二甲酚

分子式：$(CH_3)_2C_6H_3OH$，相对分子质量：122.16，沸点：211～225℃，密度：1.035～1.040。二甲酚为含有两个甲基的一元酚。它有六种异构体。

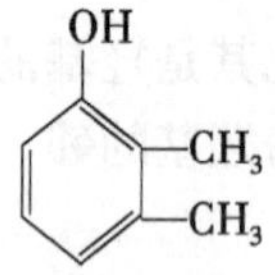

2，3 二甲酚 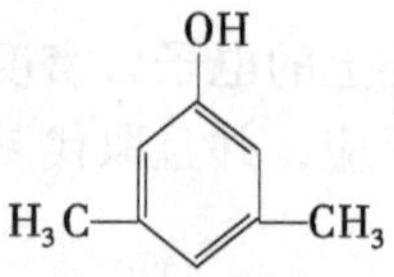　　3，5 二甲酚 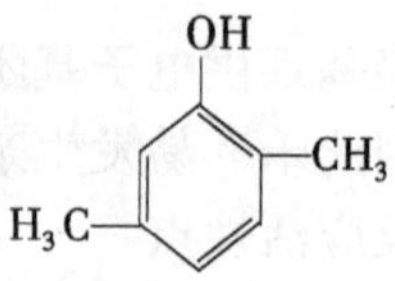　　2，5 二甲酚

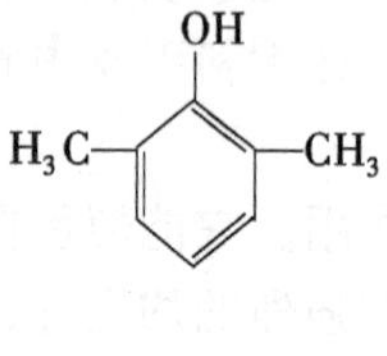

2，6 二甲酚 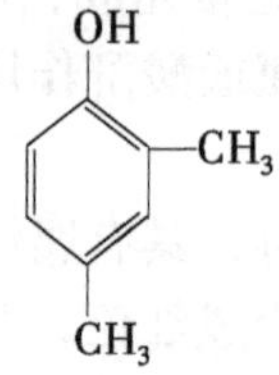　　2，4 二甲酚 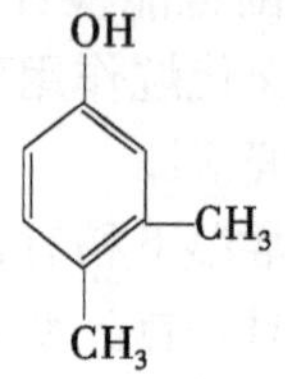　　3，4 二甲酚

二甲酚外观为无色或棕褐色的透明液体，其中3，5 二甲酚有三个反应活性点，能与醛作用生成网状结构热固性树脂；有两个反应活性点的2，3 二甲酚，2，5 二甲酚，3，4 二甲酚只能生成线型热塑性树脂；仅有一个反应活性点的2，4 二甲酚，2，6 二甲酚不能参与反应形成树脂。二甲酚是从煤焦油分离出苯酚和甲酚后剩下的高沸点馏分中蒸馏出来的，呈油状液体，其腐蚀性及毒性与苯酚相似。

4.1.4 间苯二酚

间苯二酚为无色或略带颜色的晶体，具有轻微的二元醇气味，其分子式为：$C_6H_4(OH)_2$，相对分子质量为：110.12，熔点为：118℃，沸点：276.5℃，结构式为：。

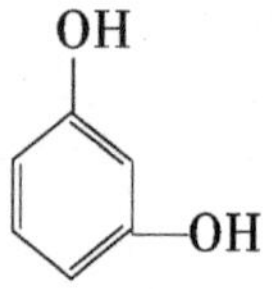

在光及湿空气的作用下间苯二酚的颜色逐渐变红，能溶于水、醇、醚、甘油，但难溶于苯，间苯二酚是极弱的酸。

4.1.5 醛类

醛类主要是甲醛，有关甲醛参阅氨基树脂部分。也有用糠醛或其他醛类如乙醛和丁醛等，由于位阻较大、活性低，很少用来制造树脂。

糠醛为无色且具有特殊气味的液体，在空气中逐渐变成深褐色。糠醛除含醛基外，尚有双键存在，故反应能力很大。苯酚与糠醛缩合的树脂，具有耐热性较高的特点，糠醛还可作为酚醛塑料粉中的增塑剂。糠醛的熔点：-36.5℃，沸点：161.7℃，密度：

1.1563g/cm³(25℃)，结构式：

$$\begin{array}{l} HC\text{——}CH \\ \| \quad\quad\ \ \| \\ HC \quad\ \ C\text{—}CHO \\ \ \ \diagdown\ \ \diagup \\ \quad\ O \end{array}$$

。

4.2 酚醛树脂的合成原理

研究酚醛树脂合成原理的目的在于揭示酚与甲醛形成酚醛树脂的本质，探索酚醛树脂形成的基本规律，进而指导酚醛树脂的合成和改性。

酚醛树脂胶黏剂有常温固化型和加热固化型(热固性)，热固性酚醛树脂胶黏剂又分为液状、粉末状和胶膜状。

常温固化型酚醛树脂有线型和可溶性酚醛树脂，这类树脂都要使用强酸性的固化促进剂(胶层的 pH 值在 1 左右)使其固化，因此存在木材由于酸的作用而劣化的问题。期望开发一种不影响固化，又能中和胶接层中酸的酸捕捉剂。这类树脂当 pH 值升高时，固化迟缓，不能用于常温胶接，但可用于由高频加热的胶接体系。

将可溶性酚醛树脂浸渍纸张制成胶膜纸，加热可固化，用于木材胶接和表面装饰。生产胶合板、刨花板等所用酚醛树脂是碱性的水溶性酚醛树脂。

在酚醛树脂的合成中，根据原料的化学结构、酚和醛的用量(摩尔比)以及介质的 pH 值的不同，所生成的树脂有两种类型，即热塑性酚醛树脂和热固性酚醛树脂。

4.2.1 热固性酚醛树脂的合成原理

4.2.1.1 热固性酚醛树脂的生成反应

在酸或碱性催化剂存在之下，苯酚首先与甲醛发生加成反应生成羟甲基酚。由于酚羟基的影响，使酚核上的邻位和一个对位活化。这些活性位置当受到甲醛的进攻时生成邻位或对位的羟甲基酚。

$$C_6H_5OH + CH_2O \longrightarrow \text{(邻位)}\ C_6H_4(OH)CH_2OH\ \text{或}\ \text{(对位)}\ C_6H_4(OH)CH_2OH$$

羟甲基酚还可继续与甲醛发生加成反应而生成二羟甲基酚及三羟甲基酚。

$$C_6H_4(OH)CH_2OH + CH_2O \longrightarrow C_6H_3(OH)(CH_2OH)_2 \xrightarrow{CH_2O} HOH_2C\text{—}C_6H_2(OH)(CH_2OH)\text{—}CH_2OH$$

加成反应产物是一羟甲基酚和多羟甲基酚的混合物。这些羟甲基酚与苯酚作用或相互之间发生反应生成线型结构的酚醛树脂。

$$\text{HOC}_6\text{H}_4\text{CH}_2\text{OH} + \text{C}_6\text{H}_5\text{OH} \longrightarrow \text{HOC}_6\text{H}_4\text{—CH}_2\text{—C}_6\text{H}_4\text{OH} + \text{H}_2\text{O}$$

$$\text{HOC}_6\text{H}_4\text{CH}_2\text{OH} + \text{HOH}_2\text{C—C}_6\text{H}_4\text{OH} \longrightarrow \text{HOC}_6\text{H}_4\text{—CH}_2\text{—O—CH}_2\text{—C}_6\text{H}_4\text{OH} + \text{H}_2\text{O}$$

$$\text{HOC}_6\text{H}_4\text{—CH}_2\text{—O—CH}_2\text{—C}_6\text{H}_4\text{OH} \xrightarrow{-\text{CH}_2\text{O}} \text{HOC}_6\text{H}_4\text{—CH}_2\text{—C}_6\text{H}_4\text{OH}$$

$$\left[\text{HOC}_6\text{H}_4\text{CH}_2\text{OH} \xrightarrow[-\text{H}_2\text{O}]{\text{慢}} \text{O=C}_6\text{H}_4\text{=CH}_2\right] + \text{HOH}_2\text{C—C}_6\text{H}_4\text{OH} \longrightarrow \text{HO—C}_6\text{H}_4\text{—CH}_2\text{—C}_6\text{H}_4\text{OH} + \text{CH}_2\text{O}$$

上述三种反应都可发生，但在碱性条件下主要的反应是第二类反应，也就是说，缩聚体之间主要是以次甲基键连接起来。反应继续进行会形成很大的羟甲基分子，据测定，加成反应的速率比缩聚反应速率要大得多，所以最后反应产物为线型结构，少量为支链结构。

由上述反应形成的一羟甲基酚、多羟甲基酚及二聚体等在反应过程中不断地进行缩聚反应，树脂的相对分子质量不断增大，若反应不加控制，最终生成不溶不熔的体型产物。

羟甲基酚的缩聚反应若在凝胶点之前停止下来，可得到各种用途的可溶性酚醛树脂，即甲阶酚醛树脂。碱性的甲阶酚醛树脂亦称为水溶性酚醛树脂；乙醇溶液中的甲阶酚醛树脂称为醇溶性酚醛树脂；甲阶酚醛树脂经低温真空干燥，可制成粉状的酚醛树脂，此种酚醛树脂在使用时用水、乙醇或其他溶剂溶解即可。

通常甲阶酚醛树脂为线型结构，相对分子质量较低，具有可溶可熔性，并具有较好的流动性和湿润性，能满足胶接和浸渍工艺的要求，因此一般合成的酚醛树脂胶黏剂均为此阶段的树脂。

乙阶酚醛树脂是指甲阶酚醛树脂经加热或长期贮存，树脂的相对分子质量较高(约为1000)，聚合度为6~7，是不溶不熔的高分子物质。乙阶酚醛树脂可部分地溶于丙酮及乙醇等溶剂，并具有溶胀性，加热可软化，在110~150℃下，可拉伸成丝，冷却后即变成脆性的树脂。

丙阶酚醛树脂是乙阶酚醛树脂继续反应缩聚而得到的最终产物。此阶段的树脂为不溶不熔的体型结构，具有很高的机械强度和极高的耐水性及耐久性。丙阶酚醛树脂对酸性溶液稳定，而对强碱性溶液不稳定，在高温下同苯酚作用产生降解，加热至280℃以上时树脂开始分解，生成水、苯酚和碳化物。

4.2.1.2 碱性条件下热固性酚醛树脂的生成反应

在碱性催化剂作用下苯酚与过量的甲醛反应生成热固性的甲阶酚醛树脂。甲阶酚醛树脂的分子上含有活性羟甲基，加热能引起活性甲阶酚醛树脂分子缩聚生成大分子，而不需要加固化剂。一般来讲，苯酚与甲醛的摩尔比小于1，即在过量的甲醛存在下进行反应，其反应机理为：在碱性溶液中有利于酚羟基电离成为负离子，促使其邻位和对位的活性增加，即酚的亲核性得到强化，而不影响甲醛的活性，其电离反应如下：

$$C_6H_5OH + OH^- \longrightarrow C_6H_5O^- + H_2O$$

而苯酚的阴离子与对位和邻位阴离子形成共振平衡：

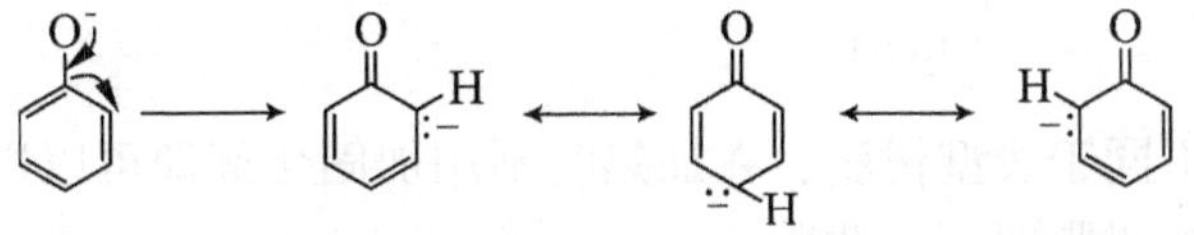

当与甲醛作用时，甲醛与其反应生成活性的亚甲基醌：

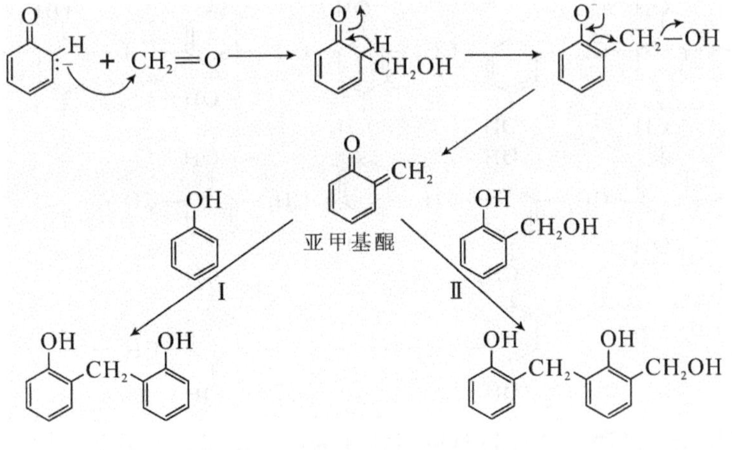

$CH_2{=}O$　CH_2OH　CH_2—OH　CH_2

亚甲基醌

OH　OH　CH_2OH　Ⅰ　Ⅱ

OH　CH_2　OH　　OH　CH_2　OH　CH_2OH

亚甲基醌是一种不稳定的中间体，一般不能以独立状态分离出来，但在红外光谱中则相应于 $>C{=}CH_2$ 的1660cm^{-1}波数处有吸收峰，证实了它的存在。

在碱性催化剂作用下，优先进行的是甲醛对苯酚的加成反应，而缩聚反应远较加成反应慢。因而可以分离出各种羟甲基酚化合物，而含有活性基团的羟甲基酚通常是按Ⅰ式即与酚环上的活性邻位或对位的氢原子相互作用生成次甲基键，也可以和其他羟甲基酚按Ⅱ式缩聚形成次甲基键。二者在反应过程中均失去水分子。

羟甲基酚之间的两个羟甲基反应失水生成次甲基醚键：

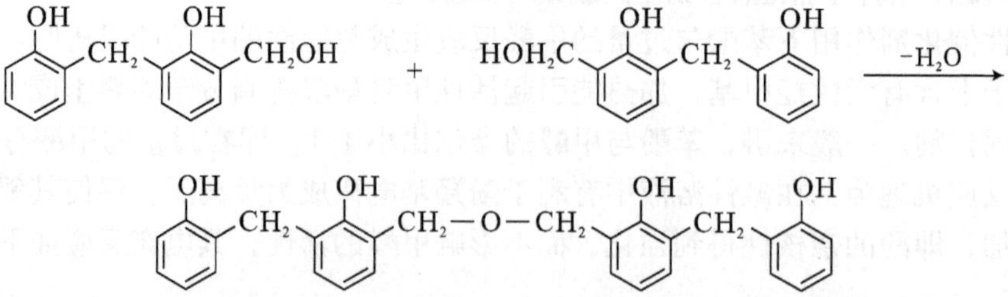

OH OH OH OH

CH_2 CH_2OH + HOH_2C CH_2 $\xrightarrow{-H_2O}$

OH OH OH OH

CH_2 CH_2-O-CH_2 CH_2

然后缩聚反应继续进行，生成更为复杂的产物，它们是甲阶酚醛树脂的组成部分：

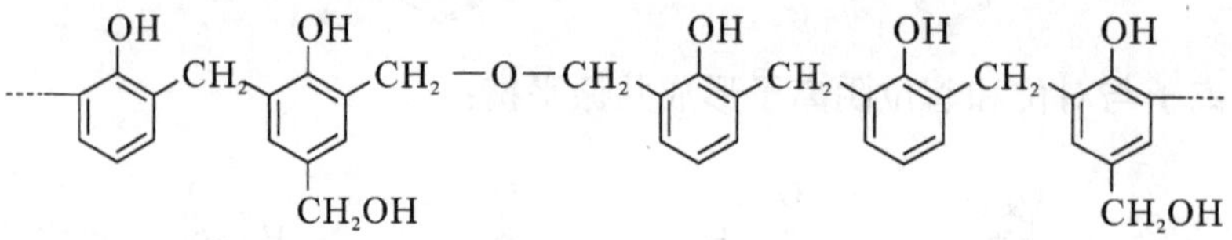

OH OH OH OH OH

CH_2 CH_2-O-CH_2 CH_2 CH_2

CH_2OH CH_2OH

甲阶酚醛树脂不同于线型树脂，在加热时不用加固化剂即可以进一步缩聚成最后的不溶不熔的体型结构树脂即丙阶树脂。

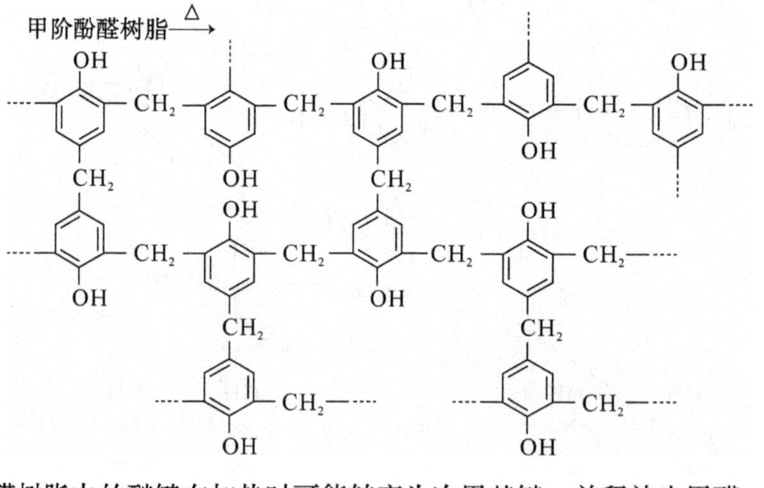

甲阶酚醛树脂 $\xrightarrow{\triangle}$

OH OH OH

CH_2 CH_2 CH_2 CH_2

OH OH

OH

CH_2 CH_2

OH OH

CH_2 CH_2 CH_2 CH_2

OH OH

CH_2 CH_2

CH_2 CH_2

OH OH

甲阶酚醛树脂中的醚键在加热时可能转变为次甲基键，并释放出甲醛：

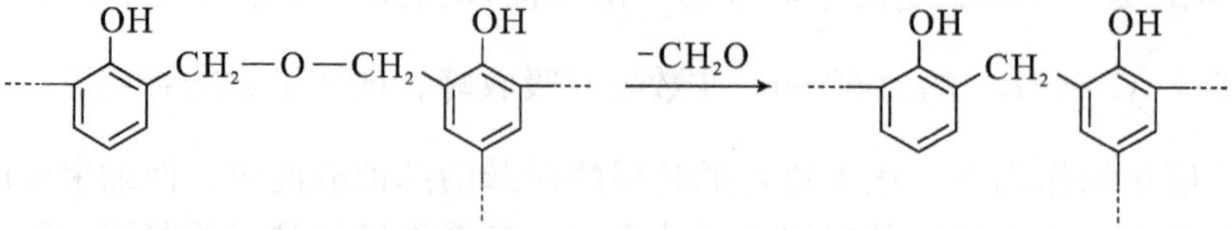

OH OH OH OH

CH_2-O-CH_2 $\xrightarrow{-CH_2O}$ CH_2

4.2.2 热塑性酚醛树脂合成原理

热塑性酚醛树脂是在酸性介质中，由甲醛与三官能度的酚或二官能度酚缩聚而成。采用三官能度的酚，则酚必须过量（通常酚与醛用量的摩尔比为6:5或7:6），若酚量较少，会生成热固性树脂，酚量增加则会使树脂的相对分子质量降低。

在酸性介质中，羟甲基酚之间或羟甲基酚与酚环上的氢原子的反应速度，都比醛与酚的加成反应速度快。热塑性酚醛树脂的生成过程是通过羟甲基衍生物阶段而进行的，同时羟甲基彼此间的反应速度总小于羟甲基与苯酚邻位或对位上氢原子的反应速度。故此热塑性酚醛树脂主要是按下列反应生成的：

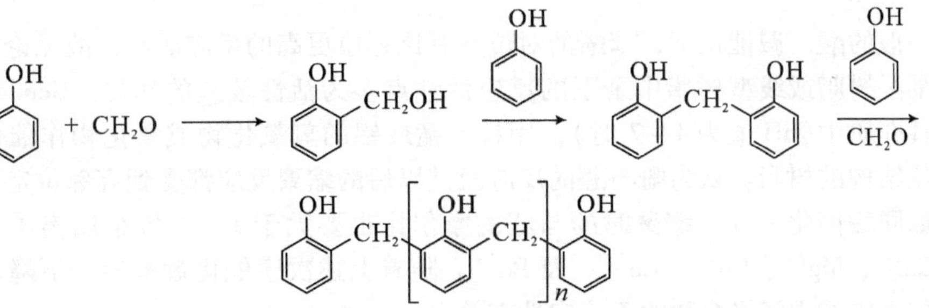

n一般为4～12，其值的大小与反应混合物中苯酚过量的程度有关。这种树脂的结构和热固性树脂不同点是：在缩聚体链中不存在没有反应的羟甲基，所以当树脂加热时，仅熔化而不发生继续缩聚反应。但是这种树脂由于酚基中尚存在有未反应的活性点，因而在与甲醛或六次甲基四胺作用时就转变成热固性树脂，进一步缩聚则变成不溶不熔的体型产物。酸催化剂的热塑性酚醛树脂，其数均相对分子质量(M_n)一般在500左右，相应的分子中酚环大约有5个，它是各种级分且具分散性的混合物。

热塑性酚醛树脂的生成反应原理是在酸性条件下，由于羟甲基及苯环的质子化作用，作为亲核中心的苯环，反应活性特别低。

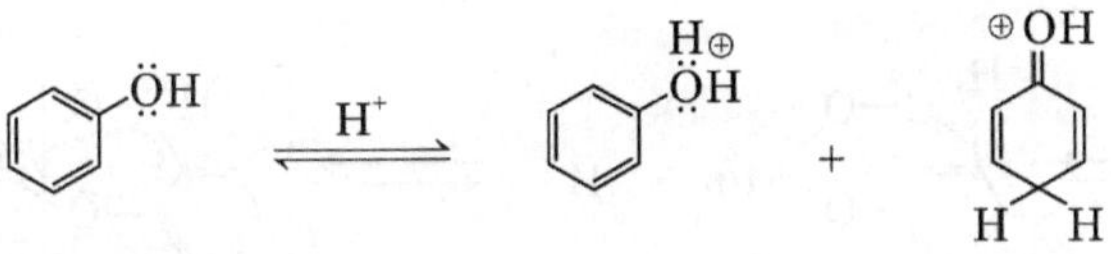

然而，甲醛却因质子化作用而被活化，形成正碳离子，这对酚环潜在活性的降低是一种补偿。质子化了的甲醛具有较强的亲电子反应活性，是一种亲电子剂。

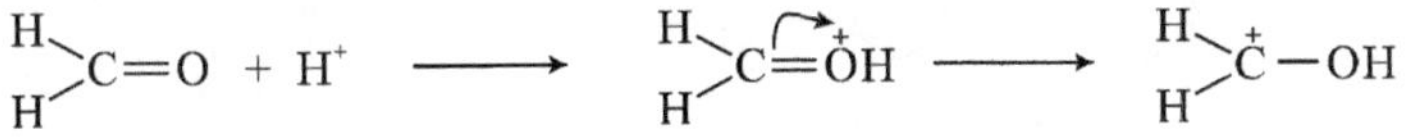

取代反应进行得较慢，由于进一步的质子化作用而产生苄基正碳离子，所以，随之即发生缩聚反应，缩聚反应的速度较快。

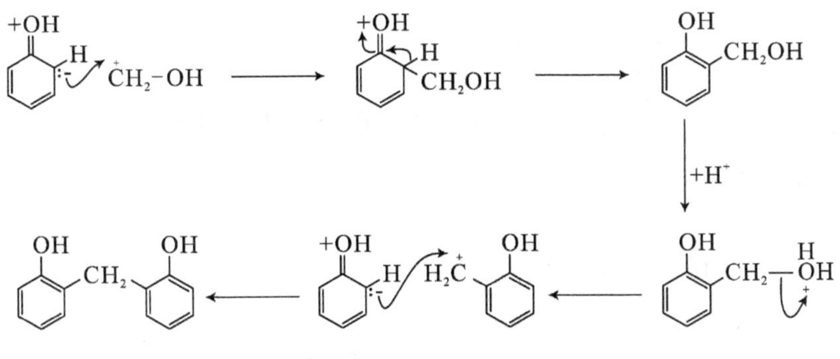

热塑性酚醛树脂由于在缩聚过程中甲醛量不足，树脂相对分子质量只能增长到一定程度。

4.2.3 高邻位热固性酚醛树脂合成原理

在一般的酸、碱催化下，苯酚的对位具有比邻位更高的反应活性，故无论在热固性的甲阶酚醛树脂或线型树脂中余下的反应活性点多为活性较差的邻位。Bender 等报告在弱酸性介质中(pH 值为 4 ~ 7 时)，用锌、锰或铝的氢氧化物或氧化物作催化剂制得了高邻位结构的树脂。认为酚与醛的反应及其以后的缩聚反应都受到高邻位定位效应的影响。如同酸催化一样，缩聚时酚与醛的摩尔比也要大于 1。二价金属离子如 Mn^{2+}、Zn^{2+}、Cd^{2+}、Mg^{2+}、Co^{2+}、Ca^{2+}、及 Ba^{2+}，随着上述次序催化效率逐一下降。这种差异与反应生成的中间络合物的不稳定性有关。

Fraser 等则认为由于金属离子的催化作用，使邻位的羟甲基化反应占优势，这就导致未固化的树脂具有比较高的邻-邻次甲基键，余下了对位的活性位置。当用六次甲基四胺作催化剂时，其固化速度远比一般酸、碱催化剂制得的树脂为快。据报道，一般树脂中对-对和邻-邻次甲基键的分布量大体相当，而用二价金属离子催化的树脂，其邻-邻次甲基键几乎是对-对次甲基键的 1 倍，这就致使有较多的自由活性对位剩余下来，必然使树脂的固化速度大大加快。由于金属离子在催化过程中与酚和醛之间生成络合物，从而有利于生成邻位羟甲基。

金属离子催化反应机理如下：

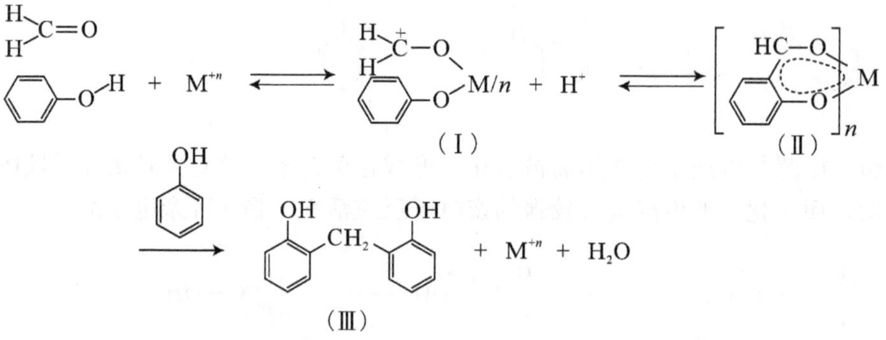

H₂C=O + C₆H₅—OH + M^{+n} ⇌ (Ⅰ) + H^+ ⇌ (Ⅱ)

(Ⅰ) (Ⅱ)

(Ⅱ) + 苯酚 ⟶ (Ⅲ) + M^{+n} + H_2O

(Ⅲ)

Pizzi 分离出间苯二酚和苯酚-甲醛的铬络合物，证明上述机理是可能的：

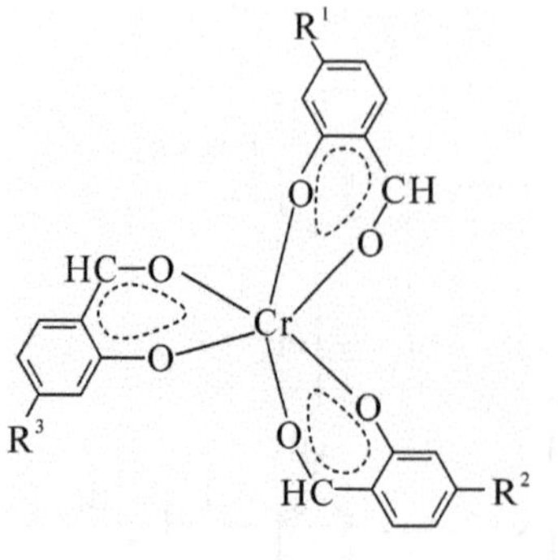

$R^1 = R^2 = R^3 =$—H，—OH

金属离子在溶液中的交换速率和生成络合离子的不稳定性是决定金属离子催化剂是加速还是抑制酚与醛反应的关键。因此络合离子(Ⅱ)越稳定，生成树脂(Ⅲ)的反应速率越小，完全稳定的络合离子(Ⅱ)会使生成树脂(Ⅲ)的反应终止。若络合离子(Ⅱ)是不稳定的，反应将会进行到生成树脂(Ⅲ)为止。

Pizzi认为制取高邻位酚醛树脂并不一定需要酚过量这一条件。同时也明确指出二价金属离子是促进树脂生成的，而三价金属离子通常对此反应有阻聚或延缓作用。他认为金属离子对树脂的固化过程也有促进作用。

有的学者认为，不用金属离子作催化剂也能制得高邻位酚醛树脂，可利用甲醛气体与晶体苯酚，以萘作催化剂，于20～40℃下反应而成。萘与苯酚不发生反应，但生成相应的固态配位络合物，此络合物使酚与醛活化。晶体酚比熔融酚的分子结构更为规整。用此法制备树脂有利于降低能耗，并省去了最后的脱水过程，在树脂表面亦不产生缩聚水。

高邻位热固性酚醛树脂是国内外学者比较关注的研究问题，因为它比一般热固性甲阶酚醛树脂固化速度快，贮存稳定性好，如ZnO催化的高邻位酚醛树脂能贮存2～3年，其性能指标无明显变化。

4.2.4　间苯二酚甲醛树脂的合成原理

间苯二酚甲醛树脂(RF)简称间苯二酚树脂。间苯二酚树脂可以常温固化，胶接耐久性极其优良，多用于制造集成材。

间苯二酚价格昂贵，应用上受到一定限制，因此多用于和苯酚共聚制造苯酚间苯二酚共缩合树脂(PRF)。这种树脂的反应性能不如纯的间苯二酚树脂，因此其固化温度相应也高(在40℃左右)。由于间苯二酚结构上的特点，它与甲醛的反应活性极高，所以常用于普通酚醛树脂的改性，以制造各种室温快速固化型胶黏剂。其用量较低，但效果显著，由于成本高极少单独使用。

间苯二酚胶黏剂是由主剂和固化剂在使用时混合而成。主剂一般是含有醇的线型间苯二酚树脂液体，固化剂为聚甲醛粉末，实际使用时常加入一定数量的填充剂如椰子壳粉等。

纯间苯二酚树脂的合成比较简单。当间苯二酚(R)∶甲醛(F)的摩尔比≤1∶1时，既生成线型的可溶树脂。而当R∶F≥1∶1时，不管在酸或碱性介质中，反应都过于剧烈，最后生成不溶不熔的固体树脂从溶液中析出来。当向线型的间苯二酚树脂中加入甲醛时，在室温下可快速固化成具有三维交联结构的丙阶树脂。间苯二酚的高反应活性与其分子结构有密切关系，它的分子上有三个反应活性点，其中4、6位活性最高，两个羟基之间处于空间位阻状态的2位反应活性较低，不过也能参加反应。间苯二酚环上4、6位两个反应活性点与2位反应点之间的反应比例为10.5∶1，4、6位反应活泼点与2位反应活泼点的反应活性之比为5∶1。间苯二酚与甲醛之间的反应速度是苯酚与甲醛之间反应速度的10～15倍。间苯二酚—甲醛体系的高反应活性使之不可能以甲阶树脂形式用于胶接体系，而只能生产出线型树脂。此树脂分子中没有羟甲基，也没有次甲基醚键存在。该树脂是由次甲基键桥连接起来的间苯二酚低聚物的混合物构成，聚合度一般为

3 ~ 4。

在合成的线型树脂中，分子主链以线型为主，其原因是：在分子主链末端的酚核上存在着两个活性中心，而主链中间的任一酚核上却只剩下一个活性中心，所以分子链沿主链方向增长的趋势占主导地位；分子链中间苯核上的亲核中心(通常在 2 位上)空间位阻大，而末端的苯核上剩余的两个亲核中心，至少有一个是空间位阻较低的活性中心(4 或 6 位)，前者反应活性低，后者反应活性高；由于位于分子中间链节的酚核已有两点被固定在分子链上，因而限制了其进一步反应的能力。

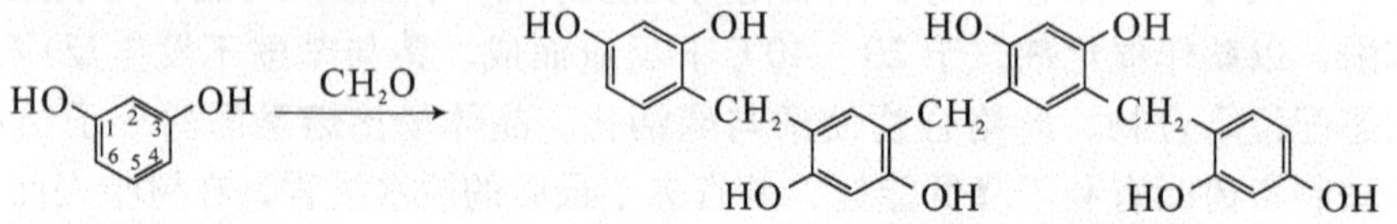

CH_2O

常见的间苯二酚四聚

间苯二酚与甲醛的反应主要取决于摩尔比、溶液浓度、反应温度、pH 值、催化剂的类型、醇的种类及用量等。

纯间苯二酚树脂合成工艺：间苯二酚 1mol(110g)，加入 0.6 ~ 0.7mol 甲醛(浓度 37%，50 ~ 55g)，用少量的碱调整混合液 pH 值为中性，加热使其反应，合成平均为 2.55 ~ 3 个间苯二酚环的低聚合度的线型间苯二酚树脂。这种合成产物极易分离呈油状，当加入醇后可制得均匀的溶液。醇在反应时加入亦可，醇还具有降低反应速度的作用，醇的相对分子质量越高降低反应速度的作用越低，所以甲醇的效能最高。醇降低反应速度的原因是醇与醛之间形成了不稳定的半缩醛，从而降低了甲醛的浓度，延迟了反应，降低了反应速度。树脂固化时加入 10% 左右的聚甲醛。

间苯二酚与苯酚共缩合树脂的合成，首先将苯酚在碱性条件下制成低聚合度的甲阶树脂，然后再在中性条件下加入间苯二酚并使其反应而制得。此时若甲阶酚醛树脂中羟甲基量高于间苯二酚的量，树脂的黏度迅速增高，产生凝胶。若能使羟甲基只存在于甲阶酚醛树脂分子的两个末端，使其再与间苯二酚反应最理想，但是合成羟甲基只存在于分子末端的甲阶酚醛树脂是非常困难的。

对于苯酚间苯二酚甲醛共缩合树脂若减少间苯二酚用量虽然可以降低成本，但固化速度也同时减慢。如果苯酚与间苯二酚的比例在 1:1 左右时，合成的树脂若能充分固化，胶接强度与纯间苯二酚树脂无大的差别。但是当固化温度较低时，因为苯酚含量多而有固化不充分的危险。

4.3 酚醛树脂的固化

酚醛树脂一般可分为两大类，即在碱性条件下合成的甲阶酚醛树脂及在酸性条件下合成的线型酚醛树脂。金属离子催化下合成的高邻位酚醛树脂是介于上述两者之间的产物，既有线型酚醛树脂的主链结构又有少量的羟甲基存在，分子链还有一定程度的支化度，所以常被称做支化的线型酚醛树脂。但是无论从本质上，还是从习惯上还都把它归入甲阶酚醛树脂一类。

胶黏剂的固化是胶接过程中的关键步骤，因为胶黏剂只有经过固化，才能达到胶接的目的。固化过程对胶黏剂的性能特别是胶接制成品的性能都有直接影响。

4.3.1 酚醛树脂固化反应的历程

酚醛树脂的固化过程如同其合成反应一样极其复杂，有关酚醛树脂的固化反应机理仍是目前研究的热点问题。

线型酚醛树脂属热塑性树脂，软化点为85~95℃，其相对分子质量分布较宽(一般200~1300)。在碱性介质下，加入甲醛给与体(如六次甲基四胺、聚甲醛等)并加热，甲醛即与酚核上未反应的邻、对位活性点反应，同时失水缩聚形成次甲基键桥，使树脂由热塑性转变为热固性树脂，进一步缩聚最终得到不溶不熔的体型结构固化产物。

高邻位酚醛树脂由于枝链中单取代酚比例较高，因此其固化速度比普通甲阶酚醛树脂快。热塑性酚醛树脂在木材胶接中很少使用，一般多用于生产酚醛塑料。在木材胶接中应用面最广、用量最大的酚醛树脂是甲阶酚醛树脂。用于木材胶接的甲阶酚醛树脂是不同相对分子质量的低分子混合物。其平均相对分子质量为300~400，平均聚合度约为3。

甲阶酚醛树脂的固化方式一般有两种，即冷固化和热固化。冷固化即室温固化，常用于木材冷压胶接，冷固化常用的固化剂有苯磺酸、石油磺酸等。将酸性固化剂加入液体甲阶酚醛树脂后，酸引起羟甲基与酚核上活泼氢的缩聚反应。反应剧烈，放热量高，足以产生使酚醛树脂完全固化所需的局部温度。所以一般在室温下即可固化。

甲阶酚醛树脂在胶接木材时，多采用热固化。其固化反应机理十分复杂，Hultzsch认为固化反应分三步进行。首先，甲阶酚醛树脂由室温缓慢加热至110~120℃，树脂的相对分子质量进一步增长，相邻近的羟甲基失水缩聚形成次甲基醚键。同时，羟甲基也可以与苯环上未反应活性点的氢原子失水缩合，形成次甲基键桥。这时树脂从低分子的流动态变为半固态，胶层具有了一定的初黏力。但此时的树脂仍是可溶可熔的甲阶酚醛树脂。

第二步，当树脂由120℃升高到140℃或更高时，伴随着羟甲基与酚核上活泼氢的缩合，同时醚键大量裂解失去甲醛而变成次甲基键。这时树脂外观由浅红色变成红棕色，它是游离酚、苯酚及各种羟甲基同系物与不溶不熔高分子的混合物。这种树脂的平均相对分子质量为400~500，聚合度为6~7。此时树脂为乙阶。它与甲阶树脂有根本区别，在丙酮及乙醇等溶液中只能部分溶解，而大部分不能溶解而仅溶胀。加热时可软化，在110~120℃下呈黏弹状态，可拉成长丝，冷却后变成硬脆物质，呈半固化状态。

在固化的第二阶段，醚键裂解脱出的甲醛只有理论值的一半逸出，这是由于脱出的甲醛立即与树脂分子中酚核上的未反应的活泼氢失水缩合。如果酚核上已不存在活性点，则在此高温下甲醛可与次甲基及酚羟基反应，形成如下结构：

在固化的第二阶段，酚羟基是至关重要的条件，若酚羟基被醚化或酰化，则会极大地降低固化速度。

最后，在更高的温度（170～200℃）下进一步固化时，树脂中的次甲基含量进一步上升，并定量地转化为聚亚甲基醌。这些聚亚甲基醌在200～230℃下聚合成惰性树脂（即丙阶酚醛树脂），同时产生少量的亚甲基醌氧化还原产物——羟醛化合物。由于树脂的热解同时也产生少量的二甲酚及单、双酚醛等低分子裂解产物。

这些反应副产物的存在，经实验分析均已得到证实。

4.3.2　影响酚醛树脂固化反应速度的因素

酚醛树脂的固化速度因固化温度、树脂浓度、F/P 摩尔比、NaOH/P 摩尔比、添加剂等的不同而不同。在苯酚的浓度和固化温度一定、无添加剂的情况下，酚醛树脂的固化速度与 F/P 及 NaOH/P 摩尔比的关系如图 4-1 所示。

当 F/P 摩尔比为 2.0～2.3 时，NaOH/P 最适宜的摩尔比为 0.2～0.3，而实际使用的酚醛树脂胶黏剂其 NaOH/P 摩尔比远比此高。这是因为若树脂分子小，由于树脂向木材内部过度渗入而不能获得良好的胶接性能，然而随着缩聚反应进行树脂分子量增大，如果碱含量过低，树脂的溶解性恶化，

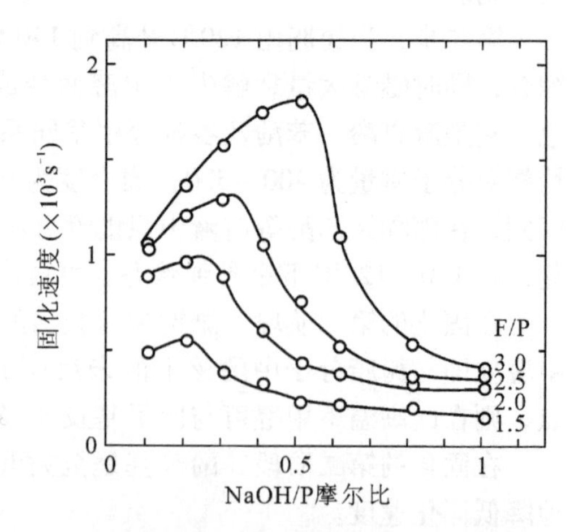

图 4-1　酚醛树脂固化速度与 F/P 及 NaOH/P 摩尔比的关系（120℃）

黏度也增高，为此必须加入过量的碱。故此通常木材胶接用酚醛树脂的 pH 值为 11～12，呈强碱性。

酚醛树脂的固化速度受温度的影响非常大，常温下若温度相差 10℃，固化速度则相差 4～5 倍；在 130℃左右，若温度相差 10℃，则固化速度相差近 2 倍。酚醛树脂的热压固化温度与脲醛树脂、尿素三聚氰胺共缩合树脂相比要高出 10～20℃。并且当单板或刨花的含水率过高时，将招致树脂固化迟缓、树脂向木材中过度渗入而产生缺胶、鼓泡、放炮等胶接缺陷。故与脲醛树脂、尿素三聚氰胺共缩合树脂相比，酚醛树脂对木材含水率管理的要求极为严格。由于酚醛树脂热压温度高，因此单板的压缩率亦高。

由此可见酚醛树脂固化所需温度高、时间长，这是酚醛树脂的缺点，对其进行改善是目前有关酚醛树脂研究的主要课题之一。

在酚醛树脂胶黏剂液体中加入 10% 的于常温下不能溶解的高相对分子质量的线型酚醛树脂粉末后，酚醛树脂的固化速度加快，并且对含水率为 12% 的单板也能容易地获得优良的胶接强度。这是因为线型酚醛树脂在加热时溶解，使胶黏剂液体的黏度增高，抑制了树脂向木材中的过度渗入，同时线型酚醛树脂与甲阶酚醛树脂反应而使固化速度加快。其改性原理是通过固、液两相的混合，预先使树脂的缩聚程度得以提高的原故。在提高碱性可溶酚醛树脂缩聚程度的过程中，为了消除黏度过大的问题，也有人尝试制造酚醛树脂悬浊液。

酚醛树脂随着其缩聚程度的提高，其黏度增大，操作性能恶化，若使其发泡会减小流动阻力。在美国的胶合板与 LVL 工厂常用泡沫胶来改善高聚合度酚醛树脂胶黏剂的涂施性能。

樋口等研究指出：碳酸钠(Na_2CO_3)与碳酸丙烯酯[$(CH_2OCOOCH)CH_3$]对酚醛树脂的固化有促进作用。碳酸盐的作用基元是碳酸氢根离子($HO—CO—O^-$)，其分子的一端为吸电子性，而另一端为给电子性。它和两个羟甲基相互作用从一方吸入电子，而向另一方给出电子，使形成二次甲基醚键或直接形成次甲基键的固化反应变得容易进行。甲醛对酚醛树脂的固化也有促进作用。甲醛与水结合形成二甲醇，二甲醇具有与碳酸氢根相似的分子大小和性能，其催化树脂固化作用机理与碳酸氢根相同。

碳酸丙烯酯是丙二醇的碳酸酯，在碱性的酚醛树脂中受加水分解作用生成碳酸氢根离子和丙二醇。随着碳酸氢根离子产生催化作用的同时，由于其还中和过剩的碱，从而促进了酚醛树脂的固化。

通常碱性酚醛树脂应在加入椰子壳粉、木粉或面粉等填充剂、增量剂和碳酸钠等固化促进剂后使用。若胶接作业适当，由此种胶黏剂制造的胶接制品具有可靠的胶接耐久性，可耐 72h 连续煮沸，对于可能存在固化不充分的胶层会通过煮沸而继续固化，为判断树脂固化不良的存在，最好同时采用冷水浸渍处理进行胶接强度试验。

有关酚醛树脂固化机理(缩聚反应机理)的研究非常多。概括起来有关碱性可溶性酚醛树脂的缩聚反应机理为：①羟甲基与酚核上邻位及对位活性点之间通过 S_N2(两个分子的亲核取代)反应生成次甲基键；②由羟甲基之间的 S_N2 反应生成二次甲基醚键；③羟甲基与羟甲基酚的邻位及对位活性点之间通过 S_N2 反应生成次甲基键；④通过亚甲基醌的 S_N1(1 分子的亲核取代)反应生成次甲基键。

二次甲基醚键一般是在中性条件下生成的，在碱性介质中难以生成。并且即使生成的二次甲基醚键在高温下也会脱出甲醛而转化成次甲基键。

塔村等关于酚醛树脂固化反应速度理论研究结果指出：在固化缩聚反应中优先进行的是上述第②或第③种的S_N2反应，对于F/P摩尔比小的可溶性树脂第①种的S_N2反应也相当程度地进行。并且反应在电离的苯酚与没有电离的苯酚之间进行得最快。

亚甲基醌机理在三羟甲基酚(TMP)的缩聚反应中，Jones 等依据 TMP 减少的速度与 TMP 浓度的关系，提出反应遵从一级反应。然而，对于 TMP 的缩聚反应是伴随着羟甲基脱出甲醛而产生的。这些脱出的甲醛对反应有促进作用，因此反应被加速，表观上具有适合一级反应的过程。因为不了解这种甲醛的催化作用而提出了错误的解释。塔村等的研究表明实际上 TMP 的缩聚反应用S_N2反应机理可以很好地得到解释。

4.4 影响酚醛树脂质量的因素

酚醛树脂的质量与合成树脂所用原料、F/P摩尔比、催化剂、反应温度及反应时间等直接相关。

4.4.1 原料

为合成体型结构的酚醛树脂，两种原料的官能度总数应不少于5。醛类为二官能度的单体，因此所用酚类必须有3个官能度。具有两个官能度的酚类如对甲酚、邻甲酚及2，5二甲酚等在一般情况下难以形成体型结构的树脂。

不同的酚类与甲醛的反应活性不同。酚类的活性受其结构的影响很大，Sprung 在98℃时使各种酚与甲醛反应，酚类: 甲醛 =0.87:1，用三乙醇胺[$N(CH_2CH_2OH)_3$]作催化剂，其用量为每1mol 酚使用0.0241mol 的催化剂，测定甲醛消失的速率见表4-1。

表4-1 各种酚的反应活性

酚 类	比较速率（以苯酚为1）	酚 类	比较速率（以苯酚为1）
3，5二甲酚	7.75	2，5二甲酚	0.71
间甲酚	2.88	对甲酚	0.35
2，3，5三甲酚	1.49	邻羟苯甲醇	0.34
苯酚	1.00	邻甲酚	0.26
3，4二甲酚	0.83	2，6二甲酚	0.16

取代基的位置特别重要，当甲醛在苯环— OH 的邻位和对位起反应时，间位上的甲基便大大地增加了反应的活性，但当甲基在邻位或对位时，则使活性减退并妨碍在这一特殊位置进行反应。间苯二酚并没列入表中，但我们知道其间位上的第二个—OH 使间苯二酚与甲醛的反应非常活泼。

酚类分子结构对树脂固化速度的影响与树脂化速度的影响不同，Megson 和 Paisleg 依据树脂固化后以丙酮作为溶剂提取树脂可溶物的含量，发现苯酚的活性要比间甲酚大，而间甲酚又比 3，5 二甲酚大，这个次序与上表中所列次序相反，其原因可能是与空间障碍有关。

有关甲醛的质量在第二章中已做过介绍，甲醛质量对酚醛树脂性能的影响与脲醛树脂相近。不过甲醛水溶液中的甲醇能降低树脂化速度，同时使树脂的某些基本性能变坏。如果甲醇含量增加，树脂的产量下降，树脂对酒精的溶解度下降，游离酚含量增加等。因此甲醇含量以不超过 12% 为宜。

4.4.2　酚与甲醛的摩尔比

甲醛与酚类的缩聚反应速度取决于甲醛对酚类的摩尔比，Megson 用盐酸作催化剂，使间甲酚和甲醛以各种摩尔比在 100℃下反应，测定其树脂化时间。树脂化的测定方法是从反应物的清澄溶液开始加热起，至呈永久混浊为止，发现随着甲醛对间甲酚的摩尔比增加时，树脂化时间也随着增加，如图 4-2 所示。

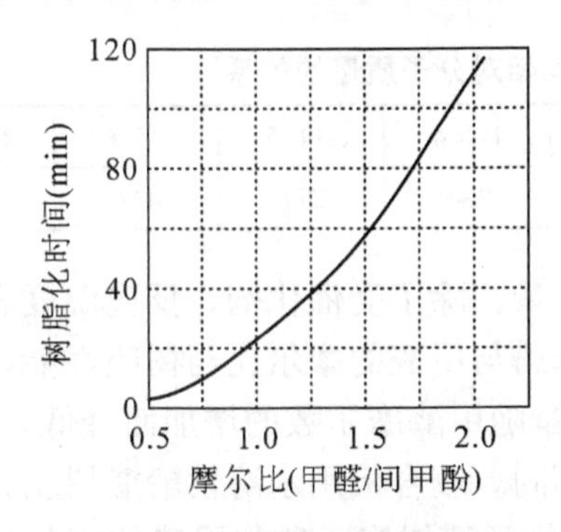

图 4-2　树脂化反应速度与摩尔比的关系

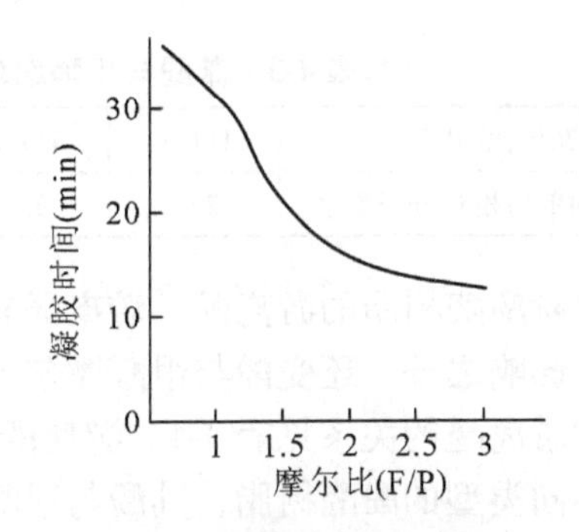

图 4-3　酚醛树脂固化速度与摩尔比的关系

Sprung 对这一规律予以验证，他用三乙醇胺作催化剂，使苯酚与多聚甲醛在 98℃下反应，发现甲醛与苯酚的摩尔比从 0.87∶1 到 1.25∶1 的范围内，甲醛消失的速率和甲醛与苯酚的摩尔比成反比，相反树脂的固化速度却随甲醛量的增加而增加，如图 4-3 所示。

要形成体型热固性酚醛树脂，必须有过量的甲醛，以保证其与苯酚缩合生成次甲基键。按理论计算，要形成理想的体型热固型树脂，即每个酚环上三个邻、对位全部与甲醛发生缩合反应，其苯酚与甲醛的摩尔比应为 1∶1.5。

如果酚的量多于甲醛的量亦即酚与甲醛的摩尔比大于 1，则不能产生足够的羟甲基使缩聚反应继续进行，到一定阶段反应即停止。例如 3mol 的苯酚与 2mol 的甲醛反应：

$$3\,C_6H_5OH + 2CH_2O \longrightarrow HOC_6H_4{-}CH_2{-}C_6H_3(OH){-}CH_2{-}C_6H_4OH + 2H_2O$$

很明显，即使酚量再增加，缩合程度也不能再增加。因为没有足够的甲醛使其产生所需要的邻、对位羟甲基，因此反应产物只能形成线型结构的热塑性酚醛树脂。故制造热固性酚醛树脂苯酚与甲醛的摩尔比应略小于1。

酚与甲醛的摩尔比和初级产物的分子结构直接相关。当苯酚与甲醛的摩尔比为1:1时，反应生成产物主要是邻羟甲基酚及对羟甲基酚，其中对羟甲基酚的含量较多。当苯酚与甲醛的摩尔比为1:2时，反应生成产物是二羟甲基及三羟甲基酚。苯酚与甲醛反应生成三羟甲基酚的数量与其摩尔比的关系见表4-2，三羟甲基酚的含量随苯酚与甲醛摩尔比的减小而增加。

酚与甲醛的摩尔比与树脂的平均相对分子质量也直接相关。试验表明，改变反应物的摩尔比，可以有效地控制产物的相对分子质量，见表4-3。

表4-2　苯酚与甲醛摩尔比和三羟甲基酚含量的关系

摩尔比(P:F)	1:0.5	1:1	1:1.5	1:2	1:2.5
三羟甲基酚含量(%)	3.38	9.24	22.16	31.00	40.70

表4-3　苯酚与甲醛摩尔比和树脂平均相对分子质量的关系

摩尔比(P:F)	1:1.1	1:1.2	1:1.3	1:1.4	1:1.5	1:1.6	1:1.7
树脂的平均相对分子质量	228	256	291	334	371	437	638

甲阶酚醛树脂的游离酚、游离醛有毒物质的含量，除了受催化剂、反应温度和反应时间的影响之外，还受酚与甲醛摩尔比的影响。苯酚与甲醛的摩尔比与树脂性能以及游离酚和游离醛的关系见表4-4。游离酚、游离醛含量随甲醛摩尔数的增加而降低。

不同类型的酚醛树脂，其酚与甲醛的摩尔比不同。胶合板用水溶性酚醛树脂，其苯酚与甲醛摩尔比在1:(1.5~2.25)范围之间。醇溶性酚醛树脂，酚与甲醛的摩尔比一般在1:(1.19~1.4)之间。

表4-4　苯酚与甲醛摩尔比和酚醛树脂质量的关系

摩尔比(P:F)	固体含量(%)	可被溴化物含量(%)	碱含量(%)	游离酚含量(%)	游离醛含量(%)	黏度(涂-4杯)(s)
1:2.0	45.6	13.4	7.0	0.174	0.166	20
1:2.1	47.2	13.8	7.7	0.114	0.163	23
1:2.3	45.7	12.9	6.8	0	0.118	25
1:2.5	47.6	13.0	7.0	0	0.111	17

4.4.3 催化剂

酚醛树脂的形成必须在酸或碱的催化下进行。由实验可知，用甲醛水溶液(浓度37%~40%)与等体积的苯酚相混合，溶液的pH值为3.0~3.1，将此混合溶液加热到沸腾，在数天至数周内并未观察到有任何反应发生，所以将pH = 3.0~3.1称为酚醛树脂合成中的“中性点”。在上述混合溶液中加入酸使pH<3或加入碱使pH>3.1，则反应立即发生。

当苯酚与甲醛的摩尔比大于1(即苯酚过量)，在强酸性(pH<3)条件下可合成热塑性酚醛树脂；同样当苯酚与甲醛的摩尔比大于1，在二价金属离子催化剂作用下可合成

高邻位酚醛树脂；当苯酚与甲醛的摩尔比小于1(即甲醛过量)，在碱性(pH>7)条件下可合成热固性酚醛树脂。

在酸性催化剂作用下，苯酚与甲醛之间的反应速度随反应介质中氢离子浓度的增加而加快。而在碱性催化剂及二价金属离子催化剂作用下，当氢离子或金属离子的浓度超过某一数值时，浓度再增加对反应速度几乎无影响。

(1)碱性催化剂。常用的碱性催化剂有氢氧化钠、氨水及氢氧化钡，他们的催化能力依次为 $NaOH > Ba(OH)_2 \cdot 8H_2O > NH_4OH$。此外还有氢氧化钙、碳酸钠及三乙醇胺等。

氢氧化钠：是催化作用较强的催化剂，常用于水溶性酚醛树脂的生产。其特点是生成的树脂在各种溶剂中均有较大的溶解度及水稀释度。缺点是缩聚产物中残存的游离碱降低了树脂的性能(色泽、耐水性、介电性能)，如果游离碱过多，还能降低胶接强度。其用量一般为酚量的10%～15%。

氢氧化铵：催化作用较缓和，反应易于控制，并且合成树脂中的氨较易处理。主要用于醇溶性酚醛树脂的生产。通常用25%的氨水，用量以氨计，为苯酚的0.5%～3%。

氢氧化钡：该催化剂碱性较弱，催化作用比较缓和，反应易于控制。残存在树脂中的不溶性惰性钡盐，不会影响树脂的介电性能及化学稳定性。实验证明，树脂中残存的二价钡盐反而使介电性能更佳。

(2)酸性催化剂。常用的酸性催化剂有盐酸、硫酸、石油磺酸及各种苯磺酸等。在木材工业中，极少使用线型酚醛树脂，只有少数冷固化酚醛树脂胶黏剂采用石油磺酸及对甲苯磺酸作固化剂，它可提高酚醛树脂的固化速度。

(3)金属离子催化剂。常用的金属离子催化剂是锌、锰、铝等碱金属或碱土金属的氧化物、氢氧化物或有机盐。此类催化剂催化作用平缓，反应易于控制，常用于高水溶性快速固化酚醛树脂的合成。常用的有氧化锌、乙酸锌等，其用量一般为苯酚的0.5%～1%。

4.4.4　反应温度和反应时间

苯酚与甲醛混合的同时，化学反应即开始。但在低温下，即使有催化剂存在反应仍进行得很缓慢，达到一定的聚合度所需时间长。提高反应温度可使反应速度加快，达到一定聚合度所需时间就短。苯酚与甲醛之间的反应是一个逐步缩聚反应，在树脂化过程中初期树脂的质量对木材胶接质量影响较大，因而在树脂制造中反应温度与反应时间是不可忽视的因素。

合成树脂的聚合度、平均相对分子质量及相对分子质量分布、羟甲基含量及官能度，是摩尔比、pH值、催化剂类型及用量、酚类的官能度、反应温度及反应时间等主要因素共同作用的结果，而各因素之间又相互制约。合成树脂的质量与诸因素之间的函数关系是可以人为地控制与调节。当除反应温度、反应时间两因素之外的诸因素固定不变时，两者之间呈反比关系。

一般在反应初期升温速度不宜太快，使苯酚与甲醛能形成一羟甲基酚、二羟甲基酚等。在形成一羟甲基酚、二羟甲基酚和低级缩聚物的过程中将伴随有大量的反应热放出。这些热量可以使反应混合物的温度迅速升高，所以反应混合物在反应釜内升温至55～65℃之后即可停止通入蒸汽。由于反应热的放出，反应釜内的温度会自行升高。酚与甲醛的缩聚反应一般是在沸腾情况下进行的，这是因为在此条件下可以得到性能较好的树脂。然而在进行缩聚时强烈的沸腾不仅不能带来任何好处，反而会增加蒸汽与冷却用水的消耗量。从缩聚反应本身也要求缩聚反应时间长一些为好，因为树脂形成不是简单的由羟甲基酚变成树脂，而是连续不断地形成许多缩聚程度不同的中间产物，经过大分子的破裂、小分子的缩聚而形成相对分子质量分布比较均匀的最终产物。相对分子质量分布的均匀程度直接影响树脂的贮存期和树脂胶接后的物理力学性能。

在反应中后期，主要是相对分子质量较低的产物相互缩聚。由于放热量远较初期酚与甲醛反应时释放的热量小，所以必须及时通入蒸汽，以保证混合物的沸腾。此阶段树脂形成的特点是随着缩聚程度的提高相对分子质量增大，因此树脂的黏度逐渐增加。

一般来说，如果要想采用快速升温，使用催化作用较缓和的催化剂为宜，如氢氧化铵。即使如此，也往往因其升温过快、时间过短、反应过于激烈、缩聚不充分，而造成树脂分子大小相差悬殊、游离酚含量过高，降低了树脂的质量，并且对木材的胶接强度和耐老化性能都不利。但是，若缓慢地升温，即使用催化作用较强的氢氧化钠，酚与甲醛反应形成羟甲基酚也比较完全，随后又较缓慢地形成最终产物。其缩聚程度均匀、游离酚含量少、树脂得率高，胶接性能好。

4.5 酚醛树脂的合成工艺

木材加工业应用的酚醛树脂主要是热固性甲阶酚醛树脂。按其用途可分为两种：一种是水溶性酚醛树脂；另一种是醇溶性酚醛树脂。

合成酚醛树脂的配方和工艺甚多，因其所用酚的种类、摩尔比等的不同，各有其特点，限于篇幅所限不能尽述，这里仅就有代表性的配方与合成工艺作一简单介绍。

4.5.1 原料用量的计算

合成酚醛树脂的原料用量，是依据已经确定的酚与甲醛或酚与其他原料的摩尔比来计算。摩尔比是以酚的摩尔数为基准确定的，即采用1摩尔的酚对其他原料的摩尔数来计算。以苯酚为例计算公式如下：

$$G = M \cdot N \cdot \frac{P}{94} \cdot \frac{p}{Q} \tag{4-1}$$

式中：G ——所计算的原料量；

M ——所计算原料的相对分子质量；

N ——苯酚与所计算原料的摩尔比数；

Q ——所计算原料的浓度(%)；

p ——苯酚的质量；

P ——苯酚的纯度；

94 ——苯酚的相对分子质量。

4.5.2　合成工艺类型的选择

工艺类型是指在制定原料配比（投料配方）和生产工艺规程过程中，在具体操作工艺上所采取的措施、方案。工艺类型的选择是影响酚醛树脂质量的一个重要方面。针对酚醛树脂的不同性能要求，应选择不同的生产工艺，以确保生产的产品具有高质量、低消耗。

4.5.2.1　缩聚次数的选择

（1）一次缩聚。在弱碱（氢氧化铵）的催化下，苯酚与甲醛一次投料进行缩聚反应，形成酚醛树脂。此工艺的特点是反应平稳，易于控制，有利于降低树脂的水溶性，便于脱水浓缩，但对降低游离酚不利。醇溶性酚醛树脂一般多采用一次缩聚，金属离子催化下合成高邻位酚醛树脂也采用一次缩聚。

（2）二次缩聚。在强碱（氢氧化钠）的催化下，甲醛分两次投料与苯酚进行缩聚反应形成甲阶酚醛树脂。这样可以减缓反应中的放热，使反应易于控制，同时有利于减少游离酚，提高树脂质量及得率。水溶性酚醛树脂一般多采用二次缩聚工艺。

4.5.2.2　催化剂的选择

合成酚醛树脂采用的催化剂有强碱性催化剂、弱碱性催化剂及金属离子催化剂三类。

（1）强碱性催化剂。其催化作用较强，反应速度较快，能增加树脂的水溶性。但树脂中有残存的碱，若碱量过多会降低胶接强度。在强碱性溶液中甲醛易发生歧化反应，这对保持 pH 值稳定不变及反应速度不利。现代工业中为了合成水溶性酚醛树脂，同时避免发生歧化反应，将碱分几次投料。

（2）弱碱性催化剂。其催化作用缓和，反应平稳，易于控制。若用氨水作催化剂，树脂水溶性下降，便于脱水浓缩。

（3）金属离子催化剂。其催化作用平缓，反应易于控制，反应时间较长，游离酚含量较高。常用于水溶性高邻位酚醛树脂的生产。

在木材加工中，很少采用酸性催化剂合成酚醛树脂。

4.5.2.3　缩聚温度的选择

苯酚与甲醛的缩聚反应可以采用高温缩聚或低温缩聚。高温缩聚的温度在 90℃ 以上，低温缩聚在 70℃ 以下。高温缩聚树脂的相对分子质量分布较窄，树脂的平均相对分子质量较高，树脂黏度高、水溶性好，适用于胶合板及刨花板等的制造。低温缩聚树脂的平均相对分子质量较低，分子量分布较宽，游离酚含量较高，黏度低，适用于浸渍用。一般根据树脂的用途来选择缩聚温度。

4.5.2.4　浓缩与未浓缩处理

（1）浓缩处理：是指初期酚醛树脂达到反应终点后，进行减压脱水处理以达到规定的固体含量。这种树脂的特点是黏度大、固体含量高、游离酚含量较低、树脂无分层现象。但生产周期长、能耗大、成本高。此类树脂主要用于胶合板的制造。

（2）未浓缩处理：是指初期树脂达到反应终点后，不进行脱水处理。这种树脂的特点是固体含量低、黏度低、游离酚含量较高。但生产周期短、能耗小、成本低。此类树脂主要用于刨花板、纤维板等的制造。

4.5.3 酚醛树脂的合成工艺

4.5.3.1 水溶性酚醛树脂

树脂的配方见表4-5。

表4-5 水溶性酚醛树脂配方

原料	纯度(%)	例A		例B	
		摩尔比	质量比	摩尔比	质量比
苯酚	100	1.00	100	1.00	100
甲醛水溶液	37	1.50	129.48	2.11	182
氢氧化钠	40	0.25~0.30	26.5~31.9	0.51	54.0
水		7.5~8.5	—	4.10	78.6

合成工艺:

例A 将苯酚、氢氧化钠和水依次加入反应釜中，开动搅拌器。往夹套内通入冷水使反应釜内液体温度保持在40~45℃，缓慢加入甲醛溶液(总量的80%)。然后在50~60min内使反应混合液均匀地升温至92℃±2℃，并在此温度下保持15min。降温至40℃，然后加入剩余的甲醛溶液(20%)。加完后再使反应混合液的温度缓慢升至92℃±2℃，并在此温度下保持30min后开始取样测定黏度。当黏度达到要求时迅速降温冷却至40℃以下放料。

例B 向反应釜的夹套内通入蒸汽，使反应釜升温至40~45℃，将苯酚、水和氢氧化钠加入反应釜，开动搅拌器，搅拌15min。在40~42℃条件下将第一批甲醛溶液(总量的90.1%)加入反应釜，反应混合液由于放热使反应温度升至80~85℃。在此温度下反应45min后，在10~15min之内加热至沸腾。沸腾10min后将反应混合液降温至40~45℃，加入第二批甲醛溶液，并在5~10min之内加热至85~90℃。在此期间取样测定黏度，当黏度达到要求后用60min将反应树脂冷却至30~35℃放料。

合成树脂的性能指标见表4-6。

表4-6 水溶性酚醛树脂性能指标

性能指标	例A	例B
外观	红褐色透明均匀黏液	
密度(g/cm^3)	1.15~1.25	—
黏度(20℃, mPa·s)	400~1100	40~130
碱含量(%)	3.0~6.5	4.4~5.5
固体含量(%)	50±2	39~43
游离酚含量(%)	<1.5	<0.18
游离醛含量(%)	<0.4	0.1~0.18
水混合性(倍)	>20	—
可被溴化物含量(%)	>12	11~15
贮存期(d)	>20	60~90

例A树脂当用于生产表板厚度小于1.2mm的胶合板时，单板涂胶后必须烘干。涂胶量(双面)为220～240g/m^2，在60～70℃下烘干至含水率为7%～10%，然后方可组坯热压，否则会产生透胶现象。

例B树脂用于生产高级耐水胶合板(涂胶单板不需干燥)的水溶性酚醛树脂。在使用时，应加填料及碱，否则热压时容易产生鼓泡现象。

4.5.3.2　醇溶性酚醛树脂

此种树脂的特点是脆性小，但反应时间长，成本较高。游离酚含量高，毒性大，对操作者身体有害。

树脂配方见表4-7。

表4-7　醇溶性酚醛树脂配方

原　　料	纯度(%)	摩尔比	质量比
苯酚	100	1.0	100
甲醛水溶液	37	1.2	103.2
氨水	25	0.095	6.92
酒精	95	—	150

合成工艺：将融化的苯酚加入反应釜，开动搅拌器，使其维系在40～45℃。加入甲醛溶液，10min后缓慢加入氨水。在50～60min内升温至94℃±2℃，并保持回流反应。注意观察釜内树脂的反应情况，当开始呈乳状时即为混浊点。出现混浊点后保持10min开始测定反应终点。测试方法为：将烧杯中的试样在水浴中冷却至25～30℃，此时树脂与水分为两层，倾出上层水，用玻璃棒搅动下层树脂液，当搅拌时树脂液不黏烧杯壁且呈拉丝状态时，即视为反应终点。达到反应终点后立即冷却降温，此段时间一般为20～40min。当降温至80℃时开始真空脱水，脱水温度控制在55～75℃。脱水量达到要求且釜内树脂呈透明状时，开始取样测定聚合速度，注意控制釜内温度不超过75℃。当聚合速度达到75～80s时立即加入计量好的酒精，树脂完全溶解后，冷却至40℃放料。

合成树脂的性能指标为：

外观	黄褐色稀黏液
固体含量(%)	33～45
游离酚含量(%)	<14
聚合速度(s)	55～90
贮存期(d)	>30

此树脂用于浸渍塑料贴面板及层压木。

4.5.3.3　高邻位酚醛树脂

合成工艺：将P:F摩尔比为1:2的熔融苯酚和甲醛加入反应釜后，加入氢氧化锌(用量为0.98g/mol苯酚)。调整反应液pH值至5.0，加热至回流，并在回流温度下反应6h。然后在强烈搅拌下升温直到125℃时，开始真空脱水，除去苯酚，趁热倒出。如若要去掉氧化锌，可在回流6h后用乙醇冲洗，然后再除掉乙醇。

氧化锌和原料的摩尔比不同，得到的高邻位酚醛树脂的性能也不相同。研究表明1mol的苯酚加0.98g氧化锌最佳，苯酚与甲醛的摩尔比以1:(2.0~2.6)为最好。

高邻位酚醛树脂可单独作为胶黏剂使用，也可与其他树脂混合使用。例如，高邻位酚醛树脂-701环氧树脂-酸酐构成的混合胶黏剂，由于引入高邻位酚醛树脂，改善了胶黏剂的耐热性，同时高温剪切强度明显提高。引入的高邻位酚醛树脂的相对分子质量越高，效果越好。

4.5.3.4 间苯二酚树脂

树脂配方见表4-8。

表4-8 间苯二酚树脂配方

原料	纯度(%)	摩尔比	质量比
间苯二酚	100	1.0000	100
甲醛溶液:	37	0.7458	55
第一次投料			21
第二次投料			14
第三次投料			12
第四次投料			8
氢氧化钠	42		2.3
水			80.1

合成工艺：将水和氢氧化钠加入反应釜，加热至45~60℃，在搅拌下加入间苯二酚，待其完全溶解后冷却至20~25℃。加入第一批甲醛溶液，由于放热反应而升温至35℃，再冷却至25~35℃，并保持10~15min。加入第二批甲醛溶液，升温至30~35℃，再冷却至25℃并保持10min。加入第三批甲醛溶液，仍和以前一样，再冷却至25~30℃并保持10min。加入第四批甲醛溶液，将釜内温度冷却至40℃并保持5min。然后缓慢升温至55~65℃，保持此温度直至混合物黏度达到90~150mPa·s。冷却至20~25℃，即可放料。

间苯二酚树脂在进行胶接前，需要将其转化为热固性树脂。为此加一定量的甲醛（多用三聚甲醛粉末或其与木粉的混合物），以提供交联固化过程中所需的羟甲基。

间苯二酚树脂可用于冷固化和热固化。冷固化的树脂，即可以在中性条件下固化又可以在碱性条件下固化，这与需要在酸性条件下冷固化的酚醛树脂不同。由于间苯二酚树脂的固化速度快，因而可作为一般甲阶酚醛树脂的固化促进剂。

间苯二酚树脂耐水、耐候、耐腐及胶接性能等优良，主要用于特种胶合板、建筑木结构、胶接弯曲部件、滑雪板等木制品的胶接。

间苯二酚树脂比酚醛树脂的耐热、硬度及介电性能更高。

4.5.3.5 苯酚间苯二酚共缩合树脂

由于间苯二酚价格高，为降低成本则用苯酚代替部分间苯二酚制成树脂，仍保留间苯二酚树脂的重要特性。

树脂配方见表4-9。

表4-9　苯酚间苯二酚共缩合树脂配方

原　　料	纯度(%)	摩尔比	质量比
间苯二酚	100	0.227	19～25
苯酚	100 （第一次）	0.773	40
	（第二次）		24
多聚甲醛	工业	0.530	14
氢氧化钠	40		2.75
甲醇	工业		4
水			10

合成工艺：将第一批苯酚、水、甲醇和多聚甲醛依次加入反应釜，缓慢加热直至苯酚溶解。加入氢氧化钠，开始放热反应，并使混合物在90～92℃下回流反应1～3.5h（根据树脂性能要求来确定）。降温至约60℃，加入间苯二酚。保持0～2min后加入第二批苯酚，再升温至90～92℃，保持回流1h。然后冷却至20～30℃放料。

合成树脂的性能指标：

外观	红棕色黏液
pH值	8.8～9.5
固体含量(%)	46±2
黏度(mPa·s)	250～550
固化时间(h)	3～4

使用的固化剂常用多聚甲醛，填料为木粉。木材含水率控制在10%～15%。涂胶量为400～600g/m^2(双面)。室温不低于18℃，胶合压力为0.8MPa。

4.5.3.6　冷固化酚醛树脂

冷固化酚醛树脂系为在室温下可固化的热固性树脂。初期树脂能溶于酒精或丙醇中，再加酸性固化剂调成胶液。因此其制造工艺可分为树脂制造和胶液调制两个步骤。

树脂配方见表4-10。

表4-10　冷固化酚醛树脂配方

原　　料	纯度(%)	摩尔比	质量比
苯酚	100	1.00	100
甲醛溶液	37	1.50	130
氢氧化钠	>96	0.05	2.13
乙醇	95		18

合成工艺：将计量好并已熔融的苯酚加入反应釜，加热至40～50℃。缓慢加入氢氧化钠溶液，在15min内均匀升温至65℃，然后加入甲醛溶液。在15min内使温度升至75℃，并在70～75℃范围内保持20～25min。之后在10min内升温至95～98℃，使其沸腾15min后，开始取样测定折光指数。当折光指数达到要求时即为缩合终点，开始冷却，当温度降至70℃时开始真空脱水，脱水时温度保持在50～60℃，真空度为0.065～0.074MPa。当树脂的黏度达到700mPa·s时即停止脱水(100～120min)，冷却

至40℃，加入计量好的乙醇，搅拌均匀后即可放料。

合成树脂的性能指标：

外观	红棕色透明黏液
固体含量(%)	70~75
黏度(mPa·s)	600~800
游离酚含量(%)	≤2.5

4.6 酚醛树脂的改性

酚醛树脂在其工业化后近百年的历史过程中，由于具有诸多优良性能，如耐热性能、胶接性能、机械强度、阻燃性能等，被广泛用于除木材加工业之外的电子电器工业、汽车工业、机械工业等许多领域。

酚醛树脂是木材胶黏剂中性能优异、应用面广泛的胶种。此类胶黏剂胶接强度高，耐水、耐热、耐腐蚀等性能良好，其突出的特点是耐沸水性能和耐久性能优异。但是酚醛树脂也存在一些缺陷，如成本高、胶层颜色较深、胶层内应力大、易产生老化龟裂、甲阶酚醛树脂初黏性低、渗透力强而易透胶、耐碱性差、对异种材料的胶接性能不理想，特别是在胶接木质材料时固化时间长、毒性大等。另外随着工业的技术的不断发展，对酚醛树脂性能的要求也在不断提高。因此未改性的酚醛树脂已不能满足工业产品质量和生产工艺的要求。针对这些问题，国内外开展了大量的有关酚醛树脂改性研究。

4.6.1 酚醛树脂的改性方法

酚醛树脂的改性途径较多，在木材加工工业中，常用的酚醛树脂的改性方法综合起来有两种，即化学改性和物理改性。

(1)化学改性。通过引进其他组分使之与酚醛树脂发生化学反应或部分混合，可以将柔性高分子化合物(如合成橡胶、聚乙烯醇缩醛、聚酰胺树脂等)混入酚醛树脂中；也可以将某些黏附性强或者耐热性好的高分子化合物或单体与酚醛树脂用化学方法制成接枝或嵌段共聚物，从而获得具有各种综合性能的改性酚醛树脂。

(2)物理改性。通过调制的方法将某种填充物与酚醛树脂相混合，加填充剂的目的是降低酚醛树脂固化过程中的体积收缩率或赋予其某些特殊的性能，以改进酚醛树脂的工艺性能及使用性能。

降低木材用酚醛树脂成本及扩大原料来源的途径：通常将苯酚或甲醛的一部分，用尿素、三聚氰胺、木素、糠醛、丹宁等进行共聚；将花生壳水解产物与苯酚、甲醛共聚所得到的树脂用于制造胶合板，可节约50%的苯酚；引入栲胶后，凝胶速度提高1倍，且贮存寿命却不变，综合性能十分优异。

利用三聚氰胺与苯酚和甲醛共聚，可改善胶黏剂的耐老化、耐热及耐磨性等。同时胶接性能、色调及光泽等性能也有所提高。

利用少量的间苯二酚、间甲酚、间氨基酚等高活性酚与苯酚、甲醛共聚，以降低固化温度、缩短固化时间，可在100℃下快速固化。降低酚醛树脂的固化温度和缩短热压时间，一方面可以减少木材压缩率，从而提高出材率；另一方面可以减少能耗，并提高生产效率，达到降低成本的目的。

将高分子弹性体引入酚醛树脂，以提高胶层的弹性，降低内应力，克服胶层老化龟裂现象。同时胶黏剂的初黏性、黏附性能及耐水性能也有所提高。常用的高分子材料有：丁腈胶乳、丁苯胶乳、羧基丁苯胶乳、交联型丙烯酸酯乳胶、EVA 乳液、聚乙烯醇及聚乙烯醇缩甲醛、羧甲基纤维素、羟乙基纤维素、木素磺酸盐、羟甲基化尼龙及水解聚丙烯腈废料、涤纶树脂副产品水解产物、造纸厂黑液等。

4.6.2　几种重要的改性酚醛树脂

4.6.2.1　酚醛-缩醛树脂胶黏剂

热塑性的聚乙烯醇缩醛树脂可用于改性酚醛树脂。聚乙烯缩醛树脂本身对许多材料具有良好的胶接力，但其耐热性差，改性后的树脂兼具二者的优点，机械强度高，柔韧性好，耐寒、耐大气老化性能极佳。可用于木材和金属的胶接。

聚乙烯醇缩醛是由聚乙烯醇与醛类反应生成，而聚乙烯醇一般是利用聚醋酸乙烯酯经水解制得。常用的聚乙烯缩醛是聚乙烯醇缩甲醛和聚乙烯醇缩丁醛。

聚醋酸乙烯酯水解生成的聚乙烯醇其分子中除含有水解羟基之外，还含有一定量的未水解的酯基：

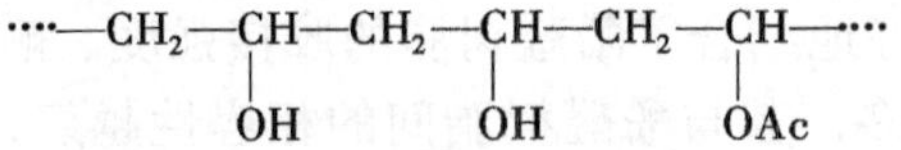

$$\cdots-CH_2-\underset{\displaystyle OH}{\underset{|}{CH}}-CH_2-\underset{\displaystyle OH}{\underset{|}{CH}}-CH_2-\underset{\displaystyle OAc}{\underset{|}{CH}}-\cdots$$

聚乙烯醇与醛类反应生成产物的结构为：

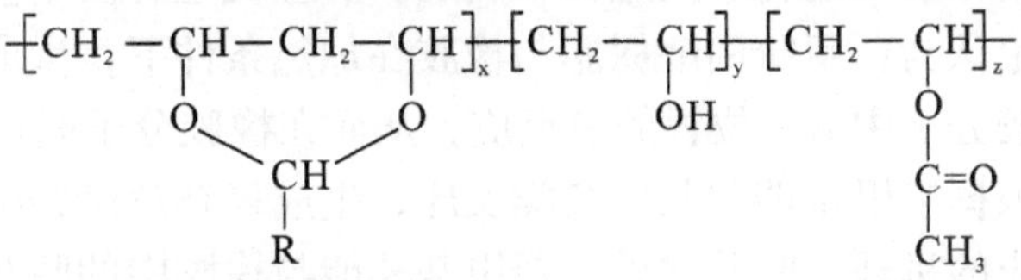

$$\left[CH_2-\underset{O}{\underset{|}{CH}}-CH_2-\underset{O}{\underset{|}{CH}}\right]_x\left[CH_2-\underset{\displaystyle OH}{\underset{|}{CH}}\right]_y\left[CH_2-\underset{\displaystyle O-\overset{\displaystyle O}{\overset{\|}{C}}-CH_3}{\underset{|}{CH}}\right]_z$$

（x 链段中两个 O 与 $\underset{R}{\underset{|}{CH}}$ 相连成环）

聚乙烯醇缩醛分子中：x 链段为缩醛化的聚乙烯醇；y 链段为未缩醛化的聚乙烯醇；z 链段为聚醋酸乙烯酯。这几种链段呈无规则分布，并且其数量的多少也各不相同。这种聚合物含有缩醛基、羟基及酯基，因此聚乙烯醇缩醛对许多表面都有极好的黏附性。但是其耐热性差、吸湿性较大，所以很少单独使用，当其与酚醛树脂等配合使用时，则得到具有一定耐热性和柔韧性的结构胶黏剂。

聚乙烯醇缩醛含有羟基，它能与酚醛树脂中的羟甲基发生缩合反应生成接枝共聚物：

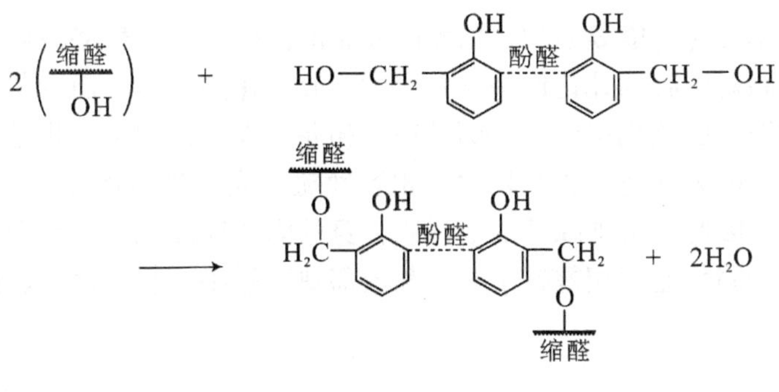

$$2\left(\underset{\displaystyle OH}{\underset{|}{\text{缩醛}}}\right)+HO-CH_2-\underset{}{\text{C}_6\text{H}_3(OH)}\cdots\text{酚醛}\cdots\text{C}_6\text{H}_3(OH)-CH_2-OH$$

$$\longrightarrow \text{缩醛}-O-H_2C-\text{C}_6\text{H}_3(OH)\cdots\text{酚醛}\cdots\text{C}_6\text{H}_3(OH)-CH_2-O-\text{缩醛}+2H_2O$$

这种聚合物作为胶黏剂使用具有较好的综合性能和较突出的耐老化性能。

缩醛的结构不同，赋予胶黏剂的性质不同。缩丁醛和缩甲醛与酚醛树脂的相溶性非常好，所以固化体系为均相物质。用碳链较长的醛形成的缩醛，其胶黏剂的韧性好，但不耐热。例如丁醛比甲醛形成的缩醛胶黏剂的韧性与弹性好，但耐热性差。糠醛形成的缩醛，其胶黏剂的刚性高、耐热性好、化学稳定性强，但憎水。

酚醛树脂的比例对胶黏剂的胶接强度的性能有很大影响。酚醛树脂与缩醛的比例可从10:1至1:2，当缩醛的比例增加时，胶黏剂的室温剪切强度高、柔性好，但耐热性下降；当酚醛树脂的比例增加时，胶黏剂的交联度增加、耐热性提高，但冲击强度、韧性和剥离强度的性能下降。

值得注意的是固化温度。此种改性胶黏剂的固化温度至少需要140℃，当固化温度低于140℃时胶黏剂欠固化，而温度过高时也会降低胶接强度。固化时间时随缩醛量的增加而增加。胶接压力应在0.69～1.37MPa。

4.6.2.2 酚醛-丁腈橡胶胶黏剂

大多数橡胶都具有良好的黏附性和柔韧性，但耐热性较差，酚醛树脂则具有良好的热稳定性，但有脆性大的弱点。而橡胶改性的酚醛树脂成功地结合了橡胶与酚醛树脂二者的优点，使其改性树脂的柔韧性好、耐温等级高，并且具有较高的胶接力。在橡胶改性酚醛树脂中尤其以丁腈橡胶改性酚醛树脂的应用最为广泛。

酚醛-丁腈胶黏剂很好地结合了酚醛树脂的胶接强度、耐热性和丁腈橡胶的韧性。丁腈橡胶中的—CN基越多，其与酚醛树脂间的相容性越好，胶黏剂的性能也就越优异。酚醛-丁腈胶黏剂广泛用于金属、非金属的胶接。

酚醛树脂与丁腈橡胶间的化学反应比较复杂，反应机理有次甲基醌理论和氧杂萘满理论。次甲基醌理论认为：甲阶酚醛树脂与橡胶在加热条件下，生成一种次甲基醌中间体，它很容易与橡胶分子中α—位置的氢反应，从而在橡胶分子间形成交联键，使橡胶硫化；另一种理论根据羟甲基能与某些烯类反应，生成氧杂萘满结构这一事实，提出酚醛树脂与橡胶间反应的机理。除此之外，羟甲基还能与橡胶中的腈基反应。

酚醛-丁腈胶黏剂其各组分的结构、相对分子质量及其有关性能均会对胶黏剂的性能起重要作用。例如，酚醛树脂的相对分子质量以700～1000为好，热塑性酚醛树脂的相对分子质量以350～450为好。丁腈橡胶的腈基含量越高胶黏剂的耐油性越好，因为腈基的增加，致使其极性增加，因而对非极性溶剂的稳定性好，同时高温的稳定性也好，但耐寒性差。通常腈基含量增加，酚醛-丁腈胶黏剂的剪切强度也相应提高。当提高酚醛树脂的含量，可提高胶黏剂的强度、硬度、弹性模量和耐热性，但其延展率和抗冲击性能下降。

两组分的化学反应速度要匹配，即酚醛树脂的固化速度与酚醛树脂硫化橡胶的速度要协调。酚醛树脂对橡胶的硫化作用比常用的橡胶硫化剂要弱，而且树脂的固化速度通常又大于树脂对橡胶的硫化速度。这两种速度相差太大时，固化产物是性能较差的树脂和橡胶的混合体。因为其速度相差越大，相容性随反应的进行而变坏，内部缺陷增加，所以其性能变差。因此，必须降低酚醛树脂自身的固化速度或提高酚醛树脂对橡胶的硫化速度，当二者的固化速度相差越小时，其内部缺陷越小，胶接性能、耐热性都会得到提高。提高酚醛树脂对橡胶的硫化速度，某些带结晶水的金属卤化物可作催化剂，常用的几种金属卤化物的催化活性如下：

$$SnCl_2 \cdot 2H_2O > FeCl_3 \cdot 6H_2O > ZnCl_2 \cdot 15H_2O > SrCl_2 \cdot 6H_2O$$

酚醛树脂与丁腈橡胶的反应除催化剂之外，有时还需要在胶黏剂配方中添加橡胶硫化剂及硫化促进剂，如硫磺、硫载体、氧化锌、过氧化物、有机促进剂等。

填充剂对酚醛-丁腈胶黏剂的物理机械性能也有很大作用，如调节胶黏剂的热膨胀系数、提高弹性模量、提高胶黏剂的胶接强度和抗冲击性能、提高耐热性等，还可调节胶黏剂的黏度。常用的填充剂有石棉、炭黑、石墨、二氧化硅、金属粉末、金属氧化物、玻璃纤维等。

配制酚醛-丁腈胶黏剂的溶剂选择，必须考虑贮存稳定性、毒性、易燃性、挥发性及成本等。通常使用混合溶剂，如乙酸乙酯、乙酸丁酯和甲乙酮等。

4.6.2.3　苯酚·三聚氰胺共缩合树脂

这种胶黏剂是在为了改进酚醛树脂固化所需温度高、时间长的缺点过程中开发出来的。用这种胶黏剂制造的胶合板可耐沸水 72h 连续煮沸，并且能与三聚氰胺·尿素共缩合树脂或者脲醛树脂混合使用、同酚醛树脂相比具有操作容易的优点。

苯酚·三聚氰胺共缩合树脂胶黏剂的制造，可以采用将苯酚、三聚氰胺与甲醛同时加入反应釜中或者顺次加入后使其反应的方法，也可以采用将分别制造的酚醛树脂和三聚氰胺树脂共混的方法。共混方法具有制造容易、贮存性好的特点。

苯酚·三聚氰胺共缩合树脂胶黏剂的耐久性亦随着树脂的组成的改变而变化。当苯酚与三聚氰胺的摩尔比在 1 左右时，可以采用三聚氰胺·尿素共缩合树脂的热压工艺制造特种胶合板。但是这种胶黏剂存在着试件在煮沸过程中后固化的问题。实际上也存在有户外暴露试验与温水浸渍试验比三聚氰胺·尿素共缩合树脂差的情况，这主要可能是树脂固化状态的问题。有学者等对这种树脂的固化过程进行了研究，结果表明从酸性至中性三聚氰胺部分优先进行固化，其后酚醛部分才开始固化，酚醛部分的固化非常缓慢，对于在通常的胶合板热压条件下，酚醛部分以未固化状态残留下来。

苯酚·三聚氰胺共缩合树脂胶黏剂虽然明显地可以达到特种胶合板的标准，即煮沸后的胶接强度刚好能够超过标准规定值，但木材破坏率几乎近于零。这是由于酚醛部分在热压时没有充分固化，测试时达到标准是因为煮沸使酚醛部分得以进一步固化的原故。

如果延长树脂的固化时间，可以提高其煮沸耐久性，胶接强度也同时提高。通常制造胶合板是难以过度延长热压时间的，只能谋求通过热堆放来加以补偿。

加入高相对分子质量的热塑性酚醛树脂粉末有促进其固化的效果，并可使胶接耐久性大幅度提高。

当在 pH 值为 8.5 左右的碱性条件下加热苯酚·三聚氰胺共缩合树脂时，比较容易地引起苯酚与三聚氰胺之间的共缩合，但其固化速度非常慢。

即使在酸性条件下固化也能引起少量的苯酚与三聚氰胺之间的产生共缩合反应。在通常制造胶合板的热压条件下，固化后树脂的构造模型如图 4-4 所示，它是在以三聚氰胺为主体的三维结构之中掺杂着未固化的酚醛树脂，即所谓由甲阶酚醛树脂稀释的三聚氰胺树脂固化物。

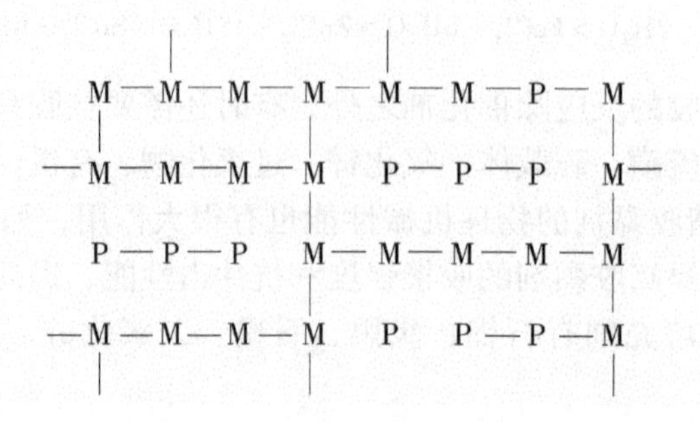

图 4-4 苯酚 · 三聚氰胺共缩合树脂固化产物构造模型

4.6.2.4 降低酚醛树脂的固化温度和固化时间

酚醛树脂胶黏剂以其优良的胶接性能和耐老化性能被广泛用于结构用材和耐水级人造板板材等的制造，但是由于其所需固化温度高、时间长给生产带来诸多不便，为此近些年来一直在探索研究降低酚醛树脂固化温度和缩短固化时间的方法与改性途径，试图开发一种中温快速固化的酚醛树脂胶黏剂(接近脲醛树脂的固化温度与固化时间)。

提高合成酚醛树脂的相对分子质量，使其能在中温条件下固化，并用于制造胶合板。为使树脂具有较长的贮存期以及便于稀释，需要加入相当数量的强碱，使树脂的 pH 值提高到 12～13，当树脂需要快速固化时，加入间苯二酚、间苯二酚树脂和多聚甲醛等固化剂。关于在 100℃添加多聚甲醛对酚醛树脂固化时间的影响，Rayner 指出：树脂不含多聚甲醛的固化时间为 36min，加入 2 份多聚甲醛的树脂固化速度为 24min，加入 4 份多聚甲醛的树脂固化速度为 15min。

水溶性酚醛树脂加入栲胶、间苯二酚等可降低树脂的固化温度和缩短固化时间。例如由 100 份酚醛树脂、3～5 份豆粉、15 份栲胶、37.5 份氢氧化钠(40%)和 11.75 份水组成的胶黏剂，能够缩短热压时间 25%～30%，热压温度降低到 120～130℃，游离酚降到 1%，胶合板的胶接强度达到 I 类胶的要求。

塔村通过对酚醛树脂胶黏剂的固化反应机理研究后指出改进酚醛树脂固化速度的四条途径：①添加固化促进剂或者高反应性的物质；②改变树脂的化学构造，赋予其高反应性；③与快速固化性树脂复合；④提高树脂的聚合度。

第一种途径可以直接利用普通的酚醛树脂。能够促进酚醛树脂固化反应的添加剂有以往常用的、以及专利所提及的种类很多，其中许多已被实际利用。碳酸钠、碳酸氢钠、碳酸氢钾、碳酸丙烯酸酯类的碳酸盐与碳酸酯对酚醛树脂的固化具有促进作用，它们是碳酸氢根离子通过 2 个羟甲基和氢结合，形成电子传递系统进行催化作用。并且即使对于甲酰胺和甲醛(二甲醇)，因其分子大小和性质都与碳酸氢根离子相似，因此也具有相同的作用机理。此外，添加间苯二酚、异氰酸酯等反应活性高的物质也可促进酚醛树脂的固化。

第二种途径如合成高邻位酚醛树脂，它比普通的酚醛树脂反应活性高，其难点在于在树脂合成时如何控制反应活性大的对位的合成反应。

第三种途径如使用苯酚·三聚氰胺共缩合树脂之类的复合树脂，并且其对酚醛树脂有胶接障碍的树种也能获得良好的胶接效果。此外，以苯酚·尿素共缩合树脂为代表的将木素或单宁同酚醛树脂共缩合。

第四种途径如单纯地提高酚醛树脂的缩聚程度，以求提高树脂的固化速度，但是由于树脂的黏度是与其聚合度呈指数关系增长，作为液体胶黏剂有一定的限度。将高度缩合的高相对分子质量的线型酚醛树脂粉状化，并以其作为添加剂，制成固液复合型的胶黏剂体系，其固化速度加快，不但对含水率为12%的单板也能够胶接，而且其胶接耐久性也极好。

4.6.2.5　降低游离酚、游离醛和碱含量

从环保的角度出发，酚醛树脂中的游离甲醛和游离酚含量应当控制在0.1%以下，应通过配方与合成工艺设计以及改性的方法予以解决。由于苯酚与甲醛的反应能力强，形成的次甲基醚键也相对稳定，因此只要配方设计合理，反应工艺适当，控制合成酚醛树脂中的游离甲醛含量与脲醛树脂相比容易得多，通常不成问题。但是，控制酚醛树脂中的游离酚含量是酚醛树脂合成需要解决的重要问题，传统配方所合成的酚醛树脂中游离酚含量高，并且由于苯酚不像甲醛刺激气味大，在国内并未引起广泛注意，游离酚的毒性远高于游离甲醛，必须给予充分重视。由于碱含量高的酚醛树脂对被胶接木材的污染危害大，特别是影响胶接材料的尺寸稳定性，因此在保障树脂性能的前提下尽可能减少碱的用量。

第 5 章

烯类高聚物胶黏剂

烯类高聚物胶黏剂是以烯类高聚物作为黏料的一大类胶黏剂。因烯类高聚物的种类不同，该类胶黏剂有很多品种。本章内容以木材工业中用得较多的聚乙酸乙烯酯乳液胶黏剂为主，并对乙酸乙烯酯共聚乳液胶黏剂及丙烯酸系乳液胶黏剂作简单介绍。

5.1 聚乙酸乙烯酯乳液胶黏剂

聚乙酸乙烯酯是一种热塑性聚合物，近年来作为胶黏剂工业的原料而得到广泛应用。聚乙酸乙烯酯可以是改性的或不改性的、溶液型的或乳液型的、均聚物或共聚物。这种多方面的适应性使其能用于胶接各种基材，其中聚乙酸乙烯酯乳液胶黏剂具有水基型胶无公害的特点，而且对木材和木制品能够产生高强度而耐久的胶接，因此已成为用途广泛的通用胶黏剂。

聚乙酸乙烯酯乳液胶是以乙酸乙烯酯(VAc)作为单体在分散介质中经乳液聚合而制得的，亦称聚乙酸乙烯酯均聚乳液(缩写为 PVAc 乳液)胶，俗称白胶或乳白胶。

在我国，聚乙酸乙烯酯乳液胶先是作为动物胶的代用品用于家具制造。由于它的使用方法比动物胶简便，因此在家具工业中已逐渐取代了动物胶，随着聚乙酸乙烯酯乳液胶的产量和品种数量的不断增长，其应用范围也日趋广泛。

5.1.1 原料

聚乙酸乙烯酯乳液合成时，除了单体乙酸乙烯酯外，还需要分散介质、引发剂、乳化剂、保护胶体、增塑剂、冻融稳定剂以及各种调节剂等。

5.1.1.1 乙酸乙烯酯(亦称醋酸乙烯酯)

乙酸乙烯酯的物理性质和质量指标如表 5-1 及表 5-2 所示。

乙酸乙烯酯为无色可燃液体，具有甜的醚香，微溶于水，它在水中的溶解度 28℃时为 2.5%，而且容易水解，水解产生的乙酸会干扰聚合。

乙酸乙烯酯蒸汽有毒，对中枢神经系统有伤害作用，同时刺激黏膜并引起流泪。当有少量氧化物存在时，乙酸乙烯酯即可聚合，当没有加稳定剂(亦称阻聚剂)时存放时间不可超过 24 h(在密闭容器中可引起爆炸)，在较低温度下它可以保存比较长的时间。最有效的稳定剂为二苯胺(用量为乙酸乙烯酯量的 0.01% ~0.02%)、两价金属(Ca、Zn、Mg)的松酯酸盐、苯酚、对苯二酚等。对苯二酚是常用的烯类单体的阻聚剂，如使用对苯二酚作为阻聚剂在聚合时无须除去阻聚剂，因为乙酸乙烯单体活性较大，有些烯类单体在聚合前必须先除去才能聚合。乙酸乙烯酯须置于铝、铁及钢制的槽车中运输。

表 5-1　乙酸乙烯酯的物理性质

性　能	指　标	性　能	指　标
沸点（℃）	72	聚合热（kJ/mol）	89.2
熔点（℃）	-100.2	燃烧热（kJ/mol）	2.07×10^3
相对密度(g/cm^3)	0.9342	在水中的溶解度(20℃,%)	2.5
折光率（n_d^{20}）	1.3958	水在乙酸乙烯酯中的溶解度(20℃,%)	0.1
着火点(℃)	-5～-8	自燃点（℃）	427
黏度(20℃，Pa·s)	4.32×10^{-4}	爆炸极限（体积%）	2.6～13.4
蒸发潜热（kJ/mol）	32.7	毒性(LD_{50}鼠，g/kg)	0.3

表 5-2　乙酸乙烯酯的质量指标

项　目	指　标	项　目	指　标
纯度(%)	≥99.8	醛含量(%)	<0.05
水分(%)	<0.15	沸腾后残渣(%)	<0.05
色度(哈森值)	≤100	沸点范围(101.3kPa,℃)	71.8～73.0
酸度(醋酸含量,%)	<0.02		

5.1.1.2　分散介质

分散介质对于任何乳液聚合过程来说都是不可缺少的。在乳液聚合过程中应用最多的分散介质是水。水便宜易得，没有任何危险。通常水为总反应组分质量的60%～80%，因此水对聚合反应有很大的影响。其影响最大的杂质是Fe、Cl^-、SO_4^{2-}、氮和其他有机物，当杂质含量过高时，需进行处理(除氧和去离子)。用水作分散介质，放热反应易于控制，有利于制得均匀的高相对分子质量产物。

通常实验室制备聚乙酸乙烯酯乳液时采用蒸馏水，而工业上是采用具有一定质量的井水、离子交换水或锅炉冷凝水等。

5.1.1.3　引发剂

引发剂是在加热或光照作用下能产生自由基的化合物。常用过氧化物作引发剂。有些场合也可使用偶氮类化合物(例如，偶氮二异丁腈)做引发剂。乳液聚合时，用得较多的是过硫酸钾、过硫酸铵，也有用过氧化氢的。用量为单体质量的0.1%～1%。过硫酸钾($K_2S_2O_8$)和过硫酸铵[$(NH_4)_2S_2O_8$]的引发性能非常相似，但由于室温下过硫酸钾在水中的溶解度为2%，而过硫酸铵在水中的溶解度可达20%以上，所以工业生产用过硫酸铵更为方便。它的主要性质如表5-3所示。

表5-3 过氧化物引发剂的性质

引发剂	外 观	密 度	溶解性	分解温度	其 他
过硫酸钾	白色细小或大片结晶，有时略带绿色	2.477	溶于水，不溶于乙醇	100℃以下	
过硫酸铵	无色单斜结晶	1.982	溶于水	120℃	
过氧化氢	无色液体	1.438 (20/4)	能与水、乙醇、乙醚以任何比例混合	贮存时会分解为水和氧	熔点 -89℃ 沸点 151.4℃

5.1.1.4 乳化剂

乳化剂属于表面活化剂，是可以形成胶束的一类物质。它可使互不相溶的油(单体)-水，转变为相当稳定、难以分层的乳液，这个过程称为乳化。乳化剂所以能起乳化的作用，是因为它的分子是由亲水的极性基团和疏水(亲油)的非极性基团构成，例如硬脂酸钠($C_{17}H_{35}COONa$)，其长链烷基($—C_{17}H_{35}$)是疏水基团，其离子态羧基(COO^-)是亲水基团。

乳化剂溶于水的过程中，将发生下列变化。当乳化剂浓度很低时，乳化剂分子以分子状态溶于水中，在表面处，它的亲水基伸向水层，疏水基伸向空气层。由于乳化剂的溶入，水的表面张力明显的下降。当浓度达到一定值后，水的表面张力下降趋于平稳。此时，乳化剂分子开始由50～100个聚集在一起，形成胶束；乳化剂开始形成胶束时的浓度称为临界胶束浓度，简称CMC(约0.01%～0.03%)。在CMC处，溶液的许多物理性能发生突变。在低浓度(约1%～2%)下胶束较小，显球形，直径约40～50Å，约由50～150个乳化剂分子组成；高浓度下胶束较大，呈棒形，长度为100～300 nm，直径约为乳化剂分子长度的2倍。胶束中的乳化剂分子，其疏水基团伸向胶束内部，亲水团伸向水层。大多数乳液聚合中，乳化剂的浓度(约2%～3%)超过CMC值1～3个数量级，因此，大部分乳化剂处于胶束状态。胶束的数目和大小取决于乳化剂的量。乳化剂用量多，胶束数目多而粒子小，即胶束的表面积随乳化剂用量增加而增加。

常用的乳化剂有OP-10、烷基硫酸钠、烷基苯磺酸钠、油酸钠、歧化松香酸钠等。阴离子型乳化剂可用磺化动物脂、磺化植物油、烷基磺酸盐(如十二烷基磺酸钠)。应按产品需要选择合适的乳化剂，乳化剂可以用单一品种，也可以将两种乳化剂混合使用。使用非离子型乳化剂时常将比较亲水的乳化剂(浊点高)和比较疏水的乳化剂(浊点低)配合使用，效果较好。乳化剂用量为水乳液质量的0.01%～5%，可以在最初加入，也可以在连续添加单体时逐步加入。

5.1.1.5 保护胶体

保护胶体在黏性的聚合物表面形成保护层，以防其合并或凝聚。常用的保护胶体有动物胶、明胶、聚乙烯醇、甲基纤维素、羧甲基纤维素、阿拉伯胶、聚丙烯酸钠等。在实际生产中，大多将这些物质和乳化剂复合使用，以控制乳胶粒尺寸、粒度分布以及增大乳液的稳定性。

乙酸乙烯酯乳液聚合常采用聚乙烯醇作为保护胶体，聚乙烯醇的商品牌号有两种：1788型(聚合度1 700，醇解度87%～89%)和1799型(聚合度1 700，酸解度98%～

99%）。聚乙烯醇具有良好的乳化效果，一般来说1788型制得的乳液较1799型的耐低温。用聚乙烯醇作保护胶体，同时也起乳化剂的作用，可获得稳定的乳液。

用聚乙烯醇作保护胶体时，可以将部分水解的聚乙烯醇和完全水解的聚乙烯醇以(1:5)~(5:1)比例混合使用。这样制得的乳液胶在高温下有较好的胶接性能，而且胶层的耐湿性也较好。聚乙烯醇的总用量为乳液质量的1%~4%，可以一次加入，也可最初加一部分，余下的在反应过程中逐步计量加入。

5.1.1.6　调节剂

调节剂又称链转移剂。在自由基型聚合反应过程中，为了控制聚合物的相对分子质量，常常需要加入调节剂。常用的调节剂有四氯化碳、硫醇、多硫化物等，用量为单体质量的2%~5%。

5.1.1.7　缓冲剂

缓冲剂用以保持反应介质的pH值。VAc聚合时，若介质的pH值太低，则引发剂的分解速度太慢，介质的pH值越高，引发剂分解得越快，形成的活性中心越多，聚合速率就越快，故可通过缓冲剂来控制聚合速度。常用碳酸盐、磷酸盐、醋酸盐。用量为单体质量的0.3%~5%。

5.1.1.8　增塑剂

聚乙酸乙烯酯的玻璃化温度为30℃。添加增塑剂的目的是使聚乙酸乙烯酯在较低温度时有良好的成膜性和黏接力。常用的有酯类，特别是邻苯二甲酸烷基酯类如邻苯二甲酸二丁酯和芳香族磷酸酯如磷酸三甲苯酯，后者主要用于要求具有阻燃功能之处。增塑剂用量为单体质量的10%~15%，用量不宜太多，否则会使胶膜的蠕变增加。

5.1.1.9　冻融稳定剂

当聚合物乳液遇到低温条件时会发生冻结，冻结和消融会影响乳液的稳定性。冻结的乳液消融之后，轻则造成乳液表面黏度升高，重则造成乳液的凝聚。常采用的防冻措施是在乳液中加入冻融稳定剂。常用的冻融稳定剂有甲醇、己二醇及甘油等。这些物质可降低聚合物乳液的冻结温度。一般添加量为乳液的2%~10%。

5.1.1.10　防腐剂

尽管乙酸乙烯乳液本身并不容易受细菌的侵蚀，但是乳液中一旦加入其他组分，特别是加入淀粉或纤维素类添加剂时，则必须加入防腐剂，常用的防腐剂有甲醛、苯酚、季胺盐等，一般用量为总投料量的0.2%~0.3%。

5.1.1.11　消泡剂

乳液胶使用时易产生气泡，故常加入少量消泡剂，以消除气泡。消泡剂可用硅油或高级醇类化合物。用量为总投料量的0.2%~0.3%。

5.1.2　聚乙酸乙烯酯的合成原理

聚乙酸乙烯酯是乙酸乙烯酯单体经自由基反应而形成的。自由基聚合反应的全过程一般由链引发、链增长和链终止等反应组成。此外，还可能伴有链转移反应。现以过硫酸铵作引发剂为例，来说明聚乙酸乙烯酯的生成反应。

5.1.2.1 链引发

链引发反应是形成自由基活性中心的反应。用引发剂引发时，将由下列两步组成：

（1）引发剂过硫酸铵分解，形成初级自由基：

$$(NH_4)_2S_2O_8 \xrightarrow[\text{分解}]{\triangle} 2NH_4SO_4\cdot \rightleftharpoons 2NH_4^+ + 2SO_4^-\cdot$$

（2）初级自由基($SO_4^-\cdot$)再与乙酸乙烯单体加成，形成单体自由基：

$$SO_4^-\cdot + CH_3COOCH{=}CH_2 \longrightarrow SO_4^-{-}CH_2{-}\underset{\displaystyle CH_3COO}{\underset{|}{CH}}\cdot$$

单体自由基形成以后，继续与其他单体加聚，就进入链增长阶段。

5.1.2.2 链增长

在链引发阶段形成的单体自由基，又和单体结合，形成了链自由基，如此不断反应，使链自由基不断增长，相对分子质量增加。

$$SO_4^-{-}CH_2{-}\underset{\displaystyle CH_3COO}{\underset{|}{CH}}\cdot + CH_3COOCH{=}CH_2 \longrightarrow SO_4^-{-}CH_2{-}\underset{\displaystyle CH_3COO}{\underset{|}{CH}}{-}CH_2{-}\underset{\displaystyle CH_3COO}{\underset{|}{CH}}\cdot$$

$$\longrightarrow SO_4^-{-}\!\left[CH_2{-}\underset{\displaystyle CH_3COO}{\underset{|}{CH}}\right]_x\!{-}CH_2{-}\underset{\displaystyle CH_3COO}{\underset{|}{CH}}\cdot$$

5.1.2.3 链终止

自由基活性高，具有很强的相互作用倾向，通过自由基之间的相互作用而使自由基消失的过程称之为终止，最常见的自由基终止方式有偶合和歧化两种。

（1）偶合终止：两链自由基头部的孤电子相互结合成共价键，形成饱和的大分子的反应称作偶合效应。

$$SO_4^-{-}\!\left[CH_2{-}\underset{\displaystyle CH_3COO}{\underset{|}{CH}}\right]_x\!{-}\!\left[CH_2{-}\underset{\displaystyle CH_3COO}{\underset{|}{CH}}\right]\cdot + \cdot\left[\underset{\displaystyle CH_3COO}{\underset{|}{CH}}{-}CH_2\right]\!{-}\!\left[\underset{\displaystyle CH_3COO}{\underset{|}{CH}}{-}CH_2\right]_y\!SO_4^-$$

$$\longrightarrow SO_4^-{-}\!\left[CH_2{-}\underset{\displaystyle CH_3COO}{\underset{|}{CH}}\right]_{x+1}\!{-}\!\left[\underset{\displaystyle CH_3COO}{\underset{|}{CH}}{-}CH_2\right]_{y+1}\!SO_4^-$$

偶合终止结果是两个链自由基转化成一个中性聚合物大分子，聚合物的聚合度为二个链自由基聚合度的加和，聚合物大分子的两端均为引发剂残基。

（2）歧化终止：一个链自由基夺取另一自由基上的氢原子，发生歧化反应，相互终止。获得氢原子后的大分子端基饱和，失去氢原子的则形成碳碳双键，分子的聚合度没有改变。

$$SO_4^-{-}\!\left[CH_2{-}\underset{\displaystyle CH_3COO}{\underset{|}{CH}}\right]_x\!{-}CH_2{-}\underset{\displaystyle CH_3COO}{\underset{|}{CH}}\cdot + \cdot\left[\underset{\displaystyle CH_3COO}{\underset{|}{CH}}{-}CH_2\right]\!{-}\!\left[\underset{\displaystyle CH_3COO}{\underset{|}{CH}}{-}CH_2\right]_y\!SO_4^-$$

$$\longrightarrow SO_4^-{-}\!\left[CH_2{-}\underset{\displaystyle CH_3COO}{\underset{|}{CH}}\right]_x\!{-}\underset{\displaystyle CH_3COO}{\underset{|}{CH_2{-}CH_2}} + \underset{\displaystyle CH_3COO}{\underset{|}{CH}}{=}CH{-}\!\left[\underset{\displaystyle CH_3COO}{\underset{|}{CH}}{-}CH_2\right]_y\!SO_4^-$$

歧化终止结果是两个链自由基形成两个中性聚合物大分子，聚合度与链自由基的相同，每个聚合物大分子只有一端含有引发剂残基。

5.1.2.4　链转移

自由基有转移的特性。在自由基聚合的过程中，链自由基有可能从单体、溶剂、引发剂或大分子上夺取一个原子而终止，却使这些失去原子的分子成为自由基，继续新链的增长。

有时为了避免相对分子质量过高，特地加入某种链转移剂，加以调节。例如，在聚乙酸乙烯酯的生产过程中加入十二硫醇来调节相对分子质量。这种链转移剂，在功能上则称作相对分子质量调节剂。

在经历上述各个反应后，即得到聚乙酸乙烯酯。

5.1.3　乳液聚合的机理

乙酸乙烯酯的聚合可按本体、溶液和乳液等方式进行。大多数聚乙酸乙烯酯是采用乳液技术生产的，这种产品用于木材胶黏剂较为理想。

乳液聚合是由单体和水在乳化剂作用下配制成的乳状液中进行的聚合，体系主要由单体、水、乳化剂及溶于水的引发剂四种基本组分组成，如图5-1所示。

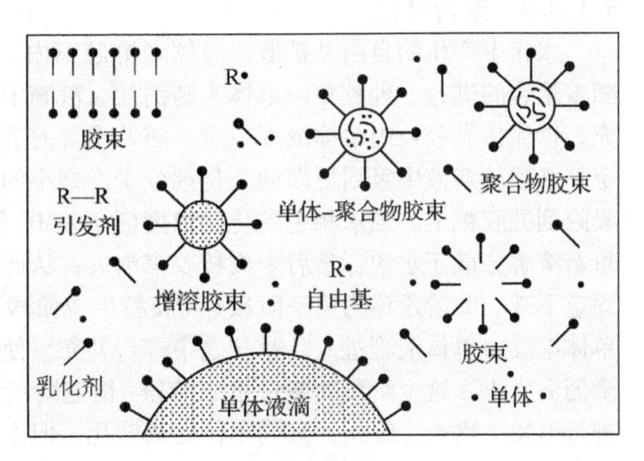

图5-1　乳液聚合体系示意

5.1.3.1　聚合场所

聚合发生前，单体和乳化剂分别以下列三种状态存在于体系中：①极少量单体和少量乳化剂以分子分散状态溶解于水中；②大部分乳化剂形成胶束，直径约40～50Å，胶束内增溶有一定量的单体，胶束数目为$10^{17\sim18}$个/cm³；③大部分单体分散成液滴，直径约为10 000Å，表面吸附着乳化剂，形成稳定的乳液，液滴数约为$10^{10\sim12}$个/cm³。

引发剂溶于水，分解产生自由基，将在何种场所引发聚合，这是乳液聚合机理要解决的重要问题。

由于溶解在水中的单体浓度极低，引发剂引发聚合产生的增长链在相对分子质量很小时就将从水相中沉淀出来，停止增长；单体液滴中无引发剂，同时，由于单体液滴比胶束大得多，比表面积则小得多，引发剂在水相分解中产生的自由基也不能扩散进入单体液滴引发聚合。绝大部分聚合发生在胶束内。胶束内是油溶性单体和水溶性引发剂相遇的场所，同时，胶束内单体浓度很高，相当于本体聚合时的单体浓度，比表面积大，提供了自由基扩散进入引发聚合的条件。随着聚合的进行，水相中的单体进入胶束，补充消耗的单体，单体液滴中的单体又复溶解于水中。此时体系中有三种粒子：单体液滴、发生聚合的胶束和没有发生聚合的胶束。胶束进行聚合后形成聚合物乳胶粒。生成聚合物乳胶粒的过程，又称为成核作用。

5.1.3.2 成核机理

乳液聚合粒子成核有两个过程。一是自由基(包括引发剂分解生成的初级自由基和溶液聚合的链自由基)由水相扩散进入胶束，引发增长，这个过程称为胶束成核。另一过程是溶液聚合生成的链自由基在水相中沉淀出来，沉淀粒子从水相和单体液滴中吸附了乳化剂分子而稳定，接着又扩散入单体，形成和胶束成核过程同样的粒子，这个过程称为均相成核。

这两个过程的相对重要性，取决于单体的水溶性和乳化剂的浓度，单体水溶性大及乳化剂浓度低，有利于均相成核；反之，则有利于胶束成核。例如，乙酸乙烯酯在水相中溶解度较大，主要以均相成核形成乳胶粒；苯乙烯在水相中溶解度很小，则主要是胶束成核。

5.1.3.3 聚合过程

水相中产生的自由基扩散入单体增溶胶束内，进行引发、增长，不断形成乳胶粒。随着聚合的进行，乳胶粒内单体不断消耗，液滴中单体溶入水相，不断向乳胶粒扩散补充，以保持乳胶粒内单体浓度恒定。随着聚合的进行，乳胶粒体积不断增大，为保持稳定，必须从溶液中吸附更多的乳化剂分子；缩小的单体液滴上的乳化剂分子也不断补充吸附到乳胶粒上。当水相中乳化剂浓度低于CMC值时，未成核的胶束变得不稳定，将重新溶解分散于水中，最后未成核胶束消失，从此，不再形成新的乳胶粒，乳胶粒数将固定下来。此阶段称为第一阶段(乳胶粒生成阶段)。此后聚合物乳胶粒数目恒定，而单体继续由单体液滴进入乳胶粒之中进行补充，使乳胶粒内单体浓度恒定，直到单体液滴消失为止，这个阶段为聚合第二阶段(恒速阶段)。单体液滴消失后，乳胶粒内继续进行引发、增长、终止，直到单体完成转化。但由于单体无补充来源，聚合速度随乳胶粒内单体浓度下降而下降，最后单体——聚合物乳胶粒转变成聚合物乳胶粒。此阶段为聚合第三阶段(降速阶段)。

经过上述聚合过程，即得到了由乳化剂分子均匀而稳定地将聚合物乳胶粒分散在水相中的乳液。

5.1.4 几种新型的聚合乳液

5.1.4.1 核壳结构乳液

核壳结构乳液又称异相结构乳液或多相结构乳液。乳液粒子的核心部分主要由聚合物A组成，外壳部分主要由聚合物B组成。通过对A和B的选优复合，可使乳液具有种种特性。例如，由硬质聚合物A和软质聚合物B构成的核壳结构乳液，由于乳液粒子外层玻璃化温度较低，粒子流动性好，因此具有较低的成膜温度(MFT)，一旦成膜后，硬核连接又能提高成膜的厚度，可使成膜的回黏性大大减轻。由软质聚合物A和硬质聚合物B构成的核壳结构乳液柔韧性较好，同时又可避免乳液皮膜发黏的现象。由疏水性强的聚合物A和亲水性强的软质聚合物B构成的核壳结构乳液，稳定性有所提高，成膜后疏水性强的硬核连接成膜又提高了胶膜的耐水性。如能有效地利用这种复合特性，就可以得到一系列新型的胶黏剂，这些胶黏剂具有以往胶黏剂所不具备的特性，因此核壳乳液聚合工艺是制造成膜温度低而又硬度大、抗回黏、抗污染乳液胶黏剂的有效途径。

核壳结构乳液的聚合主要采用种子聚合方法，也称两步聚合法。首先将结构核的单体进行乳液聚合，聚合产生的颗粒作为“核种”，再加入另一种构成壳层的单体，使之与“核种”共聚。根据壳层单体不同的加入方式，核壳结构乳液的聚合工艺又可分为间歇法、半连续法和预溶胀法三种。间歇法是按配方将种子乳液、单体、水及补加的乳化剂同时加入反应器中，然后加入引发剂进行壳层聚合；半连续法是将引发剂加入种子乳液后，壳层单体以一定的速度恒速滴加，使聚合期间没有充足的单体；预溶胀法是将单体加入乳液体系中，在一定温度下溶胀一定时间，然后引发聚合。Uglsted 介绍了一种制备单分散性胶乳的两步溶胀法，并将此法应用于交联的种子体系，可制备新型的核壳粒子。在这三种工艺中，工业上最普遍采用的是半连续种子乳液聚合法。在半连续工艺中，壳层单体的加入可以有两种方法，一种是直接滴加，即所有乳化剂均用于种子乳液制备中；另一种是留取一定的乳化剂，将壳层单体预乳化后再滴加。用第二种方法合成的核壳结构乳液外观乳白色，半透明状，蓝光明显，凝聚物较少，且胶膜力学性能也略有上升。而传统方法制备的乳液外观乳白色，凝聚物较多。适当控制加料速度，采用以上两种方法均能得到核壳型结构的乳胶粒子，但直接向核组分乳液中滴加壳组分单体需要的加料时间相对较长。

许多实验证明，核壳结构形态除了与单体加入顺序有关外，单体的加料方式、单体的亲水性、核壳聚合物的相溶性、引发剂水溶性及乳液颗粒表面特性等也有很大的影响。值得注意的是，采用种子聚合法，因为聚合工艺不同，可能得到正常核壳结构型的乳液粒子形态，也可能得到草莓型、夹心型、雪人型、翻转型或海岛型的核壳结构乳胶粒子，甚至无法获得核壳结构乳液。在聚合过程中，乳化剂的浓度和单体、引发剂的加入速度都有很大影响。乳液中乳化剂的浓度应经常保持在 CMC，或稍高一些，目的是维持“核种”的成长，如果乳化剂用量过多，就会生成新的核种，结果生成的乳液含有两类组分不同的粒子。

5.1.4.2　无皂型乳液

聚合物乳液中乳化剂的存在，是引起乳液皮膜耐水性和黏附性下降的主要原因。目前正在开发研究一种不使用乳化剂的乳液，叫无皂型乳液。现已报道的无皂乳液制造方法主要有如下七种。

(1)聚合型乳化剂法。聚合型乳化剂都具有双键，能与各种类型的单体共聚，成为共聚物组成的一部分。乳液粒子就是通过这种聚合型乳化剂的亲水基团而得以稳定的。因此，在乳液中没有游离的乳化剂，提高了乳液的性能。这种乳化剂又可分成两类：一类是单体型乳化剂；一类是水溶性高分子乳化剂。常用的乳化剂有对苯乙烯磺酸钠、甲基丙烯酸 2-乙基磺酸钠、聚氧化乙烯壬酚醚丙烯酸酯以及聚异丙二醇单甲基丙烯酸酯。

(2)水溶性酸单体聚合法。此方法是使羧酸单体参加共聚，通过调节乳液体系 pH 值，使聚合物带部分羧基离子($—COO^-$)，而使乳液稳定。实际应用中经常把酸单体和少量乳化剂并用，此法目前已经进入工业化阶段。

(3) 引发剂碎片法。在无皂乳液聚合过程中，引入可离子化的引发剂，使之在分解后，生成离子型自由基，乳液稳定性依靠粒子表面的高聚物末端离子基团间的静电作用和聚合过程中所生成的表面活性物质来实现。常用的引发剂有过硫酸盐及其氧化还原体系，采用引发剂碎片法得到的无皂乳液表面电荷密度低，乳液稳定性差，聚合速率慢，通常只能得到固含量为10%左右的乳液，其使用价值远不如上述两种。

(4)加入助溶剂法。在无皂乳液聚合体系加入一种既能与水和单体无限混溶又不溶解聚合物的有机溶剂，如甲醇或丙酮，可以增大单体在分散相中的溶解度，提高单体对聚合物胶粒的溶胀能力，使引发剂在引发反应中的消耗量增大，所形成的乳胶粒子表面具有更多的离子基团，这既能提高乳液的稳定性，又有利于提高无皂乳液的聚合速率和固含量。

(5)超声无皂乳液聚合法。当超声波在液体媒介中传播时，声空化效应产生局部高温、高压，并伴随有强烈的冲击波和微射流，因此超声空化能产生强烈的分散、搅拌、乳化、引发等作用，可大大缩短乳液聚合的时间，制备出性能稳定的乳液，而且乳液具有更高的单体转化率和聚合速率。

(6)微波无皂乳液聚合法。微波无皂乳液聚合法是近几年新发展的一种以微波为加热源的聚合方法，具有反应速度快、选择性高、产率高和稳定性好等优点。

(7)添加无机粉末法。在无机粉末存在下的无皂乳液聚合，可以制备有机－无机均匀分散的复合体系。有无机填料参与的无皂乳液聚合，在无机与有机界面形成了化学键，从而提高复合材料的耐热性和强度。

由于无皂乳液中不含有小分子乳化剂，所以它的特点是，与过去的乳液相比，耐水性和黏附性都有显著的提高，具有低起泡的特性，这样就可以减少由于发泡而引起的种种麻烦，该乳液在胶黏剂、涂料等领域中有着广阔的应用前景。

5.1.4.3　超微粒乳液(水溶胶)

超微粒乳液又叫水溶胶，粒径(0.01～0.1μm)比乳液粒径小，介于水溶性树脂(<0.001μm)和乳液(0.1～2μm)之间。与普通乳液相比，它有下面几个特点：

(1)最低成膜温度(MFT)低。离子直径越小，MFT越低，从而解决了高 T_g 聚合物低温成膜的问题，得到的皮膜硬度高，耐热性好。

(2)由于粒径小，成膜比较均匀、缺陷少。

(3)由于粒径小，具有一定的"自然乳化"能力。因此，乳化剂用量少，制得的皮膜耐水性、耐腐蚀性好。

超微粒乳液的合成方法有：乳液聚合加氨微粒化；悬浮聚合加氨微粒化；溶液聚合加氨微粒化。比较典型的方法是Du Pont水溶胶。在含有羧基的丙烯酸乳液中加入水溶性溶剂(二乙二醇单乙醚、异丙醇)在高温高速搅拌下加入氨水，得到透明水溶胶。在制备水溶胶时，酸单体用量对性能影响十分重要，不宜过多，一般在8%以下为宜。另一方面，聚合物相对分子质量要控制适宜，相对分子质量越大，微粒化越困难，平均相对分子质量以10 000～15 000为宜。

5.1.5　影响聚乙酸乙烯酯乳液质量的因素

在乳液聚合体系和乳液聚合过程中，很多因素如乳化剂种类和浓度、引发剂种类和浓度、搅拌强度、反应温度等工艺参数都会对乳液聚合过程能否正常进行、聚合物乳液及乳液聚合物的产量和质量产生至关重要的影响。

5.1.5.1 乳化剂的影响

当单体用量、温度、引发剂等条件固定时，乳化剂用量增加，胶粒数目增多，乳胶粒数目也就越多，同时，乳胶粒粒径也就越小，这样，就可提高聚合反应速度，有利于得到颗粒度较细、稳定性好的乳液。但如果用量太多，会降低乳液的耐水性。

乳化剂种类不同，其特性参数临界胶束浓度 CMC 值、单体的增溶度等也不同。当乳化剂用量和其他条件相同时，CMC 值越小、单体增溶度越大的乳化剂成核概率大，所生成的乳胶粒多、乳胶粒直径小，因此，聚合速度提高。但平均相对分子质量一般来说要降低一些，这与引发剂用量增加平均相对分子质量下降其道理是相同的。

5.1.5.2 引发剂用量的影响

引发剂用量多少直接影响到乙酸乙烯酯聚合反应的速率和聚合物的聚合度(相对分子质量)的大小。

根据乳液聚合速率方程式，聚合速率：

$$R_p = K_p[M][I]^{2/5}[E]^{3/5}$$

式中：$[M]$ ——单体浓度；

$[I]$ ——引发剂浓度；

$[E]$ ——乳化剂浓度；

K_p——系数。

可知乳液聚合速率与引发剂浓度的 2/5 次方成正比。初级自由基也从此公式中可以看出$[M]$与$[E]^{3/5}$成反比。引发剂用量多时，初级自由基也产生得多，因此会加速聚合反应。

乳液聚合时产物的平均聚合度与引发剂浓度的 3/5 次方成反比，平均聚合度：

$$X_n = K[M][I]^{-3/5}[E]^{3/5}$$

式中：K——系数，其他符号含义同前。

因引发剂用量多，虽然增加了链自由基的数量，但也同时增加了链终止的机会(链自由基与初级自由基碰撞而使链终止)。而这两种作用都会使相对分子质量降低，从而影响乳液的胶接强度，因此在保证一定的聚合速率的前提下，减少引发剂用量，可以提高产品的聚合度，得到高相对分子质量的产物。

5.1.5.3 搅拌强度的影响

在乳液聚合过程中，搅拌的一个重要作用是把单体分散成单体液滴，并有利于传质和传热。

在乳液聚合中搅拌速度越大，所得乳胶粒直径越大，乳胶粒数越少，因而导致聚合反应速度降低，另一方面，搅拌强度大时，混入乳液聚合体系中的空气增多，空气中的氧是自由基聚合反应的阻聚剂，故也会使聚合反应速率降低。过于剧烈的机械作用还会使乳液产生凝胶或硬化，失去稳定性。但为了使反应液温度均匀，又要求有足够的搅拌速度。因此对乳液聚合过程来说，在保证反应液温度均匀的前提下，应采用较小的搅拌速度。

5.1.5.4 反应温度的影响

反应温度高时，自由基生成速率大，致使乳胶粒中链终止速率增大，故聚合物相对分子质量降低；由于自由基生成速率大，使水相中自由基浓度增大，会使乳胶粒数目增大，粒径减小，同时胶粒中单体浓度也有所增加，因而聚合反应速率提高。反应温度升高的综合结果，是使聚合速率增加，聚合度降低。

但是温度升高，还可能引起许多副作用。如乳液反应凝聚破乳，产生支链和凝胶聚合物，并对聚合物微结构和相对分子质量有影响。

5.1.5.5 其他影响因素

除了上述主要影响因素外，聚合过程中单体或引发剂的滴加条件、氧等因素对聚合反应及乳液质量也有一定影响。

（1）单体或引发剂的滴加条件。在乳液聚合中，单体滴加时间越短，形成的乳液黏性越小，随着滴加时间的增长，黏度变高，结构黏性变大。在同样条件下滴加单体，若初期引发剂加入量相同，则后期引发剂的滴加量越多，黏度越高，结构黏性越大。如果后期引发剂的滴加量相同，则初期引发剂加入量越多，黏度越高，结构黏性也越大。

（2）乳胶粒中单体浓度。乳胶粒中单体浓度越大，聚合速率和聚合物的聚合度也越大。根据动力学计算，聚合速率和聚合物的平均聚合度都与乳胶粒中的单体浓度成正比。

（3）氧。在乙酸乙烯酯的聚合过程中，氧具有特殊的作用。在很多情况下，它是有效的引发剂。有时它却又能作阻聚剂。它之所以有这样的双重效果，是因为乙酸乙烯酯的活化分子易吸收氧而形成过氧化物。这种过氧化物有时因热不稳定而分解，形成自由基，引发了聚合反应；有时则相反，形成稳定的聚合过氧化物而使增长链失去活性。反应究竟向哪个方向进行，取决于反应温度、吸氧量和其他条件。在升高温度时，过氧化物的热分解增强，产生一些新的活性中心，而使聚合反应加速。在室温下，过氧化物仅略有分解，这当然就要增大阻聚作用。另外，氧在量少时起引发剂的作用，而量多则起阻聚剂的作用。

5.1.6 聚乙酸乙烯酯乳液的合成工艺

5.1.6.1 合成工艺的特点

聚乙酸乙烯酯乳液合成时的加料方式和反应温度是合成工艺的重要操作环节。

（1）投料的方式。一般投料方式可分为三种：①将反应的各组分一起加入反应釜，混合后加热、搅拌进行反应。②将乳化剂、表面张力调节剂、引发剂等组分先加入水相中搅拌均匀后，将单体连续滴加入水相中搅拌、加热进行反应。③将乳化剂、表面张力调节剂等组分先后加入水相中，搅匀后加入占单体总量5%～15%的单体和30%左右的引发剂，待搅拌升温至回流正常后，再开始连续滴加单体。后加单体量可以在4～9h内滴加完。而剩余的引发剂也可在滴加单体后以一定的时间间隔加入。

现在一般都采用后两种方式，国内生产中多采用第三种加料方式，用这种方式生产的乳液颗粒小、稳定性好。

pH值调节剂和增塑剂、冻融稳定剂、防腐剂均在反应结束并冷却到50℃以下后加入，搅拌均匀即放料。

(2)反应温度。前期反应温度一般在70~80℃，后期单体滴加完毕后，升温至90~95℃，将冷凝器内水分放掉，将游离的单体排放或回收。在此温度下保温一定时间，冷却至50℃以下。在反应过程中，通过调整滴加单体速度，使聚合温度维持在78℃左右，滴加速度过慢难以维持聚合的恒定温度78℃，速度过快导致聚合温度过高，降低产物的相对分子质量。

5.1.6.2 合成工艺实例

可按产品的不同使用要求，设计不同的配方和工艺。现举一实例供参考。

(1)配方。配方的具体用料和用量见表5-4。

表5-4 合成配方

原料名称	用 量	原料名称	用 量
乙酸乙烯酯	46~48份重	辛基苯酚聚氧乙烯醚(OP-10)	0.1~0.3份重
水	41~45份重	碳酸氢钠	0.1~0.3份重
聚乙烯醇	4~5份重	邻苯二甲酸二丁酯	3~7份重
过硫酸铵	0.8~1.2份重		

(2)合成工艺。把聚乙烯醇和水加入溶解釜，搅拌并升温至95℃，溶解后得到的聚乙烯醇溶液。将其过滤后投入反应釜，再加入辛基苯酚聚氧乙烯醚、打底单体(占总重量的1/7)和过硫酸铵水溶液(占过硫酸铵水溶液总量的1/3)，开始升温直到65℃左右，当回流视镜出现液滴时，关闭蒸汽阀，温度上升至75~78℃，此时若回流阀正常即开始滴加单体，同时每小时滴加一次过硫酸铵(占总重量的3%左右，也配成溶液加入)。这一阶段的温度偏高或偏低，可调整单体的滴加速度和引发剂的用量，但总量仍符合配方要求。加完单体，观察反应温度，若偏高可分次补加引发剂(为配方不足部分)，待液温升至90~95℃时，保温一段时间，冷却至50℃以下，加入碳酸氢钠溶液，搅拌均匀后加入邻苯二甲酸二丁酯，搅拌1h放料。

(3)聚乙酸乙烯酯乳液的质量指标。目前，国内通常生产用于木材胶黏剂的聚乙酸乙烯酯乳液的质量指标要求如表5-5所示。

表5-5 聚乙酸乙烯酯乳液质量指标

外 观	乳白色黏稠液体，均匀而无明显的粒子
固体含量	50% ±2%
黏度	1.5~4 Pa·s
粒度	1~2μm
pH值	4.0~6.0

国外，有的国家除了要求达到上述质量指标外，尚需测定乳液的稳定性(包括冻融稳定性、高温稳定性、对添加物的稳定性等)、乳液的最低成膜温度、涂胶后的开口陈化时间、与脲醛树脂的混合性、胶接强度等。

5.1.7 聚乙酸乙烯酯乳液的应用及其改性

聚乙酸乙烯酯乳液应用范围较广，改性的品种也较多，这里仅介绍其在木材工业中的应用及改性。

5.1.7.1 聚乙酸乙烯酯乳液的应用

聚乙酸乙烯酯乳液胶现已大量用于建筑、家具等木工胶接方面，还用于将单板、布、塑料、纸等粘贴在木质人造板上。

聚乙酸乙烯酯乳液胶用于木材胶接时，要求木材含水率应在5%～12%。当含水率在12%～17%时，会影响胶接强度；当含水率超过17%时，则会严重影响胶接强度。一般涂胶量为100～110g/m²(单面)，胶接压力为0.49MPa，胶压时间因温度高低而异。可以在室温胶接，也可以加热胶接，加热的目的是为了加快水的挥发，有利于胶层的形成。若在室温下胶压，室温高，胶压时间短；室温低，胶压时间长。12℃时，胶压时间为2～3h；而在25℃时，胶压时间只需20～90min。若热压胶接，则以80℃为宜，胶接单板，只需数分钟即可。胶压后需放置一定时间，才能达到较理想的胶接强度。通常夏季放置时间为8h左右，冬季则需一昼夜。

用聚乙酸乙烯酯乳液胶胶接时，胶层的形成是由于水分挥发，乳胶粒发生黏性流动而融合粘连，失去流动性。当水分进一步挥发时，且胶的温度高于某一温度时，粒子就发生变形、融合，从而形成连续的胶膜。当温度低于某一温度时，即使水分挥发，粒子也不发生变形和融合，不能形成连续的胶膜。能使乳液胶形成连续的胶膜的最低温度就叫最低成膜温度(MFT)。不加各种添加剂的聚乙酸乙烯酯乳液胶的最低成膜温度为20℃。若添加增塑剂或溶剂，其最低成膜温度可下降至0℃。因此，用聚乙酸乙烯酯乳液胶在室温胶接时，室内温度必须高于它的最低成膜温度。

聚乙酸乙烯酯乳液胶可以不添加任何助剂而直接使用。但由于一般都是在常温下胶接，因此气温高低将直接影响胶的使用黏度。如气温过高，黏度过小，可适当添加增黏剂，如聚乙烯醇、淀粉、羧甲基纤维素等，用量视气温及所要求的工作黏度而定。一般夏季用量多些，冬季用量少些。若乳液干燥速度太快，为改善其润湿性，提高胶接强度，也可加入少量的溶剂，如甲苯、二甲苯、苯甲醇、醋酸丁酯等。

聚乙酸乙烯酯乳液胶宜储藏在玻璃容器、瓷器及塑料袋内，外用铁桶或木桶保护，也可直接放在塑料桶内。储藏时容器必须密闭，以防自然结皮，浪费胶液。亦可在表面浇一层很薄的水层作为封面，可避免结皮，待使用时再调和之。乳液应尽量避免堆放在露天，更不能放在严寒场所，以免乳液冻结而影响使用。贮存场所及运输过程中的温度以10～40℃为宜。若乳液已受冻，在未解冻前不可加水和其他物质，也不要搅拌，将冻结的乳液贮放在30～40℃的暖房内待全部解冻为止。也可将冻结的乳液连同存放的密封容器一起浸入保持在50～60℃的温水中，待全部解冻为止。乳液解冻后，如外观恢复正常，仍可使用。

5.1.7.2 聚乙酸乙烯酯的改性

聚乙酸乙烯酯乳液胶为热塑性胶，软化点低，且制造时用亲水性的聚乙烯醇作乳化剂和保护胶体，因而使它具有了两大弱点：耐热性和耐水性差。这就限制了它的使用范围，降低了其使用价值。为了改善其耐热性和耐水性，人们采用物理改性(如共混改性、增强改性、填充改性等)和化学改性(共聚改性、交联改性等)的方法，从不同角度探索了聚乙酸乙烯酯乳液的改性，主要有共聚改性和共混改性两种。

(1)共聚改性。即在乙酸乙烯酯乳液聚合过程中，引入一种或几种能与乙酸乙烯酯共聚、交联的单体，常见的共聚单体有乙烯、氯乙烯、丙烯酸及其酯类、甲基丙烯酸及其酯类、多异氰酸酯、不饱和二酸酐和聚乙烯吡咯烷酮、叔碳酸乙烯酯等；有时人们还会采用一些既含有双键又含有可交联功能基的单体，例如衣康酸、N－羟甲基丙烯酰胺、丙烯酸羟乙酯、乙烯基有机硅氧烷等，当乳液成膜后这些功能基团在一定条件下可与乳液中的其他功能基羟基交联或自身交联形成网状结构，从而有效地提高乳液的耐水性。改性单体的用量一般为乙酸乙烯酯的8%～15%。由于不少共聚单体能够使乳胶由热塑性向热固性转化，因此共聚改性有时也被称作内加交联剂改性。

丙烯酸是一种良好的共聚改性单体，它与乙酸乙烯酯共聚，能降低共聚物的玻璃化温度，并能改善PVAc乳液胶黏剂对金属的黏接性能。同时，由于丙烯酸是一种有机酸，它与乙酸乙烯酯进行乳液共聚时，其羟基官能团会在胶束表面形成一种带电的保护层，即所谓的水合层，使得乳液在低温环境下，胶束碰撞结合的趋势大大减弱，乳液在－5℃的环境下不会冻结，冻融稳定性良好（－15℃±2℃/20h；－30℃±2℃/4h）。由于丙烯酸是交联单体，其羧基在乳液失水固化的过程中会与PVA的羟基缩合，从而会增大黏接强度。但丙烯酸是一种活泼单体，引发体系中，其聚合速率往往难以控制，这是由于引发剂的分解速度随体系pH值的减小而迅速增大，特别是过硫酸铵作为引发剂时。而丙烯酸本身是一种酸性单体，它的加入导致体系pH值偏小，从而导致引发剂分解速度加大，因而丙烯酸的加入量有一定限度，通常其加入量应为主单体质量的1%以下。同时，需要一种缓冲剂来控制聚合反应速率。

丙烯酸-2-羟乙基己酯（HEA）和N-羟甲基丙烯酰胺都是一类功能单体，羟基是一种强极性单体，少量地加入共聚后，可以将羟基引入聚烯烃聚合物主链，为主体聚合物提供可进行化学交联的基团。当聚合物加入热固性树脂，加热固化或加入多价金属盐交联时，N-羟甲基丙烯酰胺本身也可交联成体型网络结构，从而可大幅提高胶接的耐水性、耐热性。

采用EVA（乙烯-乙酸乙烯酯）共聚乳液作为种子，然后加入VAC单体进行乳液共聚合，并采用部分缩甲醛化的PVA作乳化稳定剂，可以得到一种成膜温度低、具有良好的抗冻性和抗水性的共聚PVAc乳液。这是由于EVA分子庞大的乙酸基侧链，降低了高分子间的相互作用。而就PVAc而言，由于EVA分子链上的乙酰氧基数目减少，分子内的作用力也就降低了，即EVA乳液分子中，由于引入乙烯基，产生了与外加增塑剂一样的效果，提供了内增塑效应，从而使乳液具有较低的成膜温度和玻璃化温度，以及良好的抗冻性。由于EVA乳液的表面张力低，抗水性好，因此经它改性的PVAc乳液也具有较低的表面张力和较好的抗水性。

（2）共混改性。将PVAc乳液与其他树脂或交联剂进行共混，如玉米淀粉、甲壳胺、三聚氰胺脲醛树脂、间苯二酚树脂胶、酚醛树脂、天然橡胶胶乳、多异氰酸酯等，这些改性剂多是能使乳液大分子进一步交联的物质，因此这一改性方法亦被称作外加交联剂改性。

聚乙酸乙烯酯乳液胶与酚类树脂胶或三聚氰胺树脂胶混合可达到Ⅰ类胶合板用胶的要求，使胶的耐热性大大提高。若与脲醛树脂胶混用，也可达到Ⅱ类胶合板用胶的要求，使胶具有良好的耐温水性。由于脲醛树脂胶价格比聚乙酸乙烯酯乳液胶低得多，因此采用与脲醛树脂胶混用的方法有很大实用价值。这两种胶混用的比例可根据使用、成本等的要求确定。脲醛树脂胶脆性大，耐老化性差，但耐水性好，而聚乙酸乙烯酯乳液胶柔韧性相对较好，但耐水性差，这两种胶混用可以相互取长补短，使新混合胶的性能超过原来的胶。混合时先将这两种胶混合均匀，再加促进剂。除了将两种胶直接混用外，还可采用将两种胶分别涂布在两个接面上进行胶压的方法。将两种胶分别按下述配方调制后使用。

脲醛树脂胶：

脲醛树脂(固体含量：60%以上)	100 份重
硼砂	0.5 ~ 10 份重

聚乙酸乙烯酯乳液胶：

聚乙酸乙烯酯乳液(固体含量：50% ±2%)	100 份重
胺基磺酸(或草酸)	2 ~ 20 份重

这两种组分的胶常称之为“两液胶”。能用于细木工板芯板的拼接，刨花板的手工封边及人造板的二次加工等。

采用异氰酸酯来使乳液交联，以提高其耐热性、耐溶剂性时，一般是在乳液中添加掩蔽的异氰酸酯，以避免异氰酸酯加入乳液后与水反应，而不与聚合物反应。据资料报道，可以把异氰酸酯溶于不溶水的溶剂中，然后再把它分散到乳液中，这样得到的胶黏剂，初期胶接强度大，溶液的 pH 值为中性，不损伤木材，胶层耐水、耐热、耐蠕变、耐溶剂性能好，也不存在加脲醛树脂混合用时的甲醛公害问题。但这种胶也有使用期短，夏季黏度上升快的缺点，而且在使用时也要注意对异氰酸酯的防毒问题。

氧化淀粉以含羧基和醛基、聚合度较低的变性淀粉为主，及部分未被氧化或过度氧化的淀粉的混合物。由于羟基与纤维的结合力比羟甲基的结合力大得多，因此氧化淀粉黏接力大大提高。采用氧化淀粉对 PVAc 乳液进行共混改性，可以提高乳液的干燥速度及初黏力，提高复合胶的稳定性、流动性、耐水性和耐冻性，并显著降低 PVAc 乳液的生产成本。

甲壳素是自然界中最为丰富的生物高分子之一。它广泛存在于虾蟹和昆虫等甲肢动物的外壳和菌类、藻类等低等植物的细胞中。壳聚糖是由甲壳素脱乙酰化而来的，其化学名为聚(1，4)-2-氨基-2-脱氧-β-D-葡萄糖。甲壳素的分子结构中具有活性的氨基和羟基，其氨基可与 PVAc 乳液中的羟基发生化学反应，生成疏水性的化学键，同时壳聚糖的其他官能团还可起到交联点的作用，促进化学交联的产生，从而提高 PVAc 的抗水性。

(3)保护胶体的化学改性。保护胶体在黏性的聚合物表面形成保护层，以防其合并及凝聚。常用的保护胶体有动物胶、明胶、聚乙烯醇、甲基纤维素、羟甲基纤维素、阿拉伯胶、聚丙烯酸钠等。在实际生产中，这些物质和乳化剂复合使用，以控制乳胶粒尺寸、粒度分布以及增大乳液的稳定性。

合成 PVAc 乳液经常使用的保护胶体是聚乙烯醇，聚乙烯醇在水中的溶解度很大程度上受聚合度，特别是醇解度的影响。PVA 含有大量羟基，所以它是一种水溶性的高分子化合物。然而，由于大分子内和分子间存在着较强的氢键，阻碍了其水溶性。PVA

中残余的乙酰基是疏水性基团，它的存在阻碍了聚乙烯醇在水中的溶解。在PVAc乳液体系中，保护胶体一部分吸附或结合在乳液颗粒表面，形成具有空间位阻效应的保护层(水合层)而起到稳定作用，一部分游离在水相中。作为保护胶体的聚乙烯醇影响着PVAc的黏接强度、耐水性、冻融稳定性等。对聚乙烯醇的化学改性是对其羟基酯化、醚化、酰化和醛化，增加疏水性，以提高聚合乳液的防水性和抗冻性等。例如，采取聚乙烯醇缩甲醛作保护胶体，或者马来酸酐与双乙烯酮对PVA进行酰化处理，使PVA部分羟基被醚化或者酰化，就能够改进PVAc乳液的耐水性、黏接强度、抗冻性、贮存稳定性等性能，也降低了生产成本。

(4)乳化剂的改性。PVAc乳液是由乳液聚合法制得，其乳化剂的性质和用量对反应速度、分散体系的稳定性及聚合物的性质影响很大。PVAc乳液常用乳化剂为非离子乳化剂，如辛烷基酚聚氧乙烯醚(OP－10)，也可同十二烷基硫酸钠等配合使用。采用OP－10和阴离子表面活性剂复配的乳化剂效果较好，尤其以OP－10和十二烷基硫酸钠的复配效果最好，乳化剂用量约为乳液质量的1%～2%。这些低分子乳化剂在乳液聚合后只是通过物理作用吸附在乳胶粒上，当胶层遇水后乳化剂分子会发生迁移、解吸而降低胶层的耐水性。通过应用新型高效乳化剂来减少乳化剂的用量，或者使用可聚合的乳化剂，都能够有效提高PVAc胶的抗水性。而采用含有双键的可聚合乳化剂，其分子可以通过共价键结合到PVAc聚合物链中，不仅能够克服PVAc的耐水性不足，还能提高PVAc乳液的稳定性。常见的可聚合乳化剂有烯丙基琥珀烷基酯磺酸钠、丙烯酸钠等。

5.1.8　聚乙酸乙烯酯乳液的进展

聚乙酸乙烯酯乳液于1936年申请法国专利798，036(I. G.)，以聚乙烯醇作保护胶体乳化聚合的乳液占生产量的绝大部分。此后，发表了大量有关聚合方法、物性、应用方面的研究报告和专利等。其最新的基础性研究进展为：

5.1.8.1　降低乳液中的残留单体

1996年11月5日，日本劳动省发表了四种化学物质动物实验结果，有弱致癌作用。它们是乙酸乙烯酯、对二氯苯、三氯乙烷、联(二)苯，对于氯苯、氯烷、联苯以前曾已指出过，这次乙酸乙烯酯的列入，引起相关者的恐慌。但是，胶黏剂不是乙酸乙烯酯，而是乙酸乙烯酯经聚合而得到的聚乙酸乙烯酯，在乳液中乙酸乙烯酯单体的残存量小于1%。

为此，必须尽可能地降低聚乙酸乙烯酯乳液中残留单体的含量。以往是采用在聚合后期添加引发剂与促进剂、升高温度提高聚合产率的方法，对使用的水与单体进行脱氢，使聚合顺利进行等方法。并且对制成的乳液进行减压蒸馏除去残留单体，将残留单体进行加水分解使其转化为乙醛，然后氧化成乙酸。

日本专利公开8－208，725(积水化学)采用强化聚合法使聚合完结。即在聚合时，将乙酸乙烯酯单体与异丙醇混合滴加，滴加后添加丁醇使聚合完结。其原理为异丙醇和丁醇将乙酸乙烯酯单体从保护胶体相中分离，转移到水相，提高了聚合比率。可使残留单体由不使用异丙醇和丁醇时的0.42%降低到使用后的0.25%(气相色谱法)。

日本专利公开5－287，153将0.01%～10%硅酸的碱金属盐加入乳液的方法，可减少残留乙酸乙烯酯、乙酸，除去乳液中的气味。

5.1.8.2 生成接枝预聚体

以聚乙烯醇作保护胶体使乙酸乙烯酯乳化聚合时，乙酸乙烯酯对聚乙烯醇进行接枝聚合，这一方法于1955年发表后，得到研究者们的广泛支持，成为市场上聚乙酸乙烯酯乳液具有优良性能的原因。另一方面，A. H. Trzzen（1963年）认为没产生接枝。G. S. Gonzalez于1996年分离出了接枝预聚体，并详细研究了其构造。

5.1.8.3 乳液的稳定性与接枝

乙酸乙烯酯以聚乙烯醇作保护胶体能获得稳定的乳液，但苯乙烯的乳化聚合却不能获得稳定的乳液。其原因与接枝有相关，K. Yuki等采用聚合度为500及1700，皂化度为98与88的聚乙烯醇、末端具有十二烷基的聚乙烯醇（$C_{12}H_{25}$-PVA）、末端具有硫醇基的聚乙烯醇（HS-PVA）作胶体保护剂，进行乳化聚合。$C_{12}H_{25}$-PVA是乙酸乙烯酯在十二烷基硫醇存在下聚合之后加水分解而制得的，HS-PVA是乙酸乙烯酯在硫代乳酸存在下聚合之后加水分解而制得的。用这些改性聚乙烯醇作保护胶体，对乙酸乙烯酯以及苯乙烯进行乳化聚合。普通聚乙烯醇（217）和HS-PVA以过硫酸铵为引发剂，$C_{12}H_{25}$-PVA以过氧化氢－雕白粉系为引发剂。乙酸乙烯酯的乳化聚合无论用哪种保护胶体都能制得稳定的乳液，而苯乙烯若采用一般的聚乙烯醇，在聚合中途就引起凝析，并且采用$C_{12}H_{25}$-PVA在聚合中生成块状物，但采用HS-PVA即可获得稳定的乳液。

将制得的乳液在40℃时干燥，制成薄膜，然后用溶剂与水交替抽提。聚乙酸乙烯酯用丙酮作溶剂，聚苯乙烯用苯作溶剂。使用HS-PVA的抽提物量少，认为生成了对水、溶剂不溶的接枝聚合物，并且聚乙酸乙烯酯体系的不溶物含量多。通过光散射测定聚乙烯醇吸附层的厚度，测定改变聚乙烯醇量，进行乳液聚合时粒子表面电位、粒子间距离。

从这些结果可知，为制成稳定的乳液，在乳液粒子和聚乙烯醇之间只有物理吸附是不够的，需要如接枝类的化学结合。

5.1.8.4 由乳液制造多孔性薄膜

将含有聚乙烯醇的聚乙酸乙烯酯乳液干燥制成皮膜时，皮膜由聚乙酸乙烯酯、聚乙烯醇、聚乙烯醇的乙酸乙烯酯接枝共聚物所构成。将此皮膜用溶剂浸渍，溶出聚乙酸乙烯酯，剩余物是聚乙烯醇和其接枝共聚物。聚乙酸乙烯酯溶解后形成多孔性皮膜具有许多特殊性能，如对溶剂的透过性有选择性，可用于分离聚乙酸乙烯酯的良溶剂和不溶溶剂；由于乙酸乙烯酯的聚合条件不同于多孔性皮膜的具变色性能，皮膜在溶剂中的着色，不仅由乳液制得的皮膜，即使部分皂化的聚乙烯醇也可观察到。

5.2 乙酸乙烯酯共聚乳液胶黏剂

内增塑的方法是将乙酸乙烯酯与其他单体共聚来达到增塑的目的。乙酸乙烯酯共聚乳液即是将乙酸乙烯酯与一种或几种其他单体经乳液聚合而制得。其性能因共聚单体不同而异。由于能与乙酸乙烯酯共聚的单体很多，因此共聚乳液的品种也有多种，此处仅介绍几种木材工业中已应用的乙酸乙烯酯共聚乳液胶。

5.2.1　概述

如前所述，聚乙酸乙烯酯均聚乳液具有不耐水、不耐热、易蠕变的缺点，且柔韧性尚不十分理想，因此不能满足多种用途的要求。为改进其性能，20世纪60年代以来，国内外曾进行了多方面的研究。除了前面所述的在聚乙酸乙烯酯均聚乳液中添加各种改性剂进行调制的方法外，近年来，作为改性的主要而有效的方法就是选用合适的单体与乙酸乙烯酯进行乳液聚合，制得乙酸乙烯酯共聚乳液胶。

聚乙酸乙烯酯共聚乳液胶按与乙酸乙烯酯共聚的单体对共聚乳液性能所起的作用，分为三类。

(1) 内增塑的聚乙酸乙烯酯共聚乳液。最早用于内增塑的共聚单体是马来酸烷基酯或丙烯酸酯(如马来酸二丁酯、马来酸乙基己酯、丙烯酸乙基己酯、丙烯酸丁酯等)，近年来又采用了成本比较低的乙烯作为共聚单体，增塑效果也更理想。

用这些单体与乙酸乙烯酯共聚所以能起到内增塑的效果是由于这些单体引入聚乙酸乙烯酯主链或在主链上产生一些支链后，降低了其玻璃化温度，使分子链的柔韧性增加，这种内增塑的效果是持久的，避免了因增塑剂迁移而引起的不良效果。

(2) 内交联的聚乙酸乙烯酯共聚乳液。采用具有多官能团的活性单体与乙酸乙烯酯共聚，得到可交联的热固性共聚乳液，这种乳液胶在胶接过程中分子进一步交联，而使胶层固化。固化后的胶层也和其他热固性树脂胶一样，具有不溶不熔的性质，因此，胶接强度和胶层的耐热、耐水、耐磨性等也相应得到改善。实践证明，这是改进各种热塑性乳液胶的缺点的一个有效途径。

通常用作内交联的共聚单体有不饱和羧酸(如丙烯酸、甲基丙烯酸、丁烯酸、二亚甲基丁二酸)、不饱和羧酸的烷酯(如丙烯酸甲酯、丙烯酸丁酯、甲基丙烯酸甲酯、一或二丁基马来酸酯、富马酸酯等)以及不饱和羧酸的酰胺衍生物(如N-羟甲基丙烯酰胺)、卤化乙烯(如氯乙烯)等。可以选择一种或一种以上单体与乙酸乙烯酯共聚，一般希望得到的共聚物中，除乙酸乙烯酯以外的单体成分，以不超过20%(以重量计)为宜。

(3) 同时具备内增塑和内交联效果的聚乙酸乙烯酯共聚乳液。如果既选用具有内增塑效果的单体，又选用具有内交联效果的单体，与聚乙酸乙烯酯进行三元或三元以上的共聚反应，则能获得同时具备内增塑和内交联性质的聚乙酸乙烯酯共聚乳液。这种三元或三元以上的共聚乳液，在国内外有许多学者已做了很多研究工作，并已付诸生产，取得了良好的效果。

随着聚乙酸乙烯酯共聚乳液品种和产量的不断增加，其应用范围也逐渐拓宽。在木材加工中，在人造板的装饰胶贴加工应用中显示出它特有的优越性。它没有有机溶剂的污染问题；制备和使用工艺简便；水洗涤性良好；还能制成压敏型和接触型的乳液胶，初黏性好，能在低温低压下在人造板表面胶贴各种装饰材料，胶接性能良好。由于聚乙酸乙烯酯共聚乳液的用量仅次于聚丙烯酸乳液胶而被广泛应用。聚乙酸乙烯酯共聚乳液胶除了作金属、塑料、木材、纸制品、织物、无纺布、人造毛等的胶黏剂使用外，还广泛用于涂料、合成纤维织物的硬挺剂、书籍的装钉等方面。

5.2.2　乙酸乙烯酯-乙烯共聚乳液胶

乙酸乙烯酯-乙烯共聚乳液胶（缩写为 VAE 乳液，但现在习惯上都称其为 EVA 乳液）是乙酸乙烯酯和乙烯在水介质中经乳化共聚反应而制得的产物。其中乙烯含量为10%～30%。乙酸乙烯酯-乙烯共聚物的基本分子结构为：

$$—CH_2—\underset{\displaystyle CH_3COO}{\underset{|}{CH}}—CH_2—CH_2—CH_2—\underset{\displaystyle CH_3COO}{\underset{|}{CH}}—CH_2—\underset{\displaystyle CH_3COO}{\underset{|}{CH}}—$$

（以乙烯摩尔数占 25% 为例）

5.2.2.1　EVA 乳液的合成

（1）原料。EVA 乳液合成时除了乙酸乙烯酯、乙烯两种原料单体外，也和合成乙酸乙烯酯均聚乳液一样需要添加引发剂、乳化剂、保护胶体、pH 值调节剂（缓冲剂）、增塑剂等。此外，为了改善乳液性能，还可加入第三种单体参加共聚，或加入内交联剂，或加入种子乳液参加反应。

①乙酸乙烯酯：质量指标同前，见表 5-5。

②乙烯：质量指标为

纯度	98.3%
杂质	无乙醇、醚
烃类	$<1000\times10^{-6}$

③引发剂：通常用过氧化物作引发剂。常用过硫酸铵、过硫酸钾、叔丁基过氧化氢。也可用过氧化氢、过醋酸等。引发剂用量为乙酸乙烯酯质量的 0.1%～3.0%，也可以用还原剂帮助引发，形成氧化—还原体系，使聚合能在较低温度下进行。常用的还原剂有亚硫酸氢钠、焦亚硫酸钠、偏亚硫酸钠、偏亚硫酸氢钠、偏亚硫酸钾、硫酸亚铁等。用量为引发剂用量的 0.25～1 倍（或为共聚物质量的 0.001%～0.02% 即可）。

④乳化剂：一般认为阴离子型或非离子型的乳化剂较好。常用的非离子型乳化剂为聚氧乙烯型缩合物［$R—O\!\leftarrow\!CH_2—CH_2\!\rightarrow_n\!O—H$］（R 为 8～12C 的烷基酚或 C_{12}～C_{18} 的烷基，n 为 5～30 的整数），用得较多的为辛基苯酚聚氧乙烯醚。

⑤保护胶体：聚乙烯醇和羟乙基纤维素是特别有效的保护胶体。此外，也可用羟甲基纤维素、酪素、羟乙基淀粉、阿拉伯胶等。

⑥pH 值调节剂（缓冲剂）：共聚反应一般要求在 pH 值为 4.0～6.0 范围内进行。添加缓冲剂可使体系 pH 值保持在一定范围内。可用的缓冲剂很多，如正磷酸二铵、偏磷酸四钠、醋酸钠、醋酸钾、碳酸钠、碳酸氢钠、碳酸氢铵等。其中碳酸氢钠和碳酸氢铵是价格低廉而与体系相容性最好的缓冲剂。用量一般为乙酸乙烯酯质量的0.1%～0.5%。

⑦增塑剂：合适的增塑剂有邻苯二甲酸二丁酯、磷酸衍生物、乙二醇衍生物、己二酸和癸二酸酯、松香酸和蓖麻醇酸酯、甲苯磺酸衍生物等。增塑剂用量为乳液总重量的 0.01%～10%。可以在反应时加入，也可以在反应结束时加入。

⑧种子乳液：由于单体能溶于聚合物乳液的颗粒中，因此可以在反应体系中加入少

量EVA乳液，使单体以EVA共聚物为核进行共聚反应，这种在反应开始时就加入的乳液就叫种子乳液。在种子乳液存在下，乳化共聚得到的EVA乳液胶接强度可以提高。种子乳液可以预先制备，也可以就地制备。就地制备时可将乙酸乙烯酯总量的10%～15%先加入，与乙烯共聚到残留乙酸乙烯酯<3.5%时即可作为种子乳液。一般种子乳液的固体含量为40%～60%，平均粒径0.5～2.0μm，游离VAC<5%(最好小于1%)，共聚物中乙烯含量7%～18%。用量为总乳液重量的10%～20%。

⑨第三种共聚单体：为了改进EVA乳液的性能，可以加入第三种单体参加共聚。可用的第三种共聚单体有丙烯酸、甲基丙烯酸；丙烯酸甲酯、丙烯酸乙酯、丙烯酸丁酯；马来酸及马来酸酯；氯乙烯、氟乙烯；丙烯腈和乙烯磺酸钠等。第三种共聚单体的用量一般为乙酸乙烯酯重量的0.1%～1%，也有用量大到乙酸乙烯酯重量的10%的。

⑩交联剂：在聚合反应期间添加交联剂，可提高所制得的乳液胶膜的抗溶剂性和高温机械性能。交联剂有即刻反应型和后反应型两种。多元酸的乙烯酯、多元酸的丙烯酯及其他二或三丙烯基化合物属于即刻反应型交联剂，用量一般为乙酸乙烯酯重量的0.01%～1%。缩水甘油化合物、N—羟甲基化合物(如N—羟甲基丙烯酰胺)等属于后反应型交联剂，用量为乙酸乙烯酯重量的0.5%～10%较宜。

(2)合成工艺。这里仅简述其合成工艺特点。

①合成温度：共聚反应温度可由引发剂添加速度和反应釜的散热速度来控制，一般多在50～60℃进行共聚。温度过高，会使乳液不稳定和凝胶。当反应到乙酸乙烯酯转化率达80%～90%后，在60～85℃熟化0.5～5h。

若使用还原剂促进引发反应，则可在较低温度(20～50℃)下共聚。

②乙烯压力：一般来说，乙烯的压力越高，得到的共聚物的乙烯含量也越高。

应根据不同的工艺，选用适当的乙烯压力进行共聚，才能得到共聚物乙烯含量为8%～17%的EVA乳液。

采用一次加料的聚合工艺时，乙烯压力不小于4.9MPa。若采用乙酸乙烯酯以适当的速度连续加料的聚合工艺时，根据不同的加料速度，选用0.98～4.4MPa的乙烯压力进行共聚，就能得到乙烯含量为10%～15%的EVA乳液。

③加料工艺：加料工艺可以有一次加料和连续加料两种工艺。

一次加料聚合工艺：所有的原料均一次加入。

连续加料的聚合工艺：连续加料的聚合工艺较为先进。一般有三种加料工艺：

a. 乙酸乙烯酯一次加入，在聚合过程中连续加入引发剂。

b. 引发剂一次加入，乙酸乙烯酯在聚合过程中连续加入。

c. 乙酸乙烯酯和引发剂均按比例连续加入。

(3)EVA乳液的质量指标：

固体含量	50%±2%
pH值	4.0～6.0
黏度	3～20Pa·s
乙烯含量	8%～17%
平均粒径	0.2～1.0μm

残留 VAc 含量 <1%(以乳液总重计)

贮存期 365 ~730d

5.2.2.2 性能与应用

对于乙酸乙烯酯的内增塑来说，乙烯是一种有效的单体。若用同样的量与乙酸乙烯酯共聚，则乙烯的增塑效果比丙烯酸酯好，也比添加外增塑剂(如邻苯二甲酸二丁酯)的效果明显。这是由于乙酸乙烯酯和乙烯共聚相当于在乙酸乙烯酯均聚物分子的主链上引入一定数量的乙烯基，致使与主链相连接的乙酸酯基的相对数量比例减少，使乙酸酯基间的距离拉大，空间位阻减小，因而使聚合物分子变得柔软而具有挠性。又由于乙烯基就连接在结构骨架的主链上，不带有庞大的支链，使结构骨架本身的挠性也增加。因此胶膜的柔性好是 EVA 乳液胶的突出特点。

EVA 乳液胶低温成膜性好，可用于常温胶接。因聚乙烯的玻璃化温度(T_g)为 -78℃，而聚乙酸乙烯酯的 T_g 为 30℃，因此在聚乙酸乙烯酯分子链中引入乙烯以后，由于改性剂(乙烯)的玻璃化温度低，使 PVAc 的玻璃化温度降低，因而最低成膜温度也就降低了。

EVA 乳液胶的胶层耐酸碱性、耐溶剂性、耐水性、耐热性、贮存稳定性、冻融稳定性均优于乙酸乙烯酯均聚乳液胶，对氧、臭氧和紫外线照射都很稳定。同时它无毒、不燃，混溶性和流动性也良好。

EVA 乳液胶还具有胶接多种材料的性能，如它能用于胶接木材、纸板、织物、皮革、水泥混凝土、镀锌钢板、铝箔等，特别是它还能用来胶接一些难以胶接的材料，如聚乙烯、聚四氟乙烯等薄膜。

EVA 乳液胶具有如上优良性能，应用日益广泛。其低黏度的产品主要用于建筑涂料、过滤嘴烟及印刷品的胶贴。而高黏度的产品则可用于在木质人造板表面胶贴聚氯乙烯薄膜。也可用于胶贴聚氯乙烯塑料地板、发泡塑料和金属板等。

近年来，为了进一步改善 EVA 乳液的胶接性能，在乙酸乙烯酯与乙烯共聚时，加入少量丙烯酸参加反应，得到羧基化的 EVA 乳液。这种羧基化 EVA 乳液对金属的胶接强度很高；由于具有可交联的活性基团羧基，它能和含羟甲基、环氧基的物质及多价金属盐或氧化物进一步发生交联反应，因而乳液的耐热、耐水性也提高了。还可用碱来使乳液增黏。羧基化的 EVA 乳液可用于铝箔与木材、纸、玻璃纤维等的胶接。

5.2.3 乙酸乙烯酯-羟甲基丙烯酰胺共聚乳液胶

乙酸乙烯酯-N-羟甲基丙烯酰胺共聚乳液(简称 VAc/NMA 乳液或 VNA 乳液)是乙酸乙烯酯与多官能团的 N-羟甲基丙烯酰胺在水介质中通过自由基引发共聚所制得的可交联的乳液。N-羟甲基丙烯酰胺具有可与乙酸乙烯酯共聚的不饱和双键，又具有活性基团 N-羟甲基，是一种较理想的内交联剂型共聚单体。它与乙酸乙烯酯共聚所得的共聚物带有活性基团，在热与酸性条件下会发生自交联反应，而使共聚物具有热固性。VNA 乳液的分子结构为：

$$
\begin{array}{l}
—CH_2—\underset{\substack{|\\ OCOCH_3}}{CH}—CH_2—\underset{\substack{|\\ C=O\\ |\\ NH\\ |\\ CH_2OH}}{CH}—CH_2—\underset{\substack{|\\ OCOCH_3}}{CH}—
\end{array}
$$

5.2.3.1　乙酸乙烯酯-N-羟甲基丙烯酰胺共聚乳液的合成

(1)原料。除乙酸乙烯酯、N-羟甲基丙烯酰胺两种原料单体外，也和其他乳液聚合一样，需添加乳化剂、引发剂、保护胶体、增塑剂、缓冲剂等。由于所用的乙酸乙烯酯及其他反应组分和添加剂都与乙酸乙烯酯均聚乳液合成时所要求的相同，此处不再重复。

N-羟甲基丙烯酰胺应达到以下质量指标：

外观	无色至微黄色透明溶液
固体含量	60% ±2%
pH值	7.0~8.0
游离甲醛含量	5.0%~8.0%
贮存期	180~365d(避光保存)

(2)合成工艺。这里仅简述其合成工艺特点。

①加料方式：由于N-羟甲基丙烯酰胺易溶于水而不溶于乙酸乙烯酯单体，因此N-羟甲基丙烯酰胺和乙酸乙烯酯共聚时会出现在水中自行聚合的倾向，一部分羟甲基丙烯酰胺会自聚凝块，所得乳液易在短时间内出现凝胶现象，以致达不到预期的改性效果。为此采用分批或逐渐加料的工艺，使N-羟甲基丙烯酰胺能均匀地分布在共聚物的分子中。这样制得的共聚乳液交联后胶层的耐水、耐热性能较理想。逐加时间一般为4~5h。

②聚合反应温度为70~85℃。

③反应液pH值为4.0~6.0。

④采用种子聚合反应工艺：可以先加部分单体制备“种子”乳液，接着加料进行共聚反应；也可以将预先制好的少量乳液作为“种子”，在反应开始前加入。

(3)质量指标：

固体含量	50% ±2%；60% ±2%
残留单体含量	<1%
黏度(25℃/涂-4杯)	20~25s
pH值	4.5~5.5
粒径	1~2μm
贮存期	>180d

5.2.3.2　性能与应用

乙酸乙烯酯-N-羟甲基丙烯酰胺共聚乳液在热或酸性固化剂的作用下会发生交联反应，其反应式如下：

$$
2\!-\!\underset{\displaystyle CH_3COO}{\underset{|}{CH_2-CH}}-\underset{\displaystyle CONHCH_2OH}{\underset{|}{CH_2-CH}}- \xrightarrow[\text{酸性固化剂}]{\text{加热或加}}
\begin{array}{l}
-CH_2-\underset{\displaystyle CH_3COO}{\underset{|}{CH}}-CH_2-\underset{\displaystyle \begin{array}{c}CONH\\|\\CH_2\\|\\CONH\end{array}}{\underset{|}{CH}}- \\
\qquad\qquad\qquad\qquad\quad + CH_2O + H_2O \\
-CH_2-\overset{\displaystyle CH_3COO}{\overset{|}{CH}}-CH_2-\overset{}{CH}-
\end{array}
$$

由于这种共聚乳液具有能交联的特性，使它成为一种热固性的胶。因而它的胶接和胶层的耐水、耐热、耐蠕变性能大大提高，同时耐酸、耐碱、耐溶剂、耐磨性也相应地得到改善。

VNA 共聚乳液贮存稳定性良好，胶接工艺简便，可冷压或热压，适用于连续化生产。

为促进 VNA 共聚乳液的交联固化反应，常在使用前加入促进剂进行调制，固化剂可用酸类或金属盐类(以二阶以上金属盐为宜)。常用四氯化锡、氯化铝等，使用前先配制成50%的溶液备用。

VNA 共聚乳液在木材工业中主要用于人造板表面装饰加工。将它用于塑料装饰板与胶合板的胶贴时，耐水胶接强度良好，胶接的试件在63℃水中浸泡3h的胶接强度为1.77～2.75MPa，水煮1h后的胶接强度也达到1.27～1.77MPa，在80℃下烘2h后干状胶接强度为1.96MPa以上。

VNA 共聚乳液使用前调制的配方如下：

VNA 共聚乳液	100 份重
过硫酸铵	0.5 份重(可不加)
四氯化锡(50%溶液)	8 份重

胶接条件：涂胶量 200～250g/m^2，涂胶后在 80℃ 烘 30s，再在 100℃ 以下，以 0.294～0.49MPa 的压力胶压 30s。

NVA 共聚乳液还可用于高含水率的微薄木与胶合板胶贴，微薄木一般是用珍贵树种刨切的厚度小于0.4mm的薄木。如含水率低，极易碎裂破损，为了提高微薄木的利用率，采用湿薄木胶贴，一般可在薄木含水率为30%～40%时进行胶贴。这就要求胶黏剂的初黏性好，不易透胶，胶接强度高。使用 VNA 共聚乳液完全能达到这些要求，胶贴效果良好，板面基本不透胶。为微薄木湿贴工艺提供了一种良好的胶黏剂。

用于微薄木胶贴的 VNA 共聚乳液胶调制配方如下：

VNA 共聚乳液(固体含量50%)	100 份重
四氯化锡	2～4 份重
石膏	5 份重(也可不加)

胶接条件为：涂胶量 100～110g/m^2(只需在基材上单面涂胶)，涂胶后不需经干燥，就立即铺上薄木，然后在热压机上于 60～80℃ 下加压(0.78MPa)2min。

VNA 共聚乳液在生产活动板房中代替脲醛树脂胶制造纸蜂窝芯表面贴纤维板的复合板，并用乳液涂玻璃布作屋顶拼缝材料及屋檐部分封边，效果均很好。

用于复合材(纸蜂窝芯木框表面贴纤维板)的 VNA 共聚乳液胶调制配方如下：

VNA 共聚乳液(固体含量50%)	100 份重
氯化铝(50%溶液)	4 份重

胶接条件为：涂胶量270g/m^2(双面)，涂胶后不需晾置，胶压压力为0.49MPa，胶压温度100～110℃，胶压时间7min。

由于胶接方法简便，所需胶压压力低，所以VNA共聚乳液胶还被用于纸蜂窝芯缝纫机台板的贴面上，所制得的台板表面平整，无框架印子。这种乳液胶还被用于胶黏砂布、砂纸，用它胶黏的砂布用于水砂时，既有韧性又耐水。

除此之外，VNA共聚乳液还用于胶接聚氯乙烯人造革及皮革，胶接强度比原用的溶剂型过氯乙烯树脂高，因此被用于药箱与仪器盒的生产。

5.2.4　其他乙酸乙烯酯共聚乳液胶

在实际应用中，根据不同场合的使用要求，可以将不同类型和不同作用的单体与乙酸乙烯酯共聚，得到不同使用特性的乙酸乙烯酯共聚乳液。因此除了二元共聚乳液胶外，还有三元、四元甚至更多种单体的共聚乳液，满足了日益广泛的使用要求。

5.2.4.1　乙酸乙烯酯-丙烯酸丁酯-N-羟甲基丙烯酰胺共聚乳液(VBN乳液)

这是以乙酸乙烯酯、丙烯酸丁酯及N-羟甲基丙烯酰胺三种单体在水介质中通过自由基聚合反应而制得的乳液。典型的分子结构为：

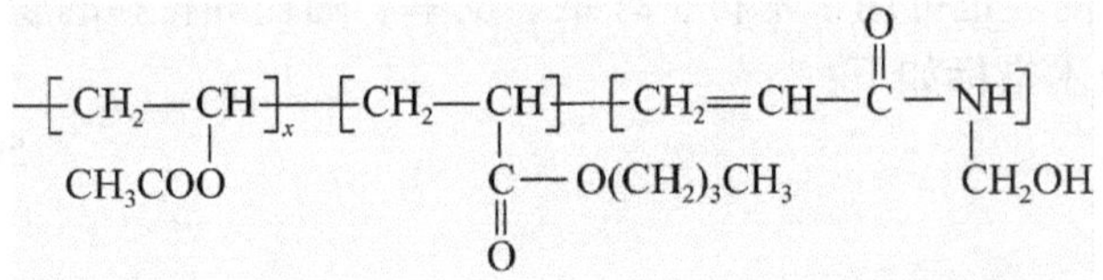

$$-\!\!\left[\underset{\displaystyle CH_3COO}{CH_2-\underset{|}{CH}}\right]_x\!\!-\!\!\left[CH_2-\underset{\displaystyle \underset{\displaystyle \overset{\|}{O}}{C}-O(CH_2)_3CH_3}{\underset{|}{CH}}\right]\!\!-\!\!\left[CH_2=CH-\overset{\displaystyle O}{\overset{\|}{C}}-\underset{\displaystyle CH_2OH}{\underset{|}{NH}}\right]$$

但实际上得到的共聚物的结构并不一定如此规整。这种乳液具有以下特点：

(1)以乙酸乙烯酯为主要组分，制得的乳液胶接性能良好，成本也低。

(2)由于丙烯酸丁酯的玻璃化温度低，因而共聚乳液的成膜温度比乙酸乙烯酯均聚乳液低，且提高了胶层的柔软性，不需外加增塑剂，便能得到持久的增塑效果。

(3)由于有N-羟甲基丙烯酰胺参加共聚，使乳液具有可交联的性能。能在热或酸性催化剂的作用下发生交联作用，转化为热固性。同时N-羟甲基丙烯酰胺对乳液还起了稳定的作用。

(4)制造这种乳液加入少量不饱和羧酸(常用丙烯酸)，使共聚乳液分子链上连接上一些羧基，它以化学结合的方法取代了保护胶体聚乙烯醇的物理吸附作用，提高了乳液的稳定性，因此共聚乳液的机械稳定性、冻融稳定性、化学稳定性及贮存稳定性等均优良。同时还提高了乳液的反应活性，因而提高了对各种材料的黏接性能。另外，由于羧基的存在，使共聚乳液能和热固性树脂及多价氧化物及盐类发生交联反应，借以提高胶层的耐水、耐热性等。

这种共聚乳液由于具有内增塑和内交联的特性，因此可用作无纺布的浸渍树脂，因它粒径小而均匀。能均匀地渗透到基材内部，对各种纤维材料胶接能力强。浸渍过VBN共聚乳液的无纺布是一种人造板表面装饰用的优良贴面材料。

VBN乳液的质量指标如下：

固体含量	38%～40%

残留单体含量	1%以下
乳液粒径	0.1~0.2μm
pH值	5.0~5.5
黏度(25℃)	0.03~0.07Pa·s
贮存期	180d

5.2.4.2 乙酸乙烯酯-丙烯酸丁酯-氯乙烯共聚乳液(VBC乳液)

是以乙酸乙烯酯、丙烯酸丁酯及氯乙烯在水介质中通过自由基聚合反应而制得的乳液。其典型的分子结构为：

$$-\!\!\left[CH_2-\underset{\large CH_3COO}{\underset{|}{CH}}\right]_x\!\!-\!\!\left[CH_2-\underset{\large COO(CH_2)_3CH_3}{\underset{|}{CH}}\right]_y\!\!-\!\!\left[CH_2-\underset{\large Cl}{\underset{|}{CH}}\right]_z\!\!-$$

如前所述，丙烯酸酯为起内增塑作用的共聚单体，而氯乙烯为起内交联作用的共聚单体，因此乙酸乙烯酯与这两种单体共聚后，既使胶层的柔软性增加，又提高了胶层的耐水、耐热性。这种共聚乳液的特点是制造工艺简单，可常温胶接，使用方便，并具有毒性小、无污染、价格便宜等优点，特别适合于聚氯乙烯薄膜与人造板等多孔性材料的胶接，胶接强度较高。也可用于木材、纤维、皮革、陶瓷等材料的胶接。

VBC乳液的技术指标如下：

固体含量	50% ±2%
黏度	1~5 Pa·s
粒度	<1.5μm
pH值	4.0~6.0
贮存期	>180d

5.3 丙烯酸酯类胶黏剂

丙烯酸酯类胶黏剂是合成胶黏剂中的后起之秀，其性能独特，品种繁多。它是由甲基丙烯酸酯、丙烯酸酯、α-氰基丙烯酸酯或它们与其他烯类单体经聚合反应所制得的。这类胶黏剂近10年来发展较快，但在木材工业中，目前应用还较少，故本节仅作简单介绍。

丙烯酸酯类胶黏剂是以聚丙烯酸酯作为黏料的一类胶黏剂。由于能用作原料的丙烯酸酯有多种，因此丙烯酸酯类胶黏剂的品种也较多。丙烯酸酯类胶黏剂按其胶接时胶层形成的特点可分为两类：一类是非反应性丙烯酸酯胶黏剂，主要是以热塑性聚丙烯酸酯或丙烯酸酯与其他单体的共聚物为主体。这类胶胶接时是靠溶剂或分散相的挥发及溶剂在被黏物中的扩散和渗透而使胶层固化的。另一类是反应性丙烯酸酯胶黏剂，是以各种丙烯酸酯单体或分子末端具有丙烯酰基的聚合物作为主体的胶黏剂。这类胶在胶接时是靠化学反应而使胶层固化的。

丙烯酸酯类胶黏剂若按其组成来分，又可分为丙烯酸酯胶黏剂和α-氰基丙烯酸酯胶黏剂两大类。

由于丙烯酸酯及其衍生物品种很多，而且它们又能与多种单体共聚，因此就能得到多品种的、具有黏附特性的丙烯酸酯胶黏剂，甚至可以说所有的金属、非金属都能用丙烯酸酯胶黏剂来胶接。特别是反应性丙烯酸酯胶黏剂，由于具有胶接牢固、使用方便、固化速度快、安全(基本无毒、无污染、无着火危险)、能耗低等优点，因此它是一种发展迅速的高效能胶黏剂。可以在制备瞬干胶、厌氧胶、光敏胶和结构胶时使用。非反应性丙烯酸酯胶黏剂则可用以制备压敏型胶、热熔型胶和接触型乳液胶等。

虽然丙烯酸酯胶黏剂价格较高，但由于它们具有前述优点，应用范围又广，因此总的经济效果比较好。近年来，这类胶黏剂在国内外都得到特别迅速的发展。下面仅介绍三种应用较广泛的丙烯酸甲酯胶黏剂。

5.3.1 α-氰基丙烯酸酯胶黏剂

α-氰基丙烯酸酯胶黏剂，亦称瞬干胶黏剂，它的主要成分是 α-氰基丙烯酸酯，分子式为 $\underset{\displaystyle CN}{CH_2{=}\underset{|}{C}{-}COOR}$ 。由于它具有快速胶接的特点，尽管它价格较高，近年来仍然以较快的速度发展，在整个胶黏剂领域中所占的比重正在不断增加，应用也日趋广泛。

5.3.1.1 性能

α-氰基丙烯酸酯胶黏剂具有一系列独特的优点：①能在室温下以接触压力实现快速胶接，便于流水作业生产；②为无溶剂的一液型胶，使用方便；③对多种材料具有良好的胶接强度；④黏度低，单位面积耗胶量少；⑤电气绝缘性好，与酚醛塑料相当；⑥无毒，能用于人体组织的胶接；⑦胶层无色透明，耐油性和气密性好。

由于上述优点，因此在短短的二十几年内迅速发展成为一种特殊的工程胶黏剂。但这种胶也存在一些缺点：①耐热性差。α-氰基丙烯酸甲酯的使用温度低于 100℃，而 α-氰基丙烯酸乙酯仅为 70～80℃；②耐水、耐湿、耐极性溶剂性较差；③胶层较脆，不耐冲击，尤以胶接刚性材料时更为明显；④贮存期较短，一般为半年左右，贮存条件要求较严；⑤若不添加增黏、增稠物质，它对多孔性材料(如木材等)难以胶接或胶接效果不佳；⑥固化迅速，不宜用于大面积胶接；⑦具有刺激性臭味及弱催泪性。

α-氰基丙烯酸酯胶黏剂的许多优缺点是与它的主要成分 α-氰基丙烯酸酯的分子结构及聚合机理密切相关的。α-氰基丙烯酸酯的分子中的 α-碳原子已有二个强的吸电子基团，即氰基(—CN)与酯基(—COOR)，使双键高度极化，从而有利于阴离子聚合过程的进行。因此在水或弱碱的作用下，它会迅速地发生聚合。甚至，表面极少量的吸附水就足以催化此聚合过程的发生。其反应过程如下：

$$CH_2{=}\overset{\displaystyle CN}{\overset{|}{C}}{-}COOR \xrightleftharpoons{A^-} \underset{\delta^+}{CH_2}{-}\underset{\delta^-}{\overset{\displaystyle CN}{\overset{|}{C}}}{-}COOR \xrightarrow{A^-} A{-}CH_2{-}\overset{\displaystyle CN}{\overset{|}{\bar{C}}}{-}COOR$$

$$\xrightarrow{CH_2{=}\overset{CN}{\overset{|}{C}}{-}COOR} A{-}CH_2{-}\underset{\displaystyle COOR}{\underset{|}{\overset{\displaystyle CN}{\overset{|}{C}}}}{-}CH_2{-}\overset{\displaystyle CN}{\overset{|}{\bar{C}}}{-}COOR \xrightarrow{nCH_2{=}\overset{CN}{\overset{|}{C}}{-}COOR} \text{高聚物}$$

因此α-氰基丙烯酸酯胶黏剂的制备及改性也必须考虑这一性质。

5.3.1.2 单体合成和胶的制备

(1)单体合成。α-氰基丙烯酸酯的合成方法有很多种，工业上采用的方法是将氰乙酸酯与甲醛在碱性介质中进行加成缩合得到的低聚物裂解成为单体，所得单体经精制后，加入各种辅助成分就得到α-氰基丙烯酸酯胶黏剂。

制备α-氰基丙烯酸酯的反应如下：

$$nCH_2O + nCH_2(CN)COOR \xrightarrow{\text{碱性催化剂}} \left[CH_2 - \underset{COOR}{\overset{CN}{\overset{|}{\underset{|}{C}}}} \right]_n + nH_2O$$

$$\left[CH_2 - \underset{COOR}{\overset{CN}{\overset{|}{\underset{|}{C}}}} \right]_n \xrightarrow{\text{加热裂解}} nCH_2 = \underset{COOR}{\overset{CN}{\overset{|}{\underset{|}{C}}}}$$

①原料：可用甲醛水溶液(37%)和氰乙酸制备，但操作麻烦，产率低，纯度差。现在报道较多的是用多聚甲醛和氰乙酸酯以甲醇、甲苯为溶剂，在碱性条件下反应，然后共沸脱水，再进行裂解。该法的产率和纯度均高，且操作也比甲醛水溶液简单，缺点是所用的有机溶剂有毒。

通常氰乙酸酯稍过量，每1mol甲醛用1.05～1.10mol的氰乙酸酯为宜，氰乙酸酯用量过多时单体产率降低。在甲醛过量的情况下，缩聚物难以裂解，单体产率就更低了。

②催化剂：缩合反应是在pH=8.0～9.0的条件下进行的。可用氢氧化钠、脂肪族胺、六氢吡啶等作催化剂。最常用的是六氢吡啶。产率随六氢吡啶的增加而降低，一般用量小于50mL/mol氰乙酸酯。

③反应温度：缩合反应在0℃以上即发生，但温度超过60℃时反应加快，必须严加控制。温度过高时，不但使甲醛溢出，而且还使副反应(生成焦油或水解等)增加，从而使产率降低。

④脱水：由于水对产品的质量有显著影响，因此必须脱出生成的水，通常的方法是共沸脱水，如甲苯、二氯乙烷等进行脱水。

⑤裂解助剂和单体阻聚剂：裂解反应通常用离子型阻聚剂(常用SO_2)、自由基阻聚剂(常用氢醌，用量为α-氰基丙烯酸酯低聚物的0.06%左右)、解聚催化剂(常用五氧化二磷，用量为4%左右)存在下进行，加入增塑剂如磷酸三甲酚酯、邻苯二甲酸二丁酯可降低裂解温度。粗产品再加1%左右五氧化二磷(兼作脱水剂)和0.5%左右的氢醌，通入SO_2气体，经蒸馏提纯，可得较纯的产品。

(2)胶黏剂的制备。为了配制成便于贮存和使用的胶黏剂，必须在α-氰基丙烯酸酯单体中加入其他辅助成分。

由于α-氰基丙烯酸酯在水的催化下易发生阴离子聚合反应，所以单体的贮存稳定性与其水分含量有很大关系，含水量超过0.5%的单体很不稳定。为防止贮存时发生聚合，需加入一些酸性物质做稳定剂，常用二氧化硫(用量为单体重量的0.000 6%)，也可用醋酸铜、五氧化二磷、对甲苯磺酸、二氧化碳等作稳定剂。α-氰基丙烯酸酯还可能发生自由基聚合反应，所以单体贮存还必须加对苯二酚之类的阻聚剂（用量为单体重的0.01%～0.05%）。

α-氰基丙烯酸酯是一种低黏度的液体，黏度为0.001～0.003Pa·s，加入增稠剂可使黏度上升到2Pa·s。特别是在胶接多孔性物质或有缝隙的物质时，增稠更有必要。所以常在胶黏剂配制时加入高分子聚合物做增稠剂，常用的有聚甲基丙烯酸甲酯、氰基丙烯酸酯—马来酸二炔丙酯共聚物、丙烯酸甲酯—丙烯腈共聚物等。如添加5%～10%的聚甲基丙烯酸甲酯（相对分子质量约30万）能使黏度显著提高，而胶接强度无明显下降。

为了提高α-氰基丙烯酸酯的韧性，还可加入适当的增塑剂，如磷酸三甲酚酯、邻苯二甲酸二丁酯、邻苯二甲酸二辛酯、癸二酸二乙酯等。若在合成单体时已加入增塑剂，本步骤中可不加。

目前用得最多的α-氰基丙烯酸酯胶黏剂是α-氰基丙烯酸甲酯和乙酯。它们的主要物理性能见表5-6。

α-氰基丙烯酸酯胶黏剂固化后就变成聚α-氰基丙烯酸酯，其主要物理性能见表5-7。

表5-6　氰基丙烯酸酯典型物理性能

性　　能	α-氰基丙烯酸甲酯	α-氰基丙烯酸乙酯
20℃时的比重	1.10	1.05
沸点226.6Pa(2mmHg)	50℃	59℃
闪点	82℃	82℃
自燃点	468℃	468℃
25℃时的蒸汽压	<266.6Pa	<266.6Pa
折射率 η_D^{25}	1.4406	1.4349

表5-7　固化后的氰基丙烯酸酯胶的物理性能

性　　能	α-氰基丙烯酸甲酯胶	α-氰基丙烯酸乙酯胶
软化点	165℃	126℃
折射率	1.4923（钠玻璃1.496）	1.4870
熔点	211℃	200～208℃
热变形温度（在1.82MPa载荷下）	119℃	69℃
分解温度（10%被分解）	198℃	213℃
纵弹性模量	813.4MPa	686～1070MPa

5.3.1.3　应用

用α-氰基丙烯酸酯胶黏剂胶接时先将被黏接物表面加以处理，如用丙酮或三氯乙烯擦拭除去油类及脱模剂。如胶接多孔性材料如木材、水泥件等，需先用3%乙醇胺水溶液擦拭表面，再将胶涂布在经表面处理的胶接表面上，涂胶量以4～6mg/cm² 为宜，在空气中晾置 5s 至几分钟，然后将两胶接面密合在一起，并加以接触压力，几分钟内就可黏住。24h 后可达到最高强度。

胶接时操作环境的最宜湿度为 50% ~ 60%，温度为 15 ~ 35℃。但一般在室内温湿度条件下也可进行胶接，在用胶量较大而又集中的工作场所，要求有良好的自然通风或机械通风，以排除散发到空气中的单体和二氧化硫。

若需将胶接好的部件拆开，一般可采用以下方法：①溶剂浸泡法：可用丙酮、硝基甲烷、N，N－二甲基甲酰胺或 70℃的氢氧化钠溶液浸泡，使胶溶解；②加热法：加热到 150℃左右，使胶软化；③敲击法：敲击胶接件，使胶层脱开，应以不损害被胶接材料为前提，选择适宜的方法。

α-氰基丙烯酸酯胶黏剂通常贮存期为 3 ~ 6 个月，国内目前用得较多的牌号如 101 胶、501 胶、502 胶、504 胶等，贮存期仅 3 个月。α-氰基丙烯酸酯胶黏剂在贮存时必须尽量与水蒸气隔绝，通常放在聚乙烯容器中贮存。由于聚乙烯塑料具有透气性，因而影响到贮存期。若用清洁、干燥的玻璃安瓿贮存，则贮存期可大大延长，甚至可贮存几年而不失效。这种胶最好贮存在阴凉、干燥处，有可能的话最好放在冰箱里，可延长贮存期。

由于 α-氰基丙烯酸酯具有独特的优点，所以在工业、民用及医疗等方面都有广泛的应用。它可用来胶接塑料、橡胶、金属、玻璃、陶瓷、木材、皮革等，具有“万能瞬间胶黏剂”之称，它在电气工业、机械工业中广泛用于铭牌安装、部件组合、固定螺丝等胶接工序，在工艺美术方面用于玉石雕刻件的胶接，还用于玩具的制作、修理，教学仪器及昆虫标本的制作、家庭日用品的修复等方面，在医学上用来代替缝合和止血等，在力学试验中用于应变片的粘贴。国外还应用于人造板二次加工方面，但国内由于原料成本较高，在木材工业尚未使用。

5.3.2　丙烯酸酯压敏胶黏剂

压敏胶是一种对压力敏感的胶黏剂。在常温下，一接触压力便能实现胶接，常制成压敏胶黏带和胶黏片使用。

压敏胶一般有橡胶型和合成树脂型两类，丙烯酸酯压敏胶属于合成树脂型。由于它具有许多优点，因而在合成树脂型压敏胶中处于领先地位。而丙烯酸酯压敏胶又是丙烯酸酯胶黏剂中产量最大的一个品种。

5.3.2.1　丙烯酸酯压敏胶的性能

丙烯酸酯压敏胶为无色透明的黏液。它与橡胶类压敏胶的主要区别在于它不能添加增黏树脂和增塑剂等组分。其性能的主要特点如下：①不加防老剂仍具有优良的耐候性、耐光性和耐热性；②具有耐氧化性、耐油性、耐溶剂性等优异性能；③透明性好；④对皮肤无影响，可制取医用胶黏带；⑤通过共聚可引进各种官能基团，黏附力和胶自身的内聚力都较大；⑥初期黏接性和润湿性不如橡胶类压敏胶。

丙烯酸酯压敏胶与橡胶类压敏胶的综合性能比较如表 5-8 所示。

表5-8　丙烯酸酯压敏胶与橡胶类压敏胶的综合性能比较表

项　目	丙烯酸酯压敏胶	橡胶类压敏胶	项　目	丙烯酸酯压敏胶	橡胶类压敏胶
黏　料	丙烯酸酯	橡胶	耐寒性	差	优
增黏剂	不加	必须加	嗅　味	有残留单体臭味	有增黏剂臭味
防老剂	不加	必须加	颜　色	无色	黄色—褐色
耐光性	优	差	改性方法	改变共聚单体组成	改变橡胶与增黏剂种类
耐热性	优	差	导入官能基团	易	难
耐油性	优	差	价　格	较高	低廉

5.3.2.2　丙烯酸酯压敏胶的基本配方组成

无论哪种丙烯酸酯压敏胶都是由起不同作用的单体聚合而制得。按单体在胶中所起的作用又分为黏附成分、内聚成分、改性成分三种。

作黏附成分的单体是丙烯酸压敏胶的主单体，一般使用碳原子数为4～12的丙烯酸长侧链烷基酯，在工业生产中多使用丙烯酸异辛酯和丙烯酸丁酯、丙烯酸2-乙基己酯等。该成分可使用单一单体，也可使用复合单体。它在压敏胶中需占50%以上，使压敏胶具有足够的润湿性和黏附性，以提高其剥离强度。

作内聚成分的单体可使用含1～4个碳原子的短侧链烷基酯、甲基丙烯酸烷基酯、乙酸乙烯酯、丙酸乙烯酯、偏氯乙烯、苯乙烯及丙烯腈等，以及可进行共聚的玻璃化温度高的单体。可使用单一单体，也可使用复合单体，该成分在压敏胶中约占20%～40%。这些单体能与黏附单体共聚，并能提高其玻璃化温度。内聚成分不仅提高胶的内聚性能，而且对黏附性、耐水性、透明度及工艺性的提高有特殊作用。

作改性成分的单体一般都是能与黏附成分及内聚成分共聚的带有官能团(羧基、羟基、氨基、环氧基、羟甲基、酰氨基等)的单体。如丙烯酸、甲基丙烯酸、衣康酸、巴豆酸、马来酸酐、丙烯酸α-羟乙酯、氨基乙基丙烯酸酯、丙烯酸缩水甘油酯、羟甲基丙烯酰胺等。可使用单一单体，也可使用复合单体。该成分在胶中占5%～20%。改性成分不仅起交联作用，而且还能提高内聚强度及黏附性，促进聚合反应速度，提高聚合稳定性。

丙烯酸酯压敏胶可以由上述三种成分的单体制成，也可用单一的黏附成分或黏附成分与另外两种成分之一制成。压敏胶的性能与这三种成分所用的单体种类、用量密切相关，同时与这些单体共聚得到的聚合物的相对分子质量也有关。总之，压敏胶的配方组成或共聚物的相对分子质量只要能保证压敏胶的性能(黏附性、内聚性、黏接性)达到平衡即可。

5.3.2.3　合成

丙烯酸压敏胶按形态不同可分为溶液型、乳液型、热熔型、液态固化型。

(1)溶剂型丙烯酸酯压敏胶的合成实例。溶液型丙烯酸酯压敏胶是将单体和引发剂溶解在酯类、芳香族烃类及酮类等有机溶剂中进行聚合反应而制得的。

①配方：见表5-9。

②操作工艺：将以上配方的单体、溶剂、引发剂加入反应釜中，通入氮气，于74℃反应6h，则可制得共聚物溶液。再添加1.48当量的丁醚化羟甲基氨基树脂，溶解

后就成压敏胶。若欲制造压敏胶带，则可按 $100g/m^2$ 的涂布量涂于聚酯薄膜上，于150℃处理10min，即制得黏接力强、耐热老化与耐溶剂好的压敏胶带。

表5-9　合成实例配方

原料名称	用量	原料名称	用量
丙烯酸丁酯	60份重	丙烯酸	3份重
甲基丙烯酸甲酯	10份重	过氧化苯甲酰	0.5份重
丙烯酰胺	1份重	乙酸乙酯	150份重
丙烯酸2-乙基已酯	26份重		

（2）乳液型丙烯酸酯压敏胶的合成实例。乳液型丙烯酸酯压敏胶是将单体借助乳化剂分散在水中进行乳液聚合而制得的。

①配方：见表5-10。

表5-10　合成实例配方

原料名称	用量	原料名称	用量
丙烯酸2-乙基已酯	90份重	过硫酸铵	0.2份重
丙烯酸	7份重	离子交换水	100份重
甲基丙烯酸	2份重	聚氧化乙烯烷基芳基醚硫酸酯	4份重
邻苯二甲酸二丙烯酯	1份重		

②操作工艺：将配方中1/4量的单体、水、乳化剂加入反应釜中，搅拌，加热至70℃后，加入10%的过硫酸铵溶液1份，聚合开始后把剩下的单体于1h内连续加入，反应温度控制在70~75℃，再添加过硫酸铵溶液1份，保持在75~80℃，继续搅拌，聚合反应进行2h后结束，冷却、过滤，即得乳液胶。

如欲制成压敏胶纸板，可在以上制得的乳液胶100份中，加入25%醋酸铅10份，10%聚乙烯醇20份，搅拌均匀后，把胶黏剂涂于厚度为1mm的优等纸上，涂布量为 $40g/m^2$，于90℃热风干燥机上干燥2min，即可除去水分，制得压敏胶纸板。

5.3.2.4　应用

丙烯酸压敏胶因其良好的耐久性和外观，逐渐得到广泛的应用。溶液型丙烯酸压敏胶主要用于制作以塑料薄膜作为背材的压敏胶片、压敏胶带、双面压敏胶带以及泡沫材料的压敏胶加工产品。也可以直接涂胶粘贴。用于各种塑料薄膜与金属箔、金属与非金属材料的粘贴、金属或塑料铭牌的粘贴、标签的粘贴等。溶液压敏胶因含有机溶剂，故应贮存在密闭的容器中，并要注意防火。乳液型压敏胶的主要用途是用来制作以纸为背材的标签及压敏胶片、压敏胶纸带、贴花等产品。它与溶液型压敏胶相比，具有耐水性、耐湿性、耐热性差，对塑料薄膜的润湿性差等缺点，近年来国外做了很多研究开发工作，如采用新的单体进行共聚；采用种子乳液聚合法；利用增黏树脂乳液提高压敏胶对非极性基材的润湿性和对难黏材料的黏接力；利用反应性乳化剂或无皂乳液聚合的方法；提高固体含量（已可达60%~70%），加快干燥速度等，使丙烯酸乳液压敏胶的性能已基本赶上了溶液型压敏胶，其使用的产品领域也已从纸基材制品扩大到定向拉伸聚丙烯包装带、各种难黏的聚烯烃基材制品以及可剥性标签等，估计这类压敏胶在今后几年内国内将会有较大的发展。

5.3.3　双组分丙烯酸酯胶黏剂

丙烯酸酯胶黏剂是美国 Eastman 公司在 1955 年合成一系列乙烯类化合物时偶然发现其黏性的，因此通常被称作第一代丙烯酸酯胶黏剂(First Generation Acrylics，FGA)。它主要由丙烯酸系单体、催化剂、弹性体(丙烯腈橡胶或丁二烯橡胶等)组成，弹性体分散在丙烯酸系聚合物中。这种胶黏剂虽然有高的剪切强度，但剥离强度、弯曲和抗冲击等强度较低，固化速度慢，因此在早期并没有得到广泛应用。研究者们加入各种橡胶进行改性，改善了其剥离强度，开发出第二代丙烯酸酯胶黏剂(Second Generation Acrylics，SGA)，它是以甲基丙烯酸酯自由基接枝共聚为基础的双组分室温固化胶黏剂。该胶操作方便，常温下即可快速发生聚合反应并固化，可油面黏接，耐冲击、抗剥离，黏接综合性能优良，黏结材料广泛，因此，从其问世至今还不到30年，就在汽车、铁路、电机、建筑、船舶、家具制造等行业中得到广泛应用。

SGA 从组成上讲与 FGA 基本相同，但是单体在聚合过程中会与弹性体发生接枝聚合。这一点是它区别于第一代丙烯酸酯胶黏剂的地方，也是其性能得以改进的重要原因。SGA 又被称作二液瞬间聚合胶黏剂等。顾名思义，它是由两种液体组成，使用时，只要将 A、B 两种液体分别涂敷在两个被黏表面，事先不需要进行精密的计算与计量。当两个被黏面对合后，在几十秒到几十分钟之内，就会产生有效的黏合。一般静置十几到几十个小时后就能达到很高的黏合强度。

A 液组成：

①丙烯酸酯单体(低聚物)：甲基丙烯酸甲酯、甲基丙烯酸乙酯、甲基丙烯酸丁酯、甲基丙烯酸 2-乙基己酯、甲基丙烯酸 β-羟乙(丙)酯、甲基丙烯酸缩水甘油酯等其中一种或几种；

②聚合物弹性体：用以提高胶黏层抗冲击、抗剥离性能，主要是氯磺化聚乙烯、氯丁橡胶、丁腈橡胶、丙烯酸橡胶、ABS、AMNS、MBS、聚甲基丙烯酸甲酯等其中一种或几种；

③稳定剂：用于提高胶液贮存稳定性，常是对苯二酚、对苯二酚甲醚、吩噻嗪、2，6-二叔丁基对甲酚等；

④引发剂：多为过氧化物，例如二酰基过氧化物类(如过氧化二苯甲酰)、过氧化氢类(如异丙苯过氧化氢、叔丁基过氧化氢等)、过氧化酮类(如过氧化甲乙酮等)、过氧化酯等。

B 液组成：

①促进剂：用以降低固化反应所需温度，加速固化反应。主要是胺类(如 N，N-二甲基苯胺、乙二胺等)或者硫酰胺类(如四甲基硫脲、乙烯基硫脲等)；

②助促进剂：用以加速固化反应，主要是环烷酸钴、油酸铁、环烷酸锰等有机金属盐，多用环烷酸钴；

③溶剂：降低胶液黏度，便于 AB 混合以及胶液涂刷，多为乙醇、丙酮、丁酮等。

第6章 热熔胶黏剂

热熔胶黏剂是一种在热熔状态下进行涂布，再借冷却固化实现胶接的高分子胶黏剂。它不含溶剂，百分之百固含量，主要以热塑性高分子聚合物组成，常温时为固体，加热熔融为流体，冷却时迅速硬化而实现胶接。

6.1 概　述

热熔胶有天然热熔胶(如石蜡、松香、沥青等)和合成热熔胶(如共聚烯烃、聚酰胺、聚酯、聚氨酯等)两种，其中以合成热熔胶尤为重要。

热熔胶近年来之所以能得到较快的发展，是因为他具有很多溶液型和乳液型胶所不具备的特点。其主要特点是：

(1)胶接迅速。整个胶接过程仅需几秒钟，不需要固化加压设备，适用于自动化连续生产，生产效率高。

(2)不含溶剂。胶接时一般无有害物质放出，所以对操作者无害，对环境无污染，无火灾危险，储存和运输也方便。

(3)可以反复熔化胶接。适用于一些特殊工艺要求构件的胶接，某些文物的胶接修复。

(4)可以胶接多种材料，表面处理也不很严格，加之胶无溶剂，胶接迅速，生产效率高，所以经济效益显著。

热熔胶的缺点是热稳定性差、胶接强度偏低，不宜用于胶接对热敏感的材料，使用时要达到好的效果都必须使用专门设备，从而限制了他的应用范围。

目前，热熔胶广泛应用于书籍装订、包装、汽车、电器、纤维、金属、制鞋等方面。在木材工业中，热熔胶主要用于人造板封边、单板拼接、装饰薄木拼接，还可用于人造板的装饰贴面加工。

6.2 热熔胶的组成及其作用

热熔胶是由基本聚合物、增黏树脂(增黏剂)、蜡类和抗氧剂等混合配置而成的，为了改善其胶接性、流动性、耐热性、耐寒性和韧性等，也可适当加入一定量的增塑剂、填料以及其他低分子聚合物。

6.2.1 基本聚合物

基本聚合物是热熔胶的黏料，它的作用是使胶具有必要的胶接强度和内聚强度。

热熔胶的基本聚合物是热塑性树脂。使用较多的基本聚合物有聚烯烃及其共聚物，如乙烯-乙酸乙烯酯共聚树脂(EVA)、低相对分子质量聚乙烯(PE)、乙烯-丙烯酸乙酯共聚树脂(EEA)、无规聚丙烯(APP)、乙烯-乙酸乙烯酯-乙烯醇三元共聚树脂、乙烯-丙烯酸共聚物(EAA)、聚丙烯酸酯；热塑性弹性体，如丁基橡胶(BR)、苯乙烯-丁二烯嵌段共聚物(SBS)、苯乙烯-异戊二烯嵌段共聚物(SIS)、SBS的加氢产物SEBS以及星型嵌段弹性体$(SB)_4R$。$(SB)_4R$的熔融黏度低，剪切强度高，性能更为突出。此外还有纤维素衍生物、聚酰胺树脂(PA)、聚酯树脂(PES)、聚氨酯树脂(PU)。若单一的基本聚合物不能满足性能要求时，可以把具有适应性能的两种以上的基本聚合物混合使用。如要提高热熔胶的耐寒性、柔韧性、抗冲击性、抗蠕变性和橡胶弹性，可以加入少量异丁橡胶或苯乙烯-丁二烯嵌段共聚物之类合成橡胶，也可加入无规聚丙烯或沥青来降低胶的成本。目前热熔胶中产量最大且在木材工业中应用最多的是以乙烯-乙酸乙烯酯共聚物树脂为基本聚合物热熔胶。此外，聚酰胺树脂及聚酯树脂使用量也在逐渐增加。在国外，也出现了乙烯-丙烯酸乙酯作基本聚合物的热熔胶。

6.2.2 增黏剂

由于基本聚合物的熔融黏度一般都相当高，对被胶接面的湿润性和初黏性不太好，因此不宜单独使用，常加入与之相容性好的增黏剂混合使用。

增黏剂的主要作用是降低热熔胶的熔融黏度，提高其对被胶接面的湿润性和初黏性，以达到提高胶接强度，改善操作性能及降低成本的目的。此外，还可借以调整胶的耐热温度及晾置时间。

对增黏剂的要求是：必须与基本聚合物有良好的相容性；对被胶接物有良好的黏附性；在热熔胶的熔融温度下有良好的热稳定性。增黏剂的用量为基本聚合物重量的20%～150%。

常用的增黏剂有以下几种。

(1) 松香及其衍生物：是热熔胶中使用最多的一种增黏剂。通常又可分为三类：

松香：有脂松香、木松香、浮油松香等。其主要成分是松香酸，含有极性的羧基，相对分子质量小，因而与EVA树脂等有极性的基本聚合物相容性好。但其软化点不高(70～85℃)，且由于分子中有共轭双键，易被氧化，因此热稳定性与抗氧化性较差。

改性松香：有氢化松香、歧化松香、聚合松香等。松香经改性后软化点提高，不存在共轭双键，因而热稳定性及抗氧化性都较好。

松香脂：有松香甘油酯、氢化松香季戊四醇酯、聚合松香甘油酯等，综合性能都较好。

(2) 萜烯树脂及其改性树脂：由松节油中所含萜烯类化合物聚合而得。它性质稳定，遇光、热不变色，耐稀酸稀碱，电性能也较好。

改性萜烯树脂是苯酚或顺丁烯二酸酐聚合而得。与苯酚聚合的产物可称为萜烯树脂，它的软化点较高，耐氧化、耐酸碱性较好。

（3）石油树脂：是石油热解副产物中不饱和烃馏分的聚合物。它按不饱和烃的碳链结构又可分为脂肪族石油树脂（主要是戊烯和戊二烯聚合物）、芳香族石油树脂（乙烯基甲苯、苯乙烯及茚类的聚合物）和脂环族石油树脂（如环戊二烯聚合物）等种类。

常用 C_5 和 C_9 石油树脂，如间戊二烯石油树脂是由 C_5 分离产品间戊二烯经阳离子催化聚合而成，为固态脂肪族石油树脂，具有色纯无臭、热稳定性好、胶接力强等特点。

除上述三类增黏剂外，也可用热塑性酚醛树脂、低相对分子质量聚苯乙烯、古马隆树脂作增黏剂。

6.2.3 蜡类

蜡类的主要作用是降低热熔胶的熔点和熔融黏度，改善胶液的流动性和湿润性，提高胶接强度、防止热熔胶结块、降低成本。除聚酯、聚酰胺热熔胶基本不用蜡外，大部分热熔胶均要加入一定量的蜡。但用量过多，胶的收缩性变大，胶接强度反而降低，因而在需要达到较大的胶接强度时，应控制蜡的用量。一般在制袋及书籍装订时，热熔胶用蜡的较多。木材工业中所用的热熔胶除 EVA 热熔胶可加可不加外，其他热熔胶都需加蜡。

常用的蜡类有烷烃石蜡（主要成分 $C_{20\sim35}$ 的正烷烃，含少量异环烃和环烷烃，熔点 50～70℃，相对分子质量 280～560）、微晶石蜡（主要成分是 $C_{35\sim65}$ 的异烷烃和环烷烃，熔点 65～105 ℃，相对分子质量 450～700）、合成蜡（主要成分为低分子量聚乙烯蜡，熔点 100～120 ℃，相对分子质量 1000～10000）。蜡的用量一般不超过基本聚合物重量的 30%。

微晶石蜡在提高热熔胶的柔韧性、胶接强度、热稳定性和耐寒性等方面均优于烷烃石蜡，但防止胶结块的能力低于烷烃石蜡，且价格较高。合成蜡与基本聚合物的相容性好，并有良好的化学稳定性、热稳定性和电性能，使用效果又优于前两种石蜡。

6.2.4 填料

填料的作用是降低热熔胶的收缩性，防止对多孔性被胶接物表面的过度渗透，提高热熔胶的耐热性和热容量，延长可操作时间，降低成本。但填料用量不能太多，否则会使热熔胶的熔融黏度增高，湿润性和初黏性变差，从而降低胶接强度。

一般木材工业用的热熔胶大多加填料。常用的填料有碳酸钙、碳酸钡、碳酸镁、硅酸铝、氧化锌、氧化钡、黏土、滑石粉、石棉粉、炭黑等。

6.2.5 增塑剂

增塑剂的作用是加快熔融速度，降低熔融黏度，改善对被胶接物的湿润性，提高热熔胶的柔韧性和耐寒性。但若增塑剂用量过多，会使胶层的内聚强度降低。同时由于增塑剂的迁移和挥发也会降低胶接强度和胶层的耐热性。因此一般热熔胶中只加少量或不加增塑剂。

常用的增塑剂有邻苯二甲酸二丁酯(DBP)、邻苯二甲酸二辛酯(DOP)、邻苯二甲酸丁苄酯(BBP)等。

6.2.6 抗氧剂

抗氧剂的作用是防止热熔胶在长时间处于高的熔融温度下发生氧化和热分解。

一般认为热熔胶在180~230℃加热10h以上或所用的组分热稳定性较差(如烷烃石蜡、脂松香等)时，有必要加抗氧剂。如果使用耐热性好的组分(如氢化松香、松香酯)，并且不在高温下长时间加热，则可不加抗氧剂。

常用的抗氧剂有2，6-二叔丁基对甲苯酚和4，4′-巯基双(6-叔丁基间甲苯酚)、2，5-二叔丁基对苯二酚、4，4′-亚甲基双-(2，6-二叔丁基酚)等。

6.3 热熔胶的主要性能

热熔胶的组分及其用量的确定主要取决于能否获得满足用途要求的性能。同时，在使用热熔胶时也必须充分了解所用胶的性能，以确定适宜的使用条件。

6.3.1 熔融黏度(或熔融指数)

这是体现热熔胶流动性能大小的性能指标。它直接影响到胶对被胶接物的涂布性、润湿性和渗透性，对胶的拉丝现象也有影响。因此熔融黏度是确定熔融和涂布工艺的重要依据。熔融黏度与温度有密切的相关性，它随着温度的降低而增长，因此必须在一定的温度下进行测定。一般在热融胶使用时的平均温度(190℃ ±2℃)下进行测定。低熔融黏度的热熔胶可直接用旋转式黏度计进行测定。测定方法是：把预先熔融的热熔胶试样500mL放入黏度计的圆桶中，在测定温度(190℃ ±2℃)下保持5min，让转子旋转30~60s，读数。对于高熔融黏度的热熔胶，通常是测定熔融指数，是用专门的熔融指数测定仪来测定的。测定的方法是：将在190℃ ±0.4℃熔融的胶倒入测定仪的圆桶中，然后以重量为2160g±10g的冲头压下，计量在10min内胶液被挤出圆桶底部小孔(直径为2.09mm，高7.06mm)的克数，即为熔融指数。

熔融指数(MI)与熔融黏度(MV)可以相互换算，其换算公式如下：

$$MV = \frac{78 \times 10^5}{MI}\text{mPa} \cdot \text{s} = \frac{78 \times 10^2}{MI}\text{Pa} \cdot \text{s}$$

为了获得良好的黏接效果，应根据被胶接材料的种类、胶接面的外形等选择适宜的熔融黏度(或熔融指数)的热熔胶。

6.3.2 软化点

是热熔胶开始流动的温度，可作为衡量胶的耐热性、熔化难易和晾置时间的大致指标。它取决于基本聚合物的结构和相对分子质量。软化点温度比玻璃化温度高，但它们之间无一定的比例关系。一般高软化点的胶，耐热性能好，但晾置时间短。但组成成分不同的胶符合的规律也不都相同。

软化点通常采用环球法测定。

6.3.3 热稳定性

是热熔胶在长时间加热下抗氧化和热分解的性能，它是衡量胶的耐热性的重要指标。尽管热熔胶中都添加了抗氧剂，起到一定的作用，但若长时间处于高温下，即使加了抗氧剂也不能防止氧化和热分解。因此必须根据胶的热稳定性来确定每次熔胶量和胶的加热熔融时间，并以此来设计熔胶槽的容量。热熔胶的稳定性主要取决于其组成成分的耐热性。一般因其组分中增黏剂而引起热稳定性差的情况较多。

热稳定性一般以在使用温度下，胶不产生氧化，黏度变化率在10%以内所能经历的最长时间为衡量标准。若能经历50～70h，则为热稳定性好。

6.3.4 晾置时间

热熔胶的固化过程如图6-1所示。晾置时间是指从涂胶起，经过一段有效露置至将被胶接物压合的时间，并经过固化后有较好胶接性能，超过这段时间，胶接性能大大下降，甚至不能胶接这是热熔胶的重要工艺性能。影响晾置时间的主要因素有热熔胶比热、涂布温度、涂胶量、涂胶方法、环境温度、被胶接材料种类、被胶接物预热温度及导热性能等。实际使用时，涂胶后应快速压合，即尽量缩短晾置时间以保证胶接的质量。

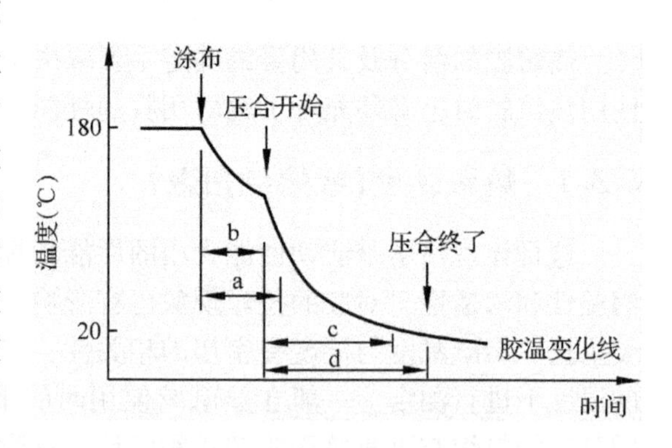

图6-1 热熔胶的固化过程

6.4 热熔胶的应用

热熔胶因其所用基本聚合物的种类不同而有很多种，但在木材工业中使用的品种较少。本节着重介绍木材工业中用量最多的乙烯-乙酸乙烯酯共聚树脂热熔胶，并对聚酰胺树脂热熔胶、聚酯树脂热熔胶和乙烯-丙烯酸乙酯共聚树脂热熔胶作简要介绍。

6.4.1 乙烯-乙酸乙烯酯共聚树脂热熔胶(EVA热熔胶)

乙烯-乙酸乙烯酯共聚树脂热熔胶是目前热熔胶中用量最大、应用最广的一类。基本树脂EVA树脂的制造方法有高压本体聚合法(聚合压力1000～2500kg/cm^2)、溶液聚合法(聚合压力350kg/cm^2)和乳液聚合法(聚合压力70kg/cm^{2}以下)三种，聚合方式不同所得到的产物的性质也不一样。一般作为热熔胶使用的EVA树脂都是利用本体聚合法生产，制成粒状、条状等形状以供使用。

乙烯-乙酸乙烯酯共聚树脂的分子结构式为：

$$—CH_2—CH_2—CH_2—CH_2—\underset{\displaystyle CH_3COO}{\underset{|}{CH}}—CH_2—CH_2—CH_2—\underset{\displaystyle CH_3COO}{\underset{|}{CH}}—$$

乙烯-乙酸乙烯酯共聚树脂热熔胶是以乙烯-乙酸乙烯酯共聚树脂为基本聚合物，加入其他助剂而制得。

6.4.1.1 性质

EVA 热熔胶之所以能迅速地发展而列居热熔胶的首位，是由于它具有一系列特殊的优点：对多种材料有良好的黏附性；胶层的强度、柔韧性、耐寒性均好；熔融黏度低、热熔流动性好，施胶方便；EVA 树脂与各种配合组分的混溶性好；有利于通过配合组分的调节，获得多种性能的热熔胶，以适应多种用途的需要。另外，与其他热熔胶相比，它的价格也低廉。

EVA 热熔胶的主要缺点是耐热、耐油性差，强度低，所以多数应用于强度要求不高的场合。

EVA 热熔胶的胶接性能取决于 EVA 树脂的性能，而 EVA 树脂的性能又取决于单体的比例、相对分子质量和分子的支化度。EVA 树脂的特性，一般以熔融指数和乙酸乙烯酯含量来表示。熔融指数高，树脂的相对分子质量低，熔融黏度小，流动性好，柔软性和成形性也好，但物理强度、耐油、耐热和耐洗涤性差。随着乙酸乙烯酯含量的增加，黏附力、抗冲击强度、胶接的剥离强度都提高，胶层柔软性好，橡胶弹性大，透气性、透湿性和透明度增大，而软化点、硬度、弹性模量、屈服应力、耐磨性、耐药品性、耐油性和电气绝缘性下降，成本也有所增加。

一般使用的 EVA 树脂的熔融指数为 1.5 ~400，乙酸乙烯酯含量多为 25% ~40%，最高可达 40% ~50%。

6.4.1.2 应用

EVA 热熔胶广泛应用于胶接纸类材料、聚丙烯、聚乙烯和其他塑料，以及木材、金属、皮革和织物等。

目前，EVA 热熔胶在木材工业中用于人造板封边，拼接单板，或用作拼接单板胶线。

由于 EVA 树脂在高温下(200 ~250℃以上)，会发生脱乙酸反应，在低温(100℃左右)下，会发生热氧化反应。因此若在 180 ~220℃的熔融温度下使用，都必须加抗氧剂，其他组分根据使用条件来确定，EVA 热熔胶的配方调控通常服从下面原则：

(1)黏接性。黏接性是热熔胶最重要的性能之一，通常 EVA、增黏树脂和蜡三者对热熔胶的黏接强度影响最大。VA 含量越高(或增黏树脂越多、或蜡越少时)，则热熔胶极性越大，其对极性材料的黏接强度明显提高。

(2)黏度和流动性。黏度和流动性主要由蜡和增黏树脂所提供。通常两者的熔融黏度都较低，故两者加入量越多，则热熔胶的熔融黏度越低。但加蜡量不能过多(≤20%)，否则会显著降低热熔胶的黏接强度。

(3)软化点。软化点主要有 EVA、增黏树脂和蜡三者所决定。VA 含量越低则 EVA 软化点越高；石蜡的软化点较低，聚乙烯蜡的软化点较高；增黏树脂的软化点因品种而异。在制备 EVA 热熔胶时，可根据需求选择软化点相近的 EVA、增黏树脂和蜡，以制备出较适宜的热熔胶。

(4) 固化时间。EVA 热熔胶的软化点和结晶速率由 EVA、蜡的软化点和结晶速率所决定。若两者软化点和结晶速率都较高时，热熔胶的固化速率则较大。此外，增黏树脂的软化点越高，则越有利于热熔胶固化速率的提高。

(5) 玻璃化转变温度(T_g)。T_g 是衡量热熔胶耐低温性能的指标之一。通常蜡和增黏树脂的加入，均会明显提高热熔胶的 T_g。

下面列举一些配方实例供参考。

配方一：

乙烯-乙酸乙烯酯共聚树脂(乙酸乙烯酯含量 28%)：

EVA 树脂(乙酸乙烯酯含量 28%)	100 份重
氯化石蜡	20 份重
合成石蜡	10 份重
精制松香	120 份重
聚异丁烯	40 份重
石油树脂	25 份重
亚硫酸钙	20 份重
二氧化硅	10 份重

这种热熔胶中加入无机添加剂，具有稳定的低温或高温胶接性能，适合于胶接聚烯烃以及人造板贴面。此外用以胶接玻璃和金属制品，木材、石头等也能获得满意的效果。

配方二：

EVA 树脂(乙酸乙烯酯含量 28%)	72 份重
松香酸酯(软化点 80℃)	26 份重
聚乙烯(相对分子质量 7000)	20 份重
酚醛树脂(软化点 110℃)	20 份重
萜烯树脂(软化点 110℃)	30 份重
碳酸钙	30 份重
抗氧剂(3，5-二叔丁基羟甲苯)	2 份重

这种 EVA 热熔胶具有高度的耐久性且成本较低，可用于胶接木材、纺织品及人造板贴面和封边等。

配方三：

EVA 树脂(乙酸乙烯酯含量 40%)	30 ~ 60 份重
合成蜡	20 ~ 30 份重
改性松香	30 ~ 50 份重
氢化松香酯	20 ~ 30 份重
无规聚丙烯(相对分子质量 16 000 ~ 20 000)	10 ~ 20 份重
抗氧剂(2，6-二叔丁基对甲酚)	0. 5 ~ 2 份重
其他	适量

此种胶为热熔压敏胶，它在室温下能够立即黏着，具有高度的抗冷流动性和较高的剪切强度。

6.4.1.3 改性

随着EVA热熔胶应用范围的不断扩大，对其性能的要求也更高了，因此又出现了改性EVA共聚树脂。其改性方法有多种，通常多采用接枝聚合、皂化(水解)、共混的方法。

采用接枝聚合的方法来改性时，可用氯乙烯接枝而得到乙烯-乙酸乙烯酯-氯乙烯的三元共聚物。以这种共聚物作基本聚合物的热熔胶耐冲击性较好。也可以用马来酸或丙烯酸进行接枝聚合而得到含羧基的三元共聚物。已有人采用反应挤出或熔融反应方法在EVA树脂的大分子链上接枝活性硅烷基团，通过硅烷基团的进一步交联反应来改善热熔胶体系的耐热及黏结性能。由于改性后的EVA树脂所含的硅烷基团与被黏基材表面的羟基官能团之间形成很强的化学键，硅烷改性的EVA热熔胶附着力显著增强，而且改性EVA分子链之间的后期相互交联使得热熔胶组合物的黏接强度得到提高。

使EVA共聚树脂部分或完全皂化，可得到乙烯-乙酸乙烯酯-乙烯醇的三元共聚物或乙烯-乙烯醇共聚物。由改变聚合度、乙酸乙烯酯含量和皂化程度可得到不同性能的聚合物。皂化的EVA共聚树脂若再和酸酐、氧氯化物(酰基氯)或异氰酸酯反应，可进一步改性，得到胶接性能和透明度都很良好的共聚树脂。

将EVA树脂与其他一种或几种具有良好相容性的热塑性树脂(如聚乙烯、SIS弹性体、丁基橡胶、聚酰胺、热塑性聚氨酯等)共混，往往可以得到同时具有这几种树脂优异性能的高分子材料，通过配方的优化就可得到具有优良性能而且成本相对低廉的热熔胶，这也是EVA热熔胶改性最常用、最有效的方法。例如将EVA和乙烯-丙烯酸-2-乙基己酯聚合物共混后，再添加石蜡和松香等增黏剂，可以得到聚合物的熔融指数大于550g/10min、施胶温度低、高耐热性的热熔胶黏剂。该热熔胶在低于135℃的温度下应用仍具有优异的黏附性，胶黏剂具有良好的耐热性和耐寒性，在大约140 ℃的高温下仍保持纤维抗撕黏合的能力。如将EVA与聚酰胺共混，可以得到一种特别适用于电子器件黏结的耐高温热熔胶，既可满足电子元气件工作时130～150℃的温度要求，又可使胶黏剂在工作时无气味散发。

经改性的EVA共聚树脂的性质，取决于其所含基团的性质及数量，不同的基团对改性所起的作用不同。如乙酸基含量高，树脂的橡胶弹性大，柔软性、溶解性、透明性好；乙烯基含量高，树脂的刚性、耐磨性和电气绝缘性好；羟基含量高，树脂的刚性、胶接性能及耐溶剂性都能提高，而且化学反应性也强；羰基含量高，能提高树脂的透明性和胶接性能，增强化学反应性。

为了降低EVA热熔胶的成本，可将玉米淀粉、淀粉增塑剂、酸或酸酐、润滑剂和填料混合，得到的改性淀粉再与EVA、增黏剂、黏度调节剂、热熔胶增塑剂、抗氧化剂和填料混合，共混挤出，挤出产物经冷却、造粒，即得淀粉改性EVA热熔胶产品。与传统热熔胶产品相比，该改性热熔胶成本可降低50%以上，同时产品具有均匀度好、耐水性及耐化学药品性等特点，可广泛应用于纸盒、书籍无线装订。

6.4.2 乙烯-丙烯酸乙酯共聚树脂热熔胶(EEA 热熔胶)

随着热熔胶使用范围的不断扩大，对热熔胶的性能及适应性提出了更高的要求，因而出现了乙烯-丙烯酸乙酯热熔胶(EEA 热熔胶)。乙烯-丙烯酸乙酯共聚树脂结构式为：

$$\left[CH_2—CH_2 \right]_x \left[CH_2—\underset{\underset{C_2H_5OC=O}{|}}{CH} \right]_y$$

乙烯-丙烯酸乙酯共聚树脂作为热熔胶的基本树脂时，它的丙烯酸含量一般在23%(重量)左右，因此它具有低密度聚乙烯的高熔点和高乙酸乙烯酯含量的 EVA 树脂的低温性，使用温度范围较宽，而且热稳定性较好，耐应力开裂性比 EVA 树脂好。

由于乙烯-丙烯酸乙酯共聚树脂的极性比乙烯-乙酸乙烯酯共聚树脂稍差，因此对聚丙烯之类难胶接的聚烯烃材料也能获得良好的胶接；另外，与石蜡的相溶性方面也比乙烯-乙酸乙烯酯共聚树脂好，易于搅拌，节省了动力消耗。

目前，乙烯-丙烯酸乙酯热熔胶已广泛应用于人造板封边，尼龙、聚丙烯包装薄膜，复合薄膜，纸板，纤维等方面。

由于乙烯-丙烯酸乙酯共聚树脂本身具有优良的低温柔韧性，故增塑剂可不用或少用。但若需要在低温下具有特别好的柔韧性和黏附性时，除可用低相对分子质量的增塑剂外，还可用钛酸盐、磷酸盐与聚酯树脂等作为增塑剂。抗氧剂常用亚磷酸盐衍生物、丁基化羟基甲苯等。下面列举一配方实例供参考。

乙烯-丙烯酸乙酯共聚树脂	40 份重
增黏剂	40 份重
石蜡	20 份重
抗氧剂	0.1 份重

6.4.3 聚酰胺树脂热熔胶

聚酰胺树脂是分子中具有—CONH—结构的缩聚型高分子化合物，它通常由二元酸和二元胺经缩聚而得。其基本结构为：

$$\left[\overset{\overset{O}{\|}}{C}—R—\overset{\overset{O}{\|}}{C}—NH—R'—NH \right]_n$$

用于热熔胶的聚酰胺树脂一般相对分子质量为1000～9000，相对分子质量不同，其性能也不同。但软化点随相对分子质量的增大变化不大，而树脂自身的强度和胶接强度，则随相对分子质量增加而明显提高。

聚酰胺树脂最突出的优点是软化点的范围窄，不像其他热塑性树脂那样，有一个逐渐硬化或软化的过程，当温度接近或稍低于软化点时，它便迅速熔化或硬化。

聚酰胺树脂能溶于醇类、酚类(如苯酚、间甲酚类)，在醇类和非极性溶剂的混合液中溶解性更好，它与多种增黏剂(如酚醛树脂、硝化纤维素、松香及其衍生物、改性氧茚树脂、马来酸酐等)和增塑剂有很好的相溶性。

聚酰胺还具有良好的耐药品性，能抵抗酸碱和植物油、矿物油等。

由于其分子中具有氨基、羰基、酰胺基等极性基团，因此对于木材、陶器、纸、布、黄铜、铝和酚醛树脂、聚酯树脂、聚乙烯等塑料都具有良好的胶接性能。

6.4.4　聚酯树脂热熔胶

聚酯树脂是由多元酸和多元醇酯化而得的产物。而用于热熔胶的聚酯是由饱和二元酸和二元醇酯化而得到的直链分子的热塑性产物，在分子结构中不存在不饱和的碳-碳键，所以为饱和聚酯。其基本结构为：

$$HO-R-O\left[\overset{O}{\overset{\|}{C}}-R'-\overset{O}{\overset{\|}{C}}-O-R-O\right]_n\overset{O}{\overset{\|}{C}}-R'-\overset{O}{\overset{\|}{C}}-OH$$

上式中端基为羟基或羧基，取决于原料酸和醇的摩尔比。如酸的摩尔数多，则端基为羧基的可能性大；如醇的摩尔数多，则端基为羟基的可能性大。

饱和聚酯在一般情况下，最高相对分子质量在3000左右。产物的物理性质取决于分子中R或R′链的长短，链越长，其在有机溶剂中的溶解性越好，熔融黏度越小。

由于饱和聚酯具有一定的结晶性和刚性，熔点高达180～185℃，且弹性好，因此它制得的热熔胶耐热性和热稳定性较好；对多种材料（如木材、纸板、皮革、织物、塑料等），特别是柔韧性材料，都能获得较高的胶接强度。若与聚氨酯树脂混合，用于金属胶接，能获得良好的初黏性和胶接强度，且胶层的耐药品性良好。另外，饱和聚酯热熔胶具有优良的耐寒、耐介质和电性能。

聚酯热熔胶的缺点是熔融黏度较高，须发展高黏度的涂胶器或添加无定形聚烯烃来降低熔融黏度，以获得较好的胶接效果。

聚酯热熔胶在木材工业中可用于浸涂玻璃纤维，制造热熔胶黏线，用于单板拼接，也可用于人造板封边及木制品加工。此外，大量应用于制鞋、服装、电气、建筑等工业领域以及制罐头、吸塑或铝塑包装等领域。

6.4.5　新型热熔胶

如前所述，热熔胶具有突出的优点，尤其是胶接速度快更为突出。但由于胶层的硬化是靠冷却凝固，而且它的主体为热塑性聚合物，因此必然带来耐热性不够理想，胶接受环境、气候等影响的缺点。另外，它不溶于水，在某些方面的应用也受到一定的限制，因此为了使热熔胶的性能更趋理想，近年来又出现了各种新型的热熔胶，主要有反应型热熔胶、水分散型热熔胶、再湿型热熔胶和压敏型热熔胶等。此外，由于用途的扩大，还出现了密封用热熔胶、发泡热熔胶等。下面介绍几种主要的品种。

6.4.5.1　反应型热熔胶（RHM胶）

反应型热熔胶是熔融后通过吸湿产生交联而固化的一种热熔胶。它同时具有一般热熔胶的常温高速胶接性能和反应型胶的耐热性。这种热熔胶特别适用于木材胶接，因为木材是含水分的多孔性材料，水分容易向表面散发，因此与其他材料相比，具有反应程度大，达到最终强度高的有利条件。

反应型热熔胶使用时在低温(100～200℃)熔融，在胶接作业中，有合适的黏度和流动性，且对基材的润湿性良好，晾置时间也可延长。在完成胶接以后的放置时间中，又和空气中的水分及基材表面的水分反应而达到较高的相对分子质量，使胶的耐热、耐寒、耐化学药品性以及对木材、玻璃、皮革、塑料、金属等的胶接性能都得到提高。

目前使用的反应型热熔胶，主要是具有异氰酸酯端基的聚氨酯类反应型热熔胶RHM。可以是一液型的，但贮存期有限(约为6个月)。

6.4.5.2 水分散型热熔胶

水分散型热熔胶是能用碱水或温水分散的热熔胶。这种热熔胶的优点就是在胶硬化后能把它除去。特别适用于被胶接基材不宜高温加热而又要将胶除去的场合。如用于书籍装订及包装纸上的热熔胶，在回收旧纸时就须将热熔胶除去，否则影响再生纸的表面质量，用这类胶就能先将胶除去。

这类胶是以水溶性高分子化合物为主体的，所用的基本聚合物主要有聚乙酸乙烯酯、聚乙烯醇、乙烯-乙酸乙烯酯共聚树脂、乙酸乙烯酯-乙烯醇共聚树脂、乙酸乙烯酯-丁烯酸共聚树脂等，在聚酰胺和聚酯中引入磺酸盐也能制得水分散型热熔胶。目前研究较多的是以聚乙烯醇为主体，再加入其他配合剂的水分散型热熔胶。

6.4.5.3 再湿型热熔胶

再湿型热熔胶是能把用热熔技术涂布的一个胶接面与用水湿技术润湿的另一胶接面互相胶接起来的胶黏剂。如用聚乙烯基吡咯烷酮-乙酸乙烯酯共聚物作基本聚合物的再湿型热熔胶，其工艺性、湿润性和自黏性都较好。这类热熔胶可应用于标签、信函封口、密封带、聚氯乙烯壁纸粘贴等方面，使用简便。

6.4.5.4 热熔压敏胶

一般使用的压敏胶都是溶剂型和胶乳型，故常存在有机溶剂污染环境或因分散介质水挥发慢的问题。因此发展了热熔压敏胶，热熔压敏胶有两类，一类是以乙烯-乙酸乙烯酯共聚树脂(乙酸乙烯酯含量40%～60%)作基本聚合物，添上两种以上增黏树脂及其他助剂配制而成；另一类是以热塑性弹性体聚合物[主要是苯乙烯-丁二烯-苯乙烯嵌段共聚物和苯乙烯-异戊二烯(或异丁二烯)-苯乙烯嵌段共聚物]作主体。用热熔压敏胶制压敏胶黏带不需干燥设备，工艺简单，生产率高，现已应用于包装用胶带、医疗用胶带、壁纸、标签等方面。

6.4.5.5 可生物降解热熔胶

可生物降解热熔胶是一种很有发展前景的胶黏剂，其生物降解是通过水解和氧化作用完成的。目前主要缺点是使用稳定性较差，黏接强度有待进一步提高。国外已经开发的生物降解热熔胶主要有聚乳酸型、聚羟基烷酸酯型和天然高分子型等，其中以PET型可生物降解热熔胶报道最多。PET型可生物降解热熔胶的基体树脂主要有聚乳酸、聚己内酯、聚羟基丁酸/戊酸酯和羟基聚酯等。目前报道最多的是聚乳酸或聚乳酸/聚己内酯共聚物。天然高分子热熔胶以木质素、淀粉、蛋白、树皮等天然高分子为原料制备得到。天然高分子具有可再生、来源丰富、价格低廉等优点，而且符合环保理念，所以天然高分子在热熔胶的研发过程中采用的也越来越多，如淀粉胶、植物蛋白胶等。其制备的主要技术思路是采用大豆分离蛋白或氧化淀粉对聚己内酯或聚乳酸进行共混改性，在提高胶黏剂的力学性能同时，也降低了热熔胶的成本。适当地掺加大豆分离蛋白或者淀粉，可以降低聚己内酯的熔融温度和结晶度，降低熔融黏度和涂布性。可降解聚酯热熔胶在用过废弃后，就能快速降解，不对环境产生污染。

6.5　热熔胶的制备工艺

工业规模制备热熔胶有间歇式釜式生产和连续式挤出机生产两种方法。

6.5.1　釜式生产

先将蜡类、增黏剂、抗氧剂等加入熔融混合釜(由油夹套加热)，于150～180℃搅拌熔融，然后慢慢加入聚合物，保持温度，搅拌2～3h，待搅拌均匀后冷却成型。对于难以混熔的组分，可预先与基本聚合物混炼或捏合，然后再投入釜内。

釜式生产的效率不高，生产热熔胶的熔融黏度不宜过高，胶的各组分受热时间较长，尤其是釜壁上有热氧化分解的现象，而且对搅拌桨形状也应注意，避免釜内产生停滞区域而局部过热。

6.5.2　挤出法生产

除一般热塑性塑料用挤出机外，热熔胶主要用热熔用挤出机进行连续式生产。先将聚合物与其他组分用辊压机充分混炼后，投入挤出机(也可将各组分直接投入挤压机)，加工成适当形状。

挤出法生产热熔胶，可防止滑动、相分离浪涌；能混合均匀且吐出量大，也适宜于高黏度热熔胶的制备，可直接挤成各种形状。配胶混合时间短，胶料受热氧化影响少，产品质量单一，生产率高。

根据使用的需要和热熔涂胶器的要求，热熔胶可成型为各种形状，如粒、片、短柱、块、棒、带、膜、网、绳、丝、粉以及糊状等。

第7章 橡胶型胶黏剂

橡胶型胶黏剂是以合成橡胶或天然橡胶作基料制成的胶黏剂。木材工业中应用较多的是氯丁橡胶胶黏剂，其次是丁腈橡胶胶黏剂。因此本章只介绍这两种橡胶型胶黏剂。

7.1 概述

随着合成橡胶的品种、产量的不断增长，橡胶型胶黏剂也迅速发展起来。目前世界橡胶产量的5%以上被用于制造胶黏剂。

橡胶型胶黏剂按其所用的橡胶的品种不同而有多种品种。为了改善橡胶型胶黏剂的性能，还常用合成树脂与橡胶制成复合体系的胶，也增加了橡胶型胶黏剂的品种。这些品种若按其应用性能分类，可分为结构型和非结构型两种。习惯上把胶接强度大于6.86 MPa的、能承受较大应力的胶称为结构型胶。结构型胶多为复合体系，如氯丁(橡胶)-酚醛、丁腈(橡胶)-酚醛、聚硫(橡胶)-环氧、丁腈(橡胶)-环氧等胶黏剂。非结构型胶不要求承受较大的应力，而以达到一般的胶接强度为目的，如氯丁橡胶、丁腈橡胶、硅橡胶、聚硫橡胶、改性天然橡胶等胶黏剂。

橡胶型胶黏剂按其形状又可分为溶剂型、乳胶型(常称乳胶)和薄膜胶带型三种。其中以溶剂型应用最为广泛，约占总量的75%。

橡胶型胶黏剂具有一些突出的优点：

(1)具有优良的弹性，适用于胶接柔软的或热膨胀系数相差悬殊的材料，并适用于动态下的胶接；

(2)能在常温、低压下进行胶接；

(3)对多种材料有优良的胶接性能。

由于橡胶胶黏剂具有上述优点，因此应用很广泛。它可用于橡胶与橡胶、橡胶与金属、塑料、皮革、木材、水泥等材料的胶接。在飞机制造、汽车制造、建筑、轻工、橡胶制品加工等行业中都有着广泛的应用。在木材工业中，为提高人造板的使用价值及使木制品表面更加美观，常用装饰材料进行表面再加工，而具有低温、低压胶接特性的橡胶型胶黏剂就是一种用于表面胶贴的较理想的胶种。

7.2 氯丁橡胶胶黏剂

氯丁橡胶胶黏剂是以氯丁橡胶为黏料并加入其他助剂而制得的，是橡胶型胶黏剂中最重要和产量最大的品种。按其制备方法不同，又可分为溶剂型和乳胶液型(胶乳型)

两大类。

7.2.1　氯丁橡胶胶黏剂的性质

氯丁橡胶是氯丁二烯的聚合物，其结构比较规整，分子上又有极性较大的氯原子，故结晶性强。以氯丁橡胶作为主体的氯丁橡胶胶黏剂也因此而具有许多优良的特性。如：①具有仅次于丁腈橡胶胶黏剂的高极性，故对极性物质的胶接性能良好；②在常温不硫化也具有较高的内聚强度和黏附强度；③具有优良的耐燃、耐臭氧、耐候、耐油、耐溶剂和化学试剂的性能；④胶层弹性好，胶接体的抗冲击强度和剥离强度好；⑤初黏性好，只需接触压力便能很好地胶接，特别适合于一些形状特殊的表面胶贴；⑥涂覆工艺性能好，使用简便。

氯丁橡胶胶黏剂的主要缺点是贮存稳定性较差，耐寒性不够好。

氯丁橡胶胶黏剂目前已广泛应用于制鞋、汽车制造、飞机制造、建筑、造船、电子、木材加工行业及其他轻工业部门。在木材工业中，由于人造板表面二次加工及家具表面装饰的迅速发展，考虑到氯丁橡胶胶黏剂使用快捷方便；具有压敏性，可用辊压机加压，便于实现机械化、连续化生产，能大大提高生产率；是常温胶接，可避免基材翘曲，并保证装饰表面质量。故以它作为三聚氰胺装饰贴面板或其他装饰材料与木质基材胶接的胶黏剂是较理想的。

氯丁橡胶胶黏剂一般都使用溶剂型胶，这是因为溶剂型氯丁橡胶胶黏剂具有特别强的接触黏附力，能快速胶接，并获得较高的胶接强度 。但溶剂型胶也有一些缺点，如固体含量低(25%左右)，要消耗大量的有机溶剂，增加胶的成本；有机溶剂在使用时易挥发，污染环境，危及操作人员的健康，还有发生火灾的危险；在配胶时氯丁橡胶与其他助剂需在混炼机上经较长时间混炼，工艺较繁杂等。因此，氯丁橡胶在木材工业上的应用也就受到一定的限制。近年来，随着水基型乳液胶的发展，氯丁乳液胶也就得到较快的发展，并应用于家具和建筑业中。乳液型氯丁橡胶胶黏剂比溶剂型氯丁橡胶胶黏剂相对分子质量大，耐高温性能也较好，而且没有有机溶剂的污染，配制和使用方便，成本低，所以国外乳液型氯丁橡胶胶黏剂显增长的趋势。我国开发较晚，目前品种还不多，应用也没有溶剂型胶胶黏剂广泛，但从发展趋势来看，乳液型氯丁橡胶胶黏剂将会更广泛地被应用。

7.2.2　氯丁橡胶胶黏剂的主要成分及作用

由于木材工业中用的氯丁橡胶胶黏剂要求有较高的胶接强度，一般都使用氯丁-酚醛复合体系的胶。

7.2.2.1　氯丁橡胶

是由氯丁二烯经乳液聚合而制得，反应产物最初是浆状橡胶(胶浆)。若直接使用它或制成橡胶制品便称为胶乳或胶乳制品。而用于溶剂型氯丁橡胶胶黏剂的氯丁橡胶是将胶浆酸化，然后加电解质凝聚而得到的固体产品(生胶)。氯丁橡胶的分子结构式为：

$$\left[CH_2 - \underset{\substack{|\\ Cl}}{C} = CH - CH_2 \right]_n$$

氯丁橡胶按聚合条件又可分成硫磺调节通用型(G 型)、非硫调节通用型(W 型)以及胶接专用型三大类，各类氯丁橡胶虽然都可配成胶黏剂，但它们的性能却有很大的差别，因此必须根据应用的具体要求来正确地加以选择。用作胶黏剂的氯丁橡胶牌号及特性见表 7-1。

由于氯丁橡胶是氯丁橡胶胶黏剂的主体，因此它的性质对胶的性质起很大的作用，特别是它的相对分子质量和结晶性，对胶的影响更大。一般来说，相对分子质量越大，门尼黏度(用门尼黏度计测得的黏度)也越大，炼胶时不易包辊，若过大，配成溶液的黏度就太大，使涂布性能变差。氯丁橡胶的结晶化速度快，胶的初期胶接强度高，若太快，则使胶的适用期缩短，胶层的柔软性变差。

表 7-1 氯丁橡胶牌号及特性

调节类	牌 号	化学式	特 性	用 途	剥离强度* N/2.5cm
硫磺调节	LCJ-121 (Hφ)	$(C_4H_5Cl)_nS_m$	低结晶性，胶接性能比较好	可配制一般用途的胶黏剂	78～118
非硫调节	LDJ-231 (54-2)	$(C_4H_5Cl)_n$	中等结晶性，胶接性能好，黏性保持期较长，贮存稳定性好	除可用于胶黏剂外，还可用于电线、电缆、胶带、胶辊	78～118
	LDJ-233 (高门尼)	$(C_4H_5Cl)_n$	门尼黏度高，可添加大量填充剂	橡胶制品和配制胶黏剂	
	LDJ-240 (66-1)	$(C_4H_5Cl)_n$	结晶速度快，结晶度高，门尼黏度高，胶接强度大，耐老化，贮存稳定性好，黏性保持期长	广泛配制胶黏剂，用于建筑材料、制鞋等	>176
	LDJ-241 (66-3)	$(C_4H_5Cl)_n$	LDJ-240 的改性胶，黏性保持期长，贮存稳定性特好	用于配制胶黏剂	>176
	LDJ-244 (接枝专用)	$(C_4H_5Cl)_n$	结晶度高，含少量丙烯腈共聚物，其溶液具有一定反应活性	制备接枝氯丁胶黏剂	>176
	LBJ-210 (氯苯胶)	$(C_4H_5Cl)_n$ (苯乙烯含量 7%～9%)	结晶慢，含少量聚苯乙烯共聚物，低温时具有抗晶化性能	适于配制低温胶黏剂	
	LBJ-211 (耐寒氯苯胶)	$(C_4H_5Cl)_n$	结晶速度慢，门尼黏度高，可塑性好，低温性能优良	适宜与 LDJ-240 和 LDJ-241 并用，增加黏性保持期	

* 素炼生胶 20% 甲苯溶液，胶接帆布与帆布。

7.2.2.2 硫化剂

硫化剂是促使橡胶(生胶)发生硫化反应(即交联反应)的物质。但硫化反应的交联密度没有合成树脂固化那么大，硫化后的橡胶是一种网状结构较疏松的聚合物，因此硫化后的橡胶一般在溶剂中尚能溶胀，但已失去流动性。通过硫化反应，能提高胶的耐热性，增加其抗张强度，并保留了原来的伸长能力。由于最早橡胶的交联反应是用硫磺的，所以叫硫化反应。实际上现在橡胶的硫化反应不一定用硫化物，也可用其他物质。

最常用的硫化剂是氧化锌和氧化镁，这两种硫化剂必须并用。氧化镁以轻质氧化镁为好。而氧化锌常使用橡胶专用的3号氧化锌。氧化锌和氧化镁在常温下所起的硫化作用十分缓慢。氧化镁在室温下主要起防焦剂的作用，避免胶料在混炼过程中发生焦烧现象，只有在高温下才起明显的硫化作用。此外，氧化镁和氧化锌都能吸收氯丁橡胶在老化过程中放出的氯化氢气体，而对被胶接物起保护作用。

一般氧化镁的用量为氯丁橡胶重量的4%～8%，氧化锌的用量为5%～10%。经实验，在140℃时，用4%氧化镁和5%氧化锌能得到满意的硫化效果。若氧化镁用量过多，会造成混炼的困难，易引起凝胶化，使胶料难溶于溶剂，并导致胶接强度下降。

7.2.2.3 防老剂

防老剂在胶中起防老化的作用。氯丁橡胶胶黏剂不加防老剂也能使用，但为改善耐老化性能，一般还是加入2%左右的防老剂。

防老剂会加速胶液凝结，有的会使胶液变色，在使用前应根据具体情况选择。常用的防老剂见表7-2。

表7-2 常用的防老剂

名称	简称	污染性	熔点(℃)	备注
N-苯基-α-萘胺	防老剂A(或甲)	有	50	会使胶液变色
N-苯基-β-萘胺	防老剂D(或丁)	有	105	会使胶液变色
2，6-二叔丁基对甲酚	防老剂BHT	无	69	
苯乙烯化苯酚	防老剂SP	无	液体	
4-甲基6-叔丁基苯酚	防老剂NS-6	无	120	
2，5-二叔丁基对苯二酚	防老剂NS-7	无	200	

其中以防老剂甲和防老剂丁用得较多，特别是防老剂丁的防老效果好，价格又便宜，故用得最多。但若对胶液颜色有一定的要求时，则可用其他防老剂。

7.2.2.4 填料

用于改善操作性能，降低成本和减少体积收缩率。但加入一般的填料会引起胶接强度的降低，所以常用补强性填料，如碳黑、白碳黑(轻质二氧化硅)等，但若用量太大，混炼时会产生不溶解于溶剂的碳黑凝胶(碳凝现象)。有的填料还能提高胶的耐热性。

选用填料时应考虑以下要求：比重小；工艺性好；使胶的性能下降少；价格低。

常用的填料有碳黑、白碳黑、重质碳酸钙、陶土、滑石粉等，其中用重质碳酸钙的胶剥离强度较高。填料的用量常为氯丁橡胶重的50%～100%。

7.2.2.5 酚醛树脂

加酚醛树脂是为了增加胶的极性，提高胶接强度和耐热性。因氯丁橡胶加热到50℃以上时，由于结晶熔解，内聚力急剧下降，为了使氯丁橡胶胶黏剂在60～80℃的温度下，仍能保持胶接强度，就需进行硫化或加入反应性的酚醛树脂。酚醛树脂之所以能起到提高耐热性的作用，主要是由于氧化镁和酚醛树脂先进行预反应，生成了熔点在250℃以上的螯合物之故。而预反应的效果与酚醛树脂的品种、溶剂成分、反应温度及时间等有关。

(1)酚醛树脂的种类。通常采用烷基或萜烯改性的酚醛树脂。萜烯树脂能防止胶黏剂产生触变性，但对提高胶的耐热性和常温胶接性能无显著效果。而热固性烷基酚醛树脂能与氧化镁形成高熔点的产物，大大提高了氯丁橡胶胶黏剂的耐热性，并能增强对金属的胶接性能。而烷基酚醛树脂（相对分子质量 700～1100，熔点 80～90℃）应用最广，且制得的胶性能也最好，因而是氯丁橡胶胶黏剂所用的酚醛树脂中最重要的品种。

（2）酚醛树脂的用量。根据所用氯丁橡胶的性能以及具体的使用要求而定。适量的酚醛树脂能提高氯丁橡胶胶黏剂在高温下的内聚力，但若用量过多，胶层变硬，挠曲性变差。当酚醛树脂用量超过氯丁橡胶的 50% 时，常温和低温的胶接强度就开始下降，而用量在 80% 时，耐热性最好，故综合考虑用量以 50% 为宜。

（3）酚醛树脂与氧化镁的预反应。反应物组分的配方如下：

酚醛树脂	100 份重
氧化镁	10 份重
水	1 份重
溶剂	400～650 份重

配方中溶剂一般采用甲苯、正丁烷等非极性溶剂，水起催化剂的作用。

预反应工艺：将酚醛树脂溶于溶剂，再加入氧化镁和水，在室温下（25～30℃）反应 16～24h 即可。

7.2.2.6　溶剂

溶剂使胶液具有合适的工作黏度和固体含量。溶剂的种类和用量关系到氯丁橡胶胶黏剂的溶解性、稳定性、分层分离性、初始黏度、涂布性、贴合有效性、渗透性、初黏性和胶接强度等。而且对胶的安全性（毒性和着火性）也有直接影响。因此选用溶剂时应考虑以下几点：对氯丁橡胶的溶解能力大；能使胶液有合适的黏度；挥发速度能适应工艺要求；胶接强度高；安全性好。此外还要考虑成本和来源等问题。

氯丁橡胶能溶于芳香族溶剂（如苯、甲苯、二甲苯等）、氯化物溶剂（如三氯乙烯、四氯化碳等）和某些酮类（如甲乙酮），而对丁酮则为半溶性。它不溶于单独的丙酮、脂肪烃（如己烷、汽油）及酯类（如醋酸甲酯、醋酸乙酯）等溶剂中，而溶于它们以一定比例混合的溶剂中。从氯丁橡胶胶黏剂的制造和性能综合考虑常采用混合溶剂。

衡量溶解能力的大小取决于溶剂的溶解度参数（δ）和氢键指数（γ）及其二者的配合。当 δ 与 γ 之和为 10.7～14 时，都能溶解氯丁橡胶，混合溶剂的情况亦相同。

混合溶剂 δ 与 γ 的计算方法：

$$\delta_M = \frac{\delta_1 V_1 + \delta_2 V_2 + \delta_3 V_3 + \cdots + \delta_n V_n}{V_1 + V_2 + V_3 + \cdots + V_n}$$

$$\gamma_M = \frac{\gamma_1 V_1 + \gamma_2 V_2 + \gamma_3 V_3 + \cdots + \gamma_n V_n}{V_1 + V_2 + V_3 + \cdots + V_n}$$

式中：δ_M——混合溶剂的溶解度参数；

γ_M——混合溶剂的氢键指数；

δ_1，δ_2，$\delta_3 \cdots \delta_n$——各种溶剂的溶解度参数；

γ_1，γ_2，$\gamma_3 \cdots \gamma_n$——各种溶剂的氢键指数。

表 7-3 列出了部分混合溶剂的 δ 和 γ。它们的 δ 和 γ 之和均在 10.7～14 之间，证

实了用氢键指数和溶解度参数来选择溶剂是很有效的方法。

表7-3 混合溶剂的δ和γ

混合溶剂类别	混合溶剂组成	混合质量比	δ	γ	$\delta+\gamma$
含苯类复合溶剂	甲苯:正己烷	67:33	8.3	2.9	11.2
	甲苯:正己烷:丙酮	10:45:45	8.6	3.8	12.4
	甲苯:正己烷:丁酮	3:19:18	7.9	3.0	10.9
	甲苯:乙酸乙酯:汽油	3.3:5.2:2.2	8.2	3.2	11.4
	甲苯:乙酸乙酯:汽油:正己烷	25:30:35:10	8.2	3.3	11.5
无苯环保类复合溶剂	乙酸乙酯:汽油	90:75	8.3	3.7	12.0
	乙酸乙酯:汽油	67:33	8.5	4.1	12.6
	乙酸乙酯:汽油:环己烷	50:30:20	8.4	3.5	11.9
	乙酸乙酯:汽油:环己烷	40:40:20	8.2	3.3	11.5
	乙酸乙酯:汽油:丙酮	75:20.6:94	8.4	3.7	12.1
	乙酸甲酯:汽油:丁酮	40:40:20	8.4	3.9	12.3
	乙酸乙酯:汽油:丁酮	20:60:20	8.1	3.4	11.4

目前国内常采用的溶剂为甲苯、醋酸乙酯、正己烷、环己烷、120#汽油及四氯化碳等。由于我国从2002年7月1日起实施了GB 18583—2001强制性标准，禁止了苯的使用，控制了甲苯和二甲苯的用量，氯丁橡胶的环保化发展需要使用无三苯的复合溶剂，国外还在积极开发水基氯丁胶黏剂。表7-3列出了一些适于环保氯丁橡胶的无甲苯复合溶剂，溶剂用量以配制成固体含量为20%～35%的胶液为准。常用的溶剂型氯丁橡胶胶黏剂的固体含量为20%～25%。

7.2.3 氯丁橡胶胶黏剂的制备

氯丁橡胶胶黏剂可以用混炼法和浸泡法来制备。

7.2.3.1 混炼法

将氯丁橡胶在炼胶机上进行塑炼，约10～30min，塑炼温度一般不超过40℃。塑炼后的橡胶需加入各种配合剂进行混炼。加料次序为氯丁橡胶、促进剂、防老剂、氧化锌、氧化镁和填料等。混炼温度不宜超过60℃，混炼时间在保证各种配合剂充分混合均匀的条件下应尽量缩短。

将混炼好的胶破碎成小块放入带有搅拌的溶解池内，搅拌至溶解。需对氯丁橡胶胶黏剂进行改性时，只需将树脂与氧化镁的预反应树脂加入，搅拌均匀，即制得溶剂型氯丁橡胶胶黏剂。

7.2.3.2 浸泡法

先将氯丁橡胶与混合溶剂放入密闭容器内浸泡，一般泡2～3天，这时氯丁橡胶能很好溶胀，然后移至反应釜内加热至50℃左右，搅拌至溶解，加入各种配合剂，再充分搅拌均匀即可。

这两种方法就其胶接强度来说，混炼法优于浸泡法；贮存性能混炼法优于浸泡法。

混炼法需有开放式或密闭式炼胶机，混炼工艺相对来说比较麻烦，而浸泡法则简单。

7.2.4　氯丁橡胶胶黏剂的应用

目前，氯丁橡胶胶黏剂已广泛应用于制鞋、汽车制造、飞机制造、建筑、造船、电子、木材加工行业及其他工业部门。在木材工业中，为了提高人造板的使用价值，常将各种装饰材料贴在表面。为得到良好的装饰效果，常采用常温、低压、快速、胶接工艺。氯丁橡胶胶黏剂能在常温下靠接触压力进行瞬间胶接，是理想的胶黏剂，用氯丁橡胶胶黏剂将三聚氰胺浸渍纸层压板粘在人造板基材上，用常温胶接可以避免基材翘曲，使用辊压又能保持装饰板光洁平整，操作方便，可机械化生产。

氯丁橡胶典型的配方实例见表 7-4。

表 7-4 中例 6 为 XY-401(88 号胶)；例 7 为 XY-402(73 号胶)；例 8 为铁锚 801 强力胶；例 9 为一般氯丁橡胶胶黏剂。上面几个例子配制的胶黏剂在一般木材行业均可使用。例 9 较便宜，只要加入 3% 三异氰酸酯(常温固化剂)，可以增加胶接强度，但适用期较短，只能在用时再加。氯丁橡胶胶黏剂的性能与用途见表 7-5。

表 7-4　氯丁胶乳胶胶黏剂的典型配方实例(质量份)

原　料	例 1	例 2	例 3	例 4	例 5	例 6	例 7	例 8	例 9
氯丁橡胶(黏接型)	100	80	60	100	LBJ-211 50	—	LDJ-240 100	100	—
氯丁橡胶(通用型)	—	20	40	—	LDJ-240，241 50	LDJ-230 113	—	—	LDJ-120 100
氧化镁(轻质)	5 + 8	5 + 5	5 + 3	5	4 + 3	8	8	3	8
氧化锌(橡胶专用)	4	4	3	4	2	5	5	—	10
防老剂(D 或 264)	1	0.5	0.5	0.2	2	1	2	—	2
2402 树脂	80	50	30	—	30	100	30	适量	—
促进剂(水或非水)	0.8	0.5	0.3	—	0.3	0.3	0.3	0.3	—
210 树脂	—	—	—	10	—	—	—	—	—
甲苯	150	200	255	270	307	—	—	用量为乙酯的 2 倍	—
乙酸乙酯	130	100	—	—	—	300	320	用量依固体含量定	272
汽油(120#)	100	200	200	200	—	150	160	—	136
环己烷	30	—	—	—	—	—	—	—	—
正己烷	100	—	10	—	131	—	—	—	—
白碳黑(沉淀法)	—	—	5	—	5	—	—	—	碳酸钙 100
促进剂 D；TMTD	—	—	—	—	—	1 + 1	—	—	—
硫磺	—	—	—	—	—	0.5	—	—	—

表7-5　氯丁橡胶胶黏剂的性能与用途

项　目	例1	例2	例3	例4	例5	例6	例7	例8	例9
剥离强度									
天然橡胶与铝(N/m)					≥1500	2360	≥2000	3058	
丁腈橡胶与丁基橡胶(N/m)								6978	
帆布与帆布(N/cm)				≥70					≥50
帆布与橡胶(N/2.5cm)			50~100						
用途	高性能	一般用途	建筑装饰	鞋用	家具贴面板	木材、人造革、塑料等	棉皮、纸板、橡胶等	织物、皮革、木材等	织物、纸板、皮革等

注：剥离强度大多数是加常温固化剂后测得的数据。

氧化镁改性：对-叔丁基酚醛树脂是把36.2份对-叔丁基酚醛树脂(熔点77~81℃)在室温下搅拌溶于60.6份甲苯中，缓缓加入3.2份轻质煅烧氧化镁，加0.3份水(也可不加)，在室温下搅拌8h即可。而叔丁酚甲醛树脂是对位叔丁基苯酚与甲醛在碱性催化剂作用下缩聚而成的。

萜烯-苯酚树脂一般是将$C_{10}H_{16}$类的萜烯碳氢物(如α-蒎烯、β-蒎烯、苧烯)在-10~15℃，酸性触媒(如对甲苯磺酸、三氟化硼)作用下与苯酚反应，摩尔比为苯酚∶萜烯=(0.2~2)∶1，也可以加松香改性。

在氯丁橡胶胶黏剂中加入这些改性剂特别适用于纸质层压板与木质基材(胶合板、刨花板)、砖、金属、石膏、水泥、玻璃等的胶接。

7.2.5　氯丁乳液胶黏剂(氯丁胶乳液胶)的组分及作用

氯丁胶乳是氯丁二烯经乳液聚合得到的乳状液。在氯丁胶乳中加入其他助剂，经适当配制，即得到氯丁乳液胶黏剂。它与溶剂型氯丁橡胶胶黏剂相比，虽有水分挥发慢、胶接强度低等缺点，但鉴于它无毒、不燃、操作安全、成本低，仍然是有发展前途的一类胶。

7.2.5.1　主要组分

氯丁乳液胶黏剂除主体氯丁胶乳外，还常添加硫化剂、防老剂、稳定剂、增黏剂、增稠剂、填料等助剂。各种助剂均以氯丁橡胶为100份计。

(1) 氯丁胶乳：氯丁胶乳是最早开发的合成胶乳。它具有极宝贵的综合技术性能，易于成膜，胶接性能良好。氯丁胶乳的膜在耐热性、耐油性、耐老化性及耐溶剂和化学药剂性方面均优于天然橡胶胶乳。此外，氯丁胶乳还具有独特的性能，即具有结晶性，因此氯丁胶乳薄膜在常温或低温下就能迅速硬化，产生极强的内聚力，也有利于用作压敏胶。其缺点是耐寒性、电气绝缘性及贮存稳定性较差。为了改进其耐寒性，可在聚合时加入少量苯乙烯共聚；也可以在聚合时加入硫磺调节分子结构，以降低其结晶温度，得到耐寒性氯丁胶乳。

(2) 硫化剂：一般都用氧化锌，最好用活性氧化锌，用量为5~25份重(以氯丁胶乳的固体份为100份重计，后同)。它不仅能使胶料硫化，还有增加耐候性、耐老化性及耐热性的作用。

氯丁胶乳硫化应避免用氧化镁，因氧化镁含有较多电解质，对胶乳稳定性有不良影响。也可配用1份硫磺和2份促进剂以提高硫化程度及胶膜的物理机械性能(如抗张强度、定伸强度)。最适用的促进剂是乙撑硫脲。不宜用二硫代氨基甲酸盐类。

(3) 防老剂：常使用防老剂丁，但因其会引起光变色，还有致癌问题，虽然防老化效果特别好，但现已很少使用。最好用非污染性的防老剂2264、264等。

(4) 稳定剂：用于防止胶乳凝固，并使配合的助剂能很好地分散在胶乳中。常用氢氧化钠、氢氧化钾、月桂酸钾、酪素、明胶、骨胶等。

(5) 增黏剂：因氯丁胶乳黏度较低，若用于某些用途，要求有较高的黏度和胶接强度时可添加增黏剂，常用丙烯酸树脂、古马隆树脂、萜烯树脂、酚醛树脂等。

(6) 增稠剂：用于增加胶的表观黏度。常用酪素、淀粉、聚乙烯醇、甲基纤维素、羟甲基纤维素、皂土等。

(7) 填料：氯丁胶乳胶黏剂中不一定都加填料，可根据使用需要加入适量填料。常用滑石粉、碳酸钙、陶土、二氧化钛、二氧化硅等。

(8) 分散剂：能使不溶于水的粉末状物质在水中均匀的分散。可采用阴离子型或非离子型表面活性剂，但也可不加。阴离子型表面活性剂可用磺酸钠、月桂酸钠、甲撑二异丙基萘磺酸钠、甲撑二萘磺酸钠、焦磷酸钠等。非离子型表面活性剂可用聚乙二醇已醚、聚醚、聚硫醚等。

(9) 促进剂：能大大促进橡胶与硫化剂之间的反应，提高硫化速度，降低硫化温度，缩短硫化时间，减少硫化剂用量，使胶的物理机械性能和化学性质也得到相应的改善。常用二硫代氨基甲酸盐，活性最高的是铵盐，也可用钠盐和钾盐，它们都是水溶性促进剂。如二甲基二硫代氨基甲酸钠(促进剂SDC)、二丁基二硫代氨基甲酸钠(促进剂TP)。

7.2.5.2 配方及制造工艺

(1) 氯丁胶乳胶黏剂配方实例：见表7-6。

表7-6 氯丁胶乳胶黏剂配方实例(以干物质重量份计)

组　分	配方1	配方2
氯丁胶乳	100	100
平平加“O”(环氧乙烷与脂肪醇缩合物)	2	0.5
氧化锌	5	5
防老剂丁	2	2
硫磺	1	1
促进剂TP(二丁基二硫代氨基甲酸钠)	1	2
填料	10	20
增黏剂	20~75	20~25
增稠剂	适　量	适　量

(2)配制方法：配制时将水溶性助剂直接加入氯丁胶乳。不溶于水的液体助剂应预先乳化后加入，不溶于水的固体助剂则要在球磨机中研磨24～48h，再配成分散液加入。各种助剂加入后搅拌均匀，即可备用。一般氯丁胶乳胶黏剂的浓度为50%。

(3)用途：胶接玻璃纤维、软木、石棉，处理织物，制造皮革，纤维板、运动场人造草坪等。

7.3　丁腈橡胶胶黏剂

丁腈橡胶胶黏剂是以丁腈橡胶作为基料加入各种助剂配制而成的。丁腈橡胶是丁二烯和丙烯腈经乳液聚合而制得的。

在橡胶类胶黏剂中，虽然丁腈橡胶胶黏剂应用不如氯丁橡胶胶黏剂广泛，但它和氯丁橡胶胶黏剂一样具有优异的性能。因此也是橡胶型胶黏剂中的一个重要品种。

7.3.1　丁腈橡胶胶黏剂的性质

丁腈橡胶胶黏剂具有很多优点：具有优异的耐油、耐溶剂性能；由于它具有高极性(因含有腈基—C≡N)，因此对于极性材料(如木材)有较高的胶接强度；它与极性树脂如酚醛树脂、环氧树脂等有良好的相溶性，能制成橡胶-树脂结构型胶黏剂；胶层具有良好的挠曲性和耐热性；贮存稳定性良好；不产生损害被胶接物的气体。

丁腈橡胶胶黏剂的缺点是：黏性(特别是初黏性)较差；成膜缓慢；胶层弹性、耐臭氧性、耐低温性和电器绝缘性都较差；胶接时需在压力下保持24h，因此在一定程度上限制了它的使用。

7.3.2　丁腈橡胶胶黏剂的主要成分及作用

丁腈橡胶胶黏剂的组分与一般橡胶型胶黏剂大体上相近，即除了主体丁腈橡胶外，尚需加入硫化剂、填料、增塑剂、软化剂、防老剂、增黏剂、溶剂等助剂，以使其综合性能比较理想。

(1)丁腈橡胶。丁腈橡胶是丁二烯和丙烯腈在30℃下进行乳液共聚所得的胶浆，用电解质(NaCl)凝聚后，经洗涤、干燥、包装成卷备用。丁腈橡胶的分子结构式为：

$$\left[CH_2-CH=CH-CH_2 \right]_x \left[CH_2-\underset{\underset{C\equiv N}{|}}{CH} \right]_y$$

丁腈橡胶的性质对配制成的胶黏剂有很大的影响，因此在制造胶黏剂时，必须选用合适的丁腈橡胶，要求在溶剂中溶解性好；溶液黏度适中而均匀，贮存时黏度变化小，而这些性能都与丁腈橡胶的相对分子质量和丙烯腈含量等有关。

一般丁腈橡胶胶黏剂的胶接强度随丁腈橡胶相对分子质量的增大而降低，所以丁腈橡胶在塑炼时应控制门尼黏度在70～80个门尼值①，以获得较好的胶接强度。

---

① 门尼值：门尼黏度计的转子在橡胶中旋转时产生0.846kg·cm的剪切力矩为1个门尼值。

丁腈橡胶按丙烯腈含量不同可分为极高丙烯腈含量(43%～46%)、高丙烯腈含量(36%～42%)、中高丙烯腈含量(31%～35%)、中丙烯腈含量(25%～30%)、低丙烯腈含量(15%～24%)。目前，国产丁腈橡胶按丙烯腈含量不同有三种牌号的产品：丁腈-18，丁腈-26，丁腈-40。这三种都可配制胶黏剂，其中以丁腈-40用的较多。

丙烯腈的含量对丁腈橡胶胶黏剂的性质有明显的影响。它对胶接强度的影响因被胶接材料而异，如对金属的胶接强度是随丙烯腈含量的提高而增大，但在胶接聚酰胺时却相反。一般来说，高丙烯腈含量的丁腈橡胶胶黏剂的耐油性、胶层强度和胶接强度均较高，特别是与酚醛树脂的相溶性很好，但胶的耐寒性和胶膜的弹性却有所下降。

(2)树脂。丁腈橡胶结晶性差，内聚力弱，因此单用丁腈橡胶作黏料的胶黏剂性能不大理想。通常用与其相溶性好的树脂并用，能显著提高胶接强度和耐油性。特别是用能进一步起交联作用的树脂如热固性酚醛树脂、环氧树脂间苯二酚甲醛树脂与丁腈橡胶合用时，能有效地提高胶的胶接强度、耐热性和胶层强度，可用作结构型胶黏剂。树脂用量根据对胶黏剂的性能要求而定。一般用量为30～100份(以丁腈橡胶为100份计，其他组分亦同)。过多会降低胶膜弹性；过少则改型不显著。有时也可加入少量的古马隆树脂、过氯乙烯树脂等来提高胶的初黏力。

(3)硫化剂及硫化促进剂。为了改善胶的耐热性等性能，并适应于常温胶接，就要求丁腈橡胶能在低温下快速硫化。常用的硫化剂有硫磺、氧化锌、秋兰姆二硫化物及有机过氧化物(如过氧化二异丙苯)等。

为了加速硫化速度，通常可并用硫化促进剂。常用二硫化二苯并噻唑(DM)、硫醇基苯并噻唑(M)，或用超速硫化促进剂，如二甲基氨荒酸锌(PZ)、二乙基氨荒酸锌(EZ)、二丁基氨荒酸锌(BZ)等。

最常用的硫化体系是：1.5～2.0份硫磺、1～1.5份促进剂DM和5份氧化锌并用。

(4)防老剂。防老剂对提高胶层的耐老化性是十分必要的。常用的防老剂是没食子酸酯类，如没食子酸丙酯、没食子酸乙酯等。也可用防老剂丁、防老剂HP(苯基-β-萘胺和N，N′-二苯基对苯二胺的混合物)防老剂RD(丙酮和苯胺的反应物)等，虽有污染性，但能提高胶层的耐热性和贮存稳定性。在非污染的防老剂中以防老剂DOD(4，4′-二羟基联苯)效果较好。防老剂用量一般为0.5～5份。

(5)填料。填料对提高胶层的物理机械性能、耐热性和胶接强度以及调节胶层的热膨胀系数都有很大的作用。在黑色填料中，以槽法炭黑[①]效果最好，制得的胶的胶接强度较高，用量为40～60份。使用氧化铁也能提高胶层强度、贮存稳定性和胶接性能，但耐磨性较差。用量为50～100份。在白色填料中，常用氧化锌(用量为25～50份)和二氧化钛(钛白粉，用量为5～25份)。前者能使胶具有较好的胶接性能；后者除了提高胶接性能外，还能提高胶的白度和贮存稳定性。

(6)增塑剂和软化剂。增塑剂和软化剂能改善丁腈橡胶的加工性能，提高其胶接性能。增塑剂常用酯类，如邻苯二甲酸二丁酯，邻苯二甲酸二锌酯和磷酸三甲苯酯等。这类增塑剂还有改善胶层弹性和耐寒性的作用。用量一般不超过30份。软化剂常用甘油

① 槽法炭黑：以气或油为原料，通过缝式火嘴，在火房内与空气接触燃烧，裂解而成。

松香树脂、醇酸树脂、煤焦油树脂等，用量以不超过10份为宜。

(7)增黏剂。如采用喷涂法涂胶时，为了避免胶液的流失，或在刮胶时增加涂胶量，可采用添加增黏剂的方法。这是因为增黏剂可以提高胶的假黏度和稠度之故。增黏剂常用聚羰基乙烯化合物或硅酸盐等。用量依使用要求而定。通常，聚羰基乙烯化合物多溶于甲乙酮中使用。

(8)溶剂。对丁腈橡胶溶解能力最强的是酮类化合物(如丙酮、甲乙酮、甲基异丁酮)、硝化链烷烃以及氯代烃(如氯苯、二氯乙烷、三氯乙烷等)。溶解能力较差的为醋酸酯类化合物(如醋酸乙酯、醋酸丁酯)。芳香烃对丁腈橡胶有强烈的膨胀作用，故可作稀释剂。通常多采用混合溶剂，借以调节溶剂的挥发速度及胶液的其他性能。如用硝化链烷烃可延迟胶贮存时的凝胶化作用。用氯代烃可防止起火及爆炸。

控制溶剂的挥发速度对完成胶接作业及保证胶接质量很重要，因此必须根据各种溶剂的性质，进行适当的搭配。在使用的溶剂中，二氯乙烷、丙酮、醋酸乙酯等沸点较低，挥发速度很快；甲乙酮、甲基异丁基甲酮及醋酸丁酯等次之；氯苯、氯甲苯、环己酮等挥发最慢。过多地使用高沸点溶剂时，在胶膜中很容易残存溶剂而产生气泡，以致降低胶接强度。当使用氯代烃或芳香烃时，由于毒性较大，操作场所必须通风良好，操作人员应有防护措施。

7.3.3 丁腈橡胶胶黏剂的制备

配方实例：表7-7。

表7-7 丁腈橡胶胶黏剂配方

组　分	配　方　号		
	1	2	3
丁腈橡胶	100	100	100
氯化锌	5	5	5
硬脂酸	0.5	1.5	1.5
硫磺	2	2	1.5
促进剂M或DM	1	1.5	0.8
没食子酸丙酯	1	—	—
炭黑	—	50	45
适用性	通用	适用于丁腈-18	适用于丁腈-26和丁腈-40

配制工艺：配制丁腈橡胶胶黏剂时，先塑炼丁腈橡胶(生胶)，再加入除溶剂及能溶于溶剂的助剂外的其他助剂进行混炼，混炼均匀后，立即压片，将胶片剪碎后，与其他助剂一起放入选定的溶剂中进行溶解，待完全溶解后，即得到浓度为15%～35%的丁腈橡胶胶黏剂。若混炼后的胶片放置时间过长，在溶解前应先在冷辊上补混炼5～10min，再立即溶解。溶解所用设备为立式密闭型搅拌机。

配制低黏度胶液时，先用溶剂的1/3～1/2的量浸泡胶料碎片，经4～6h，胶料充分膨胀后开始搅拌，至全部呈均匀黏稠状，再将剩余溶剂缓慢加入，稀释至所需浓度为止。

配制高黏度胶液时，可使用捏和机。开始时将20%的溶剂加入胶料碎片中，边搅拌边膨胀，然后将剩余的溶剂分次少量加入。由于搅拌生热，需进行冷却，温度应控制在30℃以下，否则有起火的危险。当采用混合溶剂时应先加入强溶剂，待溶解后，再加入溶解能力小的溶剂。

配制时，凡是能溶于溶剂的助剂均可直接加入溶剂中。不能溶解的应先混炼于胶料之中，不可直接加入溶剂中，否则分散效果较差。

配制胶黏剂的黏度与施胶方法有密切的关系。采用喷涂法时，胶黏剂的黏度应为3~4Pa·s，采用刮涂法或滚涂法时应为20~25 Pa·s，采用挤涂法时应控制在35 Pa·s以上。

胶黏剂溶液的浓度也和施胶方法有关系。采用刷涂或浸涂法时，浓度可控制在15%~25%；采用涂胶机刮涂或滚涂时溶液浓度在25%~35%。如再提高浓度，则可能降低黏度的稳定性，而且制备也较困难。

7.3.4 丁腈橡胶胶黏剂的应用

丁腈橡胶胶黏剂现在广泛用于汽车工业中耐油部件的胶接和海绵材料的胶接。它和酚醛树脂等并用时，用途非常广泛。可用于飞机结构配件、汽车刹车带及制鞋工业中的胶接。它除了对一些非极性的天然橡胶、丁基橡胶、聚乙烯等材料胶接效果较差外，对于多孔性材料(如软木、硬木板、纤维板、纸张、布、皮等)、极性的聚合材料(如软质聚氯乙烯塑料、赛璐珞、醋酸纤维素、酚醛树脂、聚氨酯、聚酯等)、金属材料(如钢铁、铜、黄铜、铝、锡、镍、铬等)以及硅酸盐材料(如玻璃、陶瓷器皿、水泥等)胶接效果都很好。在木材工业中，主要用于把塑料、金属及其他材料胶贴到木材或人造板基材上进行二次加工，以提高这些材料的使用价值。

目前端羧基丁腈橡胶是环氧树脂最好的增塑剂。

第8章

聚氨酯胶黏剂

由 Wurtz 于 1849 年、Hofmann 于 1950 年合成的异氰酸酯在第二次世界大战前(1940 年前后)，德国主要将其用于橡胶的硫化，这成为将异氰酸酯用于胶黏剂研究的开端。当时利用异氰酸酯的高反应性能与含有羟基的聚酯混合制成具有挠性的胶黏剂，即开发出聚氨酯胶黏剂。聚氨酯树脂是由各种异氰酸酯和含羟基化合物如聚酯多元醇以及聚醚多元醇等化合而成。作为胶黏剂使用的异氰酸酯要求每分子中应含有两个以上的—NCO 基，主要有4，4′-二苯基甲烷二异氰酸酯(MDI)、甲苯二异氰酸酯(TDI)等。TDI 的蒸汽压比 MDI 高很多，毒性也大。因此作为胶黏剂使用的异氰酸酯 MDI 比 TDI 用得更广泛。

8.1 概　述

近年来，由于用聚氨酯改性环氧树脂与丙烯酸树脂等的各种树脂也在增多，对这类树脂的分类比较困难。一般来讲，以多异氰酸酯和聚氨基甲酸酯(简称聚氨酯)为主体材料的胶黏剂统称为聚氨酯胶黏剂。

从化学角度来讲，聚氨酯胶黏剂包括多异氰酸酯、异氰酸酯预聚体和聚氨酯预聚体等，由其制成的胶黏剂在性能上有差异，可以根据使用要求制成具有不同性能的胶黏剂。聚氨酯胶黏剂对塑料、橡胶等多种材料胶接性能优良，应用非常广泛。

8.1.1 聚氨酯胶黏剂的性质

由于聚氨酯胶黏剂分子链中含有异氰酸酯基(—NCO)和氨基甲酸酯基($-NH-\overset{\displaystyle O}{\overset{\|}{C}}-O-$)，因而具有高度的极性和活泼性，对多种材料具有极高的黏附性能，不仅可以胶接多孔性的材料，如：泡沫塑料、陶瓷、木材、织物等，而且可以胶接表面光洁的材料，如：钢、铝、不锈钢、玻璃以及橡胶等。同时它具有柔性的分子链，因此耐振动性、耐疲劳性都较好，可以进行多孔性材料与表面光洁材料等不同材料之间的胶接。另外，聚氨酯胶黏剂的一个重要的特点是耐低温的超低温性能好。

聚氨酯胶黏剂具有强韧性、弹性和耐疲劳性，加之可有意识地调整软性链段和刚性链段的结构和比例，从而扩大了聚氨酯胶黏剂的应用范围，在木材工业中已得到充分重视。迄今为止，已在刨花板、定向刨花板、中密度纤维板、集成材、各种复合板和表面装饰板中得到广泛应用。

8.1.2　聚氨酯胶黏剂的分类

8.1.2.1　按成分和固化方法分类

(1)单组分型。有溶剂型、湿气固化型、紫外线(UV)固化型和水分散型。

①溶剂型：是高相对分子质量的热塑性聚氨酯溶剂的溶液。多用于胶接热塑性聚氯乙烯。为赋予其耐热性，可加入三苯基甲烷三异氰酸酯。由于溶剂型存在空气污染和劳动卫生方面的问题，希望其能转换为水分散型。

②湿气固化型：是由聚酯多元醇或聚醚多元醇和二异氰酸酯合成的—NCO 封端的聚氨酯预聚体。通过固化触媒促进固化反应，但需要抑制与水反应产生 CO_2 气体的技术。主要用于汽车风挡玻璃与车身的直接胶接固定、柔性层压材。

③紫外线固化型：是以丙烯酸或甲基丙烯酸与—NCO 封端的聚氨酯预聚体反应而得到的聚氨酯丙烯酸酯为主成分，添加光聚合引发剂，在紫外线照射下数秒钟即可固化。通常是无溶剂型，也可使用低相对分子质量的氨基甲酸乙酯-丙烯酸酯的低聚物。用于电子元件在电路板上的固定、光纤维的连接、镜头胶接、牙齿胶接等。

④水分散型(水乳液)：聚氨酯乳液的制造方法很多，典型的采用预聚体的制造方法，如：先合成两端为—NCO 基的聚氨酯预聚体，然后使其与一定量的二羟甲基丙酸反应扩链，得到含有羧基的两端为—NCO 的预聚体。这种预聚体加水高速搅拌即形成自乳化的聚氨酯乳液。在这种分散体中加入二元胺，在分散粒子内扩链并产生交联，便得到聚氨酯分散体。

(2)双组分型。是由端—OH 基的多元醇(主剂)组分和聚异氰酸酯(固化剂)或端—NCO 基的聚氨酯预聚体(主剂)的组分和多元醇(固化剂)构成。可在常温下固化，若加热固化可得到高交联密度的胶黏剂。

主要作为结构性胶黏剂和层压材胶接用。作为结构性胶黏剂用于胶接纤维增强塑料(FRP)、金属、陶瓷等，为提高其耐水性，作为多元醇常用聚酯类与己内酯等。作为层压材的胶黏剂其主剂是相对分子质量在 20 000 ~ 40 000 的聚酯或聚醚、或者是聚酯多元醇与二异氰酸酯反应而得到聚氨酯多元醇，固化剂是 TMP(三羟甲基丙烷)—TDI 加成物、六次甲基二异氰酸酯(HDI)二聚体、异佛尔酮二异氰酸酯(IPDI)以及 HDI 的三聚体等。多以溶液型使用。

8.1.2.2　按其组成的不同分类

(1)多异氰酸酯胶黏剂。此类胶黏剂系指以多异氰酸酯小分子直接作为胶黏剂。最早使用的为二异氰酸酯硫化天然橡胶或丁苯橡胶。硫化橡胶与金属的胶合性能较好。随后 TDI、HDI 和三苯基甲烷三异氰酸酯也被广泛应用。由于异氰酸酯分子体积小且又溶于有机溶液中，故此类胶黏剂很容易渗透到一些多孔性材料中而进一步提高胶接强度。它能和被胶接物表面的水分及含水氧化物反应导致界面间产生化学键，如与纤维素中的结合水反应生成脲。但其毒性大、柔韧性差，不适用于结构件的胶接。

(2)封闭型异氰酸酯胶黏剂。此类胶黏剂是用一种化合物(如酚类、醇类、肟类、亚硫酸氢盐)将端基—NCO 暂时保护起来，防止水或其他活性物质对它的作用，可解决在贮存中吸收空气中水分而固化的缺点。使用时可在一定温度下释放出异氰酸酯基而起胶接作用。这是一个平衡反应，反应式如下：

$$O{=}C{=}N{-}R{-}N{=}C{=}O\ +2Ar{-}OH \overset{\triangle}{\rightleftharpoons} Ar{-}O{-}\overset{O}{\overset{\|}{C}}{-}NH{-}R{-}NH{-}\overset{O}{\overset{\|}{C}}{-}O{-}Ar$$

$$O{=}C{=}N{-}R{-}N{=}C{=}O\ +2HX \overset{\triangle}{\rightleftharpoons} X{-}\overset{O}{\overset{\|}{C}}{-}N{-}R{-}N{-}\overset{O}{\overset{\|}{C}}{-}X$$

(3)预聚体型聚氨酯胶黏剂。此类胶黏剂是聚氨酯胶黏剂中较为重要的一部分，有单组分和双组分两大类。

单组分型是由二异氰酸酯和两端含羟基的聚酯和聚醚，以[NCO]/[OH]摩尔比大于1(通常是在摩尔比大于2)进行反应，得到端基异氰酸酯基的弹性体胶黏剂。在常温下遇到空气中的潮气即产生固化。这种胶黏剂使用方便，具有一定的韧性，空气中的湿度以40%~90%为宜，当加入尿素作为交联促进剂时，可室温固化，也可加热固化。

双组分型的一个组分是分子的端基为—NCO的预聚体，另一组分是含有活泼氢的固化剂，通常是含有—OH和—NH_2的化合物或预聚体，按一定比例配合使用。根据固化剂的种类，可以室温固化，也可以加热固化。

8.2 异氰酸酯及其反应

聚氨酯胶黏剂的主要原料是异氰酸酯，以及含有羟基的聚醚、聚酯或多元醇。下面主要介绍几种常用的异氰酸酯及其化学反应。

8.2.1 常用的异氰酸酯

8.2.1.1 甲苯二异氰酸酯(TDI)

TDI是一种易挥发的无色透明液体。在制作过程中可得到2，4-和2，6-甲苯二异氰酸酯异构体的混合物，也可得到纯2，4-甲苯二异氰酸酯。其结构式为：

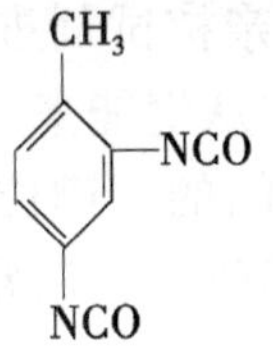

CH_3 NCO NCO OCH— CH_3 —NCO

2，4-甲苯二异氰酸酯 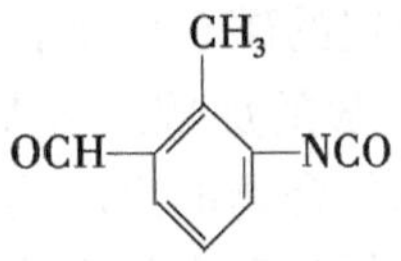　　2，6-甲苯二异氰酸酯

室温下甲苯对位的反应活性比邻位大8~10倍。随着温度的升高，邻位基团的反应活性增加，到100℃时邻位与对位具有相同的活性。利用此特点可合成以异氰酸酯为端基的预聚体。

TDI的相对分子质量为174.2，密度1.22(20℃)，黏度3 mPa·s，凝固点11.5~13.5℃，沸点120/1.33(℃/kPa)，蒸汽压为3.07 Pa(25℃)。它是一种呼吸刺激剂，人们长期吸入会引起中毒，所以TDI浓度超过安全极限时要有高效的通风设备。

在实际应用中，TDI用于胶黏剂、涂层、密封剂、弹性体等，也是工业上生产软泡沫塑料的主要原料。

8.2.1.2 4，4′-二苯基甲烷二异氰酸酯(MDI)

MDI是固体，熔点37℃，室温时有生成二聚体的趋势。0℃贮存或40～50℃液态下贮存，可以减缓聚合反应的进行。MDI的相对分子质量为250.3，密度1.19(50℃)，凝固点37～38℃，沸点194～199/0.67(℃/KPa)，蒸汽压约为0.0013 Pa(25℃)。与TDI相比，MDI的蒸汽压小，所以毒性较小。MDI含有两个活性相同的异氰酸酯基，其结构式为：

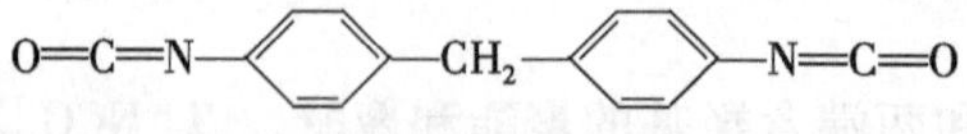

$$O{=}C{=}N{-}C_6H_4{-}CH_2{-}C_6H_4{-}N{=}C{=}O$$

MDI可用于硬质泡沫塑料、涂料、胶黏剂、弹性体及合成纤维。

8.2.1.3 多亚甲基多苯基多异氰酸酯(PAPI)

PAPI具有多个官能度，可以形成交联密度高的聚氨酯，因此可在较高的温度环境下使用。PAPI为褐色透明液体，—NCO含量为31.5，胺当量133.5，黏度250 mPa · s/25℃，密度1.2(20/20℃)，蒸汽压2.13×10^{-7} Pa(25℃)。其结构式如下：

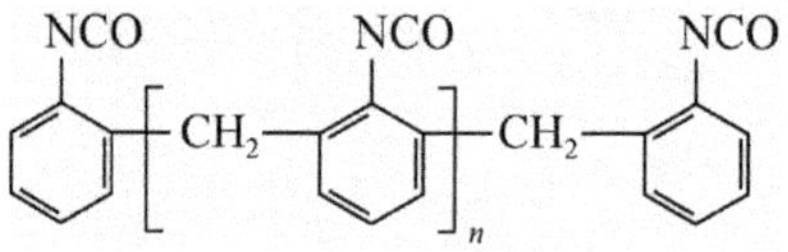

$$C_6H_4(NCO){-}[CH_2{-}C_6H_3(NCO)]_n{-}CH_2{-}C_6H_4(NCO)$$

8.2.2 异氰酸酯基的化学反应

异氰酸基(—NCO)是一高度不饱和基团，由两个含杂原子双键积累构成，其电子云密度分布不均，具有很高的反应活性，异氰酸基的电子结构表现为如下共振式：

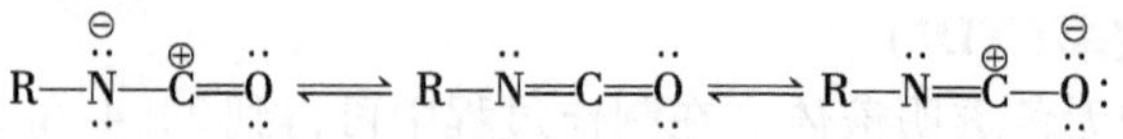

$$R{-}\overset{\ominus}{\ddot{N}}{-}\overset{\oplus}{C}{=}\ddot{O} \rightleftharpoons R{-}\ddot{N}{=}C{=}\ddot{O} \rightleftharpoons R{-}\ddot{N}{=}\overset{\oplus}{C}{-}\overset{\ominus}{\ddot{O}}:$$

由共振式可见，异氰酸基的电子云可以偏向氮原子，也可偏向氧原子，无论怎样都能使—NCO中的碳原子形成碳正原子。当含活泼氢的亲核试剂进攻异氰酸基时，都先与碳原子结合形成较稳定的碳正原子，进而完成反应。从键能来看，拆开N＝C键的能量小于 C═O ，因此一般的加成反应都发生在碳氮之间的双键位置上。在异氰酸酯所有加成反应中，与羟基化合物的反应是聚氨酯化学的基础，也是异氰酸酯胶黏剂的化学基础，其中以异氰酸酯与醇和水的反应尤为重要。

以下是异氰酸酯化合物与各种化合物的反应。

8.2.2.1 与活泼氢的加成反应

在合成与使用聚氨酯胶黏剂时，必须依据以下几类含活泼氢化合物与异氰酸酯基的反应：

(1)异氰酸酯与含羟基化合物的反应。异氰酸酯与聚醚多元醇、聚酯多元醇、聚酯酰胺、蓖麻油等含羟基物质反应生成氨基甲酸酯：

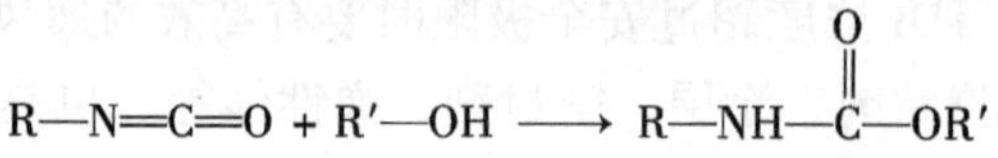

$$R{-}N{=}C{=}O + R'{-}OH \longrightarrow R{-}NH{-}\overset{O}{\overset{\|}{C}}{-}OR'$$

氨基甲酸酯

多异氰酸酯与分子中含有两个以上的羟基的化合物反应时，就会生成聚氨酯。例如，二异氰酸酯与含有两个羟基的化合物作用生成高聚物，其反应式如下：

$$nO{=}C{=}N{-}R{-}N{=}C{=}O + nHO{-}R'{-}OH \longrightarrow \left[\overset{O}{\overset{\|}{C}}{-}NH{-}R{-}RH{-}\overset{O}{\overset{\|}{C}}{-}O{-}R'{-}O \right]_n$$

聚氨基甲酸酯

(2)异氰酸酯与胺类反应生成取代脲：

$$R{-}NCO + R'{-}NH_2 \longrightarrow R{-}NH{-}\overset{O}{\overset{\|}{C}}{-}NH{-}R'$$

取代脲

由于异氰酸酯与胺类化合物(尤其是伯胺)的反应活性大，反应速率非常快，所以在胶黏剂应用中，常用胺类作预聚体型聚氨酯胶黏剂的固化剂或者扩链剂。

(3)异氰酸酯与水的反应。先生成胺和二氧化碳，进一步反应生成取代脲：

$$R{-}NCO + H_2O \longrightarrow [R{-}NH{-}\overset{O}{\overset{\|}{C}}{-}OH] \xrightarrow{\text{取代脲}} R{-}NH_2 + CO_2\uparrow$$

$$R{-}NCO + R'{-}NH_2 \longrightarrow R{-}NH{-}\overset{O}{\overset{\|}{C}}{-}NH{-}R'$$

当异氰酸酯与水混合时会产生大量的二氧化碳气体和取代脲。因此，聚氨酯作为胶黏剂在通常情况下应该防止与水或潮气接触。若在氮气或干燥气体保护下进行胶接，可以制得无气泡的胶膜，其强度比在空气中胶接的强度高。

(4)异氰酸酯与脲基化合物的反应。在制备胶黏剂的过程中，异氰酸酯能与脲基化合物反应生成的取代脲反应，生成缩二脲：

$$R{-}NCO + R{-}NH{-}\overset{O}{\overset{\|}{C}}{-}NH{-}R' \longrightarrow R{-}N\begin{cases}\overset{O}{\overset{\|}{C}}{-}NH{-}R' \\ \underset{O}{\underset{\|}{C}}{-}NH{-}R\end{cases}$$

缩二脲

此反应在没有催化剂的情况下，一般需在100℃或更高的温度下才能反应。

(5)异氰酸酯与氨基甲酸酯反应生成脲基甲酸酯：

$$R{-}NCO + \underset{\text{氨基甲酸酯}}{R{-}NH{-}\overset{O}{\overset{\|}{C}}{-}OR'} \longrightarrow R{-}N\begin{cases}\overset{O}{\overset{\|}{C}}{-}NH{-}R \\ \underset{O}{\underset{\|}{C}}{-}O{-}R'\end{cases}$$

脲基甲酸酯

此反应在没有催化剂的情况下，一般需在 120 ~ 140℃之间才能反应。

8.2.2.2 异氰酸酯化合物的聚合反应

二异氰酸酯或者聚异氰酸酯易于自聚合形成二聚体、三聚体等。

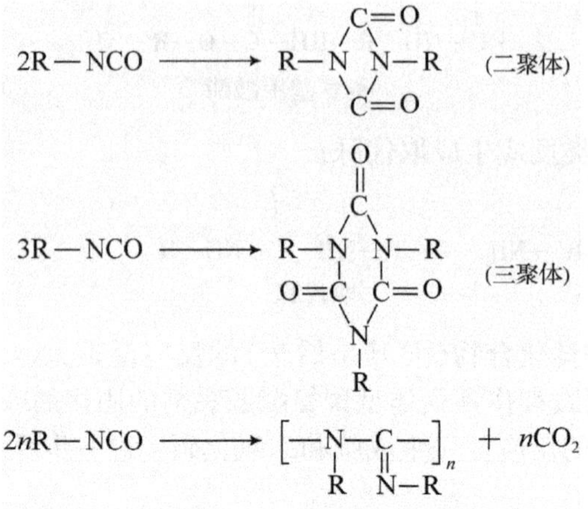

$$2R-NCO \longrightarrow R-N\begin{matrix}C=O\\ \\ C=O\end{matrix}N-R \quad (二聚体)$$

$$3R-NCO \longrightarrow \text{(三聚体)}$$

$$2nR-NCO \longrightarrow \left[-\underset{R}{\underset{|}{N}}-\underset{N-R}{\underset{\|}{C}}-\right]_n + nCO_2$$

聚碳化二亚胺

8.2.2.3 异氰酸酯的开环加成反应

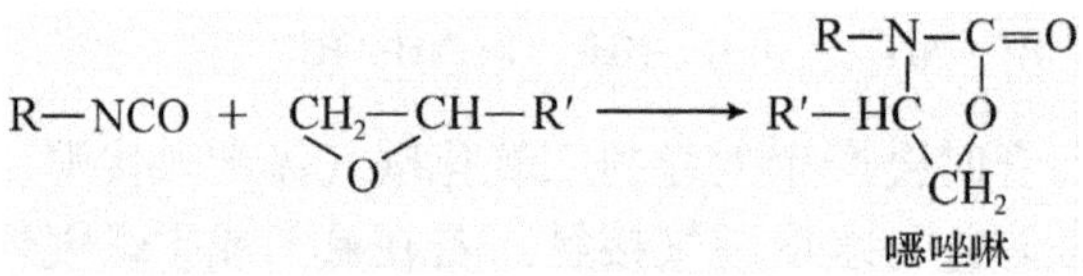

$$R-NCO + \underbrace{CH_2-CH-R'}_{O} \longrightarrow R'-HC\begin{matrix}-N(R)-C=O\\ \\ -CH_2-O-\end{matrix}$$

噁唑啉

8.3 聚氨酯树脂的形成

与其他聚合物一样，各种类型的聚氨酯的性质首先依赖于相对分子质量、交联度、分子间力的效应、链节的柔顺性以及规整性。由异氰酸酯的化学反应可知，聚氨酯分子链中既含有氨基甲酸酯基(—NH—COO—)、异氰酸酯等基团，又会有原料引进的醚键、酯键及其他基团。这些基团的种类和数量对于聚氨酯胶黏剂的很多性能有着不同影响。加之聚氨酯的结构设计灵活，可制备满足不同使用要求的热塑性材料或热固性的材料。聚氨酯的合成有多种途径，但广泛应用的是多异氰酸酯与末端含羟基的聚酯多元醇或聚醚多元醇进行反应。当只用双官能团反应物时，可以制成线型聚氨酯：

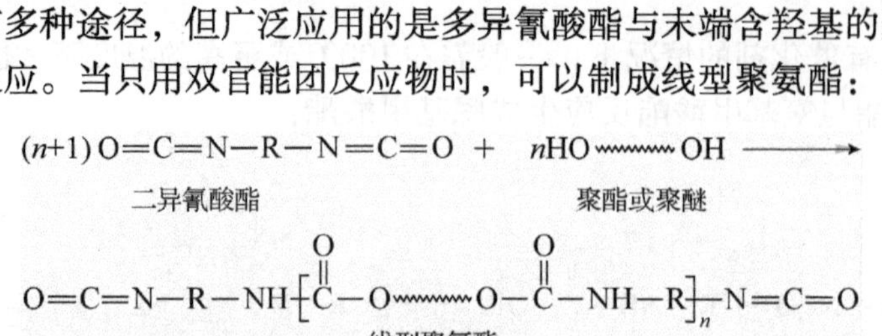

$$\underset{\text{二异氰酸酯}}{(n+1)\,O=C=N-R-N=C=O} + \underset{\text{聚酯或聚醚}}{nHO\sim\sim\sim OH} \longrightarrow$$

$$\underset{\text{线型聚氨酯}}{O=C=N-R-NH\left[\overset{O}{\overset{\|}{C}}-O\sim\sim\sim O-\overset{O}{\overset{\|}{C}}-NH-R\right]_n N=C=O}$$

若采用多官能度的多元醇和多异氰酸酯为原料，则能制得含有支链或交联的聚合物。最普通的交联反应是多异氰酸酯与三官能度的多元醇反应的交联结构：

$$3\sim NCO + HO\sim\overset{OH}{|}\sim OH \longrightarrow \sim NH-\overset{O}{\overset{\|}{C}}-O\sim\overset{\sim NH-\overset{}{C}(=O)-O}{|}\sim O-\overset{O}{\overset{\|}{C}}-NH\sim$$

多异氰酸酯　　三元醇　　交联结构聚氨酯

在高温或低温而有催化剂存在时，氨基甲酸脂链节—NH—COO—与过量的—NCO所生成的脲基甲酸脂链节—NH—CO—NH—COO—和缩二脲—NH—CO—NH—CO—NH—都会导致发生交联。醇与芳香族异氰酸酯的二聚体也可生成脲基甲酸脂，而导致交联。

$$R-N\langle_{C=O}^{C=O}\rangle N-R + R'-OH \longrightarrow R-NH-\overset{O}{\overset{\|}{C}}-\underset{R}{\underset{|}{N}}-\overset{O}{\overset{\|}{C}}-OR'$$

虽然这一反应进行的很慢，但遇三乙基胺等碱性催化剂时，反应速度可以增高1000倍。

配方举例：

聚酯树脂(75% 乙酸乙酯溶液)	40 份重
多异氰酸酯	100 份重

配制成胶黏剂，室温下适用期 1 ~ 5h，用尿素作催化剂，室温 10h 固化，用于以木材与金属等的胶接。

其中聚酯树脂由己二酸 3.0mol 和三羟甲基丙烷 4.2mol 形成。多异氰酸酯是 2，4-甲苯二异氰酸酯 3mol 与己三醇 1mol 的加成物。

$$3\ CH_3C_6H_3(NCO)_2 + \underset{\text{己三醇}}{HO-\overset{CH_3}{\overset{|}{CH}}-\underset{CH_2OH}{\underset{|}{CH}}-\overset{CH_3}{\overset{|}{CH}}-OH} \longrightarrow$$

$$\begin{array}{c} (OCN)(CH_3)C_6H_3-NH-\overset{O}{\overset{\|}{C}}-O-\overset{CH_3}{\overset{|}{CH}}-CH-\overset{CH_3}{\overset{|}{CH}}-O-\overset{O}{\overset{\|}{C}}-NH-C_6H_3(NCO)(CH_3) \\ | \\ CH_2 \\ | \\ O \\ | \\ (OCN)(CH_3)C_6H_3-NH-C=O \end{array}$$

8.4 聚氨酯树脂的固化

8.4.1 单组分聚氨酯胶黏剂的常温湿固化

如果聚氨酯胶黏剂分子中含有亲水性基团时，聚氨酯胶黏剂本身能够从空气或者湿气中吸收水分，并与聚氨酯胶黏剂中活泼的—NCO 反应生成含有取代脲结构的高聚物，这些都属于链增长反应：

$$\mathrm{OCN}\sim\sim\sim\mathrm{NCO} + \mathrm{H_2O} \longrightarrow [\mathrm{OCN}\sim\sim\sim\mathrm{NH_2}]_n + \mathrm{CO_2}\uparrow$$

$$\downarrow \mathrm{OCN}\sim\sim\sim\mathrm{NCO}$$

$$\sim\sim\sim\mathrm{NH-\overset{\overset{\Large O}{\|}}{C}}\!-\!\left[\mathrm{NH}\sim\sim\sim\mathrm{NH-\overset{\overset{\Large O}{\|}}{C}}\right]_n\!-\mathrm{NH}\sim\sim\sim$$

$$\downarrow \sim\sim\sim\mathrm{NCO}$$

$$\sim\sim\sim\underset{\underset{\mathrm{O=C-NH}\sim\sim\sim}{|}}{\mathrm{N}}\mathrm{-\overset{\overset{\Large O}{\|}}{C}}\!-\!\left[\mathrm{NH}\sim\sim\sim\mathrm{NH-\overset{\overset{\Large O}{\|}}{C}}\right]_n\!-\mathrm{NH}\sim\sim\sim$$

这种湿固化型不需其他组分，使用方便，具有一定的强度和韧性。由于湿固化，胶层中有气泡产生，—NCO 含量越高，气泡越多，因此预聚体的—NCO含量不能过高。此外，胶接强度受湿度影响很大，相对湿度大于 90% 时，凝胶时间约数小时，胶层中气泡多，影响胶接性能；相对湿度低于 40% 时，需一天以上才能凝胶，固化不完全。所以湿度以 40% ~90% 之间为宜。如果聚氨酯分子结构中不含有亲水基团，与湿气接触的聚氨酯只在表层固化结皮，而内层的胶黏剂几天甚至几周也不固化。

8.4.2 双组分聚氨酯胶黏剂的常温固化

可常温固化的双组分聚氨酯胶黏剂的一组分是端基为—NCO 的预聚体或者多异氰酸酯单体；另一组分是固化剂，如胺类化合物或含羟基化合物。一般胺类比醇类活性大，因此，采用不同固化剂可以调节固化时间并获得不同性能的聚氨酯。当预聚体—NCO含量高时，可用低分子二元醇或端基含—OH 的聚酯、聚醚与催化剂(有机锡)并用，以改善预聚体胶的弹性。当预聚体—NCO 含量低时，可以用多官能度的胺类或醇类，以获得高度交联的聚氨酯。

为了使用方便和延长有效期，可使用溶剂。溶剂必须不含水、醇或其他含活泼氢的化合物。常用的溶剂有乙酸乙酯、丙酮、甲乙酮、氯苯等。

8.4.3 聚氨酯的高温热固化

将聚氨酯胶黏剂涂布于金属铝板，不加固化剂和催化剂，然后置于 150℃ 高温下烘烤，聚氨酯胶黏剂也能够完成固化，其固化过程同前述的常温湿固化或者常温固化，主要是聚氨酯胶黏剂中的游离异氰酸酯基与胶黏剂合成过程中产生的氨基甲酸酯反应，或者异氰酸酯与金属上活泼氢反应产生的氨基甲酸酯反应，形成脲基甲酸酯，并促使聚氨酯胶黏剂的交联固化：

$$\mathrm{O{=}C{=}N-R-N{=}C{=}O} + \sim\sim\mathrm{O-\overset{\overset{\Large O}{\|}}{C}-NH-R-NH-\overset{\overset{\Large O}{\|}}{C}-O}\sim\sim \xrightarrow{\triangle}$$

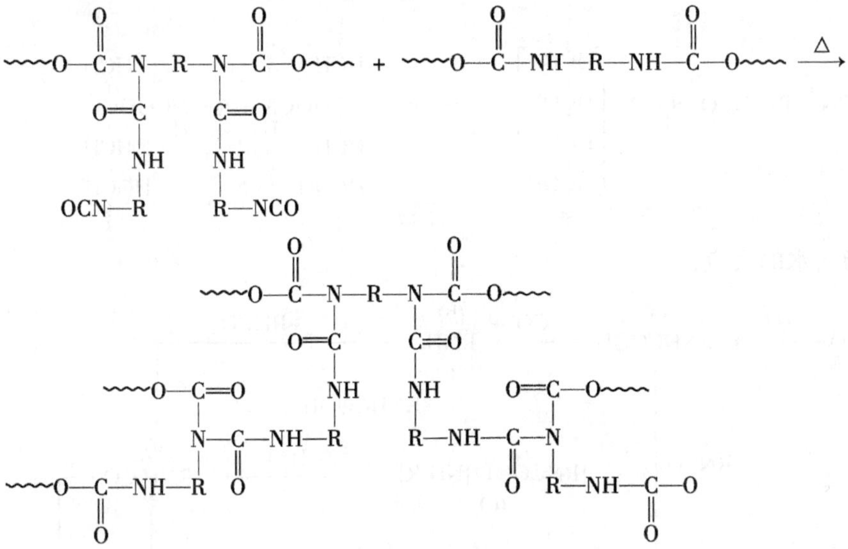

交联固化的脲基甲酸酯产物

8.5 水性高分子异氰酸酯胶黏剂

为解决由胶合板、刨花板制造的家具与住宅释放甲醛的公害问题，而开发了一种非甲醛类木材胶黏剂：水性高分子异氰酸酯胶黏剂(Aqueous Polymer Isocyanate adhesive，API，或者 Water based polymer-Isocyanate adhesive)，并于1972年在日本申请了专利。由于API为水性且使用方便，因此作为木材与木质材料的胶黏剂，其需求量一直在增加，目前仅日本年产量已超过几十万吨。市场上也将API称为水性乙烯基聚氨酯。

8.5.1 API的形成原理

水性高分子异氰酸酯胶黏剂是以水性高分子[通常为聚乙烯醇(PVA)]、乳胶[通常为苯乙烯-丁二烯乳胶(SBR)，聚丙烯酸乳液，乙酸乙烯酯-乙烯共聚乳液(EVA)等]、填料(常用碳酸钙粉末)为主要成分的主剂和以多官能度异氰酸酯化合物(通常为P—MDI)为主要成分的交联剂所构成。两者配合产生三维交联，使其胶接耐水性大为提高，为此将其作为木材等高耐水性胶黏剂使用。

主剂与交联剂混合后的体系，其基本构造是以聚乙烯醇溶液为连续相，胶乳(SBR，EVA)为分散相。聚乙烯醇与异氰酸酯化合物交联剂产生交联反应、水与异氰酸基反应形成取代脲、缩二脲等结合键并分散在连续的聚乙烯醇相中，还有一部分未反应的异氰酸基存在于其中，因此在连续相中形成复杂的化学构造。API混合体系的化学反应原理如下：

异氰酸酯与聚乙烯醇的反应：

$$OCN-R-NCO + 2\left[\begin{array}{c}HCH\\ |\\ HCOH\\ |\\ HCH\\ |\\ HCOH\end{array}\right] \longrightarrow \begin{array}{c}HCH\\ |\\ HCOOCN\\ \ \ \ \ \ \ \ H\\ |\\ HCH\\ |\\ HCOH\end{array} - R - \begin{array}{c}HCH\\ |\\ NCOOCH\\ H\ \ \ \ \ \ \ \ \ \\ |\\ HCH\\ |\\ HOCH\end{array}$$

异氰酸酯与水的反应：

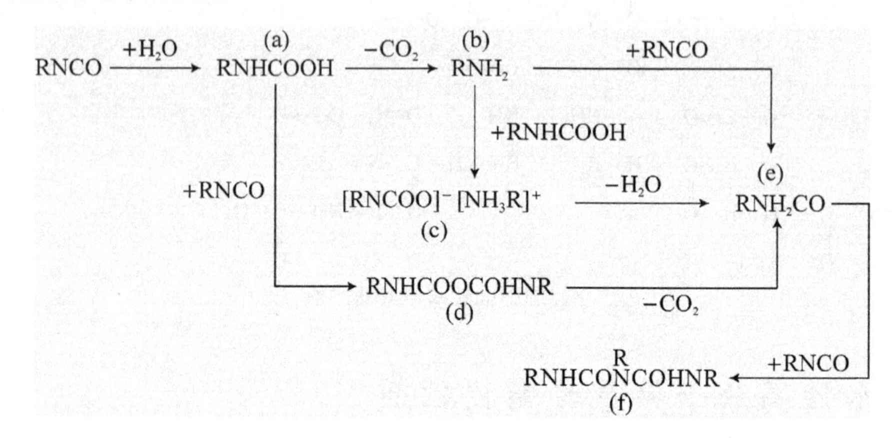

API 的最大特点是在水存在的情况下，使异氰酸酯化合物同除水之外的主剂成分反应，但是异氰酸基(—NCO)与水反应生成羧酸(a)、脱出二氧化碳形成胺(b)，胺进一步与异氰酸基反应形成羧酸酐(d)，(e)的取代脲继续反应生成缩二脲(f)。通过计算在二氧六环溶液中水与 MDI 反应放出 CO_2 的量推断—NCO 的消耗量，得知当 NCO: H_2O 的摩尔比为 1:1 以及 1:5 时，反应达到平衡时，消耗的—NCO 量约为初期—NCO 量的 70%。并且随着时间的变化，水与—NCO 反应放出 CO_2 的量占全消耗—NCO 量的比值与 NCO: H_2O 的摩尔比无关，即无论反应多长时间，在消耗的—NCO 量中有 1/4 ~ 1/3 的—NCO 生成 CO_2 放出。在 API 当中，虽然异氰酸基与 PVA 的羟基发生了氨基甲酸酯交联反应，但是不能认为是主反应。

实际上将胶黏剂涂于木材之上形成胶膜时，胶黏剂中的水分向木材中渗透，其反应速度是不一样的。如在铝箔上涂施胶黏剂后，放置一周后还有 50% 以上的异氰酸基存在，而在木材(桦木单板)上涂施胶黏剂之后，以水为主的胶黏剂成分立即向木材中渗透挥发，异氰酸基的消耗量大，24h 后即消耗了 90%。它的反应速度受树种与木材表面状况对水的吸收速度的影响。

8.5.2　API 的组成及特点

8.5.2.1　API 的组分

(1)主剂。包含有水性高分子、乳胶和填料，可根据其用途适当组合，选择适宜的素材配合而成。

水性高分子，多采用部分皂化的聚乙烯醇，有时也使用脲醛树脂、三聚氰胺树脂等热固性树脂与聚丙烯酸树脂，亦可采用氧化淀粉或者乳清蛋白等天然高分子。聚乙烯醇的作用除了作为胶黏剂的交联基元之外，还有增黏和改善后加入的不溶于水的交联剂的分散性能的作用。苯乙烯-丁二烯乳胶、聚丙烯酸酯乳液、乙酸乙烯-乙烯共聚乳液等可提高胶黏剂的耐水强度，增加树脂有效成分的浓度。并不是所有的乳胶都能使用，必须考虑胶黏剂的工艺性能、适用期和耐水胶接强度。与乳胶中的苯乙烯-丁二烯乳胶和聚丙烯酸酯乳液相比，乙酸乙烯酯-乙烯共聚乳液发挥了不小的作用，即后者是将聚乙烯醇作为保护胶体，具有优良的初期胶接力，所以在要求初期胶接力好的场合优先选用后者。

填料亦称为增量剂，它是伴随胶黏剂浓度的升高起填充被胶接材空隙的作用，多使用碳酸钙粉末。碳酸钙粉末硬度低，不含有黏土类高硬度杂物，加入碳酸钙粉末的胶黏剂与脲醛树脂等相比切削时对刀具的磨损小，且价格低廉。此外，在胶黏剂中还可根据需要适当选择使用少量的分散剂、防霉剂、消泡剂、干燥胶接防止剂等。

(2)交联剂。API的主要特点是将异氰酸酯化合物作为交联剂使用，赋予胶黏剂常温胶接性能和耐水性，依据安全性、胶接耐水性、加入交联剂后的适用期来加以选择。

异氰酸酯化合物由于其自身毒性大，必须充分注意其安全性。特别是要选用在常温条件下蒸汽压小，难于蒸发的异氰酸酯化合物。

从提高胶接耐水性角度考虑异氰酸酯化合物应为多官能度，即含有两个以上异氰酸基的异氰酸酯。更希望使用异氰酸酯含量高的多异氰酸酯化合物。

从延长加入交联剂后树脂的适用期这一点看，因为主剂中含有水，必须在水存在的情况下使用，所以要求异氰酸酯化合物应具有难溶解于水的性质。

综合考虑以上问题，并且考虑价格因素，使用相对分子质量大的P—MDI为宜。

当将交联剂加入主剂后使用时，通常要求其具有3h以上的适用期。为了延长适用期，使用邻苯二甲酸二丁酯(DBP)、甲苯等疏水性溶剂作异氰酸酯化合物的稀释剂。现在由于已开发出了可在短时间内使用的方法，因此这类疏水性溶剂的使用量逐渐减少。

8.5.2.2　API胶黏剂的特点

(1) 常温固化。只需要在常温下加压、放置固化，即可获得与热固性酚醛类树脂胶黏剂和间苯二酚类树脂胶黏剂相媲美的耐水胶接强度；特别是可在低温(0℃左右)条件下进行胶接，并且胶接强度稳定；在加热条件下也能使用。

(2) 胶黏剂近乎中性。调胶后胶液的pH为6.0~8.0。一般的常温固化型胶黏剂不是中性，使用这类酸性或碱性的胶黏剂存在胶黏剂对被胶接材污染的问题，而API不存在这类对被胶接材污染的问题。

(3) 无公害。不存在甲醛、苯酚等有害物质。

(4) 主剂的成分可改变。根据交联剂的选择，对应于各种材料可根据需要调整胶黏剂的组成成分。

8.5.3　API的应用

API主要用于结构用或木制品用集成材、空心板、胶合板及人造板等的二次加工。可以根据被胶接材料的使用性能要求来选择不同的品牌，还可以改变交联剂的添加量，从而适用于多种木材与复合材料的胶接。

市场上出售的集成材用API胶黏剂的主剂为乳白色，固含量在40%~50%，pH为6.5~7.8。交联剂为黑褐色，用量为主剂的5%~20%。两组分混合后，变成褐色至茶褐色的黏稠性胶液。固化后的胶膜呈黄色至黄褐色，与木材的颜色相近。主剂的黏度根据用途不同稍有差异，集成材用胶的主剂其黏度为 100Pa · s，有的生产厂家生产针叶材集成材也有采用500Pa · s的。通常 API 加入 5% ~10% 的交联剂后其黏度在 0.5 ~1h 之内变化不大，随着交联剂添加量的增加，胶黏剂的黏度急速增大。

API 对低密度木材胶接性能良好，对普通胶黏剂存在胶接阻碍的树种也能获得良好的胶接强度，但是对于高密度材种，在对其进行胶接加速老化试验时，胶接强度下降幅度较大。

API 的缺点是涂胶面的干燥问题，当开口陈化时间过长时，木材破坏率降低。当增大涂胶量时，可适当延长开口陈化时间。

木材含水率在 8% ~12% 范围内可获得良好的胶接性能，当含水率超过 20% 时，胶接强度会大幅度下降。端异氰酸基湿固化型单组分聚氨酯胶黏剂与 API 相比，其胶接强度值整体上变小，但是当含水率在 5% ~35% 范围内时，两者几乎具有相同的胶接强度。

第9章 环氧树脂胶黏剂

凡含有两个以上环氧基团的高分子化合物统称为环氧树脂。它是一种胶接性能好、耐腐蚀，且电绝缘性能和机械强度都很高的热固性树脂。环氧树脂的合成起始于20世纪30年代，于40年代后期开始工业化生产，在50年代后期及60年代初期又相继开发了许多新型的环氧树脂品种。环氧树脂应用广泛，发展迅速，种类繁多。在各类环氧树脂中，产量最大、应用最广泛的是由环氧氯丙烷与二酚基丙烷(通常称双酚A)缩聚而成的双酚A型环氧树脂，又称为通用环氧树脂或标准环氧树脂(简称环氧树脂)。

除此之外，具有特种性能的酚醛环氧树脂、缩水甘油基型环氧树脂及元素环氧树脂等，也都在不断发展。环氧树脂若无特别说明，都属于双酚A型环氧树脂。

9.1 概述

9.1.1 环氧树脂的特性

环氧树脂具有一般高分子聚合物的通性。环氧树脂的平均相对分子质量在300～7000之间。

环氧树脂在未固化之前是线性结构的热塑性树脂，可随温度的变化改变其流动状态。但作为胶黏剂使用时，加入固化剂可形成体型结构的热固性树脂，变成不溶解、不熔化的坚硬固体。它具有许多优良的性能，能够胶接大多数物体，所以环氧树脂胶有“万能胶”之称。

9.1.1.1 胶接力强、机械强度高

环氧树脂结构中含有脂肪族羟基、醚基和极为活泼的环氧基。羟基和醚基都有高度的极性，使环氧树脂能与相邻界面产生电磁引力。而环氧基团则能与介质表面的游离键起反应，形成化学键，所以环氧树脂的胶接力特别强。它对大部分材料，如木材、金属、玻璃、塑料、橡胶、皮革、陶瓷、纤维等，都有良好的胶接性能。只对少数材料，如聚苯乙烯、聚氯乙烯、赛璐咯等的胶接性能较差。

固化后的环氧树脂结构紧密，机械强度高。它比酚醛树脂、聚酯树脂以及其他高分子材料的机械性能都好。

9.1.1.2 收缩性小

环氧树脂加入固化剂是通过直接的加成反应而固化的，因此，固化过程中没有产生副产物，也不会产生气泡，所以收缩率很小。环氧树脂是热固性树脂中收缩率最小的一种(一般收缩率都小于2%)。如果加入填充剂，环氧树脂的收缩率就会更小

（≈0.1%）。它的热膨胀系数受温度的影响较小。

9.1.1.3　稳定性好

环氧树脂胶在未加固化剂之前是热塑性树脂，受热不固化。树脂中一般不含碱、盐等，因此不易变质，结构不受破坏，稳定性较好。如果贮存期间密封，在常温条件下，放置一年以上仍然不会变质。

固化后的环氧树脂，具有优良的耐化学腐蚀性能，特别是耐碱性强。树脂中虽然含有羟基，但这种脂肪族的醇羟基不同于酚醛树脂中的酚羟基，酚羟基具有弱酸性，能与碱作用生成可溶性产物，所以酚醛树脂不耐碱。而聚酯树脂由于树脂结构中含有酯键，也能被碱所破坏，也是不耐碱的。唯独环氧树脂耐碱。

环氧树脂结构中含有稳定的苯环、醚键，固化后的结构稠密、封闭，所以具有耐热、耐酸、耐有机溶剂以及良好的电绝缘性能。

9.1.2　环氧树脂胶的用途

环氧树脂胶对于金属与金属、金属与非金属、非金属与非金属等材料都有很强的胶接能力，并可用于低压冷固化，操作方便，所以应用广泛。但由于环氧树脂胶成本较高，目前主要用于金属材料的胶合，例如，铸铁件、铝制件、铜制件、电器绝缘零件、光学仪器的精密部件等方面的胶合。低相对分子质量环氧树脂胶是高黏度的透明液体，相对分子质量为 340～700，特别是软化点低(50℃以下)，环氧值高，其牌号有 E-51(E 是 Epoxy 的字头，51 是指环氧基的含量)、E-44、E-42 等。高相对分子质量环氧树脂胶是脆性固体，相对分子质量在 1000 以上，软化点大于 60℃，熔点高，其牌号有 E-20、E-14、E-12、E-06 等。国产双酚 A 型环氧树脂的牌号及规格见表 9-1。

表 9-1　国产双酚 A 型环氧树脂牌号及规格

牌号		外观	软化点(℃)	环氧值(当量/100g)
新	老			
E-51	618	淡黄至棕黄色透明黏性液体		0.48～0.54
E-44	6101		12～20	0.41～0.47
E-42	634		21～27	0.38～0.45
E-33	637		20～35	0.26～0.40
E-31	638		40～55	0.23～0.38
E-20	601	淡黄至棕黄色透明固体	64～76	0.18～0.22
E-14	603		78～85	0.10～0.18
E-12	604		85～95	0.09～0.14
E-06	607		110～135	0.04～0.07
E-03	609		135～155	0.02～0.04

在木材胶接方面，国外已有使用环氧树脂胶作为装饰板浸渍树脂，以及作为胶接塑料与木材的胶黏剂。

9.2　环氧树脂的合成原理

9.2.1　原料

生产环氧树脂的主要原料是环氧氯丙烷和二酚基丙烷(双酚A)。

环氧氯丙烷分子式为

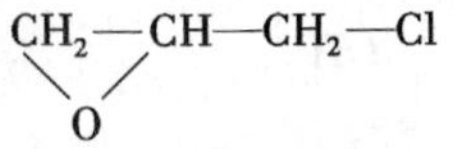

$$\underset{\diagdown\,O\,\diagup}{CH_2—CH}—CH_2—Cl$$

它易挥发，是无色透明的液体，有刺激性气味，有麻醉性，能溶于醇、醚、四氯化碳及苯中，微溶于水。

二酚基丙烷即4，4′-二羟基二苯基丙烷，简称双酚A，其分子结构式为

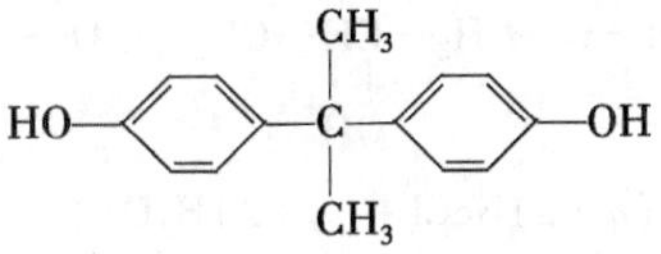

$$HO—C_6H_4—C(CH_3)_2—C_6H_4—OH$$

它是一种白色粉末或片状晶体，具有酚的气味，不溶于水，能溶于醇、醚、丙酮及碱液。

9.2.2 合成原理

环氧树脂是环氧氯丙烷与二酚基丙烷(双酚A)在氢氧化钠存在下，进行缩聚而成。由于环氧氯丙烷具有两个活泼基团，即环氧基与较活泼的氯原子，因此，反应过程比较复杂。

下面以HO—R—OH代表二酚基丙烷，即：

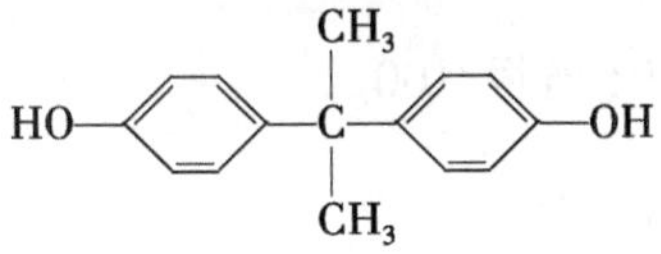

$$HO—C_6H_4—C(CH_3)_2—C_6H_4—OH$$

环氧氯丙烷的环氧基与二酚基丙烷作用生成醚键：

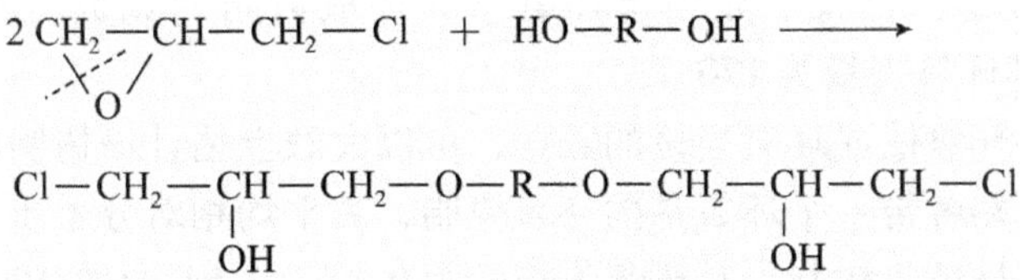

$$2\,\underset{\diagdown\,O\,\diagup}{CH_2—CH}—CH_2—Cl + HO—R—OH \longrightarrow$$

$$Cl—CH_2—\underset{OH}{\underset{|}{CH}}—CH_2—O—R—O—CH_2—\underset{OH}{\underset{|}{CH}}—CH_2—Cl$$

在氢氧化钠作用下，生成的醚脱去氯化氢再形成环氧基：

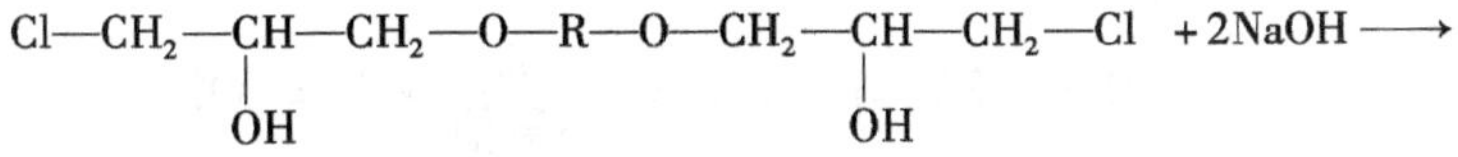

$$Cl—CH_2—\underset{OH}{\underset{|}{CH}}—CH_2—O—R—O—CH_2—\underset{OH}{\underset{|}{CH}}—CH_2—Cl + 2NaOH \longrightarrow$$

$$CH_2-CH-CH_2-O-R-O-CH_2-CH-CH_2 \ (\text{两端为环氧基}) + 2NaCl + 2H_2O$$

新生成的环氧基再与二酚基丙烷的羟基继续作用生成醚键：

$$CH_2-CH-CH_2-O-R-O-CH_2-CH-CH_2 \ (\text{两端为环氧基}) + HO-R-OH \xrightarrow{NaOH}$$

$$CH_2-CH-CH_2-O-R-O-CH_2-\underset{OH}{CH}-CH_2-O-R-OH \ (\text{端基为环氧基})$$

再与环氧氯丙烷作用，形成线型环氧树脂。总的反应式为：

$$(n+1)HO-R-OH+(n+2)\ CH_2-CH-CH_2-Cl \ (\text{环氧基}) +(n+2)NaOH$$

$$\longrightarrow CH_2-CH-CH_2 \ (\text{环氧基}) \left[O-R-O-CH_2-\underset{OH}{CH}-CH_2\right]_n O-$$

$$R-O-CH_2-CH-CH_2 \ (\text{环氧基}) +(n+2)NaCl+(n+2)H_2O$$

环氧树脂分子链中的 n 为聚合度，$n=0\sim19$，当 $n<2$ 时，得到的是琥珀色或淡黄色低相对分子质量液状的环氧树脂。当 $n\geqslant2$ 时，得到高相对分子质量的固体环氧树脂。

工业环氧树脂实际上是含不同聚合度的分子的混合物。其中大多数的分子是含有两个环氧基端基的线型结构。环氧基的含量对树脂的固化以及固化性能有很大的影响。因此工业上是以环氧值作为鉴别环氧树脂质量的最主要指标。环氧树脂型号的划分也是按照环氧值的不同来区分的。

环氧值是指每100g树脂中所含环氧基的当量数。例如，相对分子质量为340、每个分子含两个环氧基的环氧树脂，它的环氧值为：

$$\frac{2}{340}\times100=0.59(\text{当量/100g})$$

环氧值的倒数乘以100就称为环氧当量，即：

$$\text{环氧当量}=\frac{100}{\text{环氧值}}$$

环氧当量的含义是：含有一克当量环氧基的环氧树脂的克数。例如，环氧值为0.59的环氧树脂，其环氧当量为170。

根据环氧树脂的环氧值或环氧当量的数据，可以大致上估计该树脂的平均相对分子质量。对于分子链两端各带一个环氧基的环氧树脂，其平均相对分子质量是环氧当量的一倍。例如，某一牌号环氧树脂，其环氧值指标为0.48～0.54当量/100g，则其平均环氧值为0.51，该树脂的全称为“E-0.51环氧树脂”，国家统一牌号就是“E-51”，其平均相对分子质量为：

$$\bar{M}=\text{环氧当量}\times2=\frac{100}{\text{环氧值}}\times2=392$$

9.3　环氧树脂的固化

未加入固化剂的环氧树脂，在常温或加热条件下，环氧树脂中的环氧基等官能团一般本身不会发生化学反应，使大分子交联成体型结构 ，因此也将使用前的环氧树脂称为热塑性环氧树脂。但是热塑性环氧树脂，特别是相对分子质量不高的环氧树脂没有什么强度，必须固化交联后才具有强度性质。

一般环氧树脂均能在酸性或碱性固化剂作用下固化。有的固化过程在低温或常温就可初步完成；有的固化反应只有在高温下才能进行。环氧树脂固化过程中往往伴随着放热，放热反过来又促进固化。由于固化过程不放出水或其他小分子化合物，因此环氧树脂胶黏剂避免了某些热固性胶黏剂在固化过程中产生气泡及由此而来的胶层中或界面多孔性的缺陷，所以可以不必加压固化。

9.3.1　环氧树脂固化剂的分类

9.3.1.1　按固化反应类型分类

按固化反应可将环氧树脂的固化剂分为反应型和催化型两类。

反应型固化剂，即固化剂分子可直接同环氧树脂分子中的官能团反应，且反应后作为固化交联的环氧树脂结构的一个组成部分，在固化物的结构中，环氧树脂大分子通过固化剂分子间接地相连接。目前，大部分常用的固化剂属于这种类型，例如，除叔胺外的胺类固化剂和酸酐类固化剂。由于环氧树脂固化剂分子成为环氧树脂结构中的一个组成部分，使分子间距离、形态、热稳定性、化学稳定性等性质都发生了显著变化，因此固化剂的种类和结构的不同就给环氧树脂固化物的性能带来很大的差别，与其他热固性树脂固化剂的作用比较起来，环氧树脂固化剂的作用就显得特别重要。

催化型固化剂，是指那些可促进环氧树脂固化，但本身一般不参加到固化物结构中去的物质，如叔胺固化剂，它一般不单独使用，而是作为其他固化剂的促进剂混合使用。

9.3.1.2　按固化温度分类

按固化温度可分为高温(100 ℃以上)用固化剂，中温(60 ~ 100℃)用固化剂，室温(20℃)用固化剂和低温(5℃以下)用固化剂几种类型。

9.3.1.3　按固化剂结构分类

按固化物结构可分为胺类、酸酐类、树脂类等。其中胺类固化剂最常用，它又分为脂肪胺、芳香胺及改性胺等几类。

下面主要介绍胺类、酸酐类、树脂类固化剂固化环氧树脂的原理。

9.3.2　胺类固化剂

9.3.2.1　胺类固化剂的性能

胺类固化剂包括脂肪族胺类、芳香族胺类和改性胺类，是环氧树脂最常用的一类固化剂。

(1) 脂肪族胺类：如乙二胺、二乙烯三胺等。由于具有能在常温下固化、固化速度快、黏度低、使用方便等优点，所以在固化剂中使用较为普遍。

乙二胺(简称EDA)：分子式 $H_2N—CH_2—CH_2—NH_2$，它是一种具有刺激臭味的淡黄色液体。每个分子含有四个活泼氢，可与四个环氧基起反应。由于它的黏度低，可在常温下固化，所以使用较方便。但是乙二胺挥发性大，固化时放热量大，适用期较短，固化后树脂机械强度和耐热性较差。乙二胺用量一般是树脂的6%～8%，在常温条件下2天就能固化，若加温固化，时间可以缩短。

二乙烯三胺(简称DTA)：二乙烯三胺的分子式为 $H_2N—CH_2—CH_2—NH—CH_2—CH_2—NH_2$，是一种具有刺激性的淡黄色液体。其分子中含有5个活泼氢，反应能力强，适用期短。二乙烯三胺的用量为树脂重量的8%～11%。由于二乙烯三胺的沸点比乙二胺高，挥发性较小，对人体危害也较小。

(2) 芳香族胺类：如间苯二胺(简称MPDA)等。由于分子中存在很稳定的苯环，固化后的环氧树脂耐热性较好。与脂肪族胺类相比，在同样条件下固化，其热变性温度可提高40～60℃。

间苯二胺是淡黄色晶体，熔点63℃，含有4个活泼氢，可与环氧树脂分子的4个环氧基起反应。在空气中容易吸水，潮湿以后颜色变暗，但对性能并无影响。间苯二胺的用量为树脂质量的14%～16%。因为间苯二胺是固体，所以在混合时需加热。混合的方法有两种：一种是将间苯二胺和环氧树脂分别在63～65℃温度下熔融，然后混合在一起；另一种是将环氧树脂加热至80℃，在充分搅拌过程中，将间苯二胺加入，溶解、调匀、混合后冷却至常温即可使用。

(3) 改性胺类：是指胺类与其他化合物的加成物，例如590固化剂就是一种具有毒性小、工艺性能好的新型固化剂。

590固化剂是由间苯二胺经部分与环氧丙烷苯基醚缩合而成的一种衍生物，其结构是：

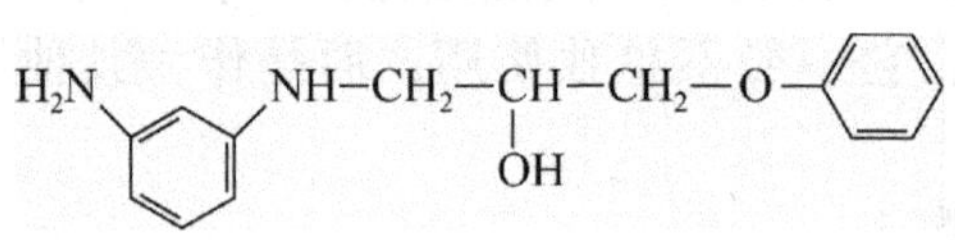

$$H_2N-C_6H_4-NH-CH_2-\underset{\displaystyle OH}{\underset{|}{CH}}-CH_2-O-C_6H_5$$

590固化剂外观是黄至棕黑色黏稠液体，软化点在20℃以下。590固化剂一般使用量是环氧树脂重量的15%～20%，可在60～80℃温度固化2h，也可在常温条件下固化，适用期较长。

9.3.2.2 胺类固化剂的固化原理

(1)伯胺与环氧树脂的反应。伯胺的活泼氢原子与环氧树脂中的环氧基起加成反应生成仲胺：

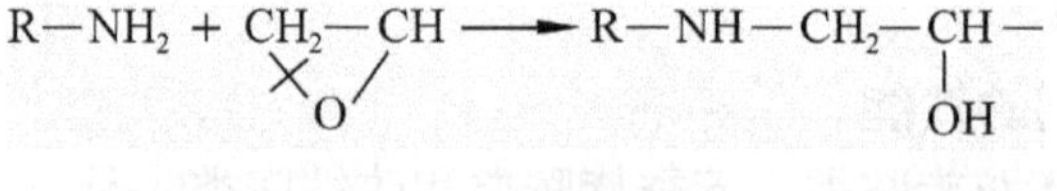

$$R-NH_2 + \underset{\diagdown O \diagup}{CH_2-CH} \longrightarrow R-NH-CH_2-\underset{\displaystyle OH}{\underset{|}{CH}}-$$

新生成的仲胺中的活泼氢原子与另一个环氧基加成生成叔胺：

$$R-NH-CH_2-\underset{OH}{\underset{|}{CH}}- \;+\; \underset{O}{CH_2-CH} \longrightarrow R-N\{CH_2-\underset{OH}{\underset{|}{CH}}\}_2$$

新生成的羟基与环氧基反应生成醚键和羟基：

$$R-N\{CH_2-\underset{OH}{\underset{|}{CH}}\}_2 \;+\; 2\underset{O}{CH_2-CH} \longrightarrow R-N\{CH_2-\underset{O-CH_2-\underset{OH}{\underset{|}{CH}}-}{\underset{|}{CH}}\}_2$$

(2)仲胺与环氧树脂的反应。仲胺的活泼氢原子和环氧基起加成反应生成叔胺：

$$R_2-NH + \underset{O}{CH_2-CH}- \longrightarrow R_2-N-CH_2-\underset{OH}{\underset{|}{CH}}-$$

新生成的叔胺分子上的羟基与另一个环氧基反应生成醚键和新的羟基：

$$R_2-N-CH_2-\underset{OH}{\underset{|}{CH}}- \;+\; \underset{O}{CH_2-CH}- \longrightarrow R_2-N-CH_2-\underset{O-CH_2-\underset{OH}{\underset{|}{CH}}-}{\underset{|}{CH}}$$

新的羟基再和环氧基反应生成网状交联。

(3)叔胺和环氧树脂的反应。环氧树脂中活泼的环氧基，不但能被活泼的氢打开，还可以被叔胺打开。叔胺不参加交联，而是起催化作用，使环氧基本身彼此聚合：

$$R_3N + \underset{O}{CH_2-CH}- \longrightarrow R_3N^+-CH_2-\underset{O^-}{\underset{|}{CH}}- \xrightarrow{\underset{O}{CH_2-CH}-}$$

$$R_3N^+-CH_2-\underset{CH_2-\underset{O^-}{\underset{|}{CH}}-}{\underset{|}{\underset{O}{\underset{|}{CH}}}}- \xrightarrow{\underset{O}{CH_2-CH}-} R_3N^+-CH_2-\underset{CH_2-\underset{CH_2-\underset{O^-}{\underset{|}{CH}}-}{\underset{|}{\underset{O}{\underset{|}{CH}}}}-}{\underset{|}{\underset{O}{\underset{|}{CH}}}}-$$

反应继续下去，环氧树脂就交联形成网状结构。

(4)促进剂和抑制剂。为了控制固化反应的速度，可以另外加入其他试剂来调节。

凡含有$-OH$、$-COOH$、$-SO_3H$、$-CONH_2$、$-SO_2NH_2$、$-SO_2NHR$基团的试剂，都对固化反应起促进作用。例如，酚类、酸类、酰胺类等。

凡含有$-OR(R \neq H)$、$-COOR$、$-SO_3R$、$-NO_2$、$-CONR_2$、$>C=O$ 基团的试剂，都对固化反应起抑制作用。例如，酯类、酮类等。

9.3.3 酸酐类固化剂

9.3.3.1 酸酐类固化剂的性质

酸酐类如顺丁烯二酸酐、邻苯二甲酸酐等都可以作为环氧树脂的固化剂。固化后树脂有较好的机械性能和耐热性，但由于固化后树脂中含有酯键，容易受碱侵蚀。酸酐固化时放热量低，适用期长，但必须在较高温度下烘烤才能完全固化。

顺丁烯二酸酐(也称失水苹果酸酐或马来酸酐，简称MA)白色晶体，用量为树脂质量的30%～40%，可以与其他酸酐混合应用，固化条件是在160～200℃温度下，经2～4h即可固化。顺丁烯二酸酐熔点53℃，配制时只要将树脂预热至60℃，然后逐渐将顺丁烯二酸酐溶入即可。顺丁烯二酸酐固化时，放热温度低，适用期长，一般在常温条件下可放置2～3天，适宜用于层压及浇铸。

邻苯二甲酸酐(简称PA)白色晶体，熔点128℃，使用时放热温度较低，适用期长。用量为树脂重量的30%～45%。配制方法是将树脂加热至120～140℃，然后加入邻苯二甲酸酐，搅拌均匀即可。对低相对分子质量的环氧树脂，可将配制温度降低至60℃，延长其适用期。低于60℃时，邻苯二甲酸酐会析出来，如再升温，仍然可以溶解。高相对分子质量环氧树脂软化点高于60℃，只能在高温下进行配制，但邻苯二甲酸酐在高温下容易升华，造成损失，所以配制应迅速。

9.3.3.2 酸酐类固化剂的固化原理

(1)酸酐与羟基反应生成单酯。

$$C_6H_4(CO)_2O + HO{-}\overset{|}{\underset{|}{C}}H \longrightarrow C_6H_4(C(=O){-}O{-}\overset{|}{\underset{|}{C}}H)(C(=O){-}OH)$$

(2)单酯中第二个羧基与环氧基酯化生成二酯。

$$C_6H_4(C(=O){-}O{-}\overset{|}{\underset{|}{C}}H)(C(=O){-}OH) + \underset{\diagdown O \diagup}{CH_2{-}CH{-}} \longrightarrow C_6H_4(C(=O){-}O{-}\overset{|}{\underset{|}{C}}H)(C(=O){-}O{-}CH_2{-}\underset{OH}{\underset{|}{C}}H{-})$$

(3)在酸存在下环氧基与羟基起醚化反应。

$$\overset{|}{\underset{|}{C}}H{-}OH + \underset{\diagdown O \diagup}{CH_2{-}CH{-}} \longrightarrow \overset{|}{\underset{|}{C}}H{-}O{-}CH_2{-}\underset{OH}{\underset{|}{C}}H{-}$$

(4)单酯与羟基反应生成二酯。

$$C_6H_4(C(=O){-}O{-}\overset{|}{\underset{|}{C}}H)(C(=O){-}OH) + HO{-}\overset{|}{\underset{|}{C}}H \longrightarrow C_6H_4(C(=O){-}O{-}\overset{|}{\underset{|}{C}}H)(C(=O){-}O{-}\overset{|}{\underset{|}{C}}H) + H_2O$$

9.3.3.3　酸酐类固化剂的催化剂

叔胺、季胺盐或氢氧化钾都可以加速酸酐固化反应。工业上常用有机碱作为酸酐固化的催化剂，其反应历程如下：

(1)碱首先与羧基反应。

$$\underset{\text{酸}}{-\overset{\overset{\large O}{\|}}{C}-OH} + \underset{\text{碱}}{OH^-} \longrightarrow \underset{\text{羧基离子}}{-\overset{\overset{\large O}{\|}}{C}-O^-} + H_2O$$

(2)羧基离子与环氧基反应。

$$-\overset{\overset{\large O}{\|}}{C}-O^- + \underset{\diagdown\ O\ \diagup}{CH_2 — CH}— \longrightarrow -\overset{\overset{\large O}{\|}}{C}-O-CH_2-\underset{\underset{\large O^-}{|}}{CH}-$$

(3)新离子再与羧酸反应。

$$-\overset{\overset{\large O}{\|}}{C}-O-CH_2-\underset{\underset{\large O^-}{|}}{CH}- + -\overset{\overset{\large O}{\|}}{C}-OH \longrightarrow -\overset{\overset{\large O}{\|}}{C}-O-CH_2-\underset{\underset{\large OH}{|}}{CH}- + -\overset{\overset{\large O}{\|}}{C}-O^-$$

9.3.4　合成类固化剂

9.3.4.1　合成类固化剂的性质

有许多合成树脂，如酚醛树脂、氨基树脂、醇酸树脂、聚酰胺树脂等都含有能与环氧树脂反应的活泼基团，能相互交联固化。这些合成树脂本身都各具特性，当它们作为固化剂使用引入环氧结构中时，就给予最终产物某些优良的性能。

(1) 酚醛树脂。酚醛树脂可直接与环氧树脂混合作为胶黏剂，胶接强度高，耐温性能好。但在胶合时，必须加温加压处理，才能获得比较理想的效果。如果同时加入胺类固化剂(如乙二胺)作为加速剂，可缩短固化时间。作为固化剂的酚醛树脂是碱性催化剂制得的。酚醛树脂的用量可为环氧树脂重量的30%～40%，乙二胺的用量可为环氧树脂重量的5%～6%。

(2) 氨基树脂：脲醛树脂及三聚氰胺甲醛树脂的固化，是经过羟甲基与环氧基、羟基起反应。固化后，可提高机械强度、耐化学药品等性能。三聚氰胺甲醛树脂用于加入高分子量的环氧树脂，用量为环氧树脂重量的4%，配制为粉状混合。

(3) 聚酰胺树脂：常用的聚酰胺树脂是琥珀色、低熔点的热塑性树脂，是一种毒性较低的固化剂。聚酰胺本身既是固化剂，又是性能良好的增塑剂。只要两种树脂按一定量配合搅拌均匀，就可在常温下操作和固化。聚酰胺树脂的用量范围较大，一般用量为环氧树脂重量的100%较为合适。聚酰胺树脂在低于20℃时，黏度较大，使用时可适当加温，使黏度降低后再用。常用的聚酰胺树脂的牌号有200#、300#、400#等，固化条件是常温2～3天或150℃保温2h后，缓慢冷却至常温即完全固化。

9.3.4.2　合成类固化剂的固化原理

酚醛树脂中含有羟甲基和酚羟基，可以与环氧树脂交联固化，主要反应有以下两种：

（1）酚醛树脂中羟甲基与环氧树脂中的羟基及环氧基起反应。

$$-CH_2-OH + HO-\overset{|}{\underset{|}{C}}H \longrightarrow -CH_2-O-\overset{|}{\underset{|}{C}}H + H_2O$$

$$-CH_2-OH + \underset{\diagdown O \diagup}{CH_2-CH-} \longrightarrow -CH_2-O-CH_2-\underset{OH}{\underset{|}{CH}}-$$

（2）酚醛树脂中酚羟基与环氧基起醚化反应。

$$-C_6H_2(-)_2-OH + \underset{\diagdown O \diagup}{CH_2-CH-} \longrightarrow -C_6H_2(-)_2-O-CH_2-\underset{OH}{\underset{|}{CH}}-$$

环氧树脂与酚醛树脂经上述反应后，环氧树脂被交联，形成复杂的体型结构物。

9.4 环氧树脂添加剂

环氧树脂胶黏剂中除环氧树脂和固化剂之外，为了改善其某些性能，满足不同用途，还需加入增韧剂、稀释剂、填料等助剂。

9.4.1 增韧剂和增塑剂

环氧树脂胶黏剂中若只含有环氧树脂和固化剂，则产生胶液黏度高、适用期短、树脂固化后脆性大、强度低等缺陷。加入适量的增韧剂或增塑剂可以改善这些缺点，增加环氧树脂的流动性，降低树脂固化后的脆性，提高韧性，并能提高抗弯和抗冲击强度。

增韧剂分为非活性增韧剂和活性增韧剂。非活性增韧剂就是增塑剂，不带活性基团，不能参加固化反应。增塑剂本身黏度小，从而可增加树脂流动性，有利于湿润、扩散和吸附，但时间长了，它会游离出来，失去增塑剂作用。增塑剂多是短分子链的高沸点酯类化合物，如邻苯二甲酸二丁酯（DBP）、邻苯二甲酸二辛酯（DOP）、磷酸三苯酯（TPP）等。一般用量为树脂质量的5%～20%，加入量过多，会使树脂强度明显下降。

活性增韧剂带有活性基团，直接参加固化反应，能很大程度地改善树脂脆性，提高树脂抗冲击性能。例如，低相对分子质量的热塑性聚酰胺树脂、聚硫橡胶、丁腈橡胶、聚酯树脂等。聚酰胺树脂用量的范围较大，可以是环氧树脂质量的60%～300%，通常是采用100%。其他树脂的用量一般都小于100%，用量过多会降低强度。

9.4.2 稀释剂

环氧树脂胶黏剂由于黏度较大，25℃时黏度一般在5Pa·s以上，使调胶和使用不方便。所以使用环氧树脂胶时，常加入一定量的稀释剂。稀释剂的主要作用是降低环氧树脂的黏度，增加其流动性和渗透性，便于操作，可延长其适用期。但用量较多时，对树脂的性能会有影响。稀释剂有活性稀释剂和非活性稀释剂。活性稀释剂如缩水甘油基型环氧树脂、环氧丙烷苯基醚、环氧丙烷丁基醚等，因其分子端基含有活性基团，能参加固化反应，所以称为活性稀释剂。常温固化时，一般可以加入活性稀释剂相当于环氧树脂用量的2%～20%；非活性稀释剂如苯、甲苯、二甲苯、丙酮、正丁醇等，因其分子中不含有活性基团，不参加固化反应，所以称为非活性稀释剂。使用时仅仅是起稀释作用，达到降低黏度的目的。一般加入量为树脂重量的5%～15%。若是过多，在树脂固化时会有部分逸出，从而加大树脂的收缩率，降低胶接强度和机械强度。

9.4.3　填料

环氧树脂胶适当加入填料，不仅可以相对地减少树脂的用量，降低成本，同时也改善了树脂的性能。例如，降低树脂固化时的收缩率和热膨胀系数；增加热传导性、提高耐热性能；提高胶接强度；提高机械强度和耐磨性能。

填料的种类很多，根据填料的物理状态可分为纤维状和粉末状两大类。目前，纤维状填料是以玻璃纤维为主；粉末状填料以金属粉末、氧化物粉末、矿物粉末等为主，例如，氧化铝粉、铁粉、石英粉、云母粉、石棉粉、石墨粉、水泥、陶土、金刚砂及碳酸钙等。粉末状填料要求颗粒小，用量不能太多，以保证填料能被树脂湿润。比重轻的填料，如石棉粉、石英粉等，因体积大，用量应低于30%，而云母粉、铝粉等可加到150%。重质填料如铁粉、铜粉等，可加到200%～300%。

9.5　环氧树脂的应用

9.5.1　调胶

作为胶黏剂使用的环氧树脂，主要是低相对分子质量的环氧树脂。胶液的调制是先选择好树脂、固化剂及增韧剂、稀释剂、填料等，确定各组分的配比，根据固化剂的性能以及固化要求的条件进行配制。下面列举两个室温固化型的实例。

配方一：

E-51 环氧树脂	100 份重
650 聚酰	100 份重
填料	适量

室温24h 固化。加热固化时间可缩短。

配方二：

E-51 环氧树脂	100 份重
二乙烯三胺	11 份重
邻苯二甲酸二丁酯	15 份重
填料	适量

室温固化3天后可达较高的胶接强度。

调胶时各组分按其操作顺序，倒在干净的玻璃仪器中，用金属棒或玻璃棒进行搅拌。搅拌一定要均匀，使胶黏剂各组分充分反应，并使填料完全浸胶，才能保证胶的质量。使用的工具、容器要保持清洁，使用前要用酒精或丙酮擦洗，清除污物。由于调胶后一定时间就会凝胶固化，因此，调胶量不能过多，操作要迅速，并及时进行涂胶。

采用不同的固化剂，其调胶的操作顺序有所不同。

（1）胺类作固化剂的调胶顺序：当室温低于 20℃ 时，环氧树脂的黏度较大，调胶很不方便，也不易调匀，这种情况可将环氧树脂通过水浴加温后再取用。但是，当用乙二胺作固化剂时，应在环氧树脂的温度不超过 35℃ 的情况下加入，否则，加入乙二胺即起强烈的放热反应而使胶液急速固化，或使胶液适用期过短。一般调胶顺序可表示如下：

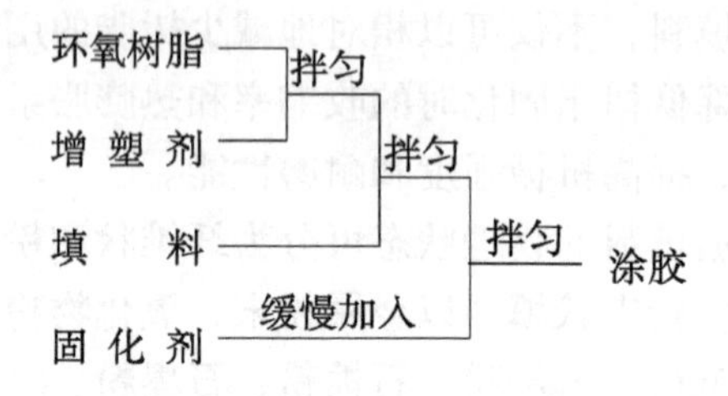

（2）酸酐等作固化剂的调胶顺序：

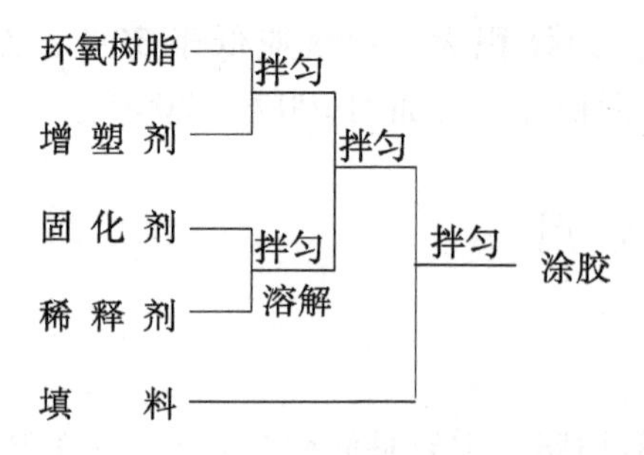

9. 5. 2 胶接条件

环氧树脂胶黏剂常用来胶接钢、铝、铜等金属材料，也用于胶接陶瓷、玻璃、硬塑料、木材、混凝土和石块等非金属材料，并用于金属和非金属相互胶接。

9. 5. 2. 1 涂胶

涂胶按照胶液的状态(水质、黏稠状或糊状等)以及被胶接面的大小不同，可以采用刷涂或喷涂等方法。涂胶要均匀，并完全湿润胶接面，防止造成局部缺胶或气泡。胶层要视被胶接面的粗糙程度，保持一定的厚度，在保证形成连续胶层的情况下，胶层应均匀而薄些为好。胶层过厚，胶接强度反而下降。其原因是：薄的胶层主要是胶接界面的胶接力起主要作用，厚的胶层主要是胶黏剂的内聚力起作用，而胶接力往往大于内聚力。一般胶层厚度在 0. 10 ~0. 15mm 之间为宜。

含有稀释剂的胶液，涂胶后要陈放一定时间，使稀释剂全部挥发，并形成胶膜后再进行胶合，否则胶接效果不良。陈放时间和陈放温度，随胶液的要求而定。不含稀释剂的胶液，涂胶后即可胶接。

9. 5. 2. 2 固化

固化需要在一定的压力、温度、时间等条件下进行。一般来说，增加压力，有利于胶接界面被完全浸润，形成均匀和紧密的胶层，也易于使气泡从胶层中逸出。

升高温度，固化速度加快。热固性的胶黏剂必须在一定的温度下才能发生化学反应而固化。即使常温固化的胶黏剂，提高固化温度，也有利于分子间的扩散作用，有利于气泡逸出、提高胶的流动性，有利于提高胶接质量。但是，固化温度不能太高，太高了固化速度过快，使胶层产生很大的内应力，胶接强度反而降低。加温过程应缓慢进行，避免温度骤变而影响胶接强度。

9.5.3　在木材工业中的应用

环氧树脂在木材工业中主要用于建筑施工现场、家具、装饰品制造等。如表 9-2 所示，环氧树脂常用于胶接其他胶黏剂难以胶接的蔷薇科阔叶树（如紫檀、黑檀、铁刀木、花梨木等）的高密度木材。作为基础树脂的环氧树脂有很多种类，但使用最多的是双酚 A。

表 9-2　对高密度木材的胶接性能（剥离率）

表面处理	环氧树脂（TE-9）	PF	UF	API
无处理	5	8	56	13
#30	6	14	48	20
#80	0	15	61	18
#120	0	11	70	15
钢丝刷	0	30	83	6

注：剥离按 JAS 集成材浸渍剥离试验测试，单位：%。

这种树脂也可以单组分型使用，但多数都是以双组分型，即与固化剂混合使用。通过选择不同固化剂，可实现从室温到加热固化。一般木材胶接以及木材与异种材料胶接使用室温固化型，短的需要 1 天，长的需要 5 天左右。在胶接时，即使压力很小也可获得良好的胶接效果。但是，在清洗用具时，需要乳化洗净液或有机溶剂，应充分注意氨类中的有害气体散发问题。

近年来，为增加其柔软性和韧性，正在研究开发聚氨酯改性的环氧树脂，也在研究环氧树脂和热塑性预聚体高分子合金。

第 10 章 不饱和聚酯胶黏剂

不饱和聚酯胶黏剂是以不饱和聚酯树脂为主体树脂，加入引发剂、促进剂、改性剂和填料等配制而成的无溶剂型胶黏剂，可在常压下室温或加热固化。

10.1 概　述

由二元或多元羧酸和二元或多元醇经缩聚反应而生成的树脂称为聚酯树脂(以长链分子结构中含有—COOR—的酯基而得名)，可分为饱和聚酯和不饱和聚酯两类。

不饱和聚酯树脂是由不饱和二元酸与二元醇或者饱和二元酸与不饱和二元醇经缩聚反应而生成的线型聚合物。不饱和聚酯的相对分子质量一般为 1000 ~ 3000，固化前是线性分子，呈固态或半固体状态，为了使胶液具有良好的加工涂饰性，通常在不饱和聚酯合成后期加入交联剂苯乙烯，形成具有一定黏度的树脂溶液。不饱和聚酯树脂分子链中同时含有重复的不饱和双键，在引发剂作用下可以与含双键的交联剂(如苯乙烯、乙酸乙烯酯、甲基丙烯酸酯等)发生共聚反应生成三维立体结构的、不溶不熔的热固性塑料。

不饱和聚酯树脂胶黏剂具有黏度小、固化灵活、使用方便、品种丰富、耐酸、耐碱性好，有一定强度、价格低廉等优点，使之成为热固性树脂中用量最大的树脂品种，也是纤维增强聚合物(FRP)复合材料制品生产中用得最多的基体树脂，在工业、农业、交通、汽车、电子电器、建筑、家具涂料、人造板表面装饰以及国防工业方面得到广泛的应用。缺点是收缩性大、有脆性等，但可通过加入填料、热塑性高分子来增韧。

10.2 主要原料

10.2.1 二元醇

乙二醇是结构最简单的二元醇，由于其结构上的对称性，使生成的不饱和聚酯树脂具有明显的结晶性，这便限制了它同苯乙烯的相容性，因此一般不单独使用，而同其他二元醇结合起来使用。如将 60% 的乙二醇和 40% 的丙二醇混合使用，可提高不饱和聚酯树脂与苯乙烯的相容性；如单独使用，则应将生成树脂的端基乙酰化或丙酰化，以改善其相容性。

1，2-丙二醇由于结构上的非对称性，可得到非结晶的不饱和聚酯树脂，可完全与苯乙烯相容，并且它的价格相对较低，因此是目前应用较广泛的二元醇。其他可用的二元醇有一缩二乙二醇、一缩二丙二醇等。

10.2.2　不饱和二元酸

不饱和聚酯树脂中的双键，一般由不饱和二元酸原料提供。树脂中的不饱和酸愈多，双键比例愈大，则树脂固化时交联度愈高，由此使得树脂具有较高的反应活性，树脂的固化物有较高的耐热性，在破坏时有较低的延伸率。

为改进树脂的反应性和固化物性能，一般把不饱和二元酸和饱和二元酸混合使用。

常用的不饱和二元酸有：顺丁烯二酸酐（又称马来酸酐）和顺丁烯二酸。由于酸酐熔点较低，且反应时可少缩合出一分子水，故用得更多。

10.2.3　饱和二元酸

加入饱和二元酸的主要作用是有效地调节不饱和聚酯分子链中双键的间距，此外还可以改善与苯乙烯的相容性。

应用最广的饱和二元酸为邻苯二甲酸酐，有时为了改善不饱和聚酯树脂的耐水性和耐腐蚀性能而使用间苯二酸酐。

10.2.4　交联剂

交联剂除在固化时能同树脂分子链发生交联，产生体型结构的大分子外，还起着稀释剂的作用，形成具有一定黏度的树脂溶液。苯乙烯是最常用的交联剂，其优点是：是一种低黏度液体，与树脂及各种辅助组分有很好的相容性；与不饱和聚酯树脂进行共聚时，能形成组分均匀的共聚物；苯乙烯原料易得，价格低廉。

苯乙烯的缺点是蒸汽压较高、沸点较低，易于挥发，有一定的气味，造成施工条件较差，因此应采取一定的劳动保护措施。

在一定范围内调节苯乙烯用量，还可影响其他性能，苯乙烯用量增加，使树脂溶液黏度降低和树脂双键含量增加，因而凝胶时间缩短、软化点增高，树脂耐腐蚀性增加，固化收缩率增加，反之亦然。一般苯乙烯加入量应以保证使用时所需黏度为佳。

10.2.5　阻聚剂

为了减缓聚合反应的速度，通常在缩聚反应结束后加入阻聚剂，这样既可避免在较高温度下树脂与苯乙烯单体混溶时发生凝胶，也可延长树脂溶液产品的贮藏期。对苯二酚是不饱和聚酯树脂合成中常用的阻聚剂。

10.3　不饱和聚酯树脂合成原理

以顺丁烯二酸酐与乙二醇经酯化缩聚形成线型树脂结构为例，说明不饱和聚酯树脂的结构：

$$\begin{array}{l} CH-C(=O) \\ \|\quad\;\; O \\ CH-C(=O) \end{array} + \begin{array}{l} CH_2-OH \\ | \\ CH_2-OH \end{array} \xrightarrow{\triangle}$$

$$H\left[O-CH_2-CH_2-O-\overset{O}{\overset{\|}{C}}-CH=CH-\overset{O}{\overset{\|}{C}}\right]_n OH + (n-1)H_2O$$

通用的不饱和聚酯是由1，2-丙二醇、邻苯二甲酸酐和顺丁烯二酸酐合成的。用酸酐与二元醇进行缩聚反应，其特点是首先进行酸酐的开环加成反应，形成羟基酸：

$$HO-CH_2-\overset{CH_3}{\overset{|}{C}H}-OH + C_6H_4(CO)_2O \longrightarrow HO-CH_2-\overset{CH_3}{\overset{|}{C}H}-O-\overset{O}{\overset{\|}{C}}-C_6H_4-\overset{O}{\overset{\|}{C}}-OH$$

羟基酸可进一步进行缩聚反应，例如，羟基酸分子间进行缩聚：

$$2HO-CH_2-\overset{CH_3}{\overset{|}{C}H}-O-\overset{O}{\overset{\|}{C}}-C_6H_4-\overset{O}{\overset{\|}{C}}-OH \underset{H_2O}{\overset{-H_2O}{\rightleftharpoons}}$$

$$HO-CH_2-\overset{CH_3}{\overset{|}{C}H}-O-\overset{O}{\overset{\|}{C}}-C_6H_4-\overset{O}{\overset{\|}{C}}-O-CH_2-\overset{CH_3}{\overset{|}{C}H}-O-\overset{O}{\overset{\|}{C}}-C_6H_4-\overset{O}{\overset{\|}{C}}-OH$$

或羟甲基酸与二元醇进行缩聚：

$$HO-CH_2-\overset{CH_3}{\overset{|}{C}H}-O-\overset{O}{\overset{\|}{C}}-C_6H_4-\overset{O}{\overset{\|}{C}}-OH + HO-CH_2-\overset{CH_3}{\overset{|}{C}H}-OH \longrightarrow$$

$$HO-CH_2-\overset{CH_3}{\overset{|}{C}H}-O-\overset{O}{\overset{\|}{C}}-C_6H_4-\overset{O}{\overset{\|}{C}}-O-CH_2-\overset{CH_3}{\overset{|}{C}H}-OH + H_2O$$

由羟基酸出发进行酯化缩聚反应的历程和二元酸与二元醇的线型缩聚反应的历程相同。其总反应可看成是：

$$2n\cdot \mathrm{HO-CH_2-\underset{}{\overset{CH_3}{\overset{|}{C}}}H-OH} + n\ \mathrm{(CH{=}CH)(CO)_2O} + n\ \mathrm{C_6H_4(CO)_2O} \longrightarrow$$

$$\mathrm{H{\left[CH_2-\overset{CH_3}{\overset{|}{C}}H-O-\overset{O}{\overset{\|}{C}}-CH{=}CH-\overset{O}{\overset{\|}{C}}-O-\overset{CH_3}{\overset{|}{C}}H-CH_2-O-\overset{O}{\overset{\|}{C}}-C_6H_4-\overset{O}{\overset{\|}{C}}\right]_n}OH + 2nH_2O}$$

10.4　不饱和聚酯树脂的固化

具有黏性和可流动性的不饱和聚酯树脂，在引发剂的作用下发生自由基共聚反应，生成性能稳定的体型结构的过程称为不饱和聚酯树脂的固化。

10.4.1　引发体系

使不饱和聚酯树脂固化的引发剂与自由基聚合用引发剂一样，一般为有机过氧化物。常用过氧化苯甲酰、过氧化甲乙酮、过氧化环已酮等。它们在受热或其他活化剂的作用下，能够分解生成自由基，促使树脂固化。有机过氧化物在低温条件下分解速度很慢，为了在常温条件下加速过氧化物的分解，一般加入还原剂，这样可使有机过氧化物的分解温度降低到室温以下。这种能促使引发剂降低引发温度的还原剂常称为促进剂，而引发剂—促进剂体系常称为引发体系。

不同的引发剂使用不同的促进剂。当使用过氧化苯甲酰时，N，N-二甲基苯胺是一个好的促进剂；当使用过氧化甲乙酮时，环烷酸钴是较好的促进剂，它们能使不饱和聚酯树脂在常温下很快固化。引发剂和促进剂之间的反应很激烈，必须十分小心，绝不能直接混合，贮存也必须分装保管。

不饱和聚酯共缩聚物在引发体系的作用下，与苯乙烯发生反应，形成体型结构的热固性树脂。其结构如下：

$$\mathrm{{-}{-}{-}O-CH_2-CH_2-O-\overset{O}{\overset{\|}{C}}-CH{=}CH-\overset{O}{\overset{\|}{C}}{-}{-}{-}} + \mathrm{C_6H_5-CH{=}CH_2} \xrightarrow{\text{引发剂}}$$

$$\begin{array}{l}\mathrm{{-}{-}{-}O-CH_2-CH_2-O-\overset{O}{\overset{\|}{C}}-CH-\overset{|}{C}H-\overset{O}{\overset{\|}{C}}{-}{-}{-}}\\ \qquad\qquad\qquad\qquad\qquad\quad \mathrm{|}\\ \qquad\qquad\qquad\qquad\qquad\quad \mathrm{CH_2}\\ \qquad\qquad\qquad\qquad\qquad\quad \mathrm{|}\\ \qquad\qquad\qquad\qquad\mathrm{C_6H_5-CH}\\ \qquad\qquad\qquad\qquad\qquad\quad \mathrm{|}\\ \mathrm{{-}{-}{-}O-CH_2-CH_2-O-\underset{O}{\underset{\|}{C}}-CH-\underset{|}{C}H-\underset{O}{\underset{\|}{C}}{-}{-}{-}}\end{array}$$

10.4.2 固化过程

发生在线型聚酯树脂分子和交联剂分子之间的自由基共聚反应，其反应机理同前述自由基共聚反应的机理基本相同，所不同的是它是具有多个双键的聚酯大分子（即具有多个官能团）和交联剂苯乙烯的双键之间发生的共聚，其最终结果，必然形成体型结构，可表示如下：

一切具有活性的线型低聚物的固化过程都可分为三个阶段，即从起始黏流的树脂转变为不能流动的凝胶，最后转变为不溶、不熔的坚硬固体。但由于反应的机理和条件不同，其三个阶段所表现的特点也不同。不饱和聚酯树脂的固化是自由基共聚反应，因此具有链式反应的性质，表现在三个阶段上，其时间间隔较短，通常不饱和聚酯的固化过程分为凝胶、定型和熟化三个阶段。不饱和聚酯树脂在固化时无多余的小分子逸出，结构较为紧密，因此不饱和聚酯树脂具有最佳的室温接触成型的工艺性能。但是其产物结构颇为复杂，图 10-1 是典型的不饱和聚酯固化产物结构图。

$$
\mathrm{H}\!\left[\mathrm{O-CH_2-\underset{\displaystyle CH_3}{CH}-O-\overset{\displaystyle O}{\overset{\|}{C}}-CH-CH-\overset{\displaystyle O}{\overset{\|}{C}}-O-\underset{\displaystyle CH_3}{CH}-CH_2-O-\overset{\displaystyle O}{\overset{\|}{C}}-C_6H_4-\overset{\displaystyle O}{\overset{\|}{C}}}\right]\mathrm{OH}
$$

$$
\mathrm{CH_2-CH(C_6H_5)}
$$

$$
\mathrm{H}\!\left[\mathrm{O-CH_2-\underset{\displaystyle CH_3}{CH}-O-\underset{\displaystyle O}{\underset{\|}{C}}-CH-CH-\underset{\displaystyle O}{\underset{\|}{C}}-O-\underset{\displaystyle CH_3}{CH}-CH_2-O-\underset{\displaystyle O}{\underset{\|}{C}}-C_6H_4-\underset{\displaystyle O}{\underset{\|}{C}}}\right]_n\mathrm{OH}
$$

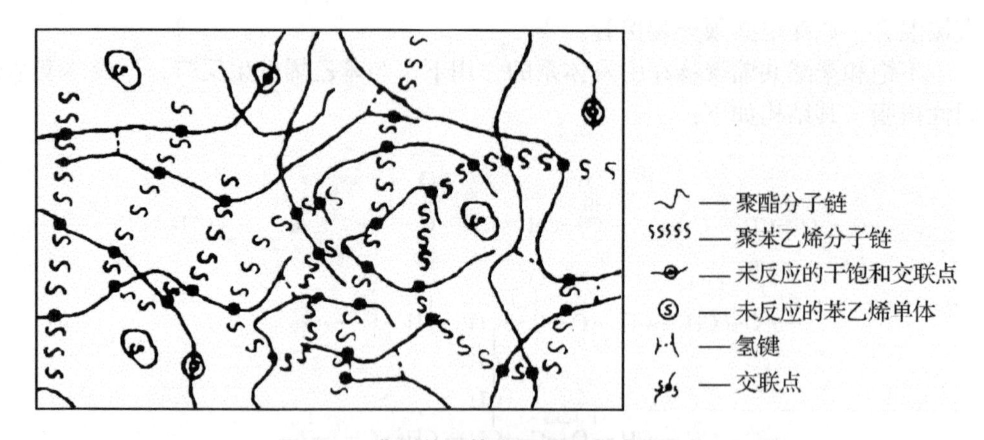

图 10-1 典型的不饱和聚酯固化产物结构

10.5　不饱和聚酯树脂的合成工艺

不饱和聚酯树脂的合成过程包括线型不饱和聚酯的合成与苯乙烯稀释不饱和聚酯制得树脂两部分。因此，生产流程是由反应釜和稀释釜组成。反应釜是合成不饱和聚酯用的，装有搅拌装置、回流冷凝器与夹套加热或冷凝装置。稀释釜是缩聚反应完成后将不饱和聚酯用苯乙烯单体稀释溶解用的，容积比反应釜大，也装有搅拌装置、回流冷凝器与夹套保温装置。

目前国内生产的不饱和聚酯树脂品种、牌号甚多，其差异主要在于所选用的原料单体不同或混合酸组分中不饱和酸与饱和酸的比例不同，但是生产过程大体相似，下面以通用不饱和聚酯树脂191号为例，说明其生产过程：

191号不饱和聚酯树脂中主要的原料配比为：

1,2-丙二醇	2.15 mol
邻苯二甲酸酐	1.00 mol
顺丁烯二酸酐	1.00 mol

按上述配比称料后，在反应釜中通入二氧化碳，排除反应系统中的空气，然后投入二元醇。加热，再投入二元酸。待二元酸融化后，启动搅拌装置，各组分的容积之和不应超过反应釜容积的80%，否则脱水太快容易泛泡。加热反应体系，使料温升至190～210℃，回流冷凝器出口温度控制在105℃以下，以免二元醇挥发损失。在反应过程中，由缩聚反应放出的水逐渐由通入的二氧化碳所排除。反应终点由测定不饱和聚酯的酸值控制，当酸值达40±2mgKOH/g时，即为反应终点。

酸值合格后把料温降至190℃，加计量的石蜡(防止树脂固化后表面发黏)与氢醌(增加树脂的贮存稳定性)，再搅拌30min，待进一步稀释。

在稀释釜内预先投入计量的苯乙烯(不饱和聚酯与苯乙烯两者的质量比为7:3)、阻聚剂和光稳定剂，搅拌均匀。然后打开反应釜底阀，使不饱和聚酯慢慢放入稀释釜，控制流速，使混合温度不超过90℃。稀释完毕冷却至室温、过滤、包装。

10.6　不饱和聚酯树脂胶黏剂的应用

不饱和聚酯树脂是一种热固性树脂，具有强度高、比重小、耐磨、电绝缘性好，并且能在常温、常压条件下成型等许多优点，在工农业建设方面都有广泛的应用。大量的不饱和聚酯树脂是用于制造聚酯玻璃钢。由于其强度、光泽度、耐药品性和电绝缘性优良，也用作家具涂料和纸质塑料板的浸渍树脂。

10.6.1　聚酯玻璃钢

玻璃钢也称玻璃纤维增强塑料，它以合成树脂作为胶黏剂，以玻璃纤维及其制品(玻璃布、玻璃带等)作为增强材料制成的。它质轻而坚硬，机械强度可与钢材相比，因此叫玻璃钢。制造玻璃钢的树脂，不限于不饱和聚酯树脂，其他的合成树脂，如酚醛树脂、环氧树脂、有机硅树脂等也都可用作玻璃钢。随着石油化学工业生产的迅速发展，大力推广应用聚酯玻璃钢，具有重要的意义。玻璃钢主要用在飞机、舰艇、车辆、耐腐蚀的化工容器、管道等制品上。

10.6.2　纸质塑料板

利用不饱和聚酯树脂生产纸质塑料板有两种类型：一种是用多张纸浸渍或涂布过树脂的纸，经过干燥，热压胶接在人造板基材上；另一种是用 1 张或 2 张浸渍过树脂的纸张，经过干燥，放于人造板基材上，在 1.47MPa 左右的压力下加热胶接。因此，浸渍树脂配方有两种。

（1）浸渍多层纸的树脂配方

不饱和聚酯树脂	70 份重
苯乙烯	30 份重
过氧化环己酮	2～6 份重
环烷酸钴	1～3 份重
涂胶量	在 $130g/m^2$ 纸上涂 $200～250g/m^2$
烘干温度	60～80℃
烘干时间	10～15min

不饱和聚酯纸质塑料板与三聚氰胺纸质塑料板比较，具有较高的透明性和光泽度。压制时可以低温低压(120～140℃、0.49～0.98MPa)，时间短(5～10min)，甚至在常温、常压下也可以成型。因此，对设备要求低、操作简便。其缺点是不饱和聚酯收缩率大，易开裂，硬度与耐磨性比三聚氰胺树脂低。不饱和聚酯原料成本较高，树脂制造工艺复杂，对设备性能要求较高，所以在使用上受到一定的限制。

（2）浸渍 1 张或 2 张纸的树脂配方

用于浸渍 1 张或 2 张纸的不饱和聚酯树脂，是异酞型聚酯树脂，它是由异酞型聚酯树脂和二丙酮丙烯酰(固体交联剂)等组分组成的。这种树脂可以生产优质的纸质塑料板。所谓异酞型聚酯树脂，是顺丁烯二酸酐和 1，2-丙二醇及间-苯二酸的共聚树脂。树脂溶液的配方(以质量计算)如下：

异酞型聚酯树脂	83
丙二酮丙烯酰胺	17
50% 过氧化苯甲酰糊精	2.0
2，6-二叔丁基对甲酚	0.06
胶质二氧化硅(SiO_2)	2
正磷酸有机酯	0.3
甲乙酮	36
丙酮	18

配方中的过氧化苯甲酰是快速固化的引发剂。2，6-叔丁基对甲酚是抑制剂，其作用是防止树脂过早反应，使浸渍纸具有较长的活性期。胶质二氧化硅和磨细的硅粉，作为填料使用，目的是用以提高浸渍树脂的热熔黏度。正磷酸有机酯是一种脱膜剂，由于

它是配方中的掺合组分，所以也称内部脱膜剂。内部脱膜剂也可以硬脂酸或月桂酸代替，其使用量为树脂和交联剂单体总量的0.2%～0.3%。丙酮是制备聚酯树脂溶液最好的溶剂，它比甲乙酮好，因为它毒性低，并有着较快的蒸发速度。采用丙酮和甲乙酮混合，可控制浸渍纸干燥时溶剂的蒸发速度，防止起泡。

利用1张或2张树脂浸渍纸生产的纸质塑料板，它的主要特点是生产简便、胶接迅速。因此，要求浸渍纸不黏和易加工，同时要有良好的贮存稳定性。这种纸质塑料板与用多层树脂浸渍纸生产的纸质塑料板不同，前者要求表面含有较多的树脂，这就要求树脂有较高的热熔黏度和迅速反应的特性。而后者是浸渍过树脂的多层纸，其表面树脂量不多，不需要较高的热熔黏度。因此，根据生成纸质塑料板的类型不同，选择适当的树脂组分和用量。

第 11 章

天然胶黏剂

在合成高分子问世之前，使用的各种胶黏剂都是以天然高分子为主要成分的。虽然合成树脂胶黏剂已绝大部分取代了天然胶黏剂，但是某些特殊用途的胶黏剂现在仍在使用天然胶黏剂。天然胶黏剂具有价格低廉、使用方便、初黏性好，但胶接强度差的特点；大部分天然树脂都是水溶性的，所以可以以水作为溶剂；从形态上看，液态或粉状的居多；这类胶黏剂都可生物降解，长期在高湿度下会引起劣化，造成胶接强度下降；不含对人体有害物质，是高安全性的胶黏剂。

天然胶黏剂可分为无机类和有机类，有机类又可分为蛋白质类和碳水化合物类。按其化学组成分为三大类：蛋白质胶、碳水化合物胶(如淀粉胶、纤维素胶等)和其他天然树脂胶(如木素、单宁、虫胶、松香、生漆等)。本章只简要介绍木素胶、单宁胶、蛋白质胶、淀粉胶、纤维素类胶、木材原料胶以及硅酸盐水泥、石膏等无机胶。

11.1 木素胶黏剂

木素是木材的主要成分之一，其含量约占木材的20%～40%，仅次于纤维素。在木材中木素是纤维素的天然胶黏剂，其作用与水泥在钢筋混凝土中的作用或合成树脂在玻璃钢中的作用相类似。

桦木木素的构造如下所示，它是多酚类高聚物，其化学构造与酚醛树脂相类似，因此人们尝试将木素作为木材胶黏剂使用。一般是以亚硫酸盐法和硫酸盐法制浆的副产物，即亚硫酸盐木素(磺酸盐木素)和硫酸盐木素作为原料。

多年来人们致力于使用木素作为胶合板、刨花板等的胶黏剂，并进行过大量的研究，但是到目前为止真正成功的例子几乎没有。其原因之一是市场上所能得到的粗木素类，与酚醛树脂相比变异性较大，并且反应活性低。

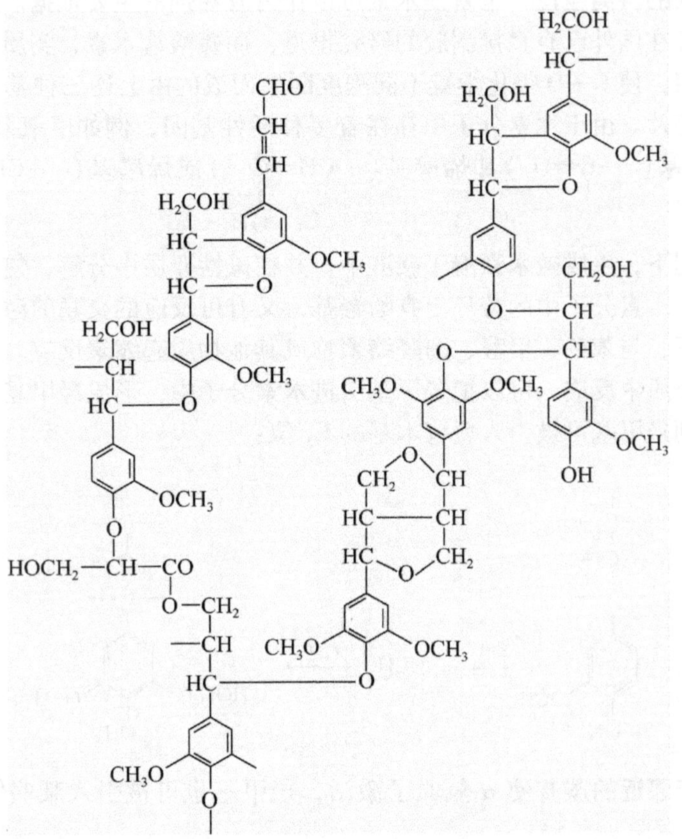

11.1.1　木素的特征

木素是由苯基丙烷单元所组成的，这些结构单元通过 C—C 键或 C—O—C（醚）键相互连接在一起。关于木素的结构，现在均基于假设木素是由对羟基肉桂醇通过氧化偶合而成。木素的基本结构单元有三种类型：

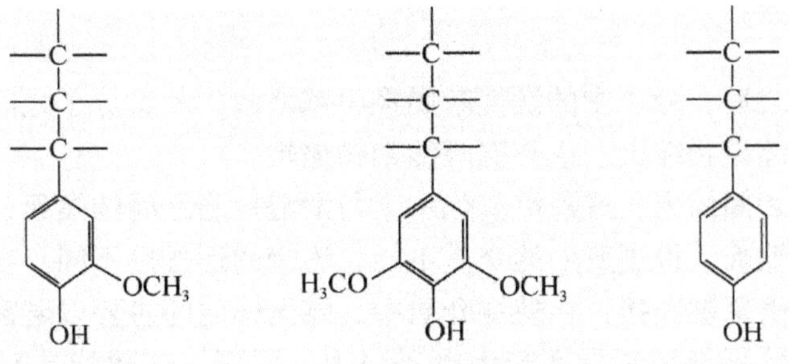

愈疮木基丙烷　　紫丁香基丙烷　　对羟基丙烷

这三种结构类型在不同植物木素中存在的比例各不相同。针叶材木素中主要是愈疮木基丙烷结构单元，阔叶材和禾本科植物木素中主要是紫丁香基丙烷和愈疮木基丙烷结构单元。愈疮木基丙烷结构中，芳环上有游离的 C_5 位，也即酚羟基的邻位，这就是能够进行反应交联的游离空位，也就是木素可以作为胶黏剂的主要依据。

磺酸盐木素在国外已有直接制胶的研究报道，而硫酸盐木素，实质上就是天然木素经碱的催化作用，使C—O等化学键不同程度断裂而成的由上述三种基本结构单元连成的大小不一的碎片。由于木素分子中存在着多种活性基团，例如甲氧基（$—OCH_3$）、羟基（—OH）、羰基（$—\overset{|}{C}=O$）和烯醇基（$—CH=\underset{OH}{\underset{|}{C}}—$）或烯醛基（—CH=CH—CHO）等，在碱的作用下，生成碱木素溶于碱液中，并在碱性介质中分解，使芳醚键断裂而产生新的酚羟基。木素分子中的芳环上有酚羟基，又有可反应的交联的游离空位，就可以在一定的条件下，与苯酚、甲醛、酚醛缩聚物或其他物质起缩聚反应。例如硫酸盐木素与甲醛在碱性介质中反应，可以把羟甲基引进木素分子中，形成羟甲基木素。假如酚羟基是游离的，则羟甲基可被引入愈疮木基的C_5位：

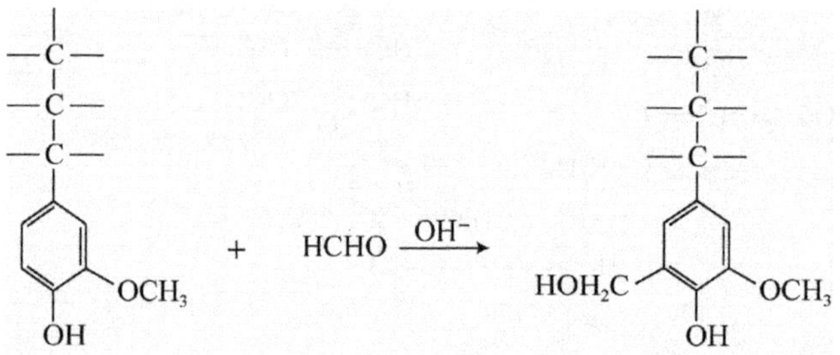

$$\text{(—C—C—C—)-C}_6\text{H}_3\text{(OCH}_3\text{)(OH)} + HCHO \xrightarrow{OH^-} \text{(—C—C—C—)-C}_6\text{H}_2\text{(CH}_2\text{OH)(OCH}_3\text{)(OH)}$$

此外，由于邻近的羰基使α氢原子激活，羟甲基也可被引入某些侧链位置上，其反应原理如下：

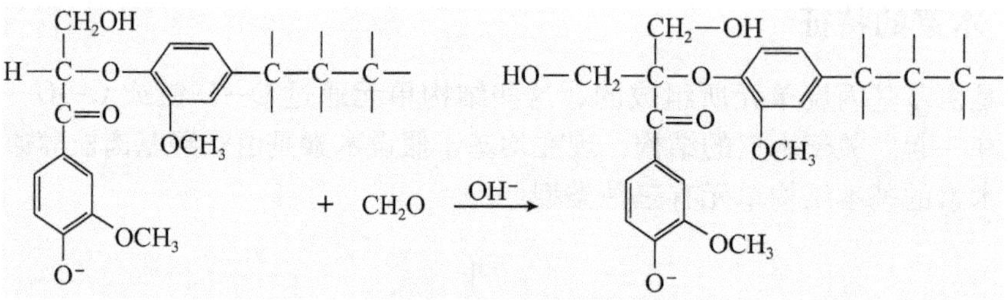

$$\text{H—C(CH}_2\text{OH)(C=O—Ar)—O—Ar'—C—C—C—} + CH_2O \xrightarrow{OH^-} \text{HO—CH}_2\text{—C(CH}_2\text{—OH)(C=O—Ar)—O—Ar'—C—C—C—}$$

（式中 Ar 为带 OCH_3 和 O^- 的苯环，Ar' 为带 OCH_3 的苯环）

木素羟甲基化之后，分子中的活性基团羟甲基增多，木素分子之间可以进一步脱水缩聚，也可与酚醛缩聚物缩聚，或与脲醛缩聚物缩聚。

羟甲基化木素之间缩聚，或羟甲基化木素与酚醛树脂之间的缩聚，或羟甲基化木素与脲醛树脂之间的缩聚，根据所处的介质不同，连接的形式也不同。在碱性介质中，缩聚体之间主要以亚甲基键连接；在酸性介质中，缩聚体之间主要以醚键连接。醚键具有高度的极性，可使分子与相邻界面产生电磁引力。因而，这种胶黏剂在酸性介质中缩聚，具有较高的胶接强度。

11.1.2 未改性木素胶黏剂

（1）直接利用。木素磺酸的利用有两种方法，一种是使粗木素磺酸钙在高温高压下固化，另一种方法是用过氧化氢等的氧化剂或白腐菌使木素磺酸氧化聚合。

（2）与酚醛树脂等混合。利用木素的酚类性质，将木素与酚醛树脂共混，使其与酚醛树脂的羟甲基反应，设法将木素引入高分子结构中。由于高相对分子质量且具有吸湿性的木素磺酸交联性能较差，其添加量不能过多。但是，硫酸盐木素可代替 40% 酚醛树脂。

在这些添加用木素之中，最具有代表性、应用比较成功的是将木素按相对分子质量进行分级处理的木素（如 KARATEX）。它是通过超滤膜去除低分子物，使木素的相对分子质量均一化，因此加入酚醛树脂可以制造耐候性的室外用胶合板。

11.1.3 化学改性木素胶黏剂

磺酸盐木素与硫酸盐木素由于其反应活性小，因此存在着一个弱点，即固化时难以引入到高分子主链中。为了克服这一弱点，对其进行各种化学改性。通过化学改性使全部分子的反应活性都得到提高，并使木素自身成为胶黏剂高分子主链的一部分。例如，羟甲基化、环氧化、异氰酸酯化等。以下就木素的化学改性研究作简要介绍。

（1）羟甲基化改性。将阔叶树硫酸盐木素和甲醛反应会提高木素的反应活性，进行交联。其反应如下：

CH_3, Lignin—CH, CH_2, OH, OCH_3 $\xrightarrow[HCHO]{OH^-}$ CH_3, Lignin—CH, CH_2, HOH_2C, OH, OCH_3

CH_3, Lignin—CH, C=O, OH, OCH_3 $\xrightarrow[HCHO]{OH^-}$ CH_3, Lignin—C—CH_2OH, C=O, OH, OCH_3

羟甲基引入木素芳香环的5-位，或在侧链 α-位具有羰基化双键时引入到其 β-位。但是这种羟甲基化木素的反应活性明显低于酚醛树脂。

（2）酚化改性。利用上述反应，首先使木素羟甲基化，然后与酚醛树脂混合用于胶接华夫板可以获得良好的胶接性能。此外，还有人利用针叶树愈疮木基丙烷木素芳香环上5-位的活性进行羟甲基化，然后使其与苯酚反应，进而再使其与甲醛反应。这种方法不适用于含有紫丁香基结构的阔叶树木素。但是，如若使用直接酚化法，可将阔叶树木素适当塑料化。例如将阔叶树 SSL—NH_4 溶液和苯酚在 220℃ 时进行高压处理，虽然结合的苯酚量不高，但可用于胶合板的胶接。将阔叶树的爆破法木素用酸催化剂进行羟甲基化，作为胶合板用胶黏剂可以获得能与酚醛树脂相媲美的胶接性能。这类反应如下所示：

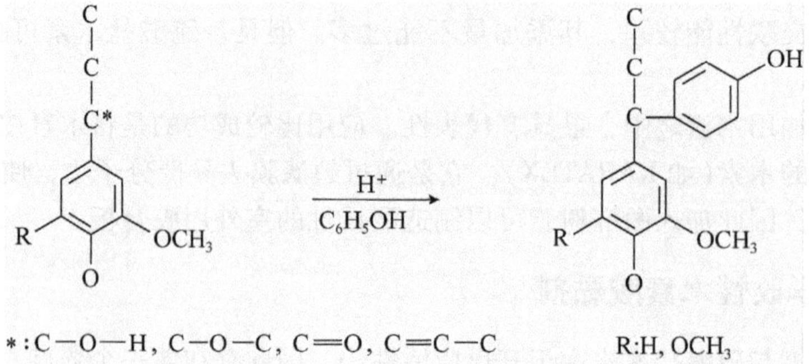

C
C
C*
R　OCH_3
O

$\xrightarrow[C_6H_5OH]{H^+}$

C
C
C　OH
R　OCH_3
O

*：C—O—H，C—O—C，C═O，C═C—C　　R:H, OCH_3

国外亦有学者将木质素在酸催在下进行苯酚液化，获得相对分子质量低、活性基团更多的苯酚液化木质素，再与甲醛在合适条件下进行树脂化反应，获得了木质素－苯酚－甲醛共聚合胶黏剂，其胶接性能、耐水性、甲醛释放量等各方面的性能与常规的纯酚醛树脂基本相同，可用于木质结构复合材料的黏接。

（3）羟丙基化改性。为将木素转化成环氧树脂或聚氨酯，需先将木素羟丙基化从而作为上述树脂的中间体原料。如下所示，它是木素的酚羟基和环氧丙烷发生反应而得到的。

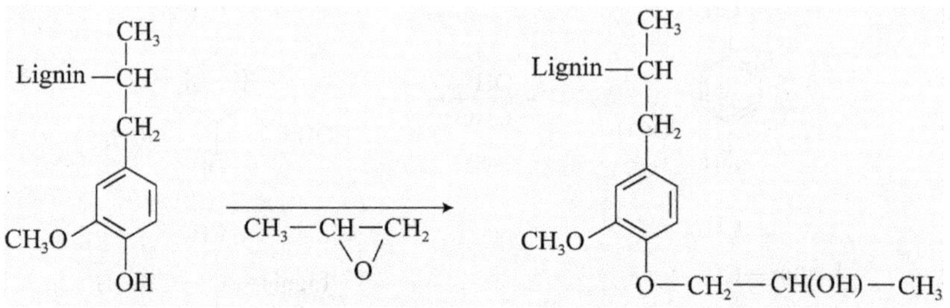

CH_3
Lignin—CH
CH_2
CH_3O
OH

$\xrightarrow[CH_3—CH—CH_2\ (O)]{}$

CH_3
Lignin—CH
CH_2
CH_3O
O—CH_2—CH(OH)—CH_3

新形成的仲醇的羟基反应活性比酚羟基的反应活性高，并且拉开了它与木素主体结构的距离，从立体结构上看也是有利的。利用它的反应性，展开聚氨酯树脂、环氧树脂或聚乙烯等的掺合聚合物。

（4）环氧化改性。木素环氧化的主要对象是硫酸盐木素及其改性物。如下所示，环

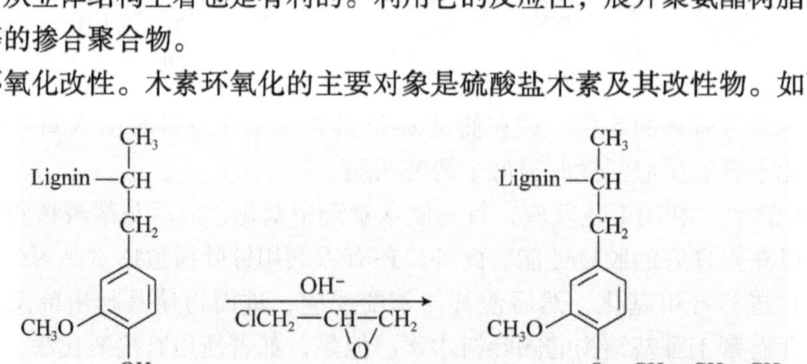

CH_3
Lignin—CH
CH_2
CH_3O
OH

$\xrightarrow[ClCH_2—CH—CH_2\ (O)]{OH^-}$

CH_3
Lignin—CH
CH_2
CH_3O
O—CH_2—CH—CH_2 (O)

氧化反应在酚羟基上进行。使硫代木素、双愈疮木基化合物、酚化物与环氧氯丙烷反应，制成环氧化木素。使用常用固化剂胶接木材与铝。酚化木素的环氧化程度愈高，其对铝的胶接愈好。将环氧化木素与酚醛树脂混合，它对木材的胶接性能优于酚醛树脂。但是由于这些环氧化木素在有机溶剂中的溶解性低，黏度也较高，作为胶黏剂使用还存在问题。对此可用双酚代替酚，酚化后的硫化木素环氧化物在丙酮等有机溶剂中的溶解性能良好。

(5) 聚氨酯化改性。使木素与异氰酸酯反应可生成聚氨酯。与异氰酸酯反应的是木素的醇羟基和酚羟基。

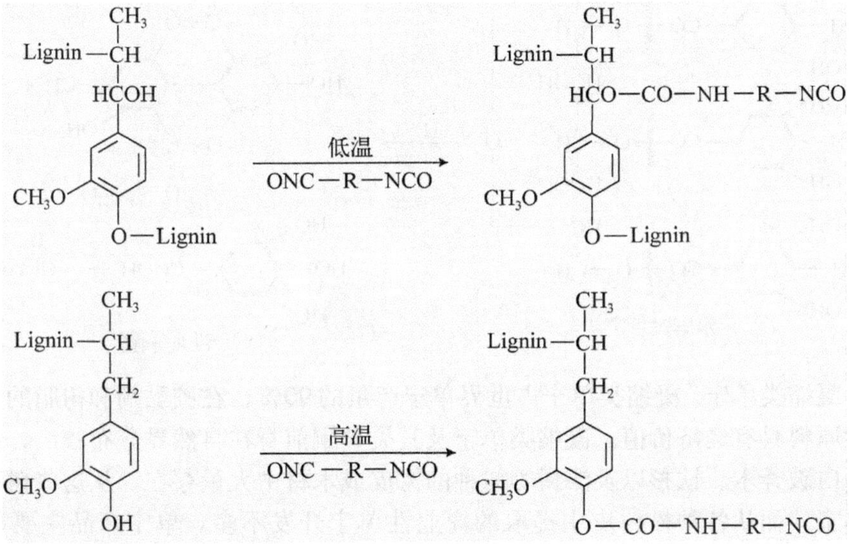

CH$_3$
Lignin—CH
HCOH
CH$_3$O
O—Lignin

低温
ONC—R—NCO

CH$_3$
Lignin—CH
HCO—CO—NH—R—NCO
CH$_3$O
O—Lignin

CH$_3$
Lignin—CH
CH$_2$
CH$_3$O
OH

高温
ONC—R—NCO

CH$_3$
Lignin—CH
CH$_2$
CH$_3$O
O—CO—NH—R—NCO

未改性的木素活性基团少，不能产生充分的交联反应，必须对其进行羟丙基化的改性。只进行羟丙基化改性的木素在使用时，会导致木素的反应活性过高，致使其玻璃化温度升高，得不到具有柔韧性的聚氨酯树脂，可以通过加入聚乙二醇来解决这一问题。使硫酸盐木素的低相对分子质量部分与异氰酸酯相对应进行平衡反应，可以得到具有适度柔韧性的聚氨酯树脂。另外，用甲酚蒸煮得到的木素与聚乙二醇一起同 MDI 反应而形成聚氨酯树脂，其热稳定性优于不添加木素的聚氨酯树脂。

11.2 单宁胶黏剂

通常人们把植物的水抽提物称为单宁。单宁主要是具有酚类特性的化合物，包括水解类单宁和凝缩类单宁。广泛存在于植物的干、皮、根、叶和果实中。主要来源于木材加工中树皮下脚料和单宁含量较高的植物。

植物单宁提取物的纯度变化颇大。工业用荆树皮和栲木提取物一般含有活性酚类成分为 70% ~80%，而松树皮的提取物仅含 50% ~60%。非单宁组分主要是糖类和高相对分子质量的亲水胶体树胶，这些物质是不能与甲醛反应生成树脂的。

11.2.1 单宁的特性

（1）水解类单宁。水解类单宁是糖与棓酸（没食子酸）和双棓酸的酯，它在稀酸与酶的作用下，可水解为没食子酸、鞣花酸及糖类。水解类单宁有栗木、诃木和云实等。

水解类单宁可以代替部分苯酚制造酚醛树脂。其化学性能同与甲醛反应能力差的简单酚化合物相似，在制造酚醛树脂时可适当代替苯酚。它们在天然状态下并不是高分子化合物，酚的代用量不大，亲核性较低，在世界范围内其产量也有限。

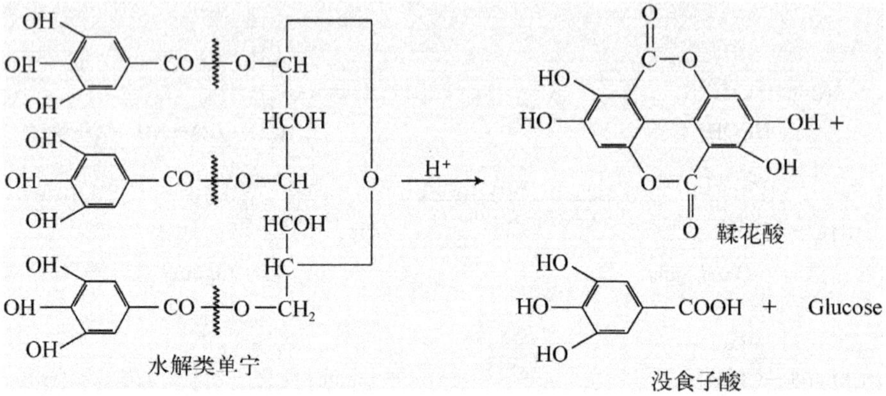

水解类单宁 $\xrightarrow{H^+}$ 鞣花酸 + 没食子酸 + Glucose

（2）凝缩类单宁。凝缩类单宁占世界单宁产量的90%，在胶黏剂和树脂的生产方面作为化学原料具有经济价值。凝缩类单宁及其类黄酮前身在自然界分布较广，特别是在金合欢、白破斧木、铁杉以及漆树等树种的树皮或木材中大量存在。从这些树种均可制取商品单宁，而从各种松树皮中提取的商业性单宁开发不多。单宁产品主要用于制革工业。

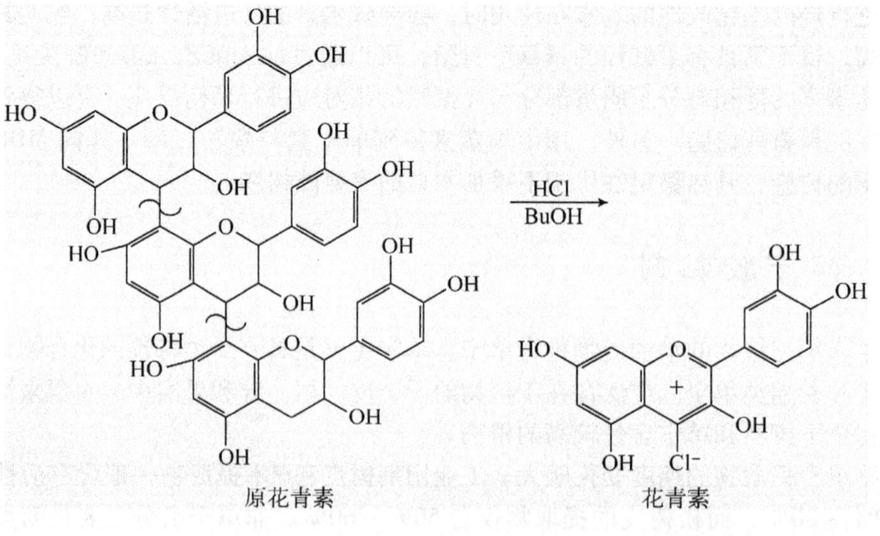

原花青素 $\xrightarrow[BuOH]{HCl}$ 花青素

凝缩类单宁是由缩合度不同的类黄酮单体所组成的，由其直接前身（黄烷-3-醇、黄烷-3,4-二醇）、其他类黄酮化合物、碳水化合物以及微量的氨基酸和亚氨基酸按固定的结构方式构成的。类黄酮单体含氮酸类的浓度很低，影响不了提取物体系的化学和物理性能。但是，也存在简单的碳水化合物（己糖、戊糖和二糖）和复杂的葡萄糖醛酸酯（亲水性树胶），其含量足可以影响提取物的黏度，当含量过大时还可以改变提取物的其他与单宁缩合度无关的物理性能。

11.2.2 类黄酮的化学反应特性

如下所示：

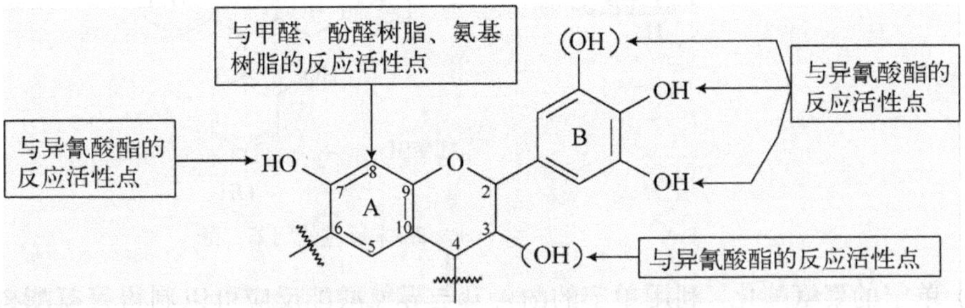

与甲醛、酚醛树脂、氨基树脂的反应活性点

与异氰酸酯的反应活性点

与异氰酸酯的反应活性点

与异氰酸酯的反应活性点

类黄酮 A 环的 8-位和 A、B 环的羟基是其反应活性点。A 环的 8-位与甲醛、或酚醛树脂及脲醛树脂的羟甲基反应活性高，羟基与异氰酸酯等的反应活性高。

（1）凝缩类单宁与甲醛的反应。类黄酮类与甲醛在二价金属离子催化下的反应：

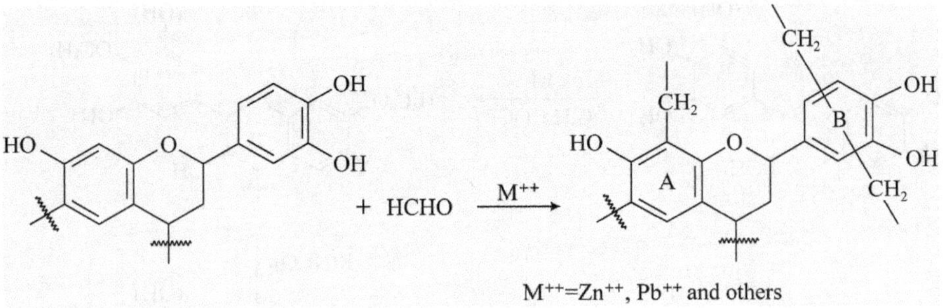

$M^{++}=Zn^{++}$, Pb^{++} and others

甲醛首先在类黄酮的 A 环上加成，然后再与 B 环反应，形成上述结构的高分子产物。利用这一反应，与酚醛树脂的羟甲基进行交联反应，也可以合成线型树脂。

（2）间苯二酚化反应。在催化剂作用下使醚环加水分解开环，之后加入间苯二酚可以得到如下的中间体。

反应产物在碱催化下加热，可以得到作为胶黏剂使用的树脂。

这种间苯二酚化单宁（A 剂）与同间氨基苯酚反应而得到的单宁（B 剂）混合，可制成常温固化蜜月型胶黏剂。这种胶黏剂的胶接性能非常好。

(3) 单宁的聚氨酯化。利用单宁的酚羟基与异氰酸酯反应可以制得聚氨酯树脂。因为单宁不溶于异氰酸基的惰性溶剂，如若将单宁苯甲酰化可提高其溶解性，利用此反应合成聚氨酯树脂。将冷杉单宁部分苯甲酰化制成异氰酸酯化的涂料具有优良的耐候性，并且将其制成乳液胶接铝时可得到优良的胶接性能。

11.2.3 单宁胶的制备与应用

凝缩类单宁提取物在19世纪末已用于制革，近年来将其成功地用于胶黏剂和树脂制造业。因为单宁可代替以石油为原料的合成苯酚，所以显示出其作为工业原料的重要性。由于对单宁提取物组分、特征反应以及大分子构造进行广泛而深入的研究，这些为单宁胶的开发与应用奠定了良好的基础。

单宁胶类似酚醛树脂胶黏剂，其用途与酚醛树脂胶黏剂大致相同，主要用于木材等的胶接。

单宁胶的制备方法根据原料产地与树木种类的不同、处理方法的差异等不尽相同，可以制成室外级胶合板用胶黏剂，常温固化型、快速固化型和高频层积用胶黏剂，室外级刨花板用胶黏剂，瓦楞纸板用胶黏剂等。

这里举一例简单说明。通常将单宁、甲醛与水混合，制得单宁树脂，然后加入固化剂和填料，搅拌均匀即得到单宁胶。日本东京农工大学合成的两种单宁树脂(TF-1、TF-2)，其配方及工艺控制条件如表11-1所示。

表11-1　单宁胶黏剂配方与控制条件

项　目	原料与工艺	TF-1	TF-2
树脂合成配比(质量比)	金合欢单宁	100	100
	水	100	100
	甲醛	9.25	13.9
合成条件	温度(℃)	40	25
	时间(min)	60	60
胶黏剂调胶配比(质量比)	TF树脂	100	100
	30% NaOH	2.0	2.0
	多聚甲醛	2.5	2.5
	填料	3.0	3.0

用这两种单宁胶压制三层胶合板，通过112个星期(以80℃的水3h，80℃的热空气3h，为一个周期)的湿热老化试验，证明具有良好的耐湿热老化性能。

11.3　木材原料胶黏剂

近年来，有关木材自胶合(亦称为无胶胶合)的研究较多，其主要方法是利用催化剂(如强氧化剂)使木材组分在高温高压条件下转化成具有胶接性能的物质，使木材原料利用自身物质进行胶接。采用这种方法制造的木材胶接制品，由于必须在高温高压下才能实现木材自胶合，故产品颜色较深，木材自身产生一定程度的热降解，其应用面窄，还没有实现工业化。

使木材在特定的条件下转化成胶黏剂，然后用于胶接木材。如可将木材置于300℃以上的高温条件下，与酸、水或苯酚等共同作用，使木材转化成低分子物质，即木材糖化法或液化法。不过这种方法比较繁杂，存在着使用高压，需要特殊的反应容器的问题。近年来已研究出比较简单的木材液化方法。利用木材液化物作为胶黏剂使用，或制造塑料材料。这方面的研究较多，但是还没有达到商品化的程度。

苯酚液化法是不溶不熔的木质纤维素材料转为胶黏剂制备用原料的一种有效方法。在硫酸、磷酸、有机磺酸或者这些混合酸存在下，多数木质纤维素材料在120～150℃的常压条件可被液化成相对分子质量较低的可溶可熔产物，再与甲醛在合适条件下进行树脂化反应，获得了类酚醛树脂胶黏剂，其胶接性能、耐水性、甲醛释放量等各方面的性能与常规的纯酚醛树脂相近，可用于木质结构复合材料的制备。木材、纤维素、木质素、单宁、树皮、淀粉、竹粉、废报纸等木质纤维材料，通过苯酚液化制备成生物质基胶黏剂和模塑塑料。

将木材成分或木材自身转化成为胶黏剂的研究已进行了多年，到目前为止还没有达到实用化的程度。随着石油资源的减少及枯竭，利用可再生的天然木材资源制造胶黏剂具有十分重要的意义。

11.4 蛋白质胶黏剂

蛋白质胶黏剂是以含蛋白质的物质作为主要原料的一类天然胶黏剂。动物蛋白和植物蛋白均可制作胶黏剂。按所用蛋白分为动物蛋白(骨胶、明胶、酪蛋白胶、血清蛋白)和植物蛋白(豆胶等)。它们一般是在干燥时具有较高的胶接强度，用于家具制造、木制品生产。但是，由于其耐热性和耐水性差，已被合成树脂胶黏剂(如聚醋酸乙烯树脂胶黏剂等)所代替，现在只应用于特殊用途(乐器等)和场合。

蛋白质存在于一切生物体内，其基本组成单元是α-氨基酸，化学式为：

$$H_2N-\underset{\displaystyle R}{\underset{|}{CH}}-\overset{\displaystyle O}{\overset{\|}{C}}-NH\left[\underset{\displaystyle R}{\underset{|}{CH}}-\overset{\displaystyle O}{\overset{\|}{C}}-CH\right]_n\underset{\displaystyle R}{\underset{|}{CH}}-\overset{\displaystyle O}{\overset{\|}{C}}-OH$$

11.4.1 皮骨胶与明胶

皮骨胶是用牲畜的皮、骨、腱和其他结构组织为原料加工制得的。一般是将动物的皮、骨或腱先在石灰水中浸泡，然后水洗、中和，再用温水浸泡(或在水中加热蒸煮)变成胶，获得的浸出物可以直接脱水、干燥、制成粒状胶，也可以通过凝胶化制成块状胶，按适当大小切断，在铁丝网上干燥，使用前再粉碎成小块。根据所用原料还可分为骨胶和皮胶。高纯度的蛋白质经过温和的处理可以生成高相对分子质量高纯度的蛋白质，将其称为明胶。骨胶与明胶的主要差别是纯度不同。

11.4.1.1 皮骨胶的特性

干燥的皮骨胶是固体无臭味的角质状物质，呈淡琥珀色至褐色，是一种热塑性胶。干燥的皮骨胶平均含水率10%～18%，密度约1.27。在冷水中吸水膨胀，溶于热水，冷却后成凝胶。溶于甘油和醋酸，不溶于乙醇和乙醚等有机溶剂，在适当的条件下可以乳化。在干燥状态下(含水率10%～14%)强度不下降，可无限期贮存。

皮骨胶溶液通常在40～60℃范围内稳定，低于30℃时变为凝胶。超过60℃有分解的危险(特别是皮胶)。胶液的黏度随温度、盐的含量和体系的pH的变化而变化。

11.4.1.2　皮骨胶的调制

使用时在调制胶液之前，先要根据用胶量(一般每次调胶量不超过48h的用胶量)和所需胶液的浓度，来计算干胶粒或胶块的用量。由于皮胶的黏度比骨胶大，所以制备一般木工用胶时，浓度也不同。通常皮胶的浓度约为30%，骨胶的浓度为40%～50%。

按计算用量，将胶粒或胶块和水放入调胶锅中，先将干胶料在水中充分膨胀(以成为冻状无硬块为准)，再把调胶锅放在水浴中加热(温度不宜超过80℃)，直到胶料全部溶解成为均匀的胶液为止。溶解后的胶液倒入具有加热水套的贮胶罐中，使胶液在工作时间内保持相同的温度和黏度。由于胶液在长时间的受热下，即使温度不高也会引起明胶质的水解，因此一次调胶量不宜过多。

11.4.1.3　皮骨胶的应用及改性

皮骨胶可用于胶接木材、金属、皮革、织物和纸张，常用于木材、家具、乐器和体育用品的胶接。

用于木材加工，皮骨胶的优点是胶层凝固迅速，胶接过程只需几分钟到十几分钟即可。对木材的附着力好，有较大的胶接强度(水曲柳木块用皮骨胶胶接的平均抗剪强度，可达到6～10MPa)。调胶简单，不需加其他药剂。胶层弹性好，不易使刀具变钝。胶接过程不需大的压力，一般只要0.5～0.7MPa的压力即可。不污染木材，对各种作业环境适应性强。

皮骨胶是具有悠久历史的胶黏剂，对木材的胶接强度与合成树脂相比并无大的差别，但是耐湿性和耐水性较差，遇水胶层就膨胀，失去强度。无耐腐性，当胶中的含水量达到20%以上时，很容易被菌类和微生物所寄生，以致变质腐败。有明显的收缩性，当胶层厚时，由于干燥不均，则会引起内应力而降低胶层强度，因此胶层不宜太厚。在整个使用过程中，胶液都需要加热，并且要求在短时间内完成胶接，所以也增加了使用成本。

为改善皮骨胶的耐水性能，采用使其分子间产生交联构造(热固性)的方法。例如添加甲醛水溶液、六次甲基四胺、多聚甲醛、重铬酸钾、明矾等药剂。其中甲醛液不能直接加入胶中，如若直接加入，胶液迅速凝胶而报废。所以必须采用甲醛液与胶液分别涂于两个胶接面的办法进行胶接，因此力图使用六次甲基四胺来解决这一问题。甲醛除了能提高胶层的耐水性之外，还能提高耐腐性和加快固化速度。

皮骨胶在人造板工业上，主要用于单板拼缝用的胶黏带。在纸加工制品领域起着重要的作用，作为特种用途有微胶囊化剂。例如将油墨利用明胶进行微胶囊化的复写纸，加压即可使明胶膜破裂，使复写用的油墨发色。另外，如人们所熟知的，明胶对生物体无毒，用其作为外科手术的止血胶黏剂。

11.4.2　酪蛋白胶

将牛奶中作为钙盐呈胶体状的高分子蛋白质(约3%)用酸处理后，分离出去钙后的凝固物即是酪蛋白。酪蛋白在pH值为4.6(等电点)时溶解性最小，与离子的结合力也最小。利用这一性质使酪蛋白凝固。

酪蛋白在pH值为8～9的弱碱(磷酸钠、碳酸钠等)溶液中成为高黏度的液体，待其水分挥发后即可作为胶黏剂使用。并且使溶液中的酪蛋白和重金属(钙、铝、锌等)产生螯合(离子交联)可形成热固性，生成不溶于水的凝胶。利用它可得到耐水性木材胶黏剂。获得耐水性胶黏剂的另一种方法是通过酪蛋白与甲醛反应生成体型交联结构，它也同皮骨胶一样，需采用分别涂于被胶接材的两个表面的办法进行胶接。

酪蛋白胶可由皮骨胶、白蛋白制得，价格低，通过调制可扩大使用温度(4 ~ 38℃)，是可调节开口陈化时间的胶黏剂。无甲醛臭味，耐老化性优良，可用于胶接要求具有一定程度耐水性的冷压胶接物。美国目前仍在使用加入防腐剂的酪蛋白胶制造空心门等。此外，酪蛋白与合成橡胶胶乳混合，作为金属—木材、塑料—木材等异种材料胶接用的胶黏剂。还可用于纸涂层材料及其他胶黏剂的底涂。将酪蛋白和尿素溶于氨水中后，用于啤酒瓶商标的胶贴，具有当啤酒瓶在热水中清洗时可以简单地洗掉商标的性能。

11.4.3　其他蛋白质类胶黏剂

11.4.3.1　血胶

血胶是利用动物血液中的血清蛋白来制胶。一般是将猪或牛的新鲜血液经低温干燥得到的，溶于水后使用。按血胶所用原料的不同，又分为血液胶和血粉胶两种。血液胶是用经过脱纤处理的血液直接调制胶液，而血粉则要将处理后的血液制成血粉再用来制胶。制成血粉后保存时间长，运输方便。

从血浆得到的血清蛋白在 71℃ 固化，加热生成耐水性的胶层。血胶用于生产胶合板时，可以热压胶合，也可以冷压胶合(在血胶进行调制时加入甲醛或氨水等物质，以加速凝胶)。但冷压所得到的胶层弹性和强度都差，因此通常都采用热压胶合。血胶对单板含水率要求不严格，中湿度单板也能进行胶合。血胶的缺点是：色深，易污染板面；有异臭，易受菌类腐蚀；固化后的胶层较硬，易磨损刀具。

为进一步提高血胶的耐水性，国外有采用加多聚甲醛及少量碱来调制血胶的方法，用这种改性血胶，可制造航空胶合板。另外，也可以加二羟甲基脲或六次甲基四胺来提高耐水性。血粉可作为脲醛树脂的增强剂使用，调制泡沫胶。

血胶虽然有一定量的原料来源，价格低廉，可用于胶合板、纤维板、刨花板的制造，但目前在人造板生产中已很少应用。

11.4.3.2　豆胶

豆胶是利用大豆为原料而制得的胶黏剂。按其所用原料的不同，可分为豆粉胶和豆蛋白胶(豆精胶)两种。豆胶是利用冷榨法的豆饼加以粉碎而得豆粉作原料，而豆蛋白胶是从含豆蛋白的植物中抽提出豆蛋白作为原料。

在豆蛋白中配以碳酸钠和石灰乳即可作为胶黏剂使用。其性能与酪蛋白相似，因此可以和酪蛋白采用同样的方法使用。利用豆粉作为脲醛树脂与三聚氰胺—尿素共缩合树脂的增量剂，可以有效地提高胶接的初强度。

豆胶是非耐水性胶，固化后的胶层不能受潮或浸水，但由豆胶制成的胶合板的干状剪切强度较高，一般都能达到 0.98MPa 以上，有的可高达1.47 ~ 1.96MPa。豆胶调制及使用方便，无毒、无臭，操作条件好，胶的适用期长，成本相对低廉。但由于不耐水以及耐腐性差、固含量低且黏度高，所以使用受到一定限制。

豆胶可用热压胶接，也可用冷压胶接(但压后需加热干燥)。

豆胶在国内主要用于生产包装胶合板。胶接时对单板含水率有一定要求，用热压胶合时，要求单板含水率不大于10%；用冷压胶接时，要求含水率不大于15%。豆胶涂胶后的陈化时间一般在15~20min，有利于提高胶接强度。

为增加豆胶的胶接强度，可加入酪素。加入20%的干酪素对增加胶液的流展性，改善操作性能，提高胶接强度都有一定的效果。此外，加入血粉也能提高豆胶的耐水性和胶接强度。

20世纪30年代美国西北沿海区用豆胶制造花旗松胶合板，40~60年代美国西海岸几乎每个胶合板厂家都采用大豆胶黏剂，当时大豆蛋白胶占美国胶合板用胶量的85%以上。但是，随着刨花板和中密度纤维板及定向刨花板的大量生产，脲醛胶和酚醛胶的应用，到70年代蛋白质类木材胶黏剂的使用量减少，逐渐淡出历史舞台。近年来，由于醛类胶黏剂的甲醛污染问题，以及伴随开发可替代石化资源的可再生天然资源的研究热潮，人们又重新开始关注大豆蛋白胶黏剂的研究，目前大豆蛋白胶黏剂的开发研究主要集中在对大豆蛋白的改性方面，改性方法可以分为物理改性、化学改性、共混改性、酶改性以及基因工程改性。

大豆蛋白胶黏剂经改性后，其功能特性得到了显著的提高，虽然改性后大豆蛋白胶黏剂的胶接性能有一定程度的提高，但在大豆基(大豆为主要反应单体)胶黏剂的储存期、耐水性、对不同胶接工艺的适应性以及抗生物降解性等方面仍需进一步的研究。

11.4.3.3　乳清蛋白胶

乳清蛋白是乳酪加工过程中所产生的一种副产品，每生产1~2kg乳酪(酪蛋白)就消耗10kg牛奶，并产生8~9kg的乳清。乳清蛋白主要由50%~53%的β-乳球蛋白、19%~20%的α-乳白蛋白、6%~7%的牛血清蛋白及12%~13%的免疫球蛋白组成，这些蛋白质量之和约占牛奶蛋白的18%。由于乳清蛋白是一种紧密的球形蛋白，分子中的活性基团和极性基团都被包裹在球形结构内，且相对分子质量小于大豆蛋白和酪蛋白；在较高浓度下(>10wt%)和较高温度下(60℃)，乳清蛋白已出现热致性凝胶；在pH值大于8的条件下亦容易出现凝胶，因此乳清蛋白利用困难，通常被称为“垃圾蛋白”，除部分用于食品添加剂外，相当部分乳清被废弃，产生了环境污染。但是乳清蛋白具有两个突出的特点，水溶性好以及可自身聚合，使其适于制备人造板用胶黏剂。在常温下100g水可溶解90g以上的乳清蛋白，形成均相、低黏度的溶液；乳清蛋白含有较为丰富的活性基团，如游离氨基、羟基和可自身交联的巯基，因此，乳清蛋白在受热或者pH高于8的环境下，自身容易交联成体型结构，使得乳清蛋白溶液本身就可用作耐水性胶黏剂，由乳清蛋白粘接的胶合板，其干胶合强度可达到1.5MPa，28h煮—烘—煮湿胶合强度可以达到0.98MPa。

将70份乳清蛋白溶液与30份聚乙烯醇溶液复合制得的水性高分子，再与15份多异氰酸酯复合，可以用于制备结构用集成材的水性高分子-异氰酸酯胶黏剂，按照日本标准JIS K6806—2003的测试方法，所制备集层材的干剪切强度可以达到14.3MPa，而28h煮—烘—煮湿剪切强度可以达到6.8MPa。如将酚醛树脂低聚物的碱和游离甲醛除去，亦可用于改性乳清蛋白，使之可用于结构胶合板的制备，在100份乳清蛋白溶液中加入20份的处理酚醛树脂低聚物，用于压制桦木胶合板，其干胶合强度可达到2.0MPa、28h煮—烘—煮湿胶合强度可以达到1.73MPa，而其产品的游离甲醛释放量仅为0.067mg/L(干燥器法)，远低于日本相关环保胶合板的要求值(0.3mg/L)。

11.5 淀粉胶黏剂

淀粉胶黏剂有淀粉、糊精、面粉、米糊等。一般价格低廉，可用水稀释，使用容易，无污染。虽然不耐水，但若胶接失败可以浸湿剥离。多作为纸、一般办公用胶黏剂使用。面粉是脲醛树脂、三聚氰胺—尿素共缩合树脂的良好的增量剂，被广泛利用。

11.5.1 淀粉

工业上多使用玉米淀粉。淀粉是以葡萄糖为基本单元的高聚物，由通过α-1，4糖甙键连接的直链状的直链淀粉和通过α-1，6糖甙键连接有分枝结构的支链淀粉所构成。

玉米、马铃薯、稻米、西米、椰子树淀粉等淀粉，种类不同直链淀粉的含量也不同。蜡状谷类全部由支链淀粉所组成。

淀粉分散于水中后，体积增加，能吸收同样重量的水。当升高温度时，存在一个快速吸水的温度点(糊化温度)。大部分淀粉在60～70℃开始急速膨胀，黏度增高。到了90℃则达到比较稳定的分散状态，成为表观上的水溶液。通常将这种溶液作为胶黏剂(糊)使用。淀粉是水性糊，使用容易，多用于信封与标签纸的胶贴。工业上多作为纸板制造用胶黏剂，此外还用于纸袋、书籍装订等。

11.5.2 糊精

淀粉水溶液的黏度高，作为纸板的胶接、办公用糊比较适当，工业上使用辊筒等涂布时难以使用，要求使用黏度比较低的胶液。糊精是用酸与碱等使淀粉适当分解，调整了黏度的产物。糊精可与乳白胶、脲醛树脂、聚乙烯醇等合成高分子胶黏剂良好地混合，因此作为纸袋、胶纸带、墙壁纸、邮票胶接的再湿型胶黏剂使用。

11.6 纤维素类胶黏剂

纤维素是以葡萄糖为基本单元的高分子，与淀粉的构成单元相同，但纤维素是以β-1，4糖甙键连接而成的线型高分子。因为它不溶于一般溶剂，所以不能直接作为胶黏剂使用。但是，经化学改性的纤维素衍生物可溶于水及有机溶剂，到目前为止仍作为胶黏剂使用。化学改性都是利用纤维素的羟基，使其变成酯或醚。它们都是热塑性树脂，可作为热熔胶使用。

水溶性的甲基纤维素、羟乙基纤维素、羧甲基纤维素等可用于作为聚醋酸乙烯酯乳液胶黏剂的黏度稳定剂与淀粉胶黏剂的改性剂。

11.6.1 纤维素酯

使用无机酸和有机酸的酯。无机酸酯如硝化纤维素。它是比无烟火药的硝化度低，由半乳浊液到透明性的可燃性材料，耐生物劣化性能优良，胶接金属、木材、玻璃时可得到较高的剪切强度。水、油、有机溶剂、弱酸、碱对其略有影响。日光照射易变色。作为一般家庭用胶黏剂，用于胶接玻璃、纸、皮革、织物等。此外，作为特殊用途，有硝化甘油用的胶黏剂。

有机酯有醋酸酯纤维素和醋酸纤维素丁酸酯，用于纸、织物、木材、皮革等多孔性材料的胶接。

11.6.2 纤维素醚

甲基纤维素、乙基纤维素、羟乙基纤维素、羧甲基纤维素是代表性的纤维素醚，作为胶黏剂成分或黏合剂成分使用。其中羟乙基纤维素、甲基纤维素、羧甲基纤维素的Na盐是水溶性的。

甲基纤维素可形成强韧具有弹性的胶膜，适于作为多孔性材料的胶黏剂与粉末黏合，用作墙壁纸的胶黏剂等。

羧甲基纤维素作为胶黏剂具有与甲基纤维素相同的性质，很少单独使用。它用于特种用途，如陶瓷上釉、铸造等。

羟乙基纤维素以水溶液、乳液或热熔型使用，耐有机溶剂性优良。作为纸、皮革、织物的黏合材料与化妆品的增黏剂、稳定剂等使用。

乙基纤维素难溶于水，使其溶于酯与酮类，作为热熔胶使用。耐碱性、耐酸性好，但耐有机溶剂性差。用于要求在低温下具有较强韧性的场合，作为纸、橡胶、皮革、织物的胶黏剂。

11.7 无机胶黏剂

无机胶黏剂是一类应用范围广、使用量大、性能好、具有发展前途的胶接材料。例如，水泥、石膏等物质，既是建筑材料，也是一类具有代表性的无机胶黏剂。

11.7.1 无机胶黏剂的性质与分类

无机胶黏剂具有不燃烧、耐高温、无毒性、强度高和耐久性好的特点。按化学结构可分为单质、金属氧化物和无机盐类等。按化学成分可分为硅酸盐、磷酸盐、硫酸盐、硼酸盐以及氧化物等。按固化方法和固化条件，可以分为以下四类。

11.7.1.1 热熔型

如低熔点合金、玻璃胶黏剂、玻璃陶瓷胶黏剂等，都属于这一类。

低熔点合金，以 Ag-Cu-Zn-Cd-Sn 为代表，熔点在 450℃ 以上的称为硬质合金。以 Pb-Sn 为代表，熔点在 450℃ 以下的称为软质合金。应用时可在它们的熔点以上熔融，冷却后即固化定型。主要用于玻璃与金属之间的胶接。

玻璃胶黏剂是以Pb-B_2O_3为主体，加入Al_2O_3、ZnO、SiO_2等制得的低熔点玻璃粉末。例如PbO-B_2O_3-ZnO、PbO-B_2O_3-ZnO-SiO_2、PbO-B_2O_3-SiO_2-Al_2O_3等，是由细度100~200目的粉末加入水、醇等调成糊状。一般软化温度在300~500℃之间。熔融温度在400~600℃之间，这类胶黏剂主要用于真空管工业中玻璃、金属、云母的胶接以及显像管的胶接，而它的使用温度不超过软化温度。

玻璃陶瓷胶黏剂是将低熔点玻璃料加以适当的热处理，使之成为具有微细结晶粒的陶瓷状结构。因此，玻璃陶瓷胶黏剂又称为微晶玻璃或结晶玻璃。系将玻璃陶瓷粉悬浮在1%的纤维素的醋酸戊酯溶液中。它的烧结温度是400~450℃，最高使用温度可达425℃，可用于金属、玻璃和陶瓷的胶接以及阴极射线管、电子管接插件等封接。

11.7.1.2 气干型

指在胶接中失去水分或其他溶剂而固化。例如硅酸钠(水玻璃)、醋酸钠、硼酸钠等，其中硅酸钠水溶液性能良好，是这类胶黏剂中应用最广的一种。醋酸钠、硼酸钠等成本太高，又易结晶。

硅酸钠是由硅石与苛性钠加热熔融制得的一种无色、无臭、呈碱性的黏稠溶液，它可以任何比例与水溶解。干燥后的胶膜是脆性的，而且不溶于水，耐热、耐火性能好。

没改性的硅酸钠胶层有吸潮性，耐久性也差，不宜应用于家具的胶接。由于硅酸钠胶黏剂是因失去水分而发挥胶接效力，所以对于易吸收水分的多孔性物质，如纸—纸、纸—纤维、纸—金属、纸—玻璃、石棉—金属等都有很好的胶接效果。应用较多的场合是耐酸地磅及设备、纸品、信封、砂纸的制造以及硬板盒的加工。

11.7.1.3 水固化型

这类胶黏剂和水发生反应而固化，所以称为水固化型无机胶黏剂。包括石膏、硅酸盐水泥、铝酸盐水泥等各种水泥。这类无机胶凝材料已自成专门学科。

11.7.1.4 化学反应型

指胶料与除水之外的物质发生化学反应而固化。不需通过高温加热熔融，在室温至300℃形成胶接。其特点是胶接强度高，操作性能好，能承受800℃以上的高温条件。例如硅酸盐类、硫酸盐类、胶体二氧化硅、胶体氧化铝、硅酸烷酯等都属于这一类。

在此仅就与木材胶接密切相关的硅酸盐水泥和石膏胶黏剂作简单介绍。这两类无机胶黏剂可用于制造水泥刨花板、石膏刨花板等。

11.7.2 硅酸盐水泥

硅酸盐水泥是一类典型的水固化型无机胶黏剂，这类物质遇水时生成水化合物而固化。

11.7.2.1 组成与品种

硅酸盐水泥又称波特兰水泥(Portland cement)，是由石灰岩和黏土等配制、磨细成生料，将生料煅烧，使之部分熔融形成熟料，最后将熟料与适量的石膏共同磨细即成硅酸盐水泥。

硅酸盐水泥熟料主要组成成分是：硅酸三钙($3CaO \cdot SiO_2$)、硅酸二钙($2CaO \cdot SiO_2$)、铝酸三钙($3CaO \cdot Al_2O_3$)和铁铝酸四钙($4CaO \cdot Al_2O_3 \cdot Fe_2O_3$)。这种水泥就是

普通的水泥。此外，还有如下品种：

(1) 快干水泥。组成与普通水泥相同，但对原料、煅烧条件等控制较严，细度也较高，所以干燥速度较快。

(2) 白水泥。由含氧化铁极少的原料煅烧而成，具有白色的外观，光洁度较好，容易着色。

(3) 矿渣水泥。以高炉矿渣和水泥熔块混合粉碎制得。早期强度较低，但长时间后可达到普通水泥的强度而且耐海水性较好。

(4) 氧化铝水泥。以含氧化铝较多的黏土与石灰岩一起制得，具有良好的早期强度。

11.7.2.2　应用

水泥是基本建设的主要原材料之一。广泛地应用于工业、农业、国防、交通、城市建设等工程建设。同时，水泥制品在代钢代木等方面，也逐渐显示其社会效益和经济效益，如水泥刨花板。

水泥刨花板是以刨花和水泥为原料，经搅拌、成型、加压和养护制成的一种板材，它是一种优良的建筑材料。与钢筋混凝土、砖等相比，重量较轻，具有一定的强度、刚度和韧性，能满足建筑上防震材料的要求。此外，还有良好的耐火、耐久性和隔音隔热能力。近年来，国内对其研究较多，并且各种预制结构件已用于建筑中。

水泥刨花板对水泥没有特殊要求，但以快凝水泥为好。水泥与刨花的比例一般在(2.5:1)~(4:1)之间。

11.7.3　石膏

天然石膏矿由天然二水石膏($CaSO_4 \cdot 2H_2O$)及天然无水石膏($CaSO_4$)两种。天然二水石膏质地较软，故称为软石膏，由于它是最常见的一种，所以简称石膏。天然无水石膏因质地较硬，故称为硬石膏。

11.7.3.1　石膏的性质

天然石膏又称生石膏，系白色至灰色的晶体，密度为2.31~2.32，性脆，在110~150℃加热能变为半水石膏，或又称为烧石膏($CaSO_4 \cdot \frac{1}{2}H_2O$)，进一步加热至190℃则成为无水石膏。

烧石膏粉末加水会再还原成生石膏，也可生成二水石膏结晶结构的硬化体。前一个过程是石膏材料的制备过程，后一个过程是石膏制品的硬化过程。烧石膏加水的化学反应称为水化：

$$CaSO_4 \cdot \frac{1}{2}H_2O + 1\frac{1}{2}H_2O \rightleftharpoons CaSO_4 \cdot 2H_2O + Q$$

水化过程的机理属于结晶理论，即半水石膏加水之后发生溶解，并生成不稳定的过饱和溶液，溶液中的半水石膏经过水化而成为二水石膏。由于二水石膏的溶解度比半水石膏小得多，所以溶液对二水石膏是高度过饱和的，因此很快析晶。由于二水石膏的析出，破坏了原有半水石膏溶解的平衡状态，则半水石膏会进一步溶解，以补充二水石膏析晶而在液相中减少的硫酸钙含量。如此不断进行的半水石膏的溶解和二水石膏的析晶，直到半水石膏完全水化为止。

石膏制品的工程性质主要决定其内部结构，也即由水化生成二水石膏结晶彼此交叉连生而形成的多孔网状结构。这种结晶具有一定的强度，这也就是可用烧石膏作为胶黏剂的道理。虽然石膏制品的强度没有水泥强度高，但由于固化速度快，使用方便，而且可以改性，所以仍然有广阔的用途。

11.7.3.2 应用

石膏在建筑材料工业中应用十分广泛。例如，生产普通硅酸盐水泥时，要加入适量的石膏作为缓凝剂；在生产硅酸盐与铝酸盐自应力水泥时，石膏是其不可缺少的重要组成材料之一；在硅酸盐建筑制品的生产中，石膏作为外加剂能有效地提高产品的性能等。另一方面，石膏由于具有重量轻、凝结快耐火性好、隔热隔声性好，以及资源丰富等优点，所以作为建筑制品其发展也较快，例如，纸面石膏板、纤维石膏板、石膏砌块石膏条板以及建筑饰面板、隔音板等。

石膏刨花板是以石膏作为无机胶黏剂，将木质刨花或纤维胶接在一起的一类新型人造板材。也可以说是用木质刨花或纤维增强的石膏板，是一类新开发的复合材料。它具有成本低、强度高、无毒害以及耐水、耐热、吸音性和透气性好的优点，是良好的建筑材料，可用于隔墙板、天花板、壁橱搁板以及预制房屋的建筑构件等。

石膏刨花板生产的主要工艺包括原料搅拌混合、铺装成型、压板、水化硬化和干燥等工序。刨花、石膏和水按比例在搅拌机中混合，根据要求，还加入适量的促凝剂和缓凝剂，以调节石膏的凝固时间。所用的木质刨花(绝干计)与石膏粉的质量比称为木膏比，一般为0.2~0.3。用水量与石膏粉的质量比称为水膏比，一般为0.3~0.4；由水、石膏、刨花组成的混合物由铺装机在垫板上铺成均匀的板坯，然后堆积成板垛，用堆积式压机压到要求的厚度，并用夹紧装置固紧，经1~2h水化后，打开夹紧装置，在干燥机中干燥，干燥后板的最终含水率为1%~2%。

影响半水石膏水化速度的因素很多，例如石膏的煅烧温度、粉碎细度、结晶形态、杂质情况以及水化条件等，有些树种木材的抽提物也对石膏的水化速度有影响。半水石膏水化速度愈快，则浆体凝结也愈快。在生产中可以采用加入外加剂的办法调整水化速度和凝结时间。如果石膏浆体水化和凝结过快，可以加入缓凝剂，使半水石膏溶解速度降低或溶解度减小，因而使水化过程受到阻碍。常见的缓凝剂有硼砂、柠檬酸钠、皮胶和蛋白胶等；若在冬天或其他原因而希望半水石膏浆体加速水化和凝结时，可加入促凝剂，使半水石膏的溶解速度或溶解度增加。常用的促凝剂有氯化钠、氟化钠、氯化镁、硫酸镁和硫酸钠等。

影响石膏刨花板性能的因素很多，例如水膏比，水量过少，石膏不能充分润湿，不能充分水化。而水量过多，又会使石膏体增加空隙，降低强度，并且增加干燥费用。除此之外，板的密度、木膏比、搅拌方式、搅拌时间等也是影响板性能的重要工艺因素。

第12章 制胶车间工艺设计基本知识

木材胶黏剂最突出的特点是用量大。到目前为止，木材工业仍是使用胶黏剂数量最大的工业部门。随着我国木材综合利用的迅速发展，人造板的品种和数量也迅速增多。胶黏剂的成本、品种、质量都直接影响到人造板的成本、质量和用途，因此我国木材加工企业绝大部分都自设制胶车间，其生产的主要胶种为脲醛树脂胶、酚醛树脂胶和三聚氰胺树脂胶。同时随着木材胶合制品品种的增加和对其质量要求的不断提高，专业化的制胶企业也在增加。

12.1 工艺设计的基本原则与要求

木材加工企业的制胶车间实际上是一个合成树脂的生产车间，由于它属于化工类生产，因此它的工艺设计也应该符合常规化工生产车间的一些基本要求。但由于各种产品使用不同的原料和采用不同的生产工艺，因而又有各自的特殊要求。如前所述，木材加工企业的制胶车间主要生产三种甲醛类合成树脂，故在进行工艺设计时必须考虑到产品的特点，使设计更趋合理。

12.1.1 制胶车间工艺设计的基本原则

制胶车间的工艺设计包括树脂合成配方、合成工艺及产量的确定、设备的选用及数量的确定、工艺流程图、工艺布置图，提出水、电、汽的供应要求，冷却水回收系统、污水处理与排放、生产环境的安全等。一般应遵循以下基本原则：

(1)首先应根据人造板厂的年耗胶量或者根据制胶车间的供胶范围准确计算出该车间各品种胶黏剂的年产量。

(2)根据年产量计算和确定制胶车间应配备的主要设备的容量及数量。计算时，制胶车间的年工作日以280天计，工作制度以每日两班计或按工厂的具体条件确定。

(3)根据工厂的具体要求和主要设备的数量画出工艺流程图。并根据工艺流程图的要求对主要设备及辅助设备进行选型或设计。

(4)车间的工艺布置应与工艺流程图相符合，车间的位置应尽量设计在工厂的下风向位置，并且应远离住宅区。还应考虑到水、电、汽供应及原材料与产品的运输方便。

(5)制胶车间工艺设计应包括三个生产工段：

原料准备工段：各种化学物料的准备和计量。

树脂合成阶段：树脂合成的主要设备及操作设施。

成品贮存、包装运输工段：包括树脂贮罐、装桶、泵送等。

(6)工艺设计应执行工业企业卫生标准的规定，车间内的甲醛的浓度应≤3mg/L；苯酚浓度应≤5mg/L。

(7)车间排出的废水(脱水液和洗涤液)应集中治理，使其达到国家标准，不得直接排放。

12.1.2 对制胶车间各部分工艺设计的要求

对制胶车间进行工艺设计时，必须对厂房建筑、车间内部设置、供汽、供水、供电以及对化工原料的贮存等提出要求，以满足合成树脂生产的需要。这些要求以保证产品质量、操作方便和安全为前提。

12.1.2.1 对厂房建筑的要求

目前，大部分木材加工厂的制胶车间都以生产脲醛树脂胶为主，有些厂还生产酚醛树脂和三聚氰胺树脂。而生产醇溶性酚醛树脂或三聚氰胺树脂的制胶车间，由于用乙醇作溶剂，故生产的火灾危险性类别属甲类，而生产脲醛树脂或水溶性酚醛树脂时，则属乙类。厂房建筑的耐火等级是按生产的火灾危险性类别确定的。一般生产危险性属甲类或乙类的厂房建筑的耐火等级可为一级或二级。厂房应采用钢筋混凝土结构为宜，车间内严禁使用明火和吸烟。

甲醇贮存库的建筑设计应按火灾危险性类别乙级考虑。

由于苯酚、甲醛都易挥发，其气体对人体有害，为保证车间内空气中苯酚、甲醛的浓度符合工业企业卫生标准的规定，在设计厂房时，在资金允许的情况下，应尽量增加厂房的层高，多设窗户，并在外坪上留有安装排气装置的排气孔。

制胶车间一般为两层或两层以上建筑，操作人员在二楼操作。为减轻施加固体物料的劳动强度，常在安装冷凝器的一侧设置加料平台，可采用角钢或槽钢支架，上铺钢板，并留有加料孔。因此在二层以至三层楼板上应有吊运固体物料的方孔。

因制胶车间内严禁使用明火及吸烟，所以一般在厂房二楼应考虑设置生活间。另外，为便于及时检测合成树脂的质量指标，还应设置化验室。

车间地面宜铺水泥，底层平面应有一定的倾斜度，以便于洗涤和排水。还应设排水沟，可以将符合国家排放标准的污水通过排水沟排放。

12.1.2.2 对合成树脂车间内部设施的要求

(1) 车间内部的布置，应在满足工艺设计要求的前提下，力求做到整齐、美观，有良好的采光和通风条件，便于工人操作，确保安全生产。

(2) 应充分利用天然的采光和自然通风条件，将产生有害气体的设备或岗位尽量设置在车间的下风向。也可采用半敞开的建筑或采取隔断措施，尽量减轻其污染程度，以改善工人操作条件。

(3) 车间内设备布置在保证安装、检修、生产操作、管路铺设要求的前提下，应尽量紧凑。但主要通道宽度不应小于1.5m。

(4) 车间内需留有堆放固体化工原料的场所，一般贮存量不超过一天的用量。

(5) 合成树脂生产所需各种化工物料需设置准确的计量仪表或设备，该仪表或设备应操作简便，稳定可靠，以确保产品质量。

(6) 树脂的贮存可在底层配置贮罐，树脂的输送可采用罐车装运或直接用泵输送至用胶车间。一般黏度较大的树脂，运距小于50~60m，可用泵输送。贮存三聚氰胺树脂的贮罐周围需有采暖装置，以保证树脂在冬季低温时有一定的贮存期。

12.1.2.3 对管道布置及颜色的要求

(1) 为求整齐方便，管道应装成直线或互相平行，转弯处应成直角。并最好用一头堵塞的三通管来代替部分肘管或弯管，以便于清理及添装支管。在螺纹联接的管路上，应适当地配置一些活管联接或法兰联接，以便于安装拆卸。

(2) 管道应尽可能沿厂房墙壁安装，管与管间及管与壁间距离以能检查修理为准，管道通过人行通道时，最低点离地不得低于2m。管道不能紧靠地面，以免妨碍操作工人行走、运输及损坏管子。低位的管子应安放于干燥的地道中。

(3) 管道应避免通过电机或配电板的上空以及两者的邻近。包有保温材料(如石棉硅藻土胶泥)的蒸汽管路应安放在不易溅湿的地方。

(4) 并列管道上的管件与阀件应错开安装，且管件与阀件不得位于通道的上空。

(5) 输送腐蚀性物料的管道，突缘接合处不得位于通道的上空。

(6) 管道布置时应尽量利用地形或层高使管内物料采取自上而下的自流方式，避免管道迂回曲折或多次泵送的方式。

(7) 因制胶车间管道较多，为避免操作失误，应将各种管道按其输送物料不同涂饰成不同颜色。涂装颜色可按国家统一规定进行，见表12-1。

表12-1 输送物料管道涂装的颜色

被输送物料的种类	自来水	蒸汽	真空系统	甲醛水溶液	苯酚	污水
管道颜色	绿	白	灰	红	红白圈	黑

(8) 苯酚通过的管道都需要保温材料保温，以免在输送过程中凝结而堵塞管道。

12.1.2.4 对供水供汽的要求

(1) 进入制胶车间的清水压力不低于0.39MPa，混浊度不大于20mg/L，进水温度要求保持在30℃以下。

(2) 进入制胶车间的饱和蒸汽压力应小于0.50MPa，供气压力要求稳定。

12.1.2.5 对化工物料贮存的要求

(1) 甲醛水溶液(或脲醛预缩液)以贮罐贮存，贮罐可用不锈钢或钢板内衬玻璃钢制成，贮罐底部应敷设蒸汽管道，同时利用其可把甲醛液上下翻动，以避免甲醛水溶液在冬季低温时过多地聚合。贮罐可露天设置或在室内(北方寒冷地区的甲醛贮罐应设在室内，室内还应有采暖设施，以保证室温在15℃左右)，但一般都设置在室外，以节省建筑面积，避免室内空气污染。甲醛溶液的输送设有泵房以输液泵输送。

(2) 其他化工物料可专设仓库贮存，但应保持干燥。存放时应根据各种物料的化学性质分类隔开放置。

12.2 主要设备及其工艺参数

制胶车间的主要设备为反应釜、冷凝器及真空泵，各种原料的高位贮罐和重量计量罐(或槽)，还需要一些辅助设备，如输液泵、贮水罐、真空罐、脱水罐、贮胶罐、汽水分离器等。

12.2.1 反应釜(反应锅)

反应釜是制备合成树脂的主要设备之一，由釜体、搅拌器、减速器三部分组成(图12-1)。

12.2.1.1 反应釜釜体

釜体是物料在其中搅拌和进行化学反应的场所。反应釜的实际容积即釜体的容积。但生产时由于物料可能产生泡沫或沸腾，造成物料体积增大，所以一般装料容积小于反应釜的实际容积。他们之间存在以下关系：

$$V_{装} = V_{实} \cdot \eta$$

式中：$V_{装}$——装料容积；

$V_{实}$——实际容积；

η——装料系数(或装载系数)。

装料系数 η 是根据实际生产条件或试验结果确定的。若生产脱水树脂，η 为0.75~0.8，而生产不脱水树脂时，η 可达0.9。

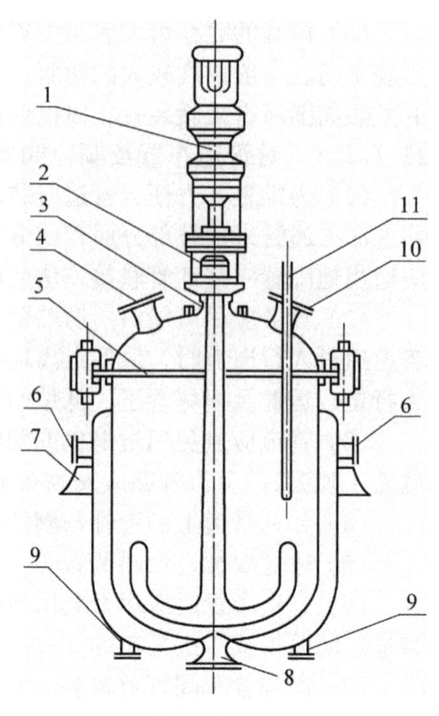

图12-1 反应釜

1. 减速器 2. 轴封 3. 搅拌器 4. 观察孔 5. 垫圈 6. 进蒸汽口，上进水口 7. 支架 8. 出料口 9. 进冷水口，下进水口 10. 加料口 12. 温度计套管

由于木材工业的常用胶种都是在常压下反应的，釜体不承受大的压力，因此釜体内壁厚为6~14mm，外壁厚5~9mm，釜的夹套间距为40~100mm，反应釜的容量越大，壁越厚。夹套是为了通冷水冷却和通蒸汽加热，夹套内蒸汽压力一般不超过405kPa。釜内承受负压低于101kPa。在夹套底部有2个孔，一是接冷水管的，另一还可排夹套中水和多余蒸汽及冷凝水。在夹套上部有2个孔是接蒸汽管的，并排出冷却水，这样即可充分利用热量又可将反应放出的热量带走，避免反应液温度过高，可有效地控制放热反应。釜体底部有出料口。球形顶盖上有加料孔或人孔(大釜均开有人孔)、液体物料加料孔、观察孔(装玻璃视镜)、照明孔(也配上玻璃，上面装有低压安全灯)、取样孔、冷却回流装置孔、测温装置孔、安装搅拌器孔。反应釜按制造釜体壁的材料不同可分为不锈钢、碳钢、搪瓷及带衬里的反应釜4种，通常5 000L以下多采用搪瓷反应釜。5 000L以上或生产要求较高的树脂，如生产三聚氰胺浸渍树脂，则采用不锈钢反应釜，不锈钢寿命长但成本高。

目前国内木材工业中的制胶车间所用的反应釜的容积一般多为1000L、2000L，少数小厂还有200L、500L的反应釜。但现在逐步趋向于用大容积的反应釜，如6000L、10 000L、15 000L、25 000L，最大的反应釜容积为30 000L。反应釜的容积大，生产效率高，胶的质量较均匀一致。但容积过大，由于热交换面相对地减少了，增加了加热或冷却所需的时间，因此要求操作工人必须熟练地掌握生产工艺，才能保证产品的质量及生产的安全。

釜盖与釜体用法兰螺丝固定，并用垫圈使釜盖和釜体之间能紧密配合。

反应釜的外层与蒸汽管道均应用石棉或其他不易传热物质作保温层裹在外面，减少能量消耗，又避免烫伤操作者。在釜体与釜盖之间要加垫密封，安装搅拌器时要注意压盖密封。

搪瓷釜的内壁表面涂有耐酸碱的搪瓷，它具有玻璃化学稳定性和钢制容器的承压能力。衬里是以二氧化硅为主体加上其他多种元素制成的釉料，经多次喷涂、多次烧结而黏结在金属基体表面的搪瓷层，它能抵御除氢氟酸、强碱之外的各种浓度的有机酸、无机酸、有机溶剂及弱碱等介质的腐蚀。搪瓷反应釜虽有一定的抗冲击强度，但毕竟是一种脆性材料。因此不允许碰撞和敲击。安装搅拌器时应注意装配防松销或防松螺母等防松零件。

12.2.1.2　搅拌器

搅拌器是反应釜上最主要的配件之一，直立于釜的中央，在电机的带动下以一定的方向和转速旋转，同时推动被搅拌的物料(以液相为主)发生运动。使物料在这种运动中，发生动量、质量和热量的传递，从而使被搅拌液体从非均匀状态变成均匀状态，使釜内反应液的反应条件均匀，消除树脂在釜壁处受蒸汽影响发生过热现象，避免树脂反应不均一或局部固化，并提高了反应速率，以保证能够合成符合质量要求的均匀的树脂。

搅拌器的形状和尺寸直接影响到搅拌的效果。搅拌器按其形状可有多种型式，如桨式、锚式、框式、螺旋式、螺杆式属慢速搅拌器，而圆盘蜗轮式、开启蜗轮式、推进式属于快速搅拌器。目前制胶生产上用得最多的是锚式搅拌器(图12-1)其桨叶为锚状，其外廓与反应釜内壁的轮廓相一致。其外缘与釜内壁之间保持一定的间距，一般为5～10cm。它适合于黏稠液体的搅拌，能产生不同高度的水平环向流。通常桨叶用铸铁或有色金属铸造，搅拌轴可用无缝钢管制造，为避免腐蚀，表面多覆以耐酸碱搪瓷，或者采用不锈钢。

搅拌器要获得良好的搅拌效果，还必须有合适的转速。一般锚式搅拌器的转速以40～70r/min为宜。一般小容积反应釜用高转速，大容积反应釜用低转速。转速过高，易产生大量泡沫，影响传热效率和反应速率，同时还有溢锅的危险。转速过低，则不能达到使反应的物料浓度、重度、温度均匀的目的。

12.2.1.3　轴封

搅拌器的轴上要装置滚动轴承或滑动轴承，还要装配穿过封头的轴封装置，与联轴节和传动部分相联。轴封装置对于常压反应釜来说，主要是用于在釜内须减压抽真空时避免泄漏以及挥发性物质的逸出。

轴封的方法有两种：

(1)填料密封：它的基本结构是在转轴和静止零件(填料室)的间隙中，添入软的填料，常用的密封填料为油浸石棉盘根、石墨石棉盘根、橡胶夹布填料、软青铝丝、石棉绳浸渍四氟乙烯、耐磨尼龙、聚四氟乙烯等。在反应的物料有毒或易燃、易爆的场合，石墨石棉盘根应用得较普遍。

（2）机械密封：是利用一个固定的带密封圈的静环和一个随轴转动的带密封圈的动环，使二者在与转轴轴线垂直的平面上紧密贴合接触，保持密封，又叫端面密封。

机械密封和填料密封相比有很多优点，在釜内压力低于0.49MPa以下时密封效果好，泄漏量比填料密封小得多，甚至可以达到基本不泄漏，摩擦功率消耗也只有填料密封的10%～15%，使用寿命长，无须经常检修。缺点是结构复杂，加工和安装的技术要求较高，价格也较高。

12.2.1.4 传动装置

搅拌器有电机带动，由于电机的转速较高，故一般须通过减速器减速后再与搅拌轴相连接。因而传动装置包括电机和减速器两部分。

减速器可采用蜗杆减速器和行星齿轮减速器。由于搅拌轴要求的转速只有几十转每分，与电机转速相差很大，故要求用传动比较大的减速器。上述两种减速器均能达到较大的传动比，而且结构紧凑，相对体积小，运转时的噪声小。特别是行星齿轮转速器，不但重量和体积比蜗杆减速器小得多，还具有传动功率高的特点，因此目前是作为反应釜配套减速器用的最多的一种。

12.2.2 冷凝器

冷凝器即换热器，也可称为热交换器，是进行热交换的设备。由于制胶车间使用换热器的目的是为了使反应蒸发气体冷凝，故通常都称其为冷凝器。换热器的作用：用来冷凝树脂反应过程中易挥发的物料，如甲醛、甲醇等，经换热器冷凝成液体后回流至反应釜中继续参加反应。可减少原料损失，增加树脂得率，又能保证合理的物料摩尔比，以提高树脂的质量；减压脱水时将釜中蒸出的气体经换热器冷凝变成液体后存入贮罐中，以保证树脂达到要求的固体含量；为缩短树脂在反应釜中的停留时间，将合成树脂的冷却过程在换热器中进行，以提高生产率。

换热器的换热效果取决于制造材料、换热面积、冷却或加热源的温度与物料温度差、压力、换热方式等。

换热器有多种形式，而制胶车间常用的是列管式换热器。列管式换热器虽然在换热效率、紧凑性与金属消耗量等方面不及高效紧凑式换热器，但它具有结构简单、坚固、适应性强、处理能力大、选材范围广、造价较低等优点，因而目前在国内外各种工业中的应用还是占主要地位。

列管式换热器的结构如图12-2所示。它具有钢制的圆桶形外壳1，中间为按一定方式平行排列的管束2，固定在器身两端花板3上。安装的方法一般用胀管法或焊接法。然后将带管接头的器盖4用法兰固定在外壳的两端。从反应釜出来的蒸汽从冷凝器的上端进入列管中，经冷凝后从下端流出。下端接真空系统或通过回流管回反应釜。在两花板之间管束外的空隙内通入冷却水，冷却水从靠近下花板的接管处进入空隙，从靠近上花板的接管排出。冷却水量可通过阀门调节，使冷却水进水口处的温差保持在5～10℃为佳，而排出之冷凝液体的温度应控制在50℃以下。

冷凝器的热交换效率决定于热交换面积（全部列管外壁面积的总和）、列管材料和管壁厚、列管排列方式、冷却水温及冷凝器的放置方式等。其中热交换面积（也称冷凝面积)是冷凝器的主要参数。

冷凝器的冷凝面积取决于与其配用的反应釜的实际容积，容积大的反应釜配用的冷凝器的冷凝面积也大。一般根据经验，1000L的反应釜配用冷凝器的冷凝面积为7~10m²，为加快冷凝速度，多采用10m²，其他不同容积的反应釜所需冷凝面积则按比例增减。如2000L的反应釜配用冷凝面积为20m²的冷凝器。用于生产酚醛树脂冷凝器的冷凝面积与脲醛树脂等相比应相应增加，原因是苯酚与甲醛反应时释放大量热量。

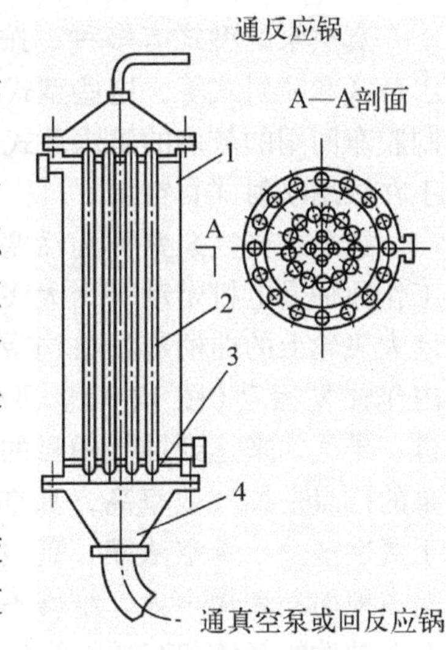

图12-2　冷凝器
1. 外壳　2. 管束　3. 花板　4. 器盖

列管的材料常用无缝钢管、不锈钢管和紫铜管等。由于紫铜传热系数大，因此用紫铜制的列管冷凝效果较好，用得较多。无缝钢管因材料易得，成本低，也常使用。不锈钢管成本虽高，但它不易腐蚀，使用寿命长。列管的管壁在保证其强度的情况下，应尽量采用薄壁管，以保证冷凝效果。

列管的排列方式通常有两种：正六角形和同心圆形。目前用得较多的是六角形排列。管子的排列应力求分布均匀。使每根管子的冷却效果趋向一致。

用于做列管的钢管经常使用25mm、32mm、38mm的，最小一般不小于16~20mm。对于有可能进入黏度大的液体的生产中，宜采用大管径的管子，如44.5mm、51mm、57mm、76mm。管子的长度可采用1m、2m、3m、4m。冷凝器的长度一般为其直径的4~6倍。

列管式冷凝器可采取立式安装或斜卧式安装。立式安装由于从反应釜出来的气流从上到下流动较快，热交换时间短，因而影响了热交换效率。而斜卧式安装一般冷凝器轴线与水平面的夹角为10°~30°，高温的气流能缓慢通过列管，较充分地冷凝成液体，热交换效率高，因此斜卧式安装在脱水过程中消耗的能源远较立式的为低。另外，立式安装固定方便，设备布置整齐，占地面积小，但要求厂房高些；而斜卧式安装固定较麻烦，看起来也不如立式安装整齐，因此，现在两种安装方法都采用，各厂根据具体情况决定。

在制胶车间中冷凝器主要起以下两个作用：

回流冷凝：在缩聚反应时，由于温度升高，易挥发的原料物质如苯酚、甲醛等随水蒸汽一起挥发，经冷凝器冷凝成液体后，经回流管返回反应釜继续参加反应，这样既可减少药剂损失，增加树脂得量，又能提高树脂的质量。

脱水冷凝：在制造树脂时，有的树脂液需浓缩至一定的浓度，就需进行脱水。当真空泵抽出水蒸气时需通过冷凝器将水蒸气冷凝成水，然后气体从真空泵排出。

12.2.3　真空泵

真空是指在给定的空间内气体分子的密度低于该地区大气压的气体分子密度状态。

真空泵的型式有多种，按其结构不同可分为往复式、回旋式(旋片式和滑阀式)、水环式和喷射式等，这些型式的真空泵都已在制胶车间中应用过。目前我国木材工业的制胶车间用的较多的是水环式和往复式真空泵，少数厂使用旋片式真空泵。还有个别厂正在试用喷射式真空泵。

往复式真空泵常称为活塞式真空泵。其工作原理是电机带动一个大飞轮转动，并借助大飞轮上的曲柄连杆机构带动活塞在泵体内作往复运动(图12-3)。泵体的两侧交替进、排气，来达到抽气的目的。往复式真空泵的优点是抽气效率高，真空度稳定。可用于真空蒸发、真空浓缩、真空干燥等。缺点是占地面积和噪声大，维修不便，不适于抽有腐蚀性的气体和有颗粒状灰尘的气体。

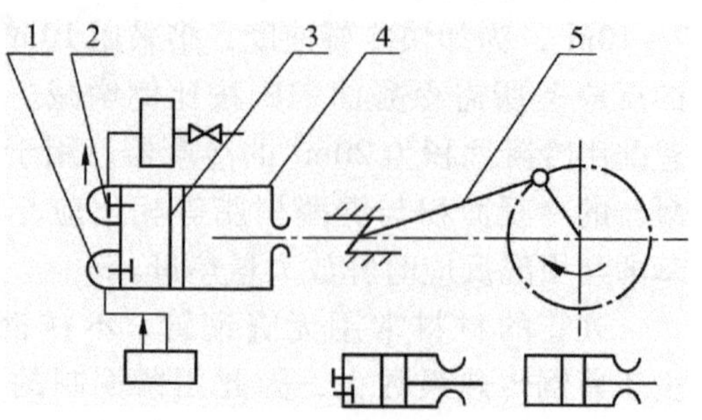

图12-3 往复式真空泵工作原理

1. 吸气阀 2. 排气阀 3. 活塞 4. 气缸 5. 曲柄连杆机构

水环式真空泵如图12-4所示。主要用于抽气量大的工艺过程中进行粗真空。其优点是结构简单紧凑，制造容易，工作可靠，使用方便，耐久性强，可以抽腐蚀性气体、含有灰尘的气体和气水混合物，没有活门，很少堵塞，而且安全可靠，噪声小。被抽气体的温度在－20～40℃为宜。单级水环式真空泵的极限真空可达92%～98%(8.1～2kPa)，双级水环式真空泵的极限真空可达99.9%(0.11 kPa)，排气量为0.25～500m^3/h。

水环式真空泵工作轮2在泵体1中旋转时形成了水环3和工作室5，水环与工作轮构成了月牙形空间。右边半个月牙形的容积由小变大，形成吸气室；左边的半个月牙形的容积由大变小，构成了压缩过程(相当于排气室)。被抽气体由进气管8和进气孔4进入吸气室。工作轮进一步转动，使气体受压缩，经过排气孔6和排气管7排出。排出

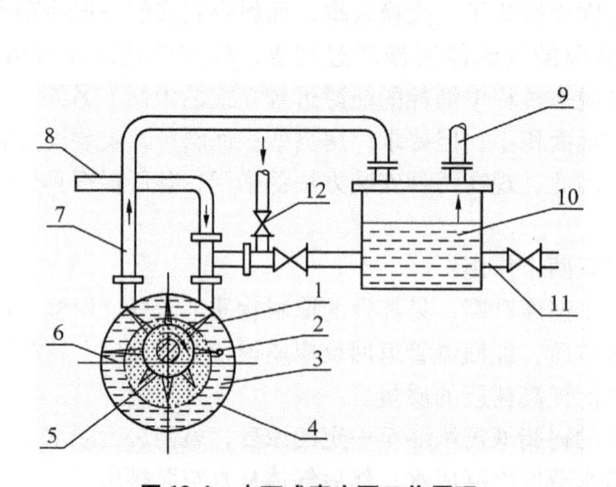

图12-4 水环式真空泵工作原理

1. 泵体 2. 工作轮 3. 水环 4. 进气孔 5. 工作室 6. 排气孔 7、9. 排气管 8. 进气管 10. 水箱 11. 管道 12. 控制阀

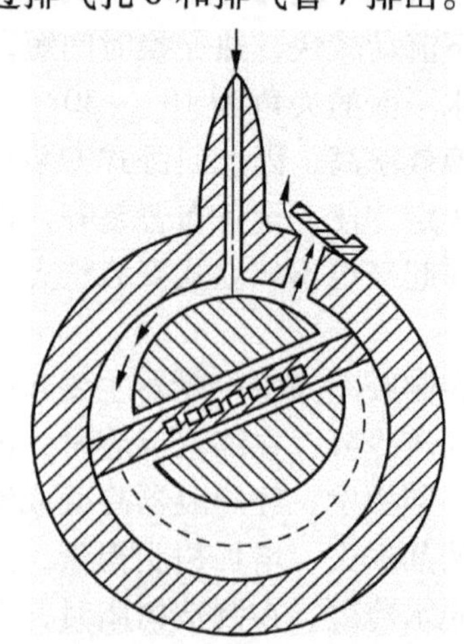

图12-5 旋片式真空泵

的气体和水滴由排气管7进入水箱10，此时气体由水中分离出来，气体经排气管9排到大气中，水由水箱进入泵中，或经过管道11排到排水设备中。

旋片式真空泵如图12-5所示。是靠偏心轮在气室内旋转，偏心轮中间有一旋片靠中间的弹簧与气室壁贴紧，因此当偏心轮旋转时，把气室分隔成两部分，一个气室体积逐渐变大，气压变小，产生负压，而将气体吸入；另一个气室体积逐渐变小，气体受压缩，气压变大而被旋片压出气室，泵的主要活动部分浸没于真空泵油内，其绝对真空可达0.67Pa。这种泵的结构简单紧凑，体积小，噪声低，安全可靠。但其抽气量较小，适用于实验室或容积较小的反应釜。

滑阀式真空泵由于抽气效率低，现已较少使用，喷射式真空泵也极少使用，故此处对这两种泵不作介绍。

真空泵需根据反应釜的容量选用，有时可以几个釜合用一个泵，以提高其使用效率。表12-2为前述三种常用的真空泵的主要技术参数及适用的反应釜容量。

表12-2　三种型式真空泵的主要技术参数

型式型号		抽气速度 (m^3/h)	极限真空度 (Pa)	转速 (r/min)	电机功率 (kW)	重量 (kg)	适用的反应釜容量 (L)
活塞式	W_2	125	1333	300	4	380	200～500
	W_3	200	1333	300	5.5	650	1000
	W_4	370	1333	200	10	1100	2000
	W_5	770	1333	200	22	1700	3000
水环式	SZ-1	90	163×10^3	1450	4	140	200
	SZ-2	204	130×10^3	1450	10	150	1000
	SZ-3	690	79×10^3	975	30	463	5000
	SZ-4	1620	70×10^3	730	70	975	10000
旋片式	2X-30	108	6.665×10^3	315	4	396	500
	2X-70	252		300	7.5	520	1000

注：表中“适用的反应釜容量”是根据生产厂的实际使用经验而定的，仅供参考。

12.2.4　其他辅助设备(附管道)

制胶车间除上述三种主要设备外，还需要一些辅助设备，以保证制胶工艺过程的实施。这些辅助设备主要是液体物料及固体物料的输送设备、原料计量设备、原料和产品贮罐以及其他气液分离设备等。

(1)输液泵。制胶车间常用槽车运输甲醛溶液，故需用泵把甲醛溶液输送至甲醛贮罐，生产时将甲醛由贮罐输送至甲醛计量罐。一般用耐酸泵、玻璃钢离心泵，也有用齿轮泵，但普遍存在泄漏问题，使泵房的空气污染，甲醛浓度往往大大超过允许浓度。现在有的工厂采用不锈钢全封闭式屏蔽泵解决了这个问题，使用效果很好。输送水使用离心水泵。

(2)固体物料输送设备。固体物料(如尿素、三聚氰胺)一般都是袋装的，需用电动葫芦输送到加料台上。

固体物料加入反应釜，现大多数还是倒入加料台的加料孔中，让物料从加料管进入加料口的漏斗中，再进入反应釜，也有使用尿素机械加料装置（如螺旋推进器或皮带运输装置）加料的。

（3）容器类设备。包括甲醛贮罐（单个容积为50m³、100m³、200m³）、胶贮罐、冷凝液贮罐（脱水用）、缓冲罐、计量罐等，这些都是非标准设备，可根据工厂的具体条件和生产要求设计制造。

甲醛溶液贮罐的容积和数量按生产量而定。一般贮存量至少要能供两天生产用。贮罐内部或外部需有加热装置，以保证冬季低温季节甲醛溶液的温度能在15℃左右。贮罐装满甲醛溶液后，使用前应取样测定其甲醛和甲醇含量。

苯酚计量罐和三聚氰胺贮槽都应有保温装置。

（4）计量设备。液体物料计量可采用流量计、液位计，最好是用重量计及磅秤等，而固体物料计量多使用磅秤。大型生产设备的反应釜和甲醛及尿素等计量装置可采用压敏式电子计量装置（称量仪表）。

（5）管道。管道一般都用碳钢管，输送甲醛的管道需用不锈钢管，管道直径一般根据配用设备的接管口直径来确定。

12.3 工艺流程

目前制胶车间的工艺流程有三种：间歇法、预缩合间歇法和连续法。我国普遍采用间歇法，而国外这三种工艺流程都有。

12.3.1 间歇法工艺流程

间歇法工艺流程为单反应釜，将所需原料按比例加入反应釜内，然后按反应的工艺条件进行反应，直至形成初期树脂后，冷却放料。这种工艺流程的优点是可以根据需要随时变换操作条件，灵活性大，适用于多品种生产。但具有生产效率低，需要的设备多等缺点。

间歇法工艺流程如图12-6所示。苯酚经熔融后可用真空吸入法抽入反应釜，也可以先抽入计量罐（需有保温装置），再加入反应釜。其他液体原料一般用真空吸入法抽入计量罐，然后利用高位放入反应釜。固体原料（如尿素、三聚氰胺）多采取在反应釜的斜上方设一三层平台，平台上有加料孔，尿素称重后（或以袋计量），由人工或机械加入加料孔，加料孔下接一斜置滑道通至反应釜上的加料漏斗。反应釜通过冷凝器接真空系统，计量罐直接接真空系统。目前甲醛一般利用泵送入计量罐，而苯酚则用真空吸入计量罐。

冷却水循环都是从反应釜或冷凝器的下端接管进入，上端接管输出。冷却水若回用可经过冷却塔冷却后流至贮水池，再用泵打至水箱备用。如制造酚醛树脂有回流过程，需在冷凝器下面接一回流管回到反应釜，回流管一般都有一U形弯头，以造成液封，使回流能顺利进行。从真空泵到冷凝器之间都有冷凝液贮罐或脱水罐和缓冲罐，也有的在缓冲罐和真空管之间再装几个气水分离器，这些辅助设备可使进入真空泵的气体尽量

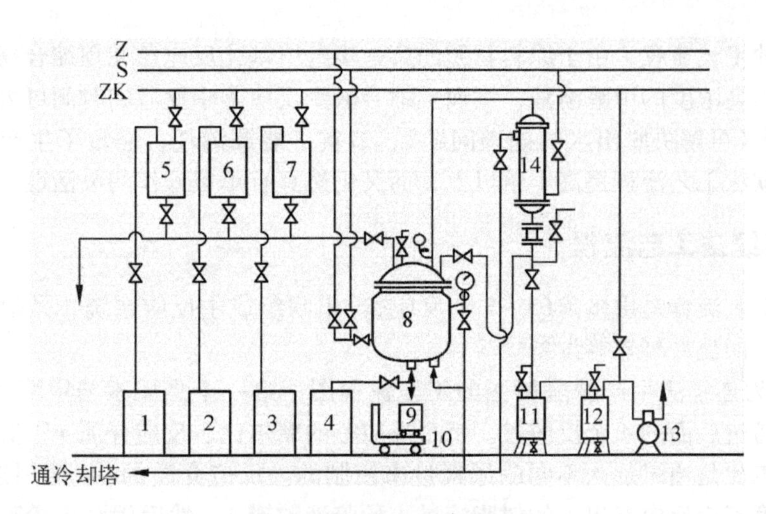

图 12-6　间歇法工艺流程图

1. 甲醛贮罐　2. 铁桶装苯酚在熔融室内贮存　3. 烧碱贮罐
4. 胶贮罐　5. 甲醛计量罐　6. 苯酚计量罐　7. 烧碱计量罐
8. 反应釜　9. 胶桶　10. 磅秤　11. 脱水罐　12. 缓冲罐
13. 真空泵　14. 冷凝水　Z. 蒸汽管　S. 水管　ZK. 真空管

少含或不含水分或腐蚀性的物质。

合成后的树脂从反应釜底部的放料口放出，可以装小桶，也可以放入贮胶罐，在需要使用时用泵输送至用胶的车间。合成树脂胶黏剂的冷却除采用反应釜自身冷却降温之外，还可采用换热器冷却。

间歇式工艺流程较适合我国的国情。因我国的木材加工企业都自设制胶车间，制造的树脂主要供本厂适用，产量不是很高，而一些大厂，产品品种多，因而制造的树脂品种也多，产量又不相同，因而用单釜操作，能充分发挥其灵活性，满足木材工业的需要。

12.3.2　预缩合间歇法工艺流程

预缩合间歇法工艺流程如图 12-7 所示，先把部分原料加入预缩合槽内，如生产酚醛树脂，可先加入全部苯酚和部分甲醛。让原料在预缩合槽内基本上完成第一阶段羟甲基化的加成反应，然后将预缩合液用泵打入反应釜中再加入剩余的原料，使其在一定的条件下继续反应，直至达到反应终点后，经冷却器冷却，即放入胶液贮槽。

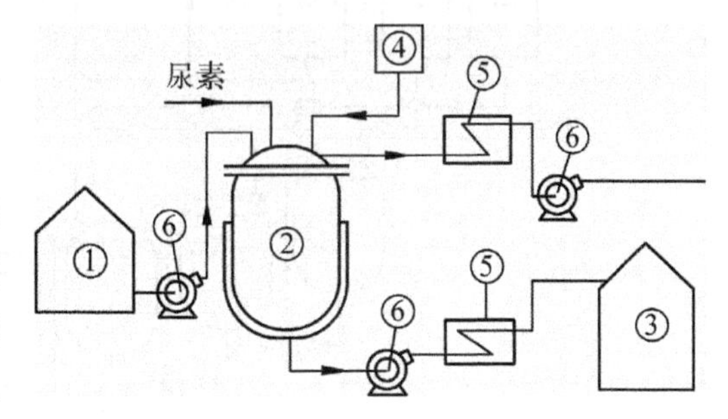

图 12-7　预缩合间歇法工艺流程图

1. 预缩合槽　2. 反应釜　3. 胶液贮槽
4. 催化剂槽　5. 冷却器　6. 泵

这种工艺流程特别适合于甲醛制造车间与制胶车间连在一起或距离较近的情况下采用。因为这有利于解决高浓度甲醛的利用问题，因甲醛的浓度超过 50% 时，在常温下就会很快聚合。若在浓甲醛溶液中加入苯酚或尿素制成预缩合液，再进一步反应制得树脂，可以不需浓缩就得到固体含量为 65% 甚至更高的树脂液。

采用这种工艺流程，由于原料物质的第一步羟甲基化反应已在预缩合槽中完成，而且有利于使用高浓度的甲醛溶液，因而预缩合液到反应釜中反应的时间可大大缩短，又由于不需脱水(可解决脱出水的处理问题)，节省了能源消耗，缩短了生产时间，使生产效率比间歇法工艺流程提高1倍以上，而又仍然具有单釜操作的灵活性。

12.3.3 连续法工艺流程

连续法工艺流程是由多釜(3～5个反应釜)串联组成主反应系统，另附有稀胶液贮槽、蒸发器、回流冷凝器等设备。

图12-8为连续法生产脲醛树脂的工艺流程图，第一个是尿素与甲醛的预缩合釜，反应液连续通过后面的4个反应釜。每个反应釜的摩尔比、反应介质pH值和反应温度都不同，摩尔比是通过加入不同的尿素量来控制的。反应介质的pH值用连续测定pH计测定。从第五个反应釜出来的树脂液进入稀胶液贮罐4，然后用泵将稀胶液打入蒸发器5中进行减压脱水，通过分离器6将蒸发的水分经冷凝器7冷却后排出，同时胶液由分离器的下部通过冷凝器，使胶液温度降至40℃以下，进入胶液贮槽8。

采用连续法工艺流程的优点是：由于严格控制每个釜的原料摩尔比、反应介质pH值及最佳反应时间，因而副反应少，产品质量稳定；能实现自动化生产；所需设备少；生产效率高，生产率比间歇法提高5～6倍或更多。但它也存在一些缺点，由于对进料比、进料速度、催化剂的活性和用量、反应介质pH值、反应温度及时间等条件控制非常严格，因而对设备的自动化程度及测试手段的要求较高；生产的灵活性小，一般生产品种较单一。因此这种工艺流程适合于产量大、品种少的制胶车间。

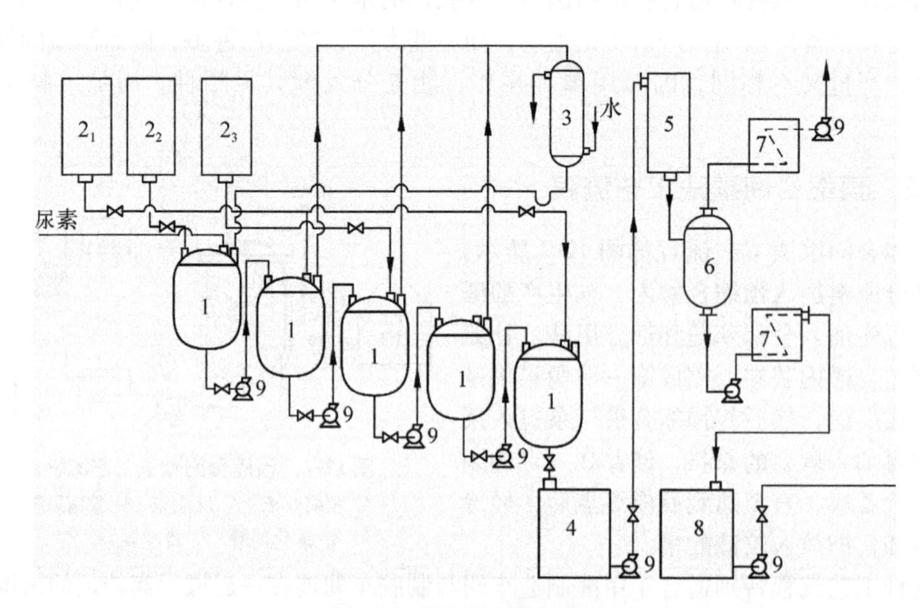

图12-8 连续法工艺流程图

1. 反应釜 2_1. 碱液计量罐 2_2. 甲醛或脲醛预缩液计量罐 2_3. 酸液计量罐 3. 回流冷凝器 4. 稀胶液贮槽 5. 蒸发器 6. 分离器 7. 冷凝器 8. 胶液槽 9. 泵

12.4　合成树脂生产的自动化控制

随着木材综合利用的发展，对胶黏剂的数量和质量的要求随之提高。而我国木材工业用胶黏剂的生产，基本上都是凭操作工人的经验，并采用一些简单的测试方法由人工来进行生产控制，因而不仅劳动强度大，劳动条件差，而且树脂的质量不稳定。有时还会发生一些质量事故，导致树脂报废或胶接的产品质量低劣。而对树脂的生产实现自动化控制，是消除人为误差，减轻工人劳动强度，改善劳动条件，用科学方法保证树脂质量的有效途径。

对合成树脂生产的自动化控制，国外工业发达国家早已实现。我国也早已有科研单位进行了研究，但目前仍只有个别工厂正在实施。下面仅就国内外在合成树脂生产中已实现的自动化控制作以简介。

12.4.1　液位定量控制系统

在制胶生产中，液位定量控制可用于对计量罐的定量上料和定量放料、脱水量的控制、减压脱水时的溢锅控制等。

计量罐的定量上料控制、冷凝液贮罐的脱水量控制及减压脱水时的溢锅控制的检测原理基本上相同，都是利用检测电极作为控制触点，当液面上升到触及检测电极的位置时，通过控制器使所控制的容器放空，来实现自动控制的。而计量罐向反应釜的定量放料，则是当检测电极刚脱开液面时，通过控制器使放料阀自动关闭来进行控制的。

12.4.2　pH 值自动控制系统

主要用于脲醛树脂或三聚氰胺树脂的生产中，将反应釜内的反应液用泵打到冷却器中，冷凝到 65℃以下后，经酸度计测定 pH 值后再返回反应釜，这样循环往复可连续测定 pH 值，称为 pH 值体外循环检测系统。再配上酸、碱加料定量控制系统（由胶管电动开关和酸、碱加料量时间控制电路组成），其加料量控制精度可达 1%，以此来控制 pH 值。这种 pH 值自动监测仪针对于高黏度液体存在的因清洗不完全而使其灵敏度逐渐下降，直至失效的问题，特别是脲醛树脂因反应后期黏度大，不易清理干净，实际应用效果不佳。

12.4.3　升温控制及温度记录调节系统

在制胶生产过程中，温度的变化是反映化学反应是否正常的重要操作参数。在采用间歇式工艺流程时，由于是单釜操作，几乎都有升温、保温、降温的过程，因而温度的测量和控制成为保证反应过程顺利进行和安全运行的重要环节。

12.4.3.1　升温控制系统

由于制胶车间常用的夹套式蒸汽加热反应釜的温度变化特点是滞后现象严重。而在反应釜容积、蒸汽压力、进汽管径、冷凝水出水管径以及环境温度一定的条件下，反应釜的升温速度与进蒸汽的时间和冷凝水的放出时间直接相关，因此只要控制好进蒸汽和放冷凝水的时间，就能达到所要求的升温速度。升温控制系统的执行机构可以用两位式电磁阀来供给蒸汽热源，采用时间控制，蒸汽阀通电打开时蒸汽进入夹套加热。蒸汽阀关闭时停止供汽，进入夹套的蒸汽继续与反应釜壁进行热交换，并不断形成冷凝水。冷凝水由电磁阀定时放出，以保证反应釜加热的效率。蒸汽阀的通断时间，即反应釜的进蒸汽时间由升温速度决定。出水阀放冷凝水的通断时间以不放出蒸汽、节约能源为原则。

12.4.3.2 温度记录系统

(1)反应釜温的记录调节。测量反应釜温度检测点的位置可以放在反应釜的夹套中，也可以直接在反应液中。直接安在反应液中更有利于温度的控制。可将有不锈钢保护套管的铂热电阻直接插在反应液中，以自动平衡电桥记录仪记录温度的变化。然后以继电控制电路来控制升温(开启蒸汽阀和定时开关下出水阀)、保温(关闭蒸汽阀和下出水阀)、降温(开启冷却水阀和上出水阀)，如升温降温有一定时间限制，则在继电控制电路中接入时间控制电路。反应温度自动记录系统可同时记录不同反应阶段的温度变化和持续时间，这对于监测反应工艺的执行情况非常有效。

(2)冷凝器(冷却器)的温度调节。可采用位式调节系统，由感温元件铂热电阻(动圈式)、温度指示调节仪和进水电磁阀组成。电磁阀安装在冷却水进水口管路上，检测点设在冷凝器的物料出口处，当冷却水流量不能满足冷却要求时，出料口的温度升高，当达到给定值时，通过继电器使电磁阀得电开通，进水量增加，保证了冷凝器的冷却效果。

12.4.4 其他自动化控制

要实现树脂生产的全自动化控制，除了上述几种自动化控制系统外，还应包括固体物料的加料自动化、黏度的自动连续测量和控制、透明点报警等。

(1)固体物料的加料自动化。固体物料(如尿素、三聚氰胺)可通过电子秤称重后，以料斗式皮带运输机或螺旋进料器自动进料。

(2)黏度自动控制和报警。由于连续而正确地测定黏度，难度较大，国外也多采用手工测定，但这仍是今后需研究的方向。对间歇式反应釜，安装自动取样装置有利于改善操作工人的作业条件。自动取样装置有泵循环系统和真空抽吸系统，相比之下真空抽吸系统使用和维护更方便些。

(3)透明点报警。醇溶性酚醛树脂制造过程中有由透明变混浊，又从混浊变透明的过程，但在反应釜的观察窗观察较难看准。透明点测定仪能测知透明或混浊的转变点并报警，给制胶操作上带来了很多方便。

透明点测定仪可置于反应液釜外循环的管路上，让光源和接收器分别置于反应液的两边，光源发射出的光束通过反应液后被接收器接收，由于反应液的光谱透过率的变化使光束通过反应液的光通量发生变化，因而到达接收器的光束的光通量也就不同，对于不同的光通量，接收器感觉出不同的信号，根据这个信号的变化可判断胶液是混浊还是透明。

12.5　合成树脂生产的废水处理

制胶车间不管生产酚醛树脂、脲醛树脂或三聚氰胺树脂，均会排出一定量的废水。如减压浓缩脱出的水、洗釜水、洗罐水、冲地水中都可能会含有少量有害物质。这些有害物质主要有苯酚、甲醛、甲醇等。

水中含酚浓度高于 10mg/L 时，可引起鱼类大量死亡，海带、贝类也不能生存，灌溉水含酚高于 100mg/L，可引起农作物和蔬菜枯死和减产。苯酚对人体也有危害，它能使细胞蛋白质发生变性和凝固，导致全身中毒。若长期饮用被酚污染的水，可引起积累性慢性中毒，刺激呼吸中枢，并诱发消化系统、神经系统障碍，伴有贫血和皮疹，最终伤害肠、胃、肝、肾等器官。甲醇为有毒物质，若长期饮用被甲醇污染的水，最终会导致目盲。甲醛能使细胞蛋白质发生变性和凝固，对人体的黏膜有刺激作用。如果将制胶废水不加处理排入水域，必将污染水体，危害人类健康，并导致鱼类和其他水生生物不能正常生存和繁殖，将严重损害水产资源。若用于灌溉农田，将造成农作物减产，农产品含毒。因此制胶废水必须进行净化处理，使其达到国家规定的排放标准。根据我国工业废水排放标准，排出的废水中苯酚的最高允许浓度应不超过 0.5mg/L，甲醛和甲醇的浓度暂未规定。

制胶废水常用的处理方法有吸附法、生物滤池法和活性污泥法等。而国外采用较多的是活性污泥法。另外，还可以将废水浓缩后作化工生产的原料或掺入煤中燃烧。

采用吸附法、生物滤池法和活性污泥法均需有简单的设备或设施，而我国木材工业的制胶车间较分散，每个车间的废水处理量不多，而且现在很多工厂都使用不脱水胶，使废水的量更加减少。为减少处理费用，有的厂将废水直接渗入煤中焚烧，使废水中有害物质在高温下进行氧化分解，使其中有机物生成水、二氧化碳等无害物质排入大气。

12.6　冷却水的回收利用

制胶车间的主要设备反应釜和冷凝器在生产过程中都要借助冷凝水来达到反应液或树脂液的降温以及蒸汽的冷凝。而冷却水的耗水量较大。据粗略估计，年产 5 000t 脲醛树脂(固含量 50%)的制胶车间，平均每小时的耗水量为 36t。如果把这些冷凝水都排放出去，是不符合节能要求的。而且对于水资源较紧缺的地区来说，更是水的极大浪费。另外，冷却水在反应釜的夹套中及冷凝器的列管间隙中经过热交换后温度上升，有时可达 80℃以上，平均温度约为 45℃。若将大量热水排入水域，将会导致水体温度上升，造成水中溶解氧的减少，降低水体自净能力，使一些毒物如氰化物、重金属的毒性加剧。水温提高还会加速细菌繁殖，助长水草丛生，而鱼类在缺氧的热水中生活，生长繁殖都受到影响。因此无论从节能、节水还是水体污染的角度看，冷却水的回收利用都是十分必要的。

冷却水要回收循环使用，首先应该解决冷却水的降温问题，若不能降至一定温度以下，它就不能再用作冷却介质。一般要求回用的冷却水能降温至比空气的湿球温度高

3～5℃的温度，也就能满足使用的需要。

制胶车间一般都采用冷却塔来降低冷却水的温度。冷却塔是用空气同水的接触(直接或间接)来冷却水的装置。冷却塔冷却的基本原理是利用水本身的蒸发潜热以及水和空气两者的温度差产生热传导来冷却水的。

冷却塔有多种形式，但其基本组成都包括以下几个部分：淋水装置(填料)、配水系统、通风设备、空气分配装置(进风口上的百叶窗和导风装置)、通风桶、收水器、集水池。

淋水装置又称填料，其作用是将进入的热水尽可能地形成细小的水滴或形成薄的水膜，增加水和空气的接触面积和接触时间，有利于空气和水的热交换，因而它是冷却塔的重要组成部分。制胶车间多采用蜂窝膜板淋水装置。这种蜂窝膜板是将无胶牛皮纸先黏接成六角形网格状，然后浸渍酚醛树脂，经加热烘固而制成。其特点是重量轻(每立方米填料重26kg)，接触面积大(每立方米填料的表面积为200m^2)，耐腐蚀、耐高温和价格便宜。缺点是质脆、耐冲击性能差。现有采用玻璃钢材质的蜂窝膜板，其强度很大，耐冲击性也好，但生产成本较高。

配水系统的作用是保证在一定量的水量变化范围内将热水均匀地分布于整个淋水装置面积上，充分发挥淋水装置的作用，它是提高冷却塔冷却效果的重要方面。蜂窝膜板淋水装置可配用旋转式配水系统。即在配水管中开有配水孔，管上装有挡水板，水流向外喷出时，利用反作用力推动配水管旋转，使配水更加均匀。

通风设备的主要作用是增加冷却塔中的风量，提高风压，以提高冷却塔的冷却效率，常采用轴流式风机。

空气分配装置主要解决空气沿冷却塔断面上的均匀分布问题。用蜂窝膜板的冷却塔可采用百叶窗式进风口。

通风桶的作用是将气流的部分动压力转换成静压力，达到进风较均匀的目的。通风筒包括风机进口的喇叭口、扩散筒及空气排出口的风筒。

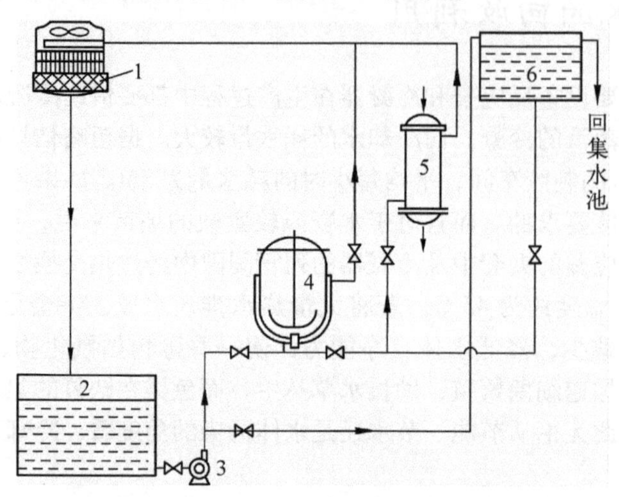

图12-9 冷却水回收循环利用系统的工艺流程图

1. 冷却塔 2. 集水池 3. 水泵 4. 反应釜 5. 冷凝器 6. 水箱

收水器是用来捕获从冷却塔内排出的湿热空气中的水滴的。一般由一排或两排倾斜布置的板条组成。制胶车间采用的开放式的冷却塔可以由进风口处的百叶窗来承担收水器的任务。机械通风冷却塔中装设收水器后，可将逸出冷却塔外的水分降低到冷却水量的 0.2% ~0.4%，甚至只占 0.1%。

集水池起储存和调节水量的作用。淋水装置掉落下来的水滴汇集在集水池内。

制胶车间冷却水回收循环利用的工艺流程见图 12-9。从反应釜 4 和冷凝器 5 流出的冷却水进入冷却塔 1 冷却后，收集在集水池 2。然后可通过水泵 3 再打到反应釜或冷凝器回用，也可以用水泵打到高位水箱 6，高位水箱水满后通过溢水管返回集水池。高位水箱的水也可以直接通入反应釜夹套或冷凝器，作冷却水用。

第2篇

涂 料

所谓涂料是一类呈流动状态，能在物体表面扩展形成薄层，并随时间延续与加热以及供给其他能量，能在被涂饰表面牢固黏附固化，形成具有特定性能的连续皮膜的物质。在木材加工生产中用于木制品或木质材料（人造板等）的表面装饰，旧称“油漆”（以植物油为主要原料），随着合成高分子材料的发展，各种合成树脂漆越来越多，故改称涂料。

绝大部分涂料为液体状，但最近粉末状涂料也已使用。涂饰时，液体状涂料为了便于涂饰操作应对其黏度作适当调整，粉末状涂料应能在空气流的作用下充分流动，因此要求涂料具有适当的粒度。涂料涂于被涂饰物体后，液体涂料由其自身润湿被涂饰表面，粉末状涂料受热熔融润湿被涂饰表面，因此要求涂料具有适当的流动性以保证涂面平滑。液体涂料的涂膜经过干燥形成固体涂膜。

涂料与胶黏剂及塑料的区别：塑料成型后可以保持其形状，但涂料与胶黏剂若没有被涂饰物、被胶接物，就不能发挥它们的功能。塑料成型后可制成与模具相应的形面，胶黏剂在被胶接物之间受压形成胶接层，不能直接产生表面。然而，涂料涂于物体表面后，靠其自身的表面张力和重力作用决定涂膜的表面形态，且曝露在外面。因此，涂料在涂饰与形成涂膜时容易受环境条件的影响，并且涂膜是露出在外的数微米至数十微米的表面层，要求它能够发挥装饰和其他各种功能。近年来，防蚀涂饰装饰要求涂膜具有长期防蚀功能，增加涂料的性能，其中重新认识了涂膜厚度的重要性，也有采用数百微米厚度涂膜进行涂饰装饰的。

现代涂料正在逐步成为一类多功能性的工程材料，将对国民经济的发展起到越来越重要的作用。

第13章 概述

当用涂料涂饰木制品或木质人造板时，所形成的涂膜具有装饰与保护作用。而决定装饰效果的关键是涂料的品种、性能与涂料工艺。当前木器涂料（包括家具和室内装饰材料）的主要品种有硝基漆（NC）、聚氨酯漆（PU）、不饱和聚酯漆（PE）、酸固化氨基漆（AC）、紫外光固化漆（UV）和水性木器漆等，由于这些涂料的性能不同，用途上各有侧重，加之经济、技术、生活习惯、消费水平不同，各国木器涂料的品种及所占的比例有所区别。如德国、意大利、西班牙以PU、PE涂料为主；美国市场硝基涂料占75%，酸固化涂料占11%，其他品种为14%；我国PU涂料以75%占绝对优势，其他品种有硝基漆、聚酯漆以及紫外光固化漆，近年来水性漆的用量有了大幅度提高。

木制品生产用涂料品种繁多，只有对常用涂料品种、组成、性能与应用有所了解，才能做到优化选择，合理使用。本章主要介绍木器涂料的组成、分类和性能。

13.1 木材加工用涂料与涂饰技术

13.1.1 发展历程

13.1.1.1 涂料的发展

我国早年木材加工所使用的油漆（涂料）主要是虫胶漆和硝基清漆，当时清漆在木制品涂饰用油漆中使用量最大。20世纪50年代后期，醇酸树脂清漆的使用量迅速增加，并逐渐占据了主导地位。它们与现在所使用的油漆相比，一次涂饰的漆膜厚度薄，达到要求涂饰厚度所需涂饰次数多，要想达到理想的涂饰效果（如高光泽性）比较困难。

随着木制品加工业的发展、人们对家具质量要求的提高、木制品生产数量的增加以及生产规模的扩大，原来的涂料与涂饰技术已不能满足大批量生产的要求。为了适应大批量生产系统对涂料和涂饰技术需求，开发了高固体漆。此后，还相继出现了一些胶合板涂饰用合成树脂涂料，但在其推出不久即消失。

20世纪30年代，随着世界性木材需求量的增加，优质木材的供给开始不足，使用胶合板与装饰胶合板的框架式结构家具开始在市场上大量出现。与实木不同的是天然薄木饰面胶合板和普通胶合板在涂饰清漆后，清漆向表板上存在的裂隙中渗透，由于裸露在表面的导管等的影响，漆膜在短时间内即产生开裂，解决这一问题颇费周折。就在此时不饱和聚酯树脂涂料开始问世。这种涂料可以加大涂膜厚度，与清漆相比使胶合板表面涂层的硬度增加了数倍。并且防湿效果好，解决了涂料向胶合板内部的渗透和涂膜开裂的问题，不但使涂饰耐久性提高，还使涂饰制品具厚重感。

这种涂料一次涂布可获得比早期清漆高数十倍的漆膜厚度，并且由于漆膜固化速度快，可使涂饰工艺周期大为缩短。此外对于低质化的木材，不饱和聚酯树脂的漆膜还赋予其厚重感，增加了制品表面的硬度，提高了其附加值。特别是因为当时流行高光泽度的亮光装饰，若采用早期清漆涂饰时操作繁重。要达到高光泽度的镜面装饰，如若使用不饱和聚酯树脂涂料则比较容易实现。例如钢琴的涂装，由清漆涂饰改为不饱和聚酯树脂涂料涂饰后，使钢琴的生产量大幅度增加。

不饱和聚酯树脂涂料刚问世时，为多组分、化学反应固化、高黏度的涂料，与使用方便的清漆相比，对已经习惯了的操作技术产生了诸多不便。此后相继出现的新型涂料在被用于木材后，新的配套技术也相继产生，使其获得快速发展。我国在20世纪80年代，用不饱和聚酯树脂涂料涂装以胶合板为基材的保丽板曾一度广为流行。

就在不饱和聚酯树脂涂料出现的前后，对脲醛树脂涂料进行大幅度改良的酸固化型氨基醇酸树脂涂料问世，20世纪60年代以后对这种涂料的需求量急速增加。这种涂料具有漆膜厚度高、硬实、光泽性好、固化速度快，强制干燥的效果最好，并且成本低等优良特性。此外，还具有易于涂饰的优点。因此这种涂料的出现，使涂饰技术简便化，对涂饰技工的技术水平要求降低。

随着20世纪30年代石油化工业（合成树脂工业）的飞速发展，新的涂料大量涌现。与以往的涂料相比，性能优良、易于涂饰，并且涂饰效果更佳。当时的新涂料有40年代末出现的高固体漆，50年初出现的腰果油涂料，替代脲醛树脂涂料的酸固化氨基醇酸树脂涂料、丙烯酸清漆，50年代末期问世的聚氨酯树脂涂料。

引起木材涂饰用涂料革命的是聚氨酯树脂涂料。50年代末期的聚氨酯树脂涂料为双组分。初期的聚氨酯树脂涂料易发泡，而且干燥速度极慢，常温下表干要4~5h，实干需要12h以上，还不能使用清漆干燥所用的烘干炉。

60年代中期开发了快干性聚氨酯树脂涂料。不仅是面漆，木材填孔剂、可打磨封闭底漆也已经面世。由于这种涂料的出现，原先胶合板用清漆涂饰时，频繁发生的漆膜开裂缺陷问题也得以彻底解决。特别是木材填孔剂性能优良，其中聚氨酯类的封闭底漆的抗树脂固化障碍性能优良，能够消除在澳洲蔷薇木、黑檀等被涂饰木材上发生的不饱和聚酯树脂涂料的固化障碍。

因为各种聚氨酯类涂料具有优良的涂膜性能和快干性，成为家具、家用电器急速发展的促进剂。我国20世纪80年代后期，用刨花板、中密度纤维板制造的家具获得快速发展的直接原因之一就是使用了聚氨酯涂料。但是聚氨酯类涂料价格高，对水分管理要求严格是其不足。

影响涂料与涂饰的是以VOC（挥发性有机物）为首的环境保护法规的制约。随着国际上对环境、安全要求的呼声日益高涨，发达国家已经开始开发有利于环境保护、减少VOC排放量的新型涂料。涂料中的有机溶剂是为了调节涂料的黏度，使其便于涂饰、能够形成连续完整漆膜而添加的，是涂饰作业必要的，然而在涂饰、干燥固化后就几乎全部散发到空气之中。仅日本每年由涂饰散发到大气中的VOC总量就达100万t，进入空气中的碳氢化合物类溶剂和氮氧化物共同形成光化学氧化剂与光化学烟雾，对人类的健康产生恶劣影响。在符合VOC法规要求的前提下，未来木器涂料将被高固体分涂料

（日本与美国要求不挥发分的目标值在60%以上）、紫外光固化型涂料、水性涂料、粉末涂料、黏贴涂料等代替。

近年来，水性木器漆在我国悄然兴起。水性木器漆是对健康无害的环保型漆种，也是减少VOC排放的最佳漆种。与溶剂型涂料相比，用水做稀释剂，在节约能源和保护环境方面具有不可比拟的优越性，在欧美等国家已是市场畅销产品。近十年来，欧美等国水性漆各个品种不断引进，促进了我国各种水性漆的发展。

13.1.1.2 涂饰技术

为了提高生产能力，涂饰工艺迫切要求涂料快速干燥。木制品生产线最初是采用强制干燥方法加速涂料干燥的。由于涂饰制品在进行强制干燥时，极易产生涂膜起泡、凸起、制品变形等涂膜缺陷，因此必须采取相应的预防措施。基于此类涂饰故障在很大程度上影响涂饰质量的教训，并且为了防止木材在进行漆膜干燥过程中的变形，最高干燥温度采用50～60℃，而且干燥时间也要尽可能地短。另外为防止漆膜起泡，研究合理调节与设定漆膜的凝固时间。为预防涂饰制品在强制干燥后立即包装而引起的漆膜粘连问题，采用冷却等措施。

最初对清漆开始采用强制干燥只是对涂饰工艺的改良，而对木制品生产厂家加快漆膜干燥速度的要求，并没有从涂料自身进行改进。早期为改善清漆的漆膜性能，配合使用了古巴树脂或马来酸改性松香树脂。这种混合树脂很难达到完全干燥。在改用干燥性能好的醇酸树脂涂料后，由于增塑剂的用量减少，至此清漆的强制干燥才得以成功。

降低生产成本，无论在何时都是重要的课题。由手工涂饰发展为以喷涂为主体的涂饰方法极大地提高了涂饰生产效率，同时为提高涂饰效率，开发了多种涂饰设备，如静电喷涂机就是其中的一种，它最初用于氨基醇酸树脂涂料的涂饰。

由于静电喷涂技术的出现，不仅与漆流直接相对的表面，就连被涂饰部件的侧面与背面也能被涂饰。因此节省了涂料用量，提高了涂饰效率，改善了涂饰作业环境，具有传统的涂饰机所不具备的诸多优点。这些优点在圆棒状木制品结构部件的涂饰上得以充分发挥，如桌子腿、椅子、柜脚等的涂饰多采用静电喷涂。目前椅子类的圆形部件的涂饰仍在利用这种涂饰方法。

现代家具及木制品的涂饰多采用表面消光修饰。然而在20世纪30年代后期，广泛流行高光泽度的亮光装饰，它需要对漆膜进行抛光处理。高光泽度的镜面化涂饰，若采用不饱和聚酯树脂涂料可以缩短涂饰时间，但是漆膜硬度大，抛光困难。因此，在涂层的内部涂饰不饱和聚酯树脂涂料，研磨除去涂膜表面附着的蜡以后，再在其表面涂饰清漆，最后进行抛光处理。为了减少涂饰工序，并能达到最佳的涂饰效果，开发了多种涂料组合的涂饰技术。现在的多种涂料组合涂饰工艺，充分地发挥了不同种类涂料各自的特点，用少量工序即可达到最佳涂饰效果，同时充分考虑到了降低成本的问题。早年利用不饱和聚酯漆进行高档木材涂装，必须抛光，但是20世纪90年代以来，大多数厂家采用空气喷涂双组分聚氨酯漆，木制品不需抛光，而是采用原光装饰方法，这既简化了涂装工艺，提高了效率，缩短了施工周期，又省了抛光机的投资。这是木材涂装技术进步的结果，由涂料性能的改进，空气喷涂方法的采用以及喷涂室除尘空气净化，加上亚光装饰兴起等诸因素促成。

即使采用表面消光修饰也会使涂饰缺陷显露出来，因此采用复杂涂饰工艺进行高光泽度表面修饰技术的流行，对当时涂饰技术的进步作出了巨大贡献，它也是现代涂饰技术的基础。

历史上木制品由实木制造，但是随着木材资源的枯竭，世界各国都开始以人造板为主制造家具，这无疑是今后木制品用料的主要方向。因此，20 世纪 80 年代一度盛行人造板家具直接涂装不透明的黑、白漆以及各种不透明的彩色漆、闪光珠光幻彩等所谓"聚酯家具"，但是 90 年代以来随着实木家具的再度兴起，实木制品与实木皮或装饰纸贴面的人造板制品透明涂装大为流行，因此，板式家具实木化装饰也是当前家具涂装的又一种较为流行的涂装方式。

我国 20 世纪 80 年代以前主要采用自然干燥法干燥涂层，那时手工刷（或擦）涂，涂漆制品就地（原地）自然干燥，极少数企业使用热风干燥、红外线干燥与紫外线干燥。现在大部分家具厂配合空气喷涂，将已喷涂完毕的产品或零部件送一专门房间，提高室温，安装通风装置，来提高涂层干燥的效率与质量。为了使涂料快速干燥，出现了光固化涂料，利用紫外线照射固化干燥方法，是当前干燥最快的（以秒为单位计算的）方法，也是涂层固化的发展方向，这种干燥方法适用于地板与板式家具，采用辊涂或淋涂的方法进行涂装。可以说光固化涂料的出现，使木器家具的涂装由繁重的手工劳动走向了机械化生产，大大提高了劳动生产率。

涂料涂装技术发展主要向着减少污染、节省能耗、提高施工效率、提高涂层装饰性方向发展。

13.1.1.3 涂饰机械

涂饰机械的开发也以较快速度进行。基于提高涂饰作业效率、节省涂料、提高涂饰质量等的要求，开发了高压无气喷涂、双组分喷枪、适合于胶合板涂饰及部件涂饰的淋涂机与辊涂机。

20 世纪 80 年代之前曾以手工刷涂为主，80 年代以后，随着我国家具制造业的高速发展，特别是实木家具制造业的兴盛，极大地促进了我国涂饰机械的发展。

随着涂饰业的发展，涂饰机械的开发速度也比较快。基于提高涂饰作业效率、节省涂料、提高涂饰质量等的要求，开发了高压无气喷涂、双组分喷枪以及适合于胶合板涂饰和部件涂饰的淋涂机与辊涂机。20 世纪 90 年代以来，约有 90% 以上的木制品企业采用空气喷涂法施工，此外的其他喷涂方法（高压无气喷涂、静电喷涂、空气辅助高压无气喷涂、低压大流量喷涂等）以及淋涂、辊涂法都有少量应用。尤以空气喷涂双组分聚氨酯涂料更为普及，也可以称当前为"空气喷涂聚氨酯时代"。

世界经济的高速发展，要求加速涂饰自动化、装置系统化，对往复式涂饰机、机械手的需求也在增加，这一类涂饰机得到了日新月异的发展进步。过去由于往复式涂布装置的静电喷涂机、自动喷涂机、自动填孔机、辊涂机、淋涂机、真空涂饰机的出现，使涂饰作业由手工作业向机械作业过渡。虽然不够完善，但它是涂饰自动化的第一步，今后更进一步发展将是涂饰生产线无人化。

13.1.1.4 木材着色与着色剂

涂饰最终目的是提高涂饰制品的观感性。木材着色主要是为了改变木材制品的颜色。优质木材多数颜色较深，即使是按木材原有颜色加工的表面也能够满足使用者的观感需求。但是，由于珍贵木材和优质木材供应不足，以及材色差的树种和污染材的使用量增加，对这类木材进行着色处理，提高其附加值的要求突然增强，它促进了新型着色剂的开发与着色技术的发展。

着色剂是以填孔与着色兼备的木材封闭底漆以及油性着色剂为主流。着色清漆的产量虽然少，但在市场上已有出售。

20 世纪 30 年代，随着印刷胶合板的兴起，在无立体感的纸上采用三色套印，得到了与木材纹理相接近的花纹。这种趋势直接影响了木材涂饰的着色技术的发展，促使涂料生产厂家和涂饰技工研究具有立体感的着色技术。现在的着色剂种类增多、使用方法简单，无论何种着色设计都能容易地实现。

当时，擦涂着色剂已出现，但品质差、需求量少。而现在，在涂饰时被涂饰基材经着色处理后，使制品的附加值提高，材质低下的基材经表面处理后，扩大了其使用范围。

着色剂主要包括颜料着色剂、染料着色剂和色浆着色剂，这三种着色剂都可以用于基材着色。在国外喷涂各种染料溶液应用较多，而国内的实际生产中应用颜料着色剂较多，特别是染料与颜料混合的着色剂，在填孔着色时应用更广。染料着色剂通常用于涂层着色，因为用水色（水溶性染料着色剂）在木材表面直接染色比较复杂，影响染色效果的因素很多，不容易染均匀。生产中常把染料加到漆中进行涂饰，将涂层着色与涂底漆合并进行，这样既做到涂层着色，又加厚了涂层。色浆着色的效果好，颜色鲜艳，木纹清晰，附着力好。色浆着色能够将填孔、着色与打底几道工序合并作业，简化工艺过程，提高涂装效率。

现代家具设计的趋势是使用透明清漆为主调，辅以各种颜色，给人以视觉效果，并将木材的纹理清晰地显现出来，达到返璞归真、回归自然的天然效果。在此，合理地选择着色剂种类，机动灵活地运用着色技术显得尤为重要。

13.1.2　木质材料涂饰存在的主要问题

放眼未来，展望木质材料涂饰技术，首先必须解决现在木质材料涂饰所存在的问题。木材是一种“活”的基材，变化之大，涂饰工艺过程之复杂，要比其他材料涂饰困难得多，而家具质量与价值的体现，在很大程度上取决于最后的涂饰所表现出的木材质感，由此可见家具表面涂饰的重要地位。木材制品涂装质量的好坏，将直接影响其产品的最终质量和附加值。涂装是为了起到装饰和保护基材的作用，同时也是为了在市场销售中获得更大的经济效益，但这些目的的获得又必须以选用木材质量好为前提，所以木制品的涂装质量与木材的固有特性息息相关。木材、涂料和涂饰工艺是木材涂饰的三要素，其第一要素就是木材，只有充分认识木材，了解掌握木材的物理化学特性是做好表面涂饰的前提。

与金属、塑料、玻璃、水泥等材料不同，木材是一种天然有机高分子物质，由无数微小的细胞组成，结构复杂，具有许多其他材料不具备的特性。有关木材的理论研究成果，可以帮助我们认识、了解、掌握木材，比如多孔性，据专家分析，木材表面孔隙度平均约占木材表面积的40%，个别材质可达80%，这给涂装木材带来很大困难。另外，木材对周围的水分、空气非常敏感，具有干缩湿胀性，这种变形表现出的各向异性易使漆膜产生开裂、脱皮，因此漆膜的耐久性、稳定性是木材给涂装带来的又一大困难。再有，木材的化学组成中，如含有不同的酸和酯胶类物质，会给木材表面涂饰带来很多问题和困难。因此，在对木材进行涂饰时，必须对木材的特性有一定的认识和了解，才能应对自如，游刃有余，最终得到高质量的漆膜。但目前，在一些企业里，往往只是停留在对木材的肤浅认识上，缺乏深入细致的研究，忽视了木材的特殊性对表面涂饰的影响，使得涂饰质量达不到预期的目标，甚至造成废品。所以，要想提高家具表面涂饰质量，还需要我们深入仔细研究木材及其木质材料。

尽量缩短涂饰作业的间歇时间，也是未来涂饰技术发展需要继续解决的问题。涂饰是涂料的涂布、干燥、漆膜砂光循环往复的作业过程，是需要花费时间的工作。通常涂饰作业的间歇时间缩短会引起漆膜起皱。现在的涂饰工艺、涂料、涂饰机以及干燥设备均对漆膜质量有影响，涂饰故障与迟干产生的概率非常高。

近年来，涂饰装置数量剧增，以秒为单位固化的紫外线（UV）固化干燥装置极大地缩短了涂饰作业间歇时间。开发这种装置时并没有考虑到会产生如此大的功绩，这种固化机构的革新解决了生产性的难题，但是还需要继续研究其使用技术。

在市场竞争日益激烈的形势下，企业生产的产品能否卖得出去是至关重要的问题，不断困扰着企业。许多家具制造企业为促进产品销售，将家具与木制品划分档次、追求高档化。诚然制造高档化的家具与木制品必须有高档化的涂料。家具与木制品表面装饰的漆膜、色调、触感等给消费者的第一印象是愉快的感觉，因此需要一种能赋予制品以良好感官印象的涂饰技术。

随着森林资源日益锐减，优质大径级木材供给不足、价格上涨，必须使用低质材和未被利用的木材以及速生人工林木材，其直接后果是被涂饰基材的材质低劣化。为此，对于木材表面质地进行修整，使其适应于涂饰作业，这种趋势将逐年增加。对被涂饰木材表面质地进行调整需要多种作业，难以实现自动化与机械化，需要花费时间。

现在受木制品高档化及分档次化的影响，被涂饰部件的形状也向复杂化发展。木制品涂饰对象由二维形状向三维形状化发展。即由以往的胶合板、地板等平面形状的桌子、室内装饰用材那种简单的立体形状被涂物，进而发展为雕刻部件、有装饰的框架结构部件、像家具那样的复杂形状的被涂饰物的涂饰。被涂饰物形状的复杂化，将直接导致制品砂光的机械化效率、自动化程度显著下降。木制品设计者在设计阶段就应考虑到涂饰要求、效果与成本等因素。

由于基材材质的低劣化和价格高涨，难以得到大面积的均一的木材，为此必须将MDF、LVL、胶合木等工艺木质材料作为建筑、室内装饰和家具制造的材料。目前工艺木质材料直接用于木制品的数量在不断增加，因此需要与实体木材及传统人造板涂饰所不同的涂饰技术。

此外，涂饰技术不是基材的延伸，设计使人们喜好的富有观感性的图案也是涂饰的任务。

基于推销和使用目标的要求，最近开发出广义的功能性涂料，市场对它们的需求量在增加。例如：用于面板和地板的硬质涂料，可以防止漆膜产生伤痕；防滑涂料是可以根据使用要求保持一定的摩擦系数的涂料，用于防滑楼梯的踏板，既便于运动又能防止因滑动而受伤的体育馆的地板，这种涂料的使用量将进一步增加；还有用于易产生霉菌的浴室、卫生间的防霉涂料；用于木结构房、木制窗框等户外用木材保护着色的涂料；有防火要求场所使用的防火涂料等。将新开发的功能性涂料应用于木质材料，创造愉快舒适的生活环境是从事涂饰技术工作者的任务。

如前所述，以往的涂饰技术是涂料生产厂家依据木材加工企业的需要，将树脂生产厂家新开发的树脂进行了便于使用性的加工处理后提供给用户。木材加工企业再使这种涂料适应于不同树种的特征，从而开发出以提高作业效率为目的的应用技术。即涂饰技术的一大半是设法掌握新涂料的使用技术。新型涂料的诞生，促进了适用于这种涂料所需涂饰机械的开发。特别是使适用于大批量生产的涂饰机械、涂饰设备加快了发展步伐。这一时期由涂料、涂饰机械、木材专家们相互携手合作，加速了涂饰技术水平的提高。现在木材加工企业所掌握的涂饰技术，很大一部分是依赖于涂料生产厂家与涂饰机械生产厂家为促进其产品销售所提供的涂饰技术。涂饰技术进步是在充分发挥了三方面各自特长之后才开始的。今后涂饰技术的课题是节省资源、涂饰的自动化、缩短涂饰时间等，最终结果是降低涂饰成本。

13.1.3 未来的涂料与涂饰技术

随着市场竞争日益激烈，木材加工企业对木质材料的涂饰技术提出了更高的要求，如大幅削减涂饰成本、使用低质材进行高级涂装、将制品分档次化、压缩涂饰间歇时间、彻底消除涂饰缺陷等。

总体来说，从环境保护、合理利用资源和提高涂膜性能出发，木器涂料的发展方向是低污染、省资源、无溶剂、粉末化、高固含量、辐射固化、水性化。开发使用高固体分涂料、粉末涂料和水性涂料，在涂饰技术方面需要解决如下问题：

（1）高固体分涂料：需要开发能够涂饰高黏度涂料的涂饰机，解决制约涂饰抛光的涂饰技术。

（2）木工用粉末涂料：需要进行为缓和因涂料高温熔融对被涂饰基材产生不良影响的前处理。此种涂料也受抛光方法的制约。

（3）水性涂料：首先应考虑因水的作用使被涂饰基材产生润胀、变形、起毛等问题。被涂饰基材表面若发生变形，将会产生各种精密的自动机械不能使用的危险。使用蒸发迟缓的水性涂料要有防止涂膜干燥迟缓的对策，对使用溶剂型涂料能够完成涂饰表面抛光的技术，由于水的表面张力大，有必要从头开始采取措施。

为实施涂料的自动化作业，要求涂料通过管道输送到涂饰机的管道系的适应性好；对大生产线的适应性好；对各种自动涂饰机的适应性好；对各种干燥固化装置的适应性好等。

涂饰自动化的往复式涂布装置有静电喷涂机、自动喷涂机、自动填孔机、辊涂机、淋涂机、真空涂饰机，这类装置需要更进一步发展，涂饰生产线要向无人化，能够使用由形状识别传感器与计算机控制的系统发展。

发展最慢的是自动漆膜砂光机，其原因是需要极高的精度、被涂饰木材的尺寸变化的不均一性、被涂饰基材的形状复杂等。这种砂光机的改进非常需要从木材角度出发考虑解决。另外，被涂饰物的自动输送系统的改进也是涂饰自动化的关键。

对于未来的涂饰技术，必须更注重涂饰的前处理，其原因是为了解决上述诸类问题。即被涂饰基材材质的低劣化、未被利用的木材的使用、原木出材率的提高、涂饰的高档化、涂饰自动化、新型涂料的应用，这些都需要以往没有的前处理技术。有望实现的前处理有：壳聚糖处理、聚乙二醇（PEG）涂布、被涂饰基材表面的 WPC 化、等离子体处理、表面塑料化等。

13.2 涂料的组成

绝大多数液体涂料是由固体分和挥发分组成，将液体涂料涂于制品表面形成薄膜时，涂料组成中的一部分将变成蒸汽挥发到空气中去，这一部分称为挥发分，其成分即是溶剂；其余不挥发的成分留在表面干结成膜，这一成分就称作固体分，即能转变成固体漆膜的部分，它一般包括成膜物质、着色材料与辅助材料（助剂）三大部分。

13.2.1 成膜物质

成膜物质是液体涂料中决定漆膜性能的主要成分，是一些涂于制品表面能够干结成膜的材料，由油脂、高分子材料（合成树脂）、不挥发的活性稀释剂组成。可以作为涂料成膜物质的主要原料，早年是用植物油（桐油、亚麻油、豆油等），近年主要是用合成树脂（醇酸树脂、聚氨酯、不饱和聚酯等）。成膜物质可单独成膜，也可以黏结颜料等共同成膜，因此称固着剂、黏结剂。

涂料成膜物质具有的最基本特性是它能经过施工形成薄层的涂膜，并为涂膜提供所需要的各种性能，它还能与涂料加入的必要的其他组分混合，形成均匀的分散体。具备这些特性的化合物都可作为涂料的成膜物质。它们的形态可以是液态，也可以是固态。

13.2.1.1 植物油

在涂料工业中用的最多的是植物油，譬如桐油、蓖麻油、梓油等，它是一种主要的原料，用来制造各种油类加工产品、清漆、色漆、油改性树脂以及用作增塑剂等。

植物油的主要成分为甘油三脂肪酸酯（简称甘油三酸酯），其分子式简单表示为：

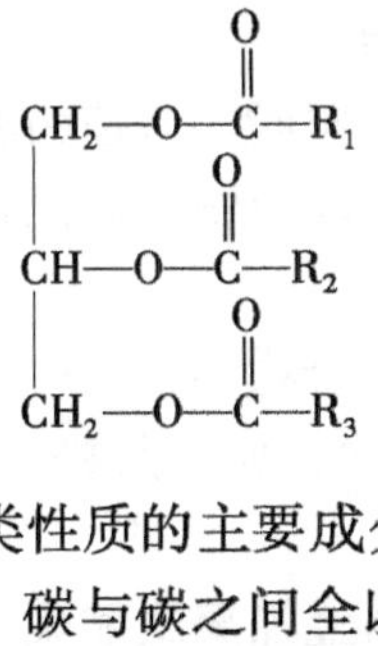

$$\begin{array}{l} CH_2-O-\overset{\displaystyle O}{\overset{\|}{C}}-R_1 \\ | \\ CH-O-\overset{\displaystyle O}{\overset{\|}{C}}-R_2 \\ | \\ CH_2-O-\overset{\displaystyle O}{\overset{\|}{C}}-R_3 \end{array}$$

式中 RCOO 为脂肪酸基，是体现油类性质的主要成分。按其分子结构中是否含有双键，又分为饱和与不饱和脂肪酸两大类。碳与碳之间全以单键连接，即为饱和脂肪酸，如硬脂肪酸（$C_{17}H_{35}COOH$），如果其中有一对以上的碳原子为双键结合，即为不饱和脂肪酸，如亚麻酸（$C_{17}H_{29}COOH$）。

不饱和脂肪酸的双键（—CH═CH—）结构里，其碳原子未饱和，不稳定，容易打开双键，易与其他元素（如氧、碘等）发生化学反应。当不饱和脂肪酸与氧相作用时，在双键附近吸收氧，发生氧化聚合反应，氧把两个不饱和脂肪酸分子连接起来，使其相对分子质量增加。如果不饱和脂肪酸中含较多的双键时，不仅能连接两个分子，而且能连接更多分子，使小分子变成大分子。

含有不饱和脂肪酸的植物油，当涂成薄层时，在空气中氧的作用下，在双键结构处发生一系列复杂的氧化聚合反应，使油分子逐步互相牵连聚合，分子不断增大，最终形成聚合度不等的高分子，以这种高分子为主形成固态胶体薄膜，这就是含植物油的涂料在空气中自然干燥成膜的物理化学过程。

植物油中不饱和脂肪酸的含量越多，不饱和脂肪酸中所含双键数越多，活化能力越强，成膜就越快，干性越好。

植物油不饱和程度常以碘值（指100g油脂所能吸收碘的克数）来表示。涂料工业使用多种植物油，常依据所含不饱和酸的双键数量及其位置等因素将植物油分为干性油、半干性油与不干性油三类。甘油三酸酯的平均双键数，6个以上为干性油，4~6个为半干性油，4个以下为不干性油。

干性油，具有较好的干燥性能，干后的涂膜不软化，薄膜实际很少被溶剂所溶解，它们的碘值一般在140以上，如桐油、梓油、亚麻油、苏子油等。

半干性油，干燥速度较干性油慢，此类油的碘值在100~140范围内。特点是变黄性小，适宜于制造白色或浅色漆，如大豆油、葵花子油等，干燥较慢。

不干性油，在空气中不能自行干燥，碘值在100以下，因此不能直接作成膜物质，一般用于制造合成树脂及增塑剂，如蓖麻油、椰子油等。有的不干性油可经化学改性而转变成干性油，如蓖麻油可经脱水而转变成干性油，即脱水蓖麻油。

13.2.1.2 树脂

树脂是一些非结晶型的固体或半固体的有机物质，相对分子质量一般较大。多数可溶于有机溶剂如醇、酯、酮等，一般不溶于水。将树脂溶液涂于物体表面，待溶剂挥发（或经化学反应）后，能够形成一层连续的固体薄膜，因此许多树脂可用作涂料的成膜物质。用树脂制漆比单纯用植物油制的漆，能明显地改进漆膜的硬度、光泽、耐水性、耐磨性、干速等性能，所以近代涂料工业大量应用树脂（尤其是合成树脂）为主要原料制漆，有些涂料完全使用合成树脂。

涂料用树脂按其来源可分为天然树脂、人造树脂与合成树脂三类。

（1）天然树脂：来源于自然界的动植物，如热带的紫胶虫分泌的虫胶，由松树的松脂蒸馏得到的松香等。

（2）人造树脂：是天然高分子化合物加工制得的，如用棉花经硝酸硝化制得的硝化棉，各种松香衍生物（也称改性松香，如石灰松香、甘油松香亦称酯胶、季戊四醇松香、顺丁烯二酸酐松香）等。

（3）合成树脂：用各种化工原料经加聚或缩聚等化学反应合成的。如酚醛树脂、醇酸树脂、氨基树脂、聚酯树脂、聚氨酯树脂等。

适于作为涂料的合成树脂，根据涂料的性质、使用目的以及用途等不尽相同。一般要求合成树脂应具有如下性能：①易于涂饰；②干燥速度快；③尽可能地减少涂饰次数，并能形成所要求的涂膜；④与基材附着性好，并且涂膜坚韧；⑤对颜料的分散性好，不产生沉降、凝集、色分离，涂料的贮存稳定性好；⑥涂膜光泽性好，鲜明，保色性好；⑦耐久性、耐候性优良，不易受污染；⑧耐水性、耐药品性好。

现代涂料为适应多方面性能要求，很少使用单一品种作为成膜物质，而经常是采用几个树脂品种，互相补充或互相改性。随着科学技术的发展，将会有更多品种的合成材料被应用为涂料的成膜物质。

13.2.2 着色材料

作为涂料组成成分以及涂饰木材时用于调制着色剂、填孔剂、腻子等着色材料，主要是颜料和染料。

13.2.2.1 颜料

颜料是一种微细的粒状物，不溶于它所分散的介质中，而且颜料的物理性质和化学性质基本上不因分散介质而变化，这样的定义不仅适用于着色颜料，也适用于体质颜料和多功能颜料，它们本身不能成膜，必须分散于成膜物质中才能成膜，是辅助成膜物质。颜料和染料有很多相似之处，它们都是固体粉末，而且一般都很注意它的色光，它们之间最大区别是染料能溶于水，而颜料则不能溶于水。

颜料是色漆生产中不可缺少的成分之一，其作用不仅仅是色彩和装饰性，更重要的作用是改善涂漆的物理化学性能，提高漆膜的机械强度、附着力，防腐性能，耐光性和耐候性，而且特种颜料还可以赋予涂膜以特殊性能。

（1）颜料的特性。

①颜色：颜色是标明一个颜料的重要技术指标，现在颜色科学已形成一门新的学科，有必要对它进行较为深入的研究。

②遮盖力：遮盖力是指色漆涂膜中的颜料能够遮盖被涂饰表面，使其不能透过涂膜而显露的能力。遮盖力对制造色漆是个重要的经济指标，选用遮盖力强的颜料，使色漆中颜料用量虽少，却可达到覆盖底层的能力。

③着色力：是某种原料和另一种颜料混合后形成颜色强弱的能力。着色力是控制颜料质量的一个重要指标。决定颜料着色力的主要因素是颜料的分散度。分散得越好，着色力越强。色漆的着色力随着漆的研磨细度增大而增强。

④吸油量：颜料吸油量与其粒度大小、颗粒结构有关。一般来说颗粒细小，颜料总的表面积增大，吸油量会相应增大。颜料吸油量决定了调配色漆时油的耗量。

（2）颜料种类。颜料的品种很多，各具有不同的性能和作用。在配制涂料时，根据所要求的不同性能，需要注意选用合适的颜料。

颜料按其来源可分为天然颜料和人造颜料两类；按其化学成分可分为无机颜料和有机颜料。

无机颜料：即矿物颜料，其化学组成为无机物，大部分品种化学性质稳定，能耐高温耐晒，不易变色、褪色或渗色，遮盖力大，但色调少，色彩不如有机颜料鲜艳。目前仍以使用无机颜料为主。

有机颜料：是用有机化合物制成的颜料。其颜色鲜艳、耐光耐热、着色力强、品种多，有机颜料不断发展，应用逐渐增多。

按其在涂料中所起的作用可分为着色颜料和体质颜料等，每一类都有很多品种。

（3）着色颜料。着色颜料是指具有一定着色力与遮盖力，在色漆中主要起着色与遮盖作用的一些颜料，使色漆涂于物体表面呈现某种色彩又能遮盖被涂饰基材表面，用于调制各种着色剂，能为木质基材表面着色，具有白色、黑色或各种彩色。

白色颜料：有锌钡白与钛白等。锌钡白的商品名称为立德粉，化学成分为 $ZnS \cdot BaSO_4$，颜色洁白，遮盖力强，着色力高，耐热，但耐酸与耐光性差，不宜室外用。钛白的化学成分是二氧化钛（TiO_2），是白色颜料中最好的一种，用量也最多，白度纯白，具有很高的着色力与遮盖力，并耐光、耐热、耐稀酸、耐碱。

黑色颜料：有炭黑与铁黑等。炭黑的主要成分是碳，具有极高的着色力、遮盖力与耐光性，对酸、碱等化学药品与高温作用都很稳定，吸油量较高。铁黑的化学成分是四氧化三铁（Fe_3O_4），黑色粉末，遮盖力大，着色力高，对光和大气的作用稳定，耐碱，但能溶于各种稀酸。

红色颜料：有氧化铁红、甲苯胺红等。氧化铁红也称铁红，化学成分为三氧化二铁（Fe_2O_3），其色光随制造条件的不同而变动于橙红到紫红色之间。铁红的着色力、遮盖力都很高，耐光性、耐候性及化学稳定性都很好，但颜色红中带黑，不够鲜艳。

黄色颜料：有铅铬黄与氧化铁黄等。铅铬黄也称铬黄，其主要成分是铬酸铅，颜色因制造条件与成分之不同介于柠檬色与深黄色之间。铬黄具有较高的遮盖力、着色力及耐大气性，但耐光性差，在光作用下颜色会变暗。

此外，蓝色颜料有铁蓝、群青，绿色颜料有铅铬绿与酞菁绿。

（4）体质颜料。体质颜料又称填料，是指那些不具有着色力与遮盖力的白色和无色颜料。如大白粉（碳酸钙）、滑石粉等。外观虽为白色粉末，但是不能像立德粉、钛白粉那样当作白颜料使用。由于这些颜料的遮光率低（多与油和树脂接近），将其放入漆中也不阻止光线的透过，因而无遮盖力，不能给漆膜添加色彩，但能增加漆膜的厚度与体质，增加漆膜的耐久性，故称体质颜料。体质颜料多与着色力强的着色颜料配用制造色漆，或在涂饰施工时用于调配填孔剂与腻子。因其多为工业副产品，价格低廉，因而可降低成本；此外体质颜料有可能改进漆膜的一些其他性能，如耐磨性、耐久性和稳定性。常用的品种有碳酸钙与滑石粉等。

碳酸钙成分为 $CaCO_3$，有天然与人造两种。前者又称重体碳酸钙。后者称沉淀碳酸钙，质量纯、颗粒细、体质轻，也称轻体碳酸钙。

滑石粉又称硅酸镁，系天然矿石经加工磨细而得，质轻软滑腻，不是研磨特细的品种，可作消光剂。

13.2.2.2 染料

染料一般不作为涂料的组成成分，只有少数透明着色清漆中放入染料，但是在木材涂饰施工中却广泛使用染料溶液进行木材表层着色、深层着色以及涂层着色。

染料是一些能使纤维或其他物料相当牢固着色的有机物质。大多数染料的外观形态是粉状的，少数有粒状、晶状、块状、浆状、液状等。一般可溶解或分散于水中，或者溶于其他溶剂（醇类、苯类或松节油等），或借适当的化学药品使之成为可溶性，因此也称作可溶性着色物质。染料的外观颜色有的与染成的色泽相仿，有的与它们染色后的色泽完全不同。

我国染料按产品性质和应用性能共分12大类，木材涂饰常用染料有以下几类：

（1）直接染料：能直接溶于水，对棉、麻黏胶等具较强的亲和力，在进行染色时不需要加入任何染化药剂就可以直接染色。直接染料色谱齐全，颜色鲜艳，价格便宜，使用方便，但是耐光性较差。

（2）酸性染料：是指其分子结构中含有酸性基团（磺酸基或羧酸基）的水溶性染料。酸性染料包括强酸性染料、弱酸性染料和酸性络合染料，但习惯上叫的酸性染料是指强酸性染料。酸性染料色谱齐全、色泽鲜艳、耐光性强、溶解性好、易溶于水与酒精中，是国内外木材着色应用较多的染料。

（3）碱性染料：其分子结构中含有碱性基团，其化学性质属于有机化合物的碱类。碱性染料具有很好的鲜艳度和高浓的染色能力，但耐光性较差，能溶于水与酒精，但不宜用沸水溶解，否则染料将分解而破坏，它可用于木材与涂层着色。

（4）分散性染料：其分子结构中不含水溶性基团，在水中溶解度极小，可借助表面活性剂以微小颗粒状态分散在水溶液中，分散性染料不溶于水，但是一般能溶于丙酮、乙醇以及其他有机溶剂。大部分分散性染料染色性能优异、颜色鲜艳、耐热耐光、染色坚牢。近年来国内用于木材透明涂饰调配着色剂，效果很好。

（5）油溶性染料：是一些可溶于油脂、蜡或其他有机溶剂而不溶于水的染料。按其化学结构主要分为偶氮染料、芳甲烷染料与醌亚胺染料等。此种染料具有良好的染料品性。

13.2.3 溶剂

13.2.3.1 溶剂的性质与作用

溶剂是一些易挥发的液体，是液体涂料的重要组分。溶剂在涂料中主要起着分散作用，一般称为分散介质。它能够溶解或稀释固体或高黏度的成膜物质，使其成为有适宜黏度的液体，便于施工。溶剂在液体涂料中占有很大比例，一般在50%以上，少数挥发性漆中能占70%～80%（如虫胶漆、硝基漆等），将涂料涂于制品表面后，溶剂又能挥发到空气中去，并不留在干结的漆膜中。但是，溶剂对于涂料的制造、贮存、施工以及漆膜的形成都有很大的影响。

溶剂除了溶解成膜物质以外，还能增加涂料贮存的稳定性，防止涂料发生凝胶；在桶内充满溶剂蒸汽可以减少涂料表面的结皮现象；含适量溶剂的液体涂料，当涂饰涂料时，溶剂能增加涂料对木材表面的润湿性，使涂料便于渗透到木材的孔隙中去，有利于提高涂层的附着力。适量溶剂的存在也有利于改善涂层的流平性，能形成均匀的涂层，而不致使涂层过厚或过薄，出现涂痕或起皱等。

选用溶剂时，需要了解溶剂的溶解能力、挥发速度、安全性、颜色、纯度与成本等。

溶解力是指溶剂能把成膜物质溶解分散的能力，能使成膜物质均匀地分散在溶剂中而形成稳定的溶液。判断溶剂对成膜物质溶解力的强弱，可以通过观察一定溶液的形成速度或观察一定浓度溶液的黏度来确定。溶解力越强，溶解速度越快，溶液的黏度越低。溶剂可以允许非溶剂的物质加入量越多，则其贮存性和对温度的稳定性好。

挥发速度是指溶剂从涂层中挥发到空气中去的速度。溶剂的挥发速度决定了湿涂层处于流体状态时间的长短。对于挥发性漆，溶剂全部挥发涂层即干燥结膜，故溶剂挥发速度决定着涂层的干燥速度。溶剂的挥发速度影响涂膜的形成质量，当溶剂挥发过快时不仅影响流平，也使手工涂刷没有充裕的回刷理顺时间，喷涂时漆雾尚未达到表面溶剂已蒸发大半，而形成的漆膜粗糙结皮；如施工环境潮湿，挥发性漆的涂层易变白；如挥发慢可能产生流挂或使表干时间太长等。

影响溶剂挥发速度的因素很多，关系较大的是溶剂的沸点，一般说低沸点的溶剂比高沸点的溶剂挥发快。沸点在100℃以下的称低沸点溶剂，挥发快有利于防止湿涂层的流挂；沸点在100～150℃之间称中沸点溶剂，其挥发速度适中，在涂层中继低沸点溶剂之后挥发，有利于湿涂层的流平与形成致密的漆膜；沸点高于150℃称作高沸点溶剂，挥发慢，在湿涂层中最后挥发，既有利于流平，也能防止挥发性因潮湿与低温造成的涂层变白等。

有机溶剂多为易燃品而且大部分有机溶剂有毒性，因此溶剂的安全使用非常重要。

对于溶剂品种的选用要根据涂料和涂膜的要求确定。一种涂料可以使用一个溶剂品种，也可以使用多个溶剂品种，应用实践证明，溶剂混合使用比单独使用一种溶剂好，可得到较大的溶解力、较缓慢的挥发速度，能获得良好的涂膜。

溶剂组分虽然主要作用是将成膜物质变成液态的涂料，但它对涂料的生产、贮存、施工和成膜、涂膜的外观和内在的性能都产生重要影响，因此，生产涂料时选择溶剂的品种和用量是不能忽视的。

溶剂的组分虽然是制备液态涂料所必需，但它在施工成膜以后要挥发掉，造成资源的损失，而且有些带有毒性的溶剂在涂料生产和施工中造成环境污染，危害人类健康，这些都是使用溶剂组分带来的严重问题。努力解决这些问题是涂料发展的一个重要方向。

13.2.3.2 溶剂的品种

木器油漆常用溶剂如下：

（1）石油溶剂。石油溶剂是由直馏石油或热裂石油气得到的各种烃类的化合物，其中应用最多的是200号溶剂汽油，煤油与汽油也有少量应用。

200号溶剂汽油：俗称松香水，是石油分馏产物，为无色透明液体，沸点150～200℃，闪点33℃，爆炸极限为1.2%～6%，不溶于水，为麻醉性毒物。具中等溶解力，能溶解植物油，对树脂溶解力差，可溶解中、长油度的油性漆。

煤油：石油分馏制得，无色或淡黄色液体，具臭味，溶剂煤油沸点190～262℃，挥发非常慢，常用于木器漆膜抛光时溶解抛光膏。

（2）萜烯溶剂。绝大多数来自松树分泌物，常用的有松节油、双戊烯等。

松节油（$C_{10}H_{16}$）：为无色或微带黄色液体，沸点150～170℃，闪点30℃，爆炸极限0.8%，对眼和皮肤有刺激作用。对天然树脂和油类的溶解力大于松香水，小于苯类，是中、长油度油性漆的良好溶剂。

双烯类：性能与松节油类似，唯有挥发速度比松节油慢很多，故有流平剂的作用，放入醇酸漆中可改善其流平性。

(3) 煤焦溶剂。煤焦溶剂是煤焦油蒸馏得到的纯苯、甲苯与二甲苯等，也称苯类溶剂，在涂料工业中应用十分广泛。

苯（C_6H_6）：有刺激气味的无色油状液体，沸点80.1℃，5.5℃以下凝结成结晶状物，闪点为-10～-12℃，爆炸极限为0.8%～8.6%，微溶于水。具有中等毒性，能溶解多种树脂与油类。

甲苯（$C_6H_5CH_3$）：无色透明液体，有苯臭，沸点110.8℃，爆炸极限为1.27%～7%，有毒，能溶解多种树脂与干性油。

二甲苯：无色透明液体，工业用二甲苯是3种异构体的混合物，沸点136～144℃，爆炸极限为1.1%～6.4%，挥发速度适中，溶解力强，为涂料工业用量较大的品种，毒性比纯苯低。

(4) 酯类溶剂。各种酯类是醇和有机酸的化合物，是各类溶剂中溶解力较强的一类，常用的为醋酸酯类。

乙酸乙酯（$CH_3COOC_2H_5$）：是无色具有水果香味的易燃易挥发液体，沸点77℃，爆炸极限为2.25%～11%，溶解力强，挥发快，为高极性溶剂。

乙酸丁酯（$CH_3COOC_4H_9$）：为无色透明易燃液体，具有特殊的水果香味，沸点126.5℃，溶解力强，挥发速度适中，闪点38℃，爆炸极限为1.7%～15%，也属高极性溶剂，适于静电喷涂用。

乙酸戊酯（$CH_3COOC_5H_{11}$）：为透明无色易燃液体，具有香蕉果味，沸点142.1℃，溶解力强，挥发较慢。

(5) 酮类溶剂。此类溶剂对合成树脂的溶解力很强，与酯类溶剂常合称为强溶剂，常用的有丙酮、环已酮等。

丙酮（CH_3COCH_3）：无色易燃液体，沸点56.2℃，易挥发，爆炸极限为2.15%～13%，溶解力强。

环已酮［$CH_2(CH_2)_4CO$］：无色或淡黄色液体，有刺激臭味，沸点156.7℃，溶解力强，挥发慢，有流平剂的作用，具低毒。

(6) 醇类溶剂。常用的有乙醇和丁醇等。

乙醇（C_2H_5OH）：俗名酒精，无色透明液体，易挥发易燃，有酒的香味，沸点78.3℃，爆炸极限为3.5%～18.0%。对一般树脂溶解力很差，能很好溶解虫胶，用于调配虫胶的用量较大。

丁醇（C_4H_9OH）：无色透明液体，带刺激性醇味，沸点117.7℃，爆炸极限为3.7%～10.2%，低毒，对氨基树脂具有溶解能力。

13.2.4 助剂

助剂也称为涂料的辅助材料组分，它是涂料的一个组成部分，但它不能单独形成涂膜，它在涂料成膜后可作为涂膜中的一个组分而在涂膜中存在，在涂料配方中用量很少，作用显著，能显著改善涂料或涂膜的某一特定方向的性能，往往对1个涂料的品种起着举足轻重的作用。它们可明显改进涂料生产工艺，改善涂料施工固化条件和涂膜外观，改进涂料的贮存稳定性，改进和提高涂膜的理化性能，赋予涂膜特殊功能等，现已成为涂料不可缺少的组成部分。不同品种的涂料需要使用不同作用的助剂；助剂的使用要根据涂料和涂膜的不同要求决定。涂料助剂的种类很多，例如催干剂、增塑剂、固化剂、润湿剂、悬浮剂、流平剂、消泡剂、消光剂、稳定剂、防结皮剂、紫外光吸收剂、分散剂、乳化剂等。其中以催干剂与增塑剂应用较多。

催干剂：亦称“干料”，俗称燥液或燥油等，是一些能加速油类及油性漆涂层干燥速度的材料，对于干性油的吸氧、聚合反应起着类似催化剂的促进作用。许多种金属的氧化物及其盐类和有机酸的皂类等都有这种催干作用，最常用的是钴、锰、铅、铁、锌、钙等金属的氧化物和金属的环烷酸盐。例如氧化铅、二氧化锰、环烷酸钴、环烷酸锰、环烷酸铅等。催干剂只用于油脂、油基、酚醛及醇酸等油性漆中，在制漆时已按比例加足，一般在施工时不再补加，只是天冷施工或贮存过久而干性减退的油性漆，可以适量补加，加入量为漆的2%左右，加多可能引起涂层发黏、慢干、起皱等。

增塑剂：又称增韧剂、软化剂。涂料增塑剂大多是难以挥发的高沸点有机化合物。也有少数低熔点的固体物质，将其添加到涂料中，也能赋予涂膜柔韧性，提高附着力和抗冲击强度。增塑剂的作用在于削弱了成膜高聚物分子间的作用力，降低了玻璃化温度，增加其流动性，改善制漆性能，克服了某些涂料硬脆易开裂脱落的缺点。涂料增塑剂的品种很多，最常用的增塑剂是：邻苯二甲酸二丁酯、邻苯二甲酸二辛酯、磷酸三丁酯、磷酸三苯酯、氯化石蜡、蓖麻油等。增塑剂都是在制漆时按比例加足，施工时不再补加。

目前，涂料助剂的品种很多，用途各异，近几年，正是由于涂料助剂的应用，为涂料工业产品品种的扩大、质量的提高、成本的降低和经济效益的提高，创造了许多有利条件。不论是溶剂型涂料、水性涂料或无溶剂型涂料的生产和使用，都离不开涂料助剂的应用。

13.3 涂料的分类

涂料产品种类繁多，国内外涂料分类方法很多，大致可概括为标准分类和习惯分类两种。

13.3.1 标准分类

我国有关标准曾根据涂料组成中的成膜物质种类将我国涂料划分为油脂类、天然树脂类、醇酸漆、硝基漆、聚氨酯漆、不饱和聚酯漆（简称聚酯漆）、环氧树脂漆等共18大类（表13-1）。这种分类便于根据18大类名称来了解其成膜物质的种类，从而便于分析该种类漆的性能特点。

表13-1 涂料分类

序号	代号	涂 料 分 类	主要成膜物质	备 注
1	Y	油脂漆类	植物油、合成油	* *
2	T	天然树脂漆类	改性松香、虫胶、大漆	*
3	F	酚醛树脂漆类	酚醛树脂、改性酚醛树脂	*
4	L	沥青漆类	天然沥青、煤焦沥青	
5	C	醇酸树脂漆类	甘油醇酸树脂、改性醇酸树脂	* *
6	A	氨基树脂漆类	脲醛树脂、三聚氰胺甲醛树脂	
7	Q	硝基漆类	硝化棉	* *
8	M	纤维素漆类	乙基纤维素、醋酸纤维素	
9	G	过氯乙烯漆类	过氯乙烯树脂	
10	X	乙烯漆类	氯乙烯共聚树脂、聚乙烯醇等	
11	B	丙烯酸漆类	丙烯酸树脂等	*
12	Z	聚酯漆类	不饱和聚酯树脂等	*
13	H	环氧树脂漆类	环氧树脂	
14	S	聚氨酯漆类	聚氨基甲酸酯	* *
15	W	元素有机漆类	有机硅、有机钛等	
16	J	橡胶漆类	天然橡胶及其衍生物	
17	E	其他漆类	以上未包括的其他树脂	
18		辅助材料	稀释剂、催干剂等	

注：表中带*号表示我国木材涂料常用漆类，带**号表示应用更广泛的漆类；表中代号为汉语拼音字母。

13.3.2 习惯分类

除了上述标准分类外，人们还习惯按涂料性状与施工特点将涂料作如下分类。

13.3.2.1 按贮存的组分数分类

一般分为单组分漆与多组分漆。

单组分漆：也称单液型漆，只有一个组分，倒入容器即可涂饰，不必分装与调配（稀释除外），施工方便，如硝基漆。

多组分漆：包括双组分漆（两液型）与三组分漆（三液型），贮存时必须分装，使用前按比例调配混合均匀再涂饰，调漆后有使用时限，所以要现用现配，施工较麻烦，例如双组分的聚氨酯漆（PU）的主剂和硬化剂是分装的。

13.3.2.2 按涂膜性状分类

可分为亮光漆（高光泽）与亚光漆（低光泽）。

亮光漆：涂于表面适当厚度，干后的漆膜呈现较高的光泽。如酚醛清漆、醇酸磁漆等。

亚光漆：分为亚光和半亚光泽两种类型。指涂料组成中含有消光剂的漆类，涂于表面干后漆膜只具有较低光泽或无光泽。在涂料组成上亚光漆和亮光漆的主要区别是亚光漆含有消光剂。能作消光剂的材料很多，例如：滑石粉、碳酸钙、二氧化硅、硅藻土、云母粉等。此外，涂料中加入硬脂酸锌、硬脂酸铝及铅、锌、锶、镁、钙的有机酸皂、石蜡、蜂蜡、地蜡等都可使漆膜消光。

13.3.2.3　按挥发分特点分类

可分为溶剂型漆、无溶剂型漆、水性漆与粉末涂料等。

溶剂型漆是指涂料组成中含大量有机溶剂，涂饰后，须从涂层中全部挥发出来才能固化的漆类，如硝基漆与聚氨酯等。

无溶剂型漆主要指涂料组成中有溶剂（如不饱和聚酯漆中的苯乙烯），但涂饰后一般不挥发而是与成膜物质发生共聚合共同成膜，其固体分含量可以看成接近100%。

水性漆是指以水作溶剂或分散剂的漆类。

粉末涂料则是粉末状的漆，没有溶剂。

13.3.2.4　按固化特点分类

可分为挥发型漆与反应型漆，气干漆与辐射固化型漆。

挥发型漆：指涂层中溶剂挥发完毕即干燥成膜的漆类，如硝基漆，其成膜过程中没有化学反应，所成漆膜易被原溶剂再次溶解。

反应型漆：指成膜物质之间（如聚氨酯的主剂与固化剂）或成膜物质与溶剂之间（不饱和聚酯漆中的不饱和聚酯与苯乙烯）在固化过程中发生化学反应交联固化成膜的漆类，所成漆膜具有优异的理化性能，并不会再次溶解。

气干漆：一般泛指在空气中不需要特殊加热或辐射便能自然干燥的漆类，如聚氨酯等，也称自干漆。

辐射固化型漆：涂层必须经辐射才能固化，如光敏漆的涂层必须经紫外线照射才能固化。

13.3.2.5　按涂装工程的层次分

可分为腻子、填孔漆、着色剂、下涂漆、中涂漆与上涂漆等，用于装饰过程中的各阶段。

13.4　涂料的性能

木家具选用涂料装饰的目的是使产品得到美化与保护，增加商品价值与使用价值。因此，所选用的涂料应具备一系列所要求的性能。

13.4.1　施工使用性能

施工使用性能包括：颜色与透明度、流平性、细度、黏度、固体分含量、干燥时间、遮盖力、贮存稳定性等。

（1）颜色与透明度。清漆的颜色应是清澈透明，无任何机械杂质和沉淀物。因清漆多用于木材的透明涂饰，应清晰呈现基材的花纹颜色，表现木质的自然特点。色漆呈现的颜色应与其颜色名称一致，纯正均匀，在日光照射下，经久不褪色。不论清漆或色漆，漆膜外观在涂层完全干透以后，可在天然光线下察看，要求能达到平整光滑，无斑点、针孔、橘皮、皱纹等缺陷。

（2）黏度与固体分含量。黏度是流体内部阻碍其相对流动的一种特性，也就是在使用涂料时感觉到的黏稠或稀薄的程度。针对具体的涂饰方法（刷、喷或淋等）均应有相应的适宜黏度，黏度过高过低都会影响施工与涂饰质量。黏度过大的涂料，其内部运动阻力大，流动困难，湿涂层不易流平，漆膜产生涂痕，起皱皮，影响施工质量和进度；黏度过稀，会造成流挂，涂层过薄，须涂饰遍数多。

涂料黏度可分为原始黏度与施工黏度，前者为购入涂料时原始涂料黏度；后者又称工作黏度，即经过用稀释剂（或加热）调节的适合某种方法使用的黏度。

生产与科研中常用涂-4 黏度计测定涂料黏度，即以100mL 的漆液，在规定的温度下，从直径为4mm 孔径的黏度计底孔流出的时间，以秒表示。

由于涂料黏度可用溶剂调节，因此，涂料黏度与涂料组成中溶剂的含量比例有关，当涂料中溶剂含量高其固体分含量低时，涂料黏度就低。

涂料黏度还与环境气温以及涂料本身温度有关，当气温高或涂料被加热时，黏度会降低。在施工过程中如溶剂大量挥发，涂料就自然变稠。

固体分含量系指涂料中除去溶剂（或水）之外的不挥发物（包括成膜物质、颜料、增塑剂等）占涂料质量的百分比。一般固体分含量低，涂膜薄，光泽差，防护性欠佳，涂装时易流挂。

固体分含量与黏度相互制约，通过这两个指标，可将成膜物质、颜料和溶剂（或水）的用量，控制在适宜的比例范围内，以保证涂料既便于涂装，又具有一定厚度的涂膜。

固体含量测定方法，详见 GB 1725—1979《涂料固体含量测定法》。

（3）干燥时间。干燥时间是指液体涂料涂于制品表面，由能流动的湿涂层转化成固体干漆膜所需时间，它表明涂料干燥速度的快慢。在整个涂层干燥过程中主要分三个阶段，即表面干燥阶段（也称表干、指干、指触干燥）、实际干燥阶段（实干）和完全干燥阶段。表干时间是指一定厚度的黏稠液体涂膜在规定的干燥条件下，表面形成涂膜的时间。此时手指轻触已不沾手，灰尘落上也不再沾住，涂层干燥至此时即已达到表干阶段。实干时间是指其全部形成固体涂膜的时间，以小时或分表示。此时手指按压漆膜已不出现痕迹，涂层已完全转变成固体漆膜，但未达到最终硬度。完全干燥时间是指漆膜确已干透，已达到最终硬度的时间，此时具备了漆膜的全部性能，木器家具产品可以使用。但是，漆膜干至完全干燥的程度往往需要数日或数周甚至更长时间，此时的油漆制品早已离开车间，可能在家具厂的仓库、商场柜台或已到了用户手上。

从干燥时间检测可以看出，油基性涂料所用油脂的数量和催干剂的比例是否合适；挥发性涂料中的溶剂品种和质量是否符合要求；双组分涂料的配比是否适宜。

涂料类型不同，干燥成膜的机理各异，其干燥时间也相差很大。

测定方法详见 GB 1728—1979《漆膜、泥子膜干燥时间测定法》。

13.4.2 涂饰保护性能

优质涂料所形成涂膜应具备一系列装饰保护的性能：附着力、硬度、柔韧性、冲击强度、耐液、耐磨、耐热、耐寒、耐温、耐候等。

（1）附着力。附着力是指涂层与基材表面之间或涂层之间相互牢固黏结的能力。涂膜对木材的优良附着性：由于木材的多孔结构更有利于涂料的附着，但是，由于木材的亲水性质，如果涂料是疏水性的则不利结合，影响附着，即木器漆应是亲水性的。此外木器漆还应具有高度的润湿性及适度的渗透性。

（2）硬度。由于木制品涂膜可能经常受到外来的摩擦与撞击，因此要求木器漆膜应具有较高的硬度，但漆膜硬度并非越硬越好，过硬的涂膜易脆裂。为适应木材的收缩膨胀变形，涂膜还应有适度的韧性，良好的木器漆膜应是坚韧的。

常用摆杆硬度计测定漆膜硬度。测定方法详见 GB 1730—1988《漆膜硬度的测定，摆杆阻尼实验》。

（3）柔韧性。柔韧性是指涂膜经过一定的弯曲以后是否容易脆裂，同时也代表应力消除后恢复原形的能力，也称弹性。木材涂膜除应具有较高的硬度外，还应具有一定的柔韧性，以适应由于木制品受温湿度变化而收缩膨胀，加之木材的各向异性，其收缩与膨胀的弦径向也不同。过分坚硬而没有一定韧性的漆膜，不能随着木材的伸缩而变化，就有可能被拉断开裂，或起皱，遇摩擦而破裂。

漆膜柔韧性用柔韧性测定器测定，具体方法详见 GB 1731—1979《漆膜柔韧性测定法》。

（4）耐液性。耐液性是指漆膜经受各种液体（如水、酸、碱、溶剂、饮料等）作用时不发生变化的性能。例如干后的漆膜应具有良好的耐水性即可阻绝水分从木材进出，起到保护木材之作用。不耐水的漆膜遇水时即开始变白、失光、起泡、膨胀、甚至脱落。耐化学药品性差的漆膜当遇到酸、碱、盐类、溶剂、汽油等也会发生失光、破坏等情况，反之耐液性好的漆膜则可以无任何变化。

（5）耐温变性。耐温变性指漆膜能经受骤冷骤热温度突变的性能。因为涂膜在使用中经受温变是很大的，如在涂装各种出口产品时，要充分考虑到运输过程中，涂膜承受的冷热气候变化，严格控制涂膜的耐温变性，否则涂膜将在运输过程中发生脆裂和脱落。

（6）耐寒性。耐寒性指涂膜受冷冻作用的稳定性。寒带地区或低温下使用涂料，若涂膜不耐寒，遇冷便会发生龟裂。涂料的耐寒性受各种因素的影响。成膜物质、颜料、各层涂膜之间的配套性以及涂膜厚度等都是很关键的因素。

13.4.3 装饰性能

涂饰的装饰性能是木制品涂饰的重要功能。木制品的装饰性由多种因素构成，诸如制品的选型款式、基材材质花纹、制品的色彩与表面漆膜的状态等。涂料本身的性能影响制品装饰效果的因素有光泽、色泽与清漆的透明度等。

（1）光泽与保光性。亮光装饰用漆的漆膜，应具有极高的光泽并能长久保持。漆膜的光泽首先与涂料本身性能有关，同时也需经过正确的施工方能获得高的光泽。亮光装饰应选用好的亮光漆涂饰，漆的流平性要好，漆膜硬度要高，以便能经研磨抛光获得高光泽。当选用各种亚光漆（如半光漆、无光漆等）涂饰制品时可以获得不同程度的亚光漆膜。

涂膜光泽是指物体表面受光照射时，光线朝一个方向反射的性能。光泽使人们感觉表面光亮，这与表面的平整光滑程度有关，表面越平越光则越亮。当表面粗糙不平时，入射光线会杂乱无章地向各个方向反射，这时便没有多少光泽。影响涂膜光泽的因素很多。漆膜光泽不仅与涂料品种有关，也与涂料性能以及施工工艺有关。例如，当涂饰遍数相同时，固体分含量也会影响漆膜光泽，另外涂饰方法不同，光泽也有差别。一般喷涂、淋涂比刷涂光泽高。手工涂饰时，擦涂挥发性漆要比刷涂效果好。此外，对粗管孔基材填孔与否或填孔质量都会对光泽与保光性带来影响。

涂膜光泽测定通常采用固定角度的光电光泽计（G2-2 型），单位以% 表示，详见 GB 1743—1979《涂膜光泽度测定法》。

（2）色泽与保色。各种色调的、含有颜料的色漆所形成的不透明色漆漆膜，其颜色应纯正鲜明；各种不含颜料的透明清漆，漆膜则应是无色透明的。但是由于造漆原料与技术上的原因，市场买到的许多清漆都带有不同程度的黄色，有的颜色还要深些，用这些清漆涂饰木制品无法保证做出高质量的浅色、本色透明装饰。某些涂料所成漆膜在使用中还有可能变黄，保色性不好。清漆的颜色也是影响透明涂饰着色效果的一个因素。

清漆的颜色常用铁钴比色计测定，共分 18 个色号，号越大颜色越深。

（3）清漆透明度。木材透明装饰所用清漆应具有高的透明度，以便所形成的透明涂膜清晰显现木材的天然质感（如花纹），提高装饰性，将会使实木制品更为名贵。但是并非所有的清漆都有很高的透明度，例如虫胶中含有一种蜡，往往影响调配好的虫胶清漆的透明度，因此高级透明装饰常使用脱蜡虫胶。

同时木器漆膜还应具有良好的触感，以便于同木材特有的柔暖质感相协调，以增加木制品良好的视感和手感。

第14章 涂料品种

我国生产的涂料，有千余个品种，木器涂料是工业涂料的主要品种之一，在工业涂料和各国涂料产量中占有相当大的比重。木制品上所用的涂料统称为木器涂料。木制品包括实木及人造板的制品，如家具、门窗、护墙板、地板、生活用品、木制乐器、体育用品、文具、儿童玩具等。木器涂料一般以涂饰家具用涂料为主。中国是家具生产和出口的大国，全国有木器加工厂5万多家，大多为小型企业，各厂用漆量不多，但家具涂料的总需求量相当大。除了国内日益增长的需要以外，家具出口是中国木器漆产量增长的高效促进剂。在全世界七大家具生产和出口国中（中国、印度尼西亚、越南、马来西亚、美国、意大利和德国），中国占有最大份额。从中国进口的家具占欧盟、美国和日本这些国家进口家具的比例逐年增长，由此带动中国的木器涂料市场到2010年截止年增长率达7.6%，而除日本以外的亚洲国家增长率保持在4%左右。

本章介绍的均为木材加工和木器家具生产中常用的品种，主要包括油性漆、天然树脂漆、硝基漆、聚氨酯漆、不饱和聚酯漆、光敏漆、酸固化涂料、水性漆等。各种品种在不同的国家和地区的市场分布有很大差异，这主要取决于地域气候、人们的消费习惯以及涂料本身的性能与施工特点。在欧洲，意大利的家具以豪华丰满的聚氨酯漆（PU）和聚酯漆（PE）为主，而北欧的瑞典、挪威、丹麦等国家更加注重返璞归真的自然风格，水性涂料（WB）和酸固化涂料（AC）比重较高。美国人更喜欢光滑平整、快干的硝基漆（NC）。中国的木器涂料中PU漆以75%占绝对优势，其他品种有硝基漆、聚酯漆、以及紫外光固化（UV）为主的辐射固化（RC）涂料，近年来水性漆的用量有了大幅度提高。下面主要按以上分类进行分别叙述。

14.1 油性漆

油性漆指涂料组成中含大量植物油的漆类，其中包括单独用油作成膜物质的油性漆、油和部分改性松香作成膜物质的油基漆以及油和少量合成树脂作成膜物质的酚醛树脂。

此类漆的成膜物质主要是植物油。其固化成膜是靠油分子吸收空气中的氧，发生氧化聚合反应的结果，此过程在常温条件下进行得极为缓慢，所以此类漆是木材涂料中干燥最慢的品种，所成涂膜柔韧性好，便于涂刷，易于渗透到木材中，涂膜附着力好，耐候性高。但是，由于干燥慢，漆膜软，硬度不高，在某种程度上限制了其在木材表面的应用，此类漆也不便于机械化流水线涂饰。

油性漆是一个比较古老的品种，在我国有悠久的历史。它属于低档漆类，成本较低，使用方便，至今作为木结构及通用建筑如建筑门窗、户外车船的防护涂层，有重要的经济价值。目前在我国现代木制家具生产中，对装饰质量要求较高的中高级木制品上应用较少，但是在北欧国家应用油性漆作业，采用“油饰”装饰方法比较普遍，是一种非常独特的木制品涂饰工艺。涂饰方法是将油性漆反复涂布于物面，经过涂布、搓涂、擦拭、干燥等工序，最后软皮抛光。这种涂饰方法朴实自然，能够充分表现出木材本身的特殊质感，因此出口家具仍有少量使用。

14.1.1　清油

清油也称熟油，是精制干性油经过过氧化聚合或高温热聚合后加入催干剂制成的。可单独涂于木材或金属表面作防水防潮涂层。主要品种有Y00-1清油，主要成膜物质为亚麻仁油，漆膜柔软，容易发黏，常用于普级木质品的罩面涂料以及调配厚漆等；Y00-7清油，主要成膜物质为桐油，涂层干燥结膜比其他清油快，常用于普级木制品的罩面涂料以及调配油性泥子、填孔料、厚漆、底漆。

14.1.2　厚漆

厚漆是由着色颜料、体质颜料和精制干性油经研磨而成的稠厚膏状物，其中油分只占总质量的10%～12%，故名厚漆。不能直接使用，需用清油调配黏度，厚漆不能用于高质量涂层，只能作要求不高的木器涂饰，一般用于室外大型建筑的涂刷和打底。Y02－1厚漆在木器涂饰施工中多用于普级木制品基础着色的打底以及调配油性泥子、油性填孔剂与油性着色剂等。

14.1.3　油性调合漆

油性调合漆是以颜料和干性油经研磨后加入溶剂、催干剂等制成的黏度便于涂饰的不透明涂料。其性能比厚漆好些，可以直接使用。漆膜附着力强，耐久性、耐水性较好，不易粉化、龟裂、脱落，但是光泽、硬度都较差，干燥速度较慢，涂饰一道需要干燥24h以上，只适用于室内外一般木材及建筑物的保护和涂饰。

14.1.4　酚醛树脂漆

酚醛树脂漆是指成膜物质中以酚醛树脂或改性酚醛树脂为主要树脂的一大类涂料。涂料工业使用的酚醛树脂有醇溶性酚醛树脂、松香改性酚醛树脂、油溶性纯酚醛树脂。

（1）酚醛漆的组成。木器用酚醛漆是主要用松香改性酚醛树脂与干性油共同作成膜物质制造的油性酚醛树脂漆。

松香改性酚醛树脂是将酚与醛在碱性催化剂存在下生产的可溶性酚醛树脂，再与松香反应并经过甘油酯化而得到的红棕色透明的固体树脂。这种树脂的软化点比松香高40～50℃，油溶性好。

用松香改性酚醛树脂与干性油熬炼制成各种油度的涂料，再加入催干剂、溶剂等，即制成松香改性酚醛树脂清漆，当加入颜料时则制成酚醛磁漆、底漆。

根据松香改性酚醛树脂与油的配方比例不同，可以得到短、中、长三种油度的漆料。其中短油度，树脂与油之配比为1:2以下，中油度为1:(2~3)，长油度为1:3以上。油度的不同，会对涂料性能带来一系列影响，具体影响情况见表14-1。

表14-1 油度对涂料性能的影响

涂料性能	影响情况	短油 中油 长油	影响情况
炼漆稳定性	不易凝胶	←→	易凝胶
溶剂品种	适于芳烃	←→	脂肪烃
研磨性能	差	←→	好
贮存结皮	少	←→	多
涂刷性	差	←→	好
干燥时间	快	←→	慢
附着性	差	←→	好
光泽	好	←→	差
柔韧性	差	←→	好
硬度	高	←→	低
耐水性	好	←→	差
耐化学性	好	←→	差
耐候性	差	←→	好

凡由树脂与油共同作成膜物质(包括油基漆)及用油改性的树脂(如醇酸树脂)制成的漆，其油度对涂料性能影响均如表14-1所示情况。

在酚醛树脂漆中所用干性油，主要是桐油和亚麻油。桐油可提高漆膜的耐光、耐水及耐碱性。亚麻油常以厚油(聚合油经初步热聚合黏度增加)的形式加入，它既改善漆膜性能(弥补桐油的过分硬脆，使漆膜坚韧，改善漆膜的耐光性、耐水性，增进光泽与流平性等)，并在制漆时用来冷却，以防漆料过度聚合而胶化。

酚醛树脂和植物油一起炼制的漆料是一种黏稠的流体或半固体，必须用溶剂溶解才能应用。常用溶剂有松香水与松节油，短油度酚醛漆适量加入苯类溶剂。

酚醛树脂中的催干剂多用环烷酸钴、环烷酸锰等。

酚醛树脂漆的色漆品种，加入了各种颜色的着色颜料以及体质颜料。

(2)酚醛漆的性能。酚醛漆的漆膜柔韧耐久，附着力与光泽都很好，耐热性、耐水性及耐化学药品等性能都很高，便于涂刷，生产工艺简便。

酚醛清漆涂层当常温干燥48h之后，漆膜在沸水中煮15min无变化。

酚醛漆中由于酚醛树脂含量较少，而植物油含量较多，因此涂层干燥慢，因此不便于机械化连续油漆流水线生产。而且漆膜比较软，不宜打磨抛光，多为原光装饰。漆膜虽有一定光泽，但表面不够平滑，比较粗糙，颗粒较多，因而装饰性差，而且，酚醛漆带有较深的颜色，并且漆膜容易泛黄，因此不宜制造白色或浅色漆。酚醛树脂漆膜抗强溶剂能力差，所以在其涂膜上不能涂饰用苯类、酯类或酮类等强溶剂配制的漆，如硝基漆、聚氨酯漆等，否则产生皱皮、咬底等漆膜缺陷。

木器涂装中常用的酚醛树脂漆品种有：F01-1~F01-19酚醛清漆和醇溶酚醛清漆，F01-21腰果清漆，F03-1各色酚醛调合漆，F04-1~F04-15各色酚醛磁漆，F06-1~F06-15

各种酚醛底漆，F07-1、F07-2各色酚醛泥子。

14.2　天然树脂漆

天然树脂漆是以干性油和天然树脂经过热炼之后制得的，品种很多。木制品应用较多的是虫胶漆与大漆等。

14.2.1　虫胶漆

虫胶漆是将虫胶溶于酒精后调配制得。虫胶是一种天然树脂，是由热带的寄生虫——紫胶虫分泌的，也称紫胶树脂。将分泌了紫胶树脂的寄主枝条采下来称作紫梗，从紫梗上剥下的胶块称作原胶，原胶经破碎、洗涤、干燥、去除杂质即得到颗粒紫胶，简称粒胶。由粒胶经热滤法或溶剂法进一步精制并加工制成薄片状，称作紫胶片、虫胶片或漆片。

虫胶是一种以紫胶树脂为主的混合物，除树脂外还有紫胶色素、紫胶蜡、糖类、蛋白质等，在胶片中树脂约占90%~94%。

虫胶是硬而脆的无定型树脂，由于含色素而使虫胶的颜色变化大，可由半透明的浅黄色至几乎不透明的暗红色。

虫胶具较低的软化点(40~50℃)和熔点(77~90℃)，使虫胶漆膜的耐热性很差。

用乙醇作溶剂将虫胶片溶解制成虫胶清漆(虫胶含量约在10%~40%)。虫胶漆的特点是干燥快，便于涂饰，使用方便。漆膜坚硬光亮，附着力好，涂层对木材与颜色能有良好的隔离与封闭作用。虫胶漆中可以放入碱性染料、醇溶性染料配成着色虫胶清漆，用于涂层着色以及拼色。其缺点是涂层抗水性不好，耐热性差，未漂白虫胶颜色深，潮湿环境施工易吸潮发白。

调制虫胶漆时，应将细碎散状的虫胶放入酒精中，不断搅拌。坚持常温溶解，不能着急加热，否则容易凝胶变质。由于虫胶能与铁发生化学反应而使漆液的颜色加深，因此盛装虫胶漆的容器与搅拌器应是瓷、玻璃、木质、塑料或不锈钢的，不宜用铁的。配制好的虫胶漆贮存时间不宜超过6个月。而且要密闭，防止灰尘与污物落入，减少酒精的挥发。

在家具涂饰工艺中，虫胶漆常作为封闭隔离底漆和着色、修色的黏合剂来使用。虫胶漆品种主要有虫胶底漆、着色用虫胶底漆、抛光用虫胶漆、漂白虫胶。

14.2.2　大漆

大漆即天然漆，又称国漆、土漆等，是我国著名特产之一。漆树的树皮被割破后，从韧皮部内流出来一种乳白色或谷白色黏稠液体，是漆树的一种生理分泌物。漆树在我国分布很广，产漆区遍及西南、西北、华中、沿海及台湾各地。我国应用大漆有悠久的历史，数千年来一直使用大漆涂饰木器家具、建筑物、车船以及制作精美的漆器等。近代除制作工艺品外，还在航空、海底电缆、地下管道、石油化工、纺织印染、冶金采矿等部门应用。

我国是大漆的最主要出产国，现有漆树5亿余株，占全世界漆树总资源的80%左右，不但产量最大，而且漆质量佳，国际上泛称大漆为“中国漆”。

14.2.2.1 大漆的组成

大漆一般分为生漆和精制漆。从漆树上割取的液汁用细布过滤，除去杂质即为生漆。生漆经过加工处理后即成为精制漆，又称熟漆。新鲜生漆本是乳白色或灰黄色黏稠液体，当接触空气后会渐渐变为黄红、紫红、红黑至黑色。

生漆主要成分为：漆酚、漆酶、树胶质、水分与油分等。漆酚是大漆的主要成分，也是大漆的主要成膜物质。漆酚能溶于植物油、矿物油及有机溶剂，而不能溶解于水，通常在大漆中含量为40%~75%。一般来说，漆酚含量越高越好。其结构式为：

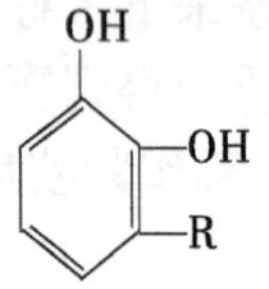

R：因产地不同，生漆中所含漆酚的结构式稍有不同。

漆酶是一种含铜蛋白氧化酶，可溶于水呈蓝色溶液而不溶于有机溶剂。漆酶及含氮物在大漆中含量为1.5%~5%，漆酶能促进漆酚的氧化聚合偶合形成高分子聚合物的反应，是生漆及其精制品常温下自然干燥固化过程中不可缺少的天然生物催干剂。漆酶对漆酚的催干作用对反应条件（温度、相对湿度、pH值等）要求非常严格，pH值为6.7~7.4，温度约40℃，相对湿度达80%~90%。活性较大。江南梅雨季节的温度和湿度条件非常适宜大漆的干燥。历史上有用阴室干燥大漆的记载，冬季寒冷，阴室内生火、洒水；夏季炎热，阴室内挂草帘、洒水。施工时设立阴房的目的就是要保证大漆的干燥条件。

树胶质：是一种多糖类化合物，不溶于有机溶剂，可溶于水，它是生漆中一种很好的分散剂、悬浮剂和稳定剂。它能使生漆中各组成分（包括水分）成为均匀分布的乳胶体，并能使其稳定不易变质。树胶质的含量在3.5%~9%，也是生漆成膜过程中起重要作用的物质。

水分：在生漆中含量约占15%~40%，是生漆在自然干燥过程中漆酶发挥作用的必要条件，也是生成生漆乳胶体液的主要成分之一。若是缺少水分，则漆酶失去活动能力，催化作用不能进行，涂层很难聚合成膜。即使在精制的生漆中含水量也必须在4%以上，否则极难自干。

14.2.2.2 大漆的性能

大漆具有一系列优良性能：①漆膜具有优异的物理机械性能，漆膜坚硬，漆膜的硬度大（0.65~0.89漆膜值/玻璃值）；②漆膜耐磨强度高，漆膜光泽明亮，亮度典雅、附着力强；③漆膜耐热性高，耐久性好；④漆膜具有良好的电绝缘性能和一定的防辐射性能；⑤漆膜具有优良的防腐蚀、耐强酸、强碱、耐溶剂、防潮、防霉杀菌、耐土抗性等；⑥漆膜干燥后无毒，环保，没有有害气体挥发。

堪称漆中之王的天然大漆有如此多的优点，为什么人们对大漆的使用却越来越少呢？当前大漆家具已经变得非常罕见，漆器工艺品市场上也被大量伪劣假冒漆器充斥着，究其根源，是因为大漆也有自身的缺点，在能够达到相同效果的前提下，与腰果漆等化学合成漆相比，天然大漆存在某些弱点：①天然大漆价格较贵，成本较高；②漆膜干燥条件苛刻，耗时相对较长，表干最适合的时间是3～4h，而且容易造成皱皮、流挂、黏尘等漆膜缺陷；③天然大漆的特性容易随着湿度、温度、产地的变化而变化，只有非常精通天然大漆特性的工艺师才能熟练掌握其施工工艺，对于初学者来说，大漆的涂饰工艺不容易掌握；④天然大漆自身的半透明性，决定了对色彩处理的难度非常高，特别是白色，需要贴大量的鸡蛋壳来处理白色，而用腰果漆等化学合成漆则可以轻易实现；⑤大漆对人的皮肤有过敏现象，容易起漆疮，如果处理不当非常容易扩散，但经几次过敏后，人体会产生一种抗体，从此再也不会对大漆过敏了，而且漆膜干燥后对人身体没有任何伤害；⑥漆膜柔韧性、耐紫外线性能差，一般不做户外漆。

为了克服大漆干燥速度慢，容易引起皮肤过敏，以及改善漆膜的某些性能，大漆一般都经过加工和改性后再使用。由大漆制备的常见涂料有三种：①油性大漆，主要用于工艺品和木器家具的涂饰；②精制大漆，又称推光漆，涂膜光亮如镜，主要用于特种工艺品和高级木器的涂饰；③改性大漆，无毒、防腐蚀、施工性好。常见品种有漆酚缩甲醛清漆、漆酚环氧防腐蚀涂料等，主要用于石油化工防腐蚀涂饰。

14.3　醇酸树脂漆

醇酸漆是以醇酸树脂为成膜物质的一类涂料。醇酸树脂是由多元醇、多元酸与一元酸经酯化缩聚反应制得的涂料用树脂。醇酸树脂本身是一个独立的涂料材料，其性能优异、附着力、光泽、硬度、耐久性、耐候性都是油性漆所远远不及的。因此醇酸树脂及所制漆在涂料工业中占有极为重要的地位。

14.3.1　醇酸树脂的组成

醇酸树脂是重要的涂料用树脂，它不仅是一个独立涂料，可以单独制成清漆、磁漆、底漆与泥子等醇酸树脂涂料，又可与许多其他涂料成分合用而改善他们的性能。醇酸树脂和很多合成树脂混溶性良好，因此能与多种树脂共缩聚或冷混制成多种多样的涂料品种，如氨基醇酸漆、硝基漆、过氯乙烯漆等。

制造醇酸树脂的多元醇，最常用的是甘油(丙三醇)、季戊四醇，其次有三羟甲基丙烷、山梨醇、木糖醇等。多元酸中，最常用的是邻苯二甲酸酐(苯酐)，其次有间苯二甲酸、对苯二甲酸、顺丁烯二酸酐(顺酐)、偏苯三甲酸酐等。

为了改善多元醇与多元酸缩聚所得纯醇酸树脂的不溶不熔性，通常在反应物中引进一元酸组分，如植物油脂肪酸、合成脂肪酸、松香酸等，以使醇酸树脂能作为涂料应用。常用的一元酸有以油的形式存在的，如桐油、亚麻油、梓油、脱水蓖麻油、豆油、椰子油、蓖麻油等；以酸的形式使用的是以上油类水解所得的各种混合脂肪酸等。

为了改善醇酸树脂的制漆性能，在实际制造醇酸树脂时，经常是直接使用植物油。因为植物油的化学组成是甘油三脂肪酸酯，制造醇酸树脂应用最多的多元醇是甘油，因此在植物油的组成中，甘油和脂肪酸都是制造脂肪酸改性醇酸树脂的基本材料，所以植物油通常是制造醇酸树脂的主要原料。

醇酸树脂漆最大的特点是在常温下能自然干燥，这是由于醇酸树脂漆中用到的是自干型醇酸树脂，这与合成硝基漆、氨基漆、聚氨酯漆等用到的醇酸树脂截然不同。按制造醇酸树脂所用植物油的品种不同，醇酸树脂可分为干性醇酸树脂(加入亚麻油或脱水蓖麻油)和不干性醇酸树脂(加入蓖麻油、棉子油或椰子油等)。用不饱和脂肪酸或干性油、半干性油为主改性制得的醇酸树脂为干性醇酸树脂。涂膜在室温与氧存在条件下能直接转化成连续的固体漆膜，用于自干的涂料，可制成自干型与烘干型的清漆及磁漆。

不干性醇酸树脂是用饱和脂肪酸或不干性油为主改性制得的醇酸树脂。这类树脂本身一般不能在室温下与空气中的氧直接固化成膜，需要与其他树脂(经过加热或加固化剂)发生交联反应，才能固化成膜。因此不干性油醇酸树脂不能直接用作漆料，主要与其他种类树脂拼合使用。如蓖麻油改性醇酸树脂常与硝化棉、氨基树脂等并用，在硝基漆与氨基醇酸漆中起增塑剂与成膜物质的双重作用。

醇酸树脂按含植物油(或脂肪酸)多少或含苯二甲酸酐多少，分为短、中、长三种油度。长油度油含量在60%以上，中油度在50%～60%之间，短油度在50%以下。油度对树脂与漆的性能都有影响。一般来说，短油度(相对树脂含量高)的醇酸漆的光泽、硬度、干速、黏度等都比长油度的好，而长油度的刷涂流平性、柔韧性、贮存稳定性等均比短油度的好。

木材涂饰应用较多的是醇酸清漆与醇酸磁漆。醇酸清漆一般由醇酸树脂加入适量溶剂与催干剂制成。催干剂多用环烷酸钴、环烷酸锰、环烷酸铅等。溶剂多用松香水、松节油与苯类。磁漆是在清漆组成成分的基础上加入着色颜料与体质颜料。

14.3.2 醇酸漆的性能与应用

醇酸漆综合性能优于酚醛漆，具有优良的户外耐久性、保光性和保色性，其漆膜的光泽、柔韧性、附着力好，耐候性高，不易老化，也有一定的耐热、耐水与耐液性，是户外木器(尤其是车辆)应用较多的漆类。由于漆膜软不易打磨、抛光，一般不宜用于中高级木器涂饰，由于含植物油干燥缓慢，因此不宜用于机械化连续油漆流水线生产。

醇酸漆一般都能在常温下自干，也可以经过60～90℃烘烤干燥，在加热烘烤前，湿涂层放置15～30min，使涂层流平，溶剂挥发，然后再烘干。浅色漆应在较低温度条件下烘烤，以防漆膜变黄，深色漆可在稍高温度条件下干燥。经烘烤干燥的醇酸漆膜比常温干燥的坚固、耐久、耐磨，耐水性也提高。

醇酸漆可用于手工刷涂，也可以喷涂或淋涂。可用专门的醇酸稀料(X-4 醇酸稀释剂)调节黏度，中油度醇酸漆也可单独用松香水或松节油稀释，短油度需用二甲苯，长油度可用松香水和二甲苯(按1∶1)混合使用。

醇酸漆多用于罩面，在基材表面处理(砂光、填孔、腻平、着色等)后，经打底(一般涂2～3遍虫胶漆)、干燥、砂光后，涂饰1～3遍醇酸漆即可，头两遍干后需打磨。

醇酸漆的品种多种多样，一般按漆膜的外观可以分成清漆(清三宝漆)、各色磁漆(三宝漆)、各色半光磁漆、各色无光磁漆等。按配套涂层分为底漆和面漆。通常清漆、各色磁漆、半光磁漆以及无光磁漆都是面漆，为了简化，不加面漆字样，而各色磁漆均为有光漆。过去相当长一段时间，木制品涂饰应用较多的是醇酸清漆和醇酸磁漆。

14.4 硝基漆

硝基漆(NC)原称硝酸纤维素漆，也称喷漆、蜡克，是以硝化棉为主要成膜物质的一类涂料。它是一种单组分漆。不含颜料的品种称硝基清漆，含颜料的品种有硝基磁漆、硝基底漆与硝基泥子等。

我国在20世纪80年代之前，硝基漆是木器漆中的首选品种，当时常用来涂饰中高档家具、钢琴、缝纫机台板等，到20世纪80年代之后，由于性能优异的聚氨酯漆、聚酯漆等漆种的成功使用，让位给了聚氨酯漆、聚酯漆。但是，硝基漆并没有被淘汰，美国人对硝基漆很偏爱，至今美国的产量与用量仍占国际首位。国内许多生产出口家具、工艺品等的厂家，外商指定要用硝基漆涂饰，“美式”涂装工艺采用的就是硝基漆。虽然硝基漆的综合性能不及聚氨酯漆、聚酯漆等，但其也有些独特性能是聚氨酯漆等漆种所不及的，因此，硝基漆仍是目前家具生产的重要漆种之一。

14.4.1 硝基漆的组成

以硝化棉为主体，加入合成树脂、增塑剂、溶剂与稀释剂即组成了硝基清漆，再加入颜料则组成色漆品种。硝基漆是由上述成分冷混调配的，其中硝化棉与合成树脂作成膜物质，增塑剂可提高漆膜的柔韧性，颜料则使色漆品种具有某种色调与遮盖性。上述四种成分构成硝基漆的不挥发分，其质量比例仅占硝基漆的10%～30%。漆中溶剂与稀释剂用于溶解硝化棉与合成树脂，使其成为液体涂料，是硝基漆中的挥发分，占硝基漆的70%～90%。

(1)硝化棉。硝化棉是硝化纤维素酯的简称，是硝酸与纤维素作用生成的一种酯。外形为白色或微黄色纤维状，密度1.6左右。不溶于水，能溶于酮或酯类有机溶剂，将其溶液涂于物体表面，溶剂很快挥发，剩下硝化棉的一层薄膜，比较坚硬，有一定的抗潮与耐化学药品腐蚀的能力，所以能用硝化棉作成膜物质制漆。

工业生产中，硝化棉是采用脱脂棉短绒，经浓硝酸与硫酸的混合液浸湿硝化制成。纤维素存在一切植物体内，其分子式可写为 $[C_6H_7(OH)_3]_n$，棉花是自然界中最纯的纤维素。纤维素分子中每个葡萄糖单元的基环上有3个羟基，当与酸类相互作用时则生成复杂的纤维素酯，硝酸纤维素酯就是硝酸与纤维素作用生成的酯类，其反应式如下：

$$C_6H_7(OH)_3 + 3HNO_3 \rightleftharpoons C_6H_7(ONO_2)_3 + 3H_2O$$

硝化条件不同含氮量也不同，在涂料中木器漆使用硝化棉的含氮量为11.7%～12.2%。含氮量高的硝化棉其涂膜硬度增加，但溶解性差；含氮量低的韧性高，机械强度降低。含氮量相同的硝化棉可制成不同黏度的品种，如 η=0.5、5、20、60 s(落球黏度计)等多种黏度。硝化棉溶液的黏度是它的重要指标，决定于硝化棉分子的平均长度。黏度高的硝化棉机械强度高、抗张强度与韧性增加，而溶解性差，只能配成固体分含量低的涂料；低黏度硝化棉脆硬、弹性差、溶解性好。木器漆常选用半秒黏度的硝化棉，漆膜的性能适宜。

单用硝化棉制漆，漆膜比较硬脆、柔韧性不好，附着力差，光泽不好，故在硝基漆中常加入各种合成树脂。

用于硝基漆中的树脂必须能与硝化棉以任意比例混溶，并与漆中其他组分不发生反应，其中应用较多的是松香树脂与醇酸树脂。

(2)合成树脂。硝基漆中加入合成树脂，可以在不显著增加漆液黏度的情况下，提高漆的固体分含量，并使漆膜丰满光亮、附着力好。

大部分合成树脂都可以与硝化棉并用制漆，其中应用较多的是松香树脂与醇酸树脂。松香树脂中主要采用甘油松香与顺丁烯二酸酐松香甘油酯。后者主要用于木器漆中，尤其在木器漆铅笔用漆，可明显增加漆膜光泽、硬度与打磨抛光性，能制成黏度低而固体分含量较高的溶液，它干燥速度快、颜色浅、耐水耐碱性好，但耐候性与耐寒性差、硬脆易裂，不宜制外用漆。

醇酸树脂中多用短、中油度的不干性醇酸树脂，如短油度蓖麻油醇酸树脂或椰子油醇酸树脂，改善漆膜柔韧性、附着力、耐候性、光泽、丰满度及保色性，但如用量过多，会降低漆的硬度、耐磨性与打磨抛光性。

(3)增塑剂。硝化棉的漆膜柔韧性差，适量加入增塑剂以及改善漆膜柔韧性，提高附着力，常用增塑剂有苯二甲酸二丁酯、磷酸三甲酚酯、磷酸三苯酯以及蓖麻油等。

(4)颜料。着色颜料与体质颜料为各种硝基磁漆、底漆与腻子的重要组分。制漆时与增塑剂充分研磨均匀后加入漆内，可以填充漆膜细孔，遮盖物面，阻止紫外线穿透，增加漆膜硬度，提高涂层的机械性能，并使漆膜呈现各种需要的颜色。

(5)溶剂与稀释剂。硝化棉是高分子物质，即便是半秒黏度的硝化棉，其黏度仍然很高，因此制漆与施工时都需大量溶剂稀释。根据对硝化棉与树脂的溶解能力，并考虑挥发速度与成本，硝基漆中采用混合溶剂。按硝化棉的溶解力分为真溶剂、助溶剂与稀释剂三类。

真溶剂是指真正能溶解硝化棉的酯、酮类真溶剂，同时也能溶解合成树脂，是硝基漆挥发分的主成分，常用的有乙酸乙酯、乙酸丁酯、乙酸戊酯、丙酮、甲基异丁基酮与环已酮等。

助溶剂也称潜溶剂，是指不能直接溶解硝化棉的醇类，但在一定数量限制内[一般真溶剂与助溶剂之比为(1.5~2):1]与真溶剂混合便能溶解硝化棉，甚至还能提高真溶剂的溶解力，常用的有乙醇、正丁醇等。

稀释剂是对硝化棉既不能溶解也不能助溶的一些芳烃溶剂，如苯、甲苯、二甲苯等苯类溶剂，但对硝化棉溶液能起稀释作用，同时是硝基漆中合成树脂的良好溶剂，也能降低混合溶剂的成本，调节挥发速度。

市场上的硝基漆一般固体分含量约为30%，即使固体分这样低的漆，施工时黏度仍很高，还需要用与硝基漆配套的稀释剂稀释。这种专用的硝基漆稀释剂也称稀料、信那水或香蕉水。信那水不仅在施工时冲稀硝基漆，也用来洗刷工具、容器与设备等。这种施工用稀释剂的组成与硝基漆中的挥发分基本一样，只是比例略有变化，稀释剂部分稍多。

挥发速度对漆膜形成的质量影响最大，高沸点溶剂挥发慢，易使涂层流平，增加漆膜光泽，但加入过量会使涂层干燥缓慢。低沸点挥发快，加入量多，溶剂快速挥发会使涂层表面强度下降，如遇空气潮湿，水分凝结在表面上造成漆膜发白和失光，另外涂层表面首先干结成膜，封闭了内层的溶剂，使它们难以继续挥发，影响涂层的干燥质量和速度。

14.4.2 硝基漆的性能

硝基漆属挥发型漆，将其涂于制品表面后其中的溶剂全部挥发后，其涂层便固化成膜，因此干燥迅速。成膜过程中没有化学反应，使涂饰作业效率高。

成膜的固体分含量占硝基漆的20%～30%，溶剂、稀释剂挥发分占70%～80%，硝基漆的干燥主要靠漆中溶剂的蒸发，干燥快，一般涂饰一遍，在常温下十几分钟可达表干，几十分钟达实干，在间隔时间不长的情况下，可连续涂饰多遍，涂层干燥速度约比油性漆快15～20倍。

单液型调漆简便，使用时间不限，如漆膜有缺陷，修复方便。

硝基漆装饰性好，颜色浅，可用于木材的浅色与本色装饰。透明度高，可充分呈现木材的天然花纹。漆膜坚硬，打磨、抛光性好，当涂层达到一定厚度，经研磨、抛光修饰后可获得很高的光泽，尤其精细的手工擦涂之后再经修饰，能获得像镜子一样的光泽表面，并经久耐用。

硝基漆膜漆膜坚硬耐磨，具有较高的机械强度，但有时硬脆易裂，尤其涂饰过厚，使用一段时间后可能会出现顺木纹方向的裂纹，影响漆膜的附着力及其他物理机械性能。

硝基漆的耐热、耐寒与耐候性等，外用品种尚好，内用品种都较差。硝化棉是热塑性材料，在较高温度下使用容易分解，一般涂层在70℃以上就会逐渐分解，机械强度下降，涂层变软或变色，一般热茶杯就会使硝基漆膜留下痕迹。用硝基漆涂饰木制品，在我国北方冬季会由于冷库贮存与户外运输而冻裂漆膜。

硝基漆在常温下有一定的耐水和耐稀酸性能，但不耐碱。在5%的氢氧化钠溶液中浸一天，涂膜便会脱落，部分分解。

固体分含量低是硝基漆较严重的缺点，每涂一遍所成涂膜很薄，涂膜要达到一定厚度需涂饰多遍，致使施工工艺烦琐，总的施工周期长，手工涂饰的体力劳动繁重。

由于硝基漆中固体分含量低，挥发分相对含量高，在施工中将挥发大量有害气体，易燃、易爆、有毒、污染环境，需加通风设备与动力消耗。

硝基磁漆色调丰富、涂膜色彩鲜艳、平滑细腻，装饰性大大超过油脂漆、油性漆、酚醛漆与醇酸漆等。但其涂膜耐热、耐化学药品性与硬度以及光泽持久性等与聚氨酯漆相比较差。

14.4.3 硝基漆的应用

硝基漆是国内外木制品表面装饰的主要用漆品种之一，在我国木材加工生产中，已有半个多世纪的使用历史，广泛用于涂饰高级家具、木质乐器、铅笔等。

硝基漆可采用擦涂、刷涂、淋涂、浸涂、空气喷涂、无气喷涂、静电喷涂、抽涂等方法涂饰。主要用作面漆，多与虫胶漆配套，即用虫胶漆打底之后用硝基漆罩面。在没有机械设备的条件下，手工涂饰较多应用棉球擦涂的方法，虽然比较费工，却可以获得较高的装饰质量。

买来的硝基漆黏度高，无法用刷涂、擦涂与喷涂等方法施工，必须用配套的稀释剂稀释，最好用同一厂家的稀释剂调节黏度，否则可能会出现质量事故。

由于硝基漆含部分强溶剂(酯、酮类等)，因此将硝基漆涂在某些涂层(如酚醛漆、醇酸漆等油性漆)上有可能出现“咬起”的现象，即平整的底涂层上会出现起皱凸起的状况，应予以注意。

硝基漆由于含有大量溶剂，在潮湿天气施工，会因涂层中大量溶剂迅速挥发，致使涂层出现吸潮发白的现象，即空气中的水蒸气凝结成水混入漆层。此时可在漆中放入防潮剂(沸点较高的溶剂)，加入量约为稀释剂的10% ~20%。但是相对湿度在85%以上时，防潮剂也无法制止发白，应停止施工或提高温度。

14.4.4 硝基漆品种

按木材涂装施工过程的功用，其品种可以构成独立的涂装体系，包括硝基腻子(透明腻子和有色腻子)、填孔漆、着色剂与修色剂、头度底漆、二度底漆、面漆等。

按透明度与颜色可分为透明硝基清漆、有色透明清漆与有色不透明色漆。

按光泽则可分为亮光硝基漆和亚光硝基漆。

14.5 聚氨酯漆

聚氨酯漆(PU)即聚氨基甲酸酯漆的简称，是指在其涂膜中含有相当数量的氨基甲酸酯链节(氨酯键)的涂料，是当前国内外许多行业普遍使用的涂料品种。在我国有五小类聚氨酯漆，其中双组分羟基固化型聚氨酯漆是目前我国木器家具、木质乐器与室内装修等普遍使用的漆类。也有少量单组分聚氨酯漆在应用。

我国自20世纪60年代以来便开始用聚氨酯漆涂饰木材表面。90年代以来，在绝大多数木家具上多使用聚氨酯漆，其应用十分普及，成为家具、家用电器急速发展的促进剂，也使木家具的外观焕然一新。90年代与70年代相比，现代聚氨酯漆在固体分含量、干燥速度、毒性与气味、硬度与光泽、丰满度与手感以及防黄变等方面均有很大进步。

14.5.1 聚氨酯漆的组成

聚氨酯漆是由多异氰酸酯(主要是二异氰酸酯)和多羟基化合物(多元醇)反应生成，以氨基甲酸酯为主要成膜物质的涂料。

$$nO{=}C{=}N{-}R{-}N{=}C{=}O + nHO{-}R'{-}OH \longrightarrow \left[R{-}\overset{H}{\overset{|}{N}}{-}\overset{O}{\overset{\|}{C}}{-}O{-}R'{-}O{-}\overset{O}{\overset{\|}{C}}{-}\overset{H}{\overset{|}{N}} \right]_n$$

从二异氰酸酯与多元醇生成高聚物的上述反应过程中，一个分子中的活性氢原子转移到另一个分子中去。除了氢原子的转移之外，没有副产物析出（例如酯化反应有水生成），因而在反应过程中并不需要抽除副产物以促进平衡的转化。它既不是加聚，也不是缩聚，而是在两者之间，称为逐步加成缩聚。它的工业产品在固化过程中也没有副产物分离出来（例如酚醛树脂固化时分出的水和甲醛），因而体积收缩较小，并可制成无溶剂涂料。

聚氨酯漆中最常用的原料是甲苯二异氰酸酯（TDI），它是一种易挥发的无色透明液体，有不愉快的刺激性气味，有毒。一般制漆时已采取措施降低其毒性。常用的多羟基化合物有聚酯、聚醚与蓖麻油等。

根据涂料形态可分为两大类，即单组分型与双组分型。根据化学组成与固化机理，聚氨酯漆一般分为：聚氨酯改性油、湿固化型、封闭型、催化固化型与羟基固化型五种。其中羟基固化型聚氨酯漆是目前我国木器家具、木质乐器与室内装饰等最普遍使用的漆类。

羟基固化型聚氨酯漆属双组分漆，一个组分为含异氰酸酯基组分（市售称硬化剂），另一个组分为含羟基组分（市售称主剂），两组分贮存时分装，使用前将两组分按一定比例混合，则异氰酸酯基与羟基发生化学反应形成聚氨酯高聚物（涂膜）。

制漆时用的硬化剂都是经过加工的多异氰酸酯，如 3 分子 TDI 与 1 分子三羟甲基丙烷（TMP）的加成物。这类加成物是双组分聚氨酯漆中常用的多异氰酸酯，广泛用作木器漆、耐腐蚀漆、地板漆等，产量大，用途广。

用作主剂的多羟基树脂有：聚酯、丙烯酸树脂、聚醚、环氧树脂、蓖麻油等。

（1）聚酯是与多异氰酸酯配料最早使用树脂，与其他羟基组分相比，漆膜耐候性好，不泛黄，耐溶剂、耐热性好。

（2）丙烯酸树脂与脂肪族多异氰酸酯配合，可制得性能优良的聚氨酯漆，大量用作汽车的修补漆、高级外墙漆、海上钻井平台的上层结构面漆等。

（3）聚醚的耐碱性、耐寒性、柔韧性优良，可用于防腐蚀涂料、混凝土面涂料等。在聚氨酯涂料中，聚醚因黏度低，可制无溶剂涂料等。

（4）环氧树脂作为含羟基组分，使涂膜的附着力、抗碱性等均有提高，适宜作耐化学品、耐盐水的涂料。

（5）蓖麻油可以制双组分漆，也可与异氰酸酯反应制成预聚物，再配成单组分或双组分漆。蓖麻油大多用于制造含羟基醇酸树脂等，也可配以填料等制造木面的填眼漆等。

羟基固化型聚氨酯漆有清漆、磁漆与底漆，磁漆与底漆中含有颜料。聚氨酯漆所用溶剂是酯酮类溶剂，如乙酸乙酯、乙酸丁酯、环乙酮、二甲苯等。此外还加入防缩孔剂、流平剂、消泡剂、消光剂等助剂。一般漆的固体分含量为 50% 左右。聚氨酯漆大多数为亮光漆，近年来国内出现专为木材涂饰用的聚氨酯亚光漆。

14.5.2　聚氨酯漆的性能

在涂料产品中，迄今为止聚氨酯涂料可以算得上性能较为完善的漆类，尤其近几十年在世界上发展迅速，品种繁多，综合性能优异，几乎用于国民经济的各个部门，也是国内外木制品涂装用漆极为重要的漆种之一。聚氨酯漆有以下优点：

（1）聚氨酯漆由于含有相当数量的氨酯键，氨酯键的特点是在高聚物分子之间能形成非环或环形的氢键，在外力的作用下氢键可分离而吸收外来的能量（每摩尔吸收20～25kJ）。当外力除去后又重新再形成氢键。氢键的裂开、又再形成的可逆重复使聚氨酯漆膜具有高度机械耐磨性和韧性，可制成多种耐磨性高的专用漆，如地板漆、砂管漆、甲板漆等。

（2）漆膜的附着力强。可配制成优良的黏合剂，因而对多种物面（金属、木材、橡胶、混凝土、某些塑料等）均有优良的附着力，因此极适宜作木材封闭漆与底漆。其固化不受木材内含物以及节疤、油分的影响。

（3）漆膜具有优良的耐化学腐蚀性能，耐酸、碱、盐类、水、石油产品与溶剂等，因而可作钻井平台、船舶涂饰，并用于涂饰化工设备、贮槽、管道、石油贮罐的内壁衬里等。

（4）漆膜具有较高的耐热耐寒性，漆膜能在高温烘干，也能在低温固化。涂层在0℃也能正常固化，因此能施工的季节长。聚氨酯漆可制成耐－40℃低温品种，也可制成耐高温绝缘漆。

（5）聚氨酯漆膜平滑光洁、丰满光亮，具有很高的装饰性并兼具有优良的保护性能，广泛用于高级木器、钢琴、大型客机等涂装。

（6）聚氨酯漆膜的弹性可根据需要而调节其成分配比，可从极坚硬的涂层调节到极柔韧的弹性涂层，而一般涂料如环氧、不饱和聚酯、氨基醇酸等只能制成刚性涂层，难以赋予高弹性。

（7）聚氨酯有优异的制漆性能，可制成溶剂型、液态无溶剂型、粉末、水性、单罐装、两罐装等多种形态，满足不同要求。

由于具有上述优良性能，聚氨酯漆在国防、基建、化工防腐、车船、飞机、木器、电气绝缘等各方面都得到广泛的应用，新品种不断涌现，极有发展前途。当然聚氨酯漆并非完美无缺，它也有缺点，有些方面还在不断改进。聚氨酯漆有以下缺点：

（1）多组分聚氨酯木器漆，调漆使用不便，同时配漆后有施工时限，需要现用现配，用多少配多少，否则会造成浪费。

（2）有的聚氨酯木器漆硬化剂中含有游离的甲苯二异氰酸酯（TDI），游离的TDI对人体会造成危害，表现为疼痛流泪、结膜充血、咳嗽胸闷、气急哮喘、红色丘疹、斑丘疹、接触性过敏性皮炎等症状，因此施工中应加强通风，放置新家具的室内也应经常通风，换气。国际上对于游离TDI的限制标准是控制在0.5%以下。

（3）聚氨酯木器漆组成中含有的异氰酸酯基团很活泼，对水、潮气、醇类都很敏感。贮存需密闭，如漏气则漆在桶中固化报废；漆膜遇潮气起泡；对溶剂要求高，需“氨酯级”溶剂，不能含有水、醇等反应性杂质。

（4）价格较高。因此多用于对漆膜要求较高的场所。

（5）施工中需精细操作，注意控制层间涂饰间隔时间，如果间隔时间过短，会引起针孔、气泡；过长会引起层间剥离等。

（6）用芳香族多异氰酸酯（如TDI）作原料制漆易使漆膜泛黄，近年用脂肪族多异氰酸酯(如 HDI)作原料可制成不黄变的聚氨酯漆。

14.5.3　聚氨酯漆的应用

聚氨酯漆属于反应性很强的多组分涂料，对环境的温度、湿度敏感，成膜过程与所成漆膜性能均与施工有密切关系，因此施工时除应按一般涂料施工规则进行外，还应注意以下几点：

(1)双组分漆必须充分搅匀，按规定比例配漆，配料一定要准确，如果甲组分过多则漆膜脆；太少则漆膜软，干燥慢，甚至长时间不干，漆膜耐水、耐化学腐蚀差。

(2)聚氨酯漆型号很多，使用时应按产品说明规定的比例配漆，按当日需要量，用多少配多少，两组分混合后搅匀，放置 15～25min，待气泡消失后再使用。

(3)聚氨酯所用溶剂与其他漆类有所不同，除考虑溶解力、挥发速率等溶剂共性外，还须考虑漆中含异氰酸基(—NCO)的特性，因此需注意两点：一是溶剂不能含有能与异氰酸基(—NCO)反应的物质，使漆变质。如溶剂中含有水分，带到多异氰酸酯组分中会引起胶凝，使漆罐鼓胀；带到漆膜中，处理不当会产生气泡与针孔。二是溶剂对羟基(—OH)的反应性的影响。由于溶剂中的水会消耗不少异氰酸酯而影响成膜时需要的异氰酸酯的量，进而影响固化，所以聚氨酯漆必须用无水溶剂。所谓“氨酯级溶剂”，即指含杂质极少，不含醇、水等的溶剂，采用较多的是乙酸乙酯、乙酸丁酯等酯类溶剂，还有丙二醇乙酸酯。此外还使用甲基异丁基酮、甲基戊基酮、环己酮等酮类溶剂，但臭味较大，且酮类溶剂可能使聚氨酯漆色泽变深。

聚氨酯漆原液黏度可能因不同厂家、具体型号而异，冬季与夏季也可能不一样，施工时黏度高易发生气泡，要用专用稀释剂，针对具体施工方法确定最适宜的黏度。选择溶剂可用工业无水二甲苯、工业无水环己酮(或二者混合使用)，不得乱用其他溶剂(如信那水)代替。

(4)在聚氨酯木器漆的使用过程中，异氰酸酯与水的反应是一个很重要的反应。这个反应既是潮固化型聚氨酯涂料成膜的反应机理，也是双组分聚氨酯涂料成膜后出现气泡、针孔的主要原因，此外还影响双组分聚氨酯漆中硬化剂的储存稳定性。在施工和操纵过程中，水分的引入主要有以下几个途径：①施工现场潮湿、多雨；②稀释剂中含水；③木材含水率过高，填孔不严；④水砂后涂膜没有干透就涂饰聚氨酯漆；⑤油水分离器中的水带至漆膜中。在使用双组分聚氨酯漆时，对水分的控制在一定程度上影响着最终的漆膜质量，因此在施工和操纵过程中尽量避免引入水分，将水分带来的不利影响降至最低。配漆时取完料罐盖要密闭，以免吸潮、漏气、渗水，最好贮存在低温而且干燥的环境中。

(5)涂层不宜一次涂厚，可多次薄涂，否则易发生气泡与针孔。聚氨酯可采取“湿碰湿”方式施工，即表干接涂。当涂饰多遍时，每遍表干(常温40～50min)再涂下道漆，两遍之间不宜间隔太长(不宜超过 48h)。如间隔时间长干燥过分，则层间交联很差，影响层间附着力。对固化已久的漆膜需用砂光打磨或用溶剂擦涂一遍再涂。

(6)有些颜料、染料及醇溶性着色剂等可能与聚氨酯发生反应，使用前需做试验，再放入漆中。

(7)施工温度过低，涂层干燥慢；温度过高，可能出现气泡与失光。此外含羟基组分的用量不当或涂层太厚也可能造成干燥慢。溶剂含水、被涂表面潮湿、催化剂用量过多、树脂存放过久等均可使涂层暗淡失光。

(8)由于聚氨酯有毒，施工时要特别注意劳动保护，必须加强通风。

(9)聚氨酯漆通常使用二甲苯、环己酮、乙酸丁酯等强溶剂，醇酸底漆、酚醛底漆等油性底漆以及硝基底漆不能与聚氨酯漆配套使用，容易出现咬底、皱皮、脱落等现象。

(10)已固化的聚氨酯漆涂膜不含游离异氰酸基，对人体无害，也不怕水，因此聚氨酯漆涂饰的木制品可安全使用。

14.6　不饱和聚酯漆

由多元醇与多元酸缩聚而制得的产物称聚酯。聚酯的原料中含一定数量的不饱和二元酸，所得产物称为不饱和聚酯(PE)。改变各种醇类和酸类的品种和相对用量，可以得到一系列不同的高聚物。不饱和聚酯树脂有它独特的性能，而今已成为种类繁多、应用广泛的木器涂料，也是一类很有前途的制造涂料用高分子材料。

不饱和聚酯漆是十分重要的漆类，它不仅具有优异的综合理化性能，而且独具特点，属于无溶剂型涂料的代表性品种，漆膜硬度高、丰满度好、亮度高，装饰性能优异，综合性能良好，价格适宜，钢琴用漆至今仍非它莫属。目前市场上销售的大部分“PU 聚酯漆”为聚氨酯漆的一种，厂家的叫法不符合国家的规定，真正的聚酯漆就是俗称的“钢琴漆”，其主要成分为不饱和聚酯树脂，晶莹光亮，令人赏心悦目，它的施工方法和化学成分与聚氨酯漆完全不同。

14.6.1　不饱和聚酯漆的组成

不饱和聚酯漆是以不饱和树脂为成膜物质的一类漆，它是一种多组分漆。其中有主剂(为不饱和聚酯、苯乙烯单体)。

(1) 二元醇的选择：最普遍采用的二元醇是1，2-丙二醇，因为其来源充足、价格低，制得聚酯的抗水性好，与苯乙烯的混溶性优良。此外，所用二元醇的链越长，则固化后漆膜的柔韧性越大。

(2) 二元酸的选择：常用的不饱和二元酸是顺丁烯二酸酐及反丁烯二酸等，为了提高单体与不饱和聚酯作用制得的共缩物的伸缩率，在不饱和聚酯中，除了加入不饱和二酸外，通常还加入饱和的二元酸，可起增塑作用。所用的酸主要是邻苯二甲酸等。

(3) 单体的选择：苯乙烯是一种无色易燃易挥发的液体，能溶解不饱和聚酯，作为供交联线型不饱和聚酯所用的单体。由于价格低廉而且制得漆膜质量好，所以国内外的聚酯漆都采用苯乙烯作交联单体。但是它与大多数漆中的溶剂不同，它能与被其溶解的不饱和聚酯发生聚合反应而共同成膜，所以一般称苯乙烯为活性稀释剂，由于苯乙烯兼作溶剂与成膜物质的特性，使不饱和聚酯漆成为独具特点的无溶剂型漆。此外，还有乙烯基甲苯、乙酸乙烯、丙烯酸酯等。

不饱和聚酯与苯乙烯的成膜反应需要有辅助原料引发剂与促进剂、颜料、染料及阻聚剂等。

(4) 引发剂：在不饱和聚酯漆中，引发聚合时最常用的各种过氧化物和过氧化氢化合物，如过氧化环已酮、过氧化甲乙酮、过氧化苯甲酰等。它们能够分解而生成游离基，促使不饱和聚酯与苯乙烯之间的游离基聚合反应进行。

(5) 促进剂：为了在常温条件下加速氧化物的分解，需加促进剂。促进剂具有还原的性能，它与过氧化物可组成引发聚合作用的氧化还原系统，以增进聚酯树脂中的引发效应，使聚酯在常温下固化。不同的引发剂选用不同的促进剂，对过氧化甲已酮和过氧化环已酮来说，环烷酸钴是很好的促进剂，它能使不饱和聚酯在常温条件下很快地固化。鉴于引发剂与促进剂之间的反应很剧烈，必须谨慎小心，绝不可将这些物料直接混合，贮存也须避免两者接触，应分开保管。在使用时，一般将过氧化物在树脂中充分混合后再加入促进剂。

(6) 颜料、染料及体质颜料：在不饱和聚酯树脂中可使用很多种类的颜料(如金红石型钛白、氧化铁等)、染料(酸性或活性染料等)与体质颜料(如云母粉、滑石粉等)以取得生产上的特殊效果。

(7) 阻聚剂：由于不饱和聚酯树脂有双键存在，它与单体的混合物不能长期存放，因在室温以及光和氧化物的作用下，混合物的黏度会逐渐增加而变化，为延长贮存期在混合物中加阻聚剂。

常用的阻聚剂为对苯二酚(一种无色晶体)，其可以吸收漆料贮存过程偶然产生的游离基，使其丧失引发功能。

(8) 触变剂：PE 漆的固化机理与其他木器漆不同，PE 漆适宜厚涂层，漆膜越厚，干燥越快。客户选择 PE 漆的原因也在于此。但是在垂直施工时，涂层越厚越容易流挂，因此在设计 PE 漆配方时，必须考虑添加触变剂，达到防流挂的作用。目前气干型 PE 漆中常用的是气相二氧化硅、硅藻土，也可将二者联合使用。

14.6.2 不饱和聚酯漆的固化

不饱和聚酯漆是在引发剂及促进剂存在的条件下交联固化成膜，这一聚合反应在氧存在的情况下会被阻聚。因此，漆膜在空气中固化时总是下层先固化，固化得很坚硬，而表面由于接触氧而发黏，这种发黏的表面层，极易被各种溶剂洗去。因此聚酯漆的固化和大部分涂料不相同，不饱和聚酯与苯乙烯之间的游离基聚合反应是个完全封闭的过程，即无漆中溶剂的挥发，也无须外界因素的参与，而是全靠漆中各成分之间的反应完成的。当引发剂与促进剂加入漆中之后，聚合反应并未立即开始，引发剂分解游离基首先要将阻聚剂消耗掉才能进而引发聚酯与苯乙烯之间的聚合反应。不饱和聚酯的固化时间约需几十至几百分钟。一般常温干燥至少 6h 以上才能用砂纸磨涂层，而完全干燥具备漆膜的应有性能，常温条件下需 10 天左右的时间。

不饱和聚酯漆固化时间受引发剂、促进剂的数量影响，也与温度以及涂料数量、涂层厚度有关，一般引发剂、促进剂用量多，则固化快，活性期短，但用量过多则涂膜硬脆、附着力差。固化速度与温度关系密切，提高温度便能加速固化，反之温度低相对干燥慢。对于不含蜡的聚酯漆涂层，当用薄膜隔氧之后送入烘炉内，提高温度便可缩短干燥时间。含蜡的聚酯涂层的温度是 15 ~ 30℃，如温度过高，涂层胶凝快，溶入漆中的石蜡有可能无法浮出，使表面固化情况恶化，漆膜发黏，无法研磨；如果温度低于 15℃，石蜡有可能在涂层内结晶。当温度低于 10℃时，聚合反应进行极慢而活性稀释剂却逐渐挥发出去，造成漆膜干燥不良。

由于不饱和聚酯与苯乙烯的聚合反应是放热反应，因此涂料数量越多，涂层越厚，发热量越大，进行越快，所以配漆量对可使用时间有影响，手工操作每次配漆不宜过多(不宜超过 1kg)，否则散热困难，容易胶化，来不及使用。涂层薄使干燥缓慢，含蜡的涂层未达到 100μm，则蜡膜也不易形成。

14.6.3 不饱和聚酯漆的种类

根据是否能在空气中固化，不饱和聚酯漆可以分为厌氧型和非厌氧型两大类。厌氧型不饱和聚酯漆，俗称"玻璃钢漆"和"倒模漆"，包括蜡型和非蜡型两种，它们必须隔绝空气中的氧气才能固化。非厌氧型不饱和聚酯漆在空气中能直接固化，所以又称为气干型不饱和聚酯漆。

14.6.4 不饱和聚酯漆的性能

不饱和聚酯漆是独具特点的高级涂料，漆中的交联单体——苯乙烯兼有溶剂与成膜物质的双重作用，使聚酯漆成为无溶剂型漆，成膜时没有溶剂挥发，漆的组分全部成膜，固体分含量为 100%，涂饰一遍可形成较厚的涂膜，这样可以减少施工涂层数，而且施工中基本没有有害气体的挥发，对环境污染小。

不饱和聚酯漆漆膜的综合性能优异，漆膜坚硬耐磨，并耐水，耐湿热与干热，耐酸、耐油、耐溶剂、耐多种化学药品，并具绝缘性。

不饱和聚酯漆膜外观丰满、充实、具有很高的光泽与透明度，清漆颜色浅，漆膜保光保色，有很强的装饰性。固化时不会产生"发白"现象。

不饱和聚酯漆的缺点是：涂料为三液型，按一定比例调配混合后化学反应即开始，这样可使用时间极短(一般约 15 ~ 20min)，使施工受到很大的时间限制；主剂、硬化剂、促进剂三液调配比例需根据气温而调配，调漆比较麻烦。促进剂与硬化剂不可直接接触，否则有燃烧爆炸危险。不饱和聚酯对其配套的下涂料(底漆)有选择性。当木材含树脂较多或木材含水率较高时都有可能阻碍其固化。漆膜硬度高，造成打磨困难。若涂膜薄时，其干燥缓慢，必须厚涂。

14.6.5 多组分组成

不饱和聚酯漆属于多组分漆，常包括 3 或 4 个组分，使用前是分装的，就是买来的一套不饱和聚酯漆会有 3 或 4 个包装，也称 3 或 4 罐装。

组分一，也称主剂，为不饱和聚酯的苯乙烯溶液，即常称为不饱和聚酯漆的部分。制漆时树脂合成完毕，制成的聚酯通常移入罐内，搅拌冷却至一定温度后先加入阻聚剂(对苯二酚等)，然后即加入苯乙烯，继续冷却，搅匀，过滤即得透明产品。不饱和聚酯与苯乙烯的比例对涂料性能有影响，如苯乙烯太多则固化物的收缩率大，漆料的黏度也太低；若苯乙烯太少，则不足以固化。所以一般聚酯与苯乙烯的比例约为65:35或70:30。因此不饱和聚酯漆施工时不可以轻易加入溶剂稀释，因为聚酯的溶剂——苯乙烯是要参与交联反应的，这不同于其他漆类的挥发溶剂。

组分二，即引发剂，也称固化剂、白水。

组分三，即促进剂，也称蓝水。

若是蜡型聚酯漆，则还有组分四，即蜡液，一般为4%的石蜡苯乙烯溶液。

14.6.6 不饱和聚酯漆的配漆、施工与应用

14.6.6.1 配漆

PE漆的配制是其施工的重要环节，其中促进剂(蓝水)、引发剂(白水)的加量又是配制PE漆的技术关键。常常因为0.1%~0.2%的误差而使PE漆的施工时限与涂膜的固化速度发生很大的变化。尽管我们希望PE漆的施工时限越长越好，涂膜的固化速度越快越好，但是对于常温固化的PE漆来讲，这两者是一对矛盾，做到完美结合是不容易实现的，这正是PE漆不容易施工的原因之一。蓝水和白水的用量增加，一方面使PE漆的固化速度加快，但同时造成PE漆的施工时限缩短，这给生产操作带来极大不便。因此，蓝水和白水的用量不仅要使PE漆有足够的施工时限(调漆后的可使用时间，应大于25min)，而且也要使漆膜有较快的固化速度(小于2h)。

我国北方使用的传统聚酯漆参考配比的大致范围如下(按质量比)：聚酯漆100份、引发剂2~6份、促进剂1~3份、蜡液1~3份。实际上引发剂、促进剂的加入量受地域、季节以及环境气温影响很大，因为任何化学反应当温度升高时都会加速，对于聚酯漆涂层来说，如果高温加热时没有促进剂也能反应，故不同温度范围引发剂与促进剂用量必须有所变化。表14-2为聚酯漆随温度变化的引发剂、促进剂配比范围参考用量。

表14-2 聚酯漆随温度变化的引发剂、促进剂配比范围参考用量

温度(℃)	聚酯漆	引发剂	促进剂
14~17	100	2	1
18~22	100	1.7	0.85
23~27	100	1.4	0.7
28~32	100	1.1	0.55

注：当相对湿度>85%时，可酌加0.1%~0.2%的促进剂，如喷涂环境气温很低时，应设法提高喷涂室温，并用热水加热涂料。

由于引发剂与促进剂相遇反应非常激烈，绝不可直接混合，因此配漆一般有两种方法。第一种，先将按比例称取的聚酯漆与促进剂混合搅拌均匀，再放入引发剂(白水)，搅拌均匀后立即使用；第二种，将漆平均分成两份，其中一份加入一定量白水，另一份加入一定量蓝水，各自充分搅拌均匀后，再根据一次能喷涂的量，按照1:1的比例混合均匀后立即使用。如果一次就能将配制的漆用完，就采用第一种方法，当用漆量比较大，进行涂装施工时，则要采用第二种方法。

14.6.6.2　不饱和聚酯漆的施工方法

由于不饱和聚酯与苯乙烯的聚合反应会受到空气中氧的阻聚作用，使这种漆在空气中不能彻底干燥，因此在实际生产中必须隔氧施工。主要使用方法为蜡封法与膜封法隔氧。

(1)厌氧、含蜡型 PE 漆施工方法。在不饱和聚酯涂料中，加入少量的石蜡，在一定程度上降低易挥发单体的损失，并改善漆的流平性，制得坚硬不发黏的涂膜。通常加入量为涂料量的 0.1% ~0.3%，加入量不宜太多，以免影响涂层间的结合力。石蜡的熔点对漆膜的形成有很大的关系。若熔点过高，则石蜡不能很好地溶解于苯乙烯中，且易结晶；若熔点过低，则石蜡不能很好地在漆膜中浮起。一般选择熔点在 54℃左右的石蜡较适宜。加蜡不饱和聚酯一般用刷涂、喷涂或淋涂等方法进行施工。目前国内手工刷涂较多。经干燥后漆膜通过磨光和抛光等工序，得到表面光亮的漆面。

(2)厌氧、非含蜡型 PE 漆施工方法。不加蜡的聚酯漆，在大平面的木材表面上经涂漆后，用涤纶等薄膜覆盖，再用滚辊除去气泡，干燥后将涤纶薄膜揭起，即可得到表面光亮的漆膜。用此法施工的不饱和聚酯树脂要黏度低，固化快，即其从凝胶化至硬化的时间极短。此外注意用薄膜隔氧时，不要漏气，一般靠木框式或金属框的重量，或用金属卡具将板件与木框卡紧，或用小布袋压在薄膜边角，则干后的漆膜平整不致产生皱纹。选用厚一些的薄膜使用次数多也比较平整。用此法施工，若欲得到消光的漆膜，则覆盖的塑料薄膜上须有微细的凹凸纹。

对于高级制品如电视机木壳、钢琴等，由于表面装饰性能要求很高，这就需要玻璃遮盖，以制得光彩夺目的表面。但此工艺极为复杂，需要有专门的模具及脱膜剂和技术水平较高的工人操作。

(3)气干型 PE 漆施工方法。气干型 PE 漆可以在空气中常温干燥，不用隔氧施工，施工简单，而且涂膜可以重复涂饰。该漆可采用刷涂、淋涂、喷涂等多种施工方法，国内外均以喷涂法施工为主，喷涂时采用“湿碰湿”工艺。由于气干型 PE 漆风干性优于厌氧型 PE 漆，所以每喷涂一道后，等待 2 ~3min 后就可以接着喷涂第二道，直到所需厚度。施工速度明显快于含蜡厌氧型 PE 漆。

喷涂时，为了达到厚涂膜，不流坠，均需采用高黏度 PE 漆，且采用大口径喷枪喷涂。若采用单液型喷枪施工时，必须适量配漆，喷尽后再重新配漆。配漆方法可以参照下面的步骤进行：首先用量杯量取含有引发剂的漆适量，视需要而定，再用另一量杯量取含有促进剂的漆等量，倒入喷枪杯中，搅拌均匀，立即喷涂，如此反复。操作过程中，应经常用溶剂清洗喷涂工具，避免旧漆的胶粒分散到新漆中，使漆膜出现颗粒。

14.6.6.3　双口喷枪喷涂与双头淋漆机淋涂

聚酯漆涂饰的最大困难是施工时限太短，一般为 20 ~40min，一次配漆不宜过多，必须现用现配，操作极为不便，普通单口喷枪难以实现连续喷涂，需采用双组分喷涂装置，即双口喷枪或双头淋漆机。前者可使两种漆料在喷嘴前的气流中混合，从而保证漆料不致在储罐内胶凝。当采用双头淋漆机淋涂工件时，可将聚酯漆分别装入两个淋头中，把引发剂和促进剂分别放在两个淋头中，设法保证从两个淋头中流出的漆液比例为 1:1。两部分漆液在工件表面相遇混合反应成膜，需保证淋涂工艺参数(温度、流量、传送带速度、淋头底缝宽度等)的稳定。

14.6.6.4　不饱和聚酯漆的应用

在各种表面涂饰中，实际上应用不饱和聚酯漆最多的当属木器行业的木制品表面涂饰，可应用不饱和聚酯清漆、磁漆、泥子与着色不饱和聚酯清漆等。不饱和聚酯漆主要用作中高级木制品的面漆材料等。

除上述介绍施工方法还应注意以下问题：

(1)引发剂与促进剂相遇反应非常激烈，要十分当心，绝不可直接混合，否则可能燃烧爆炸。贮存运输要分装，配漆也不宜在同一工作台上挨得很近，以免无意碰撒遇到一起。

(2)引发剂与促进剂不能与酸或其他易燃物质在一起贮运。

(3)不可把用引发剂浸过的棉纱或布在阳光下照射，可保存在水中，用过的布与棉纱应在安全的地方烧掉。不能将引发剂和剩余漆倒进一般的下水道。

(4)如促进剂温度升至35℃以上或突然倒进温度较高容器时发泡喷出，与易燃物质接触可能引起自燃起火。

(5)引发剂应在低温与黑暗处保存，在光线作用下它可能分解；聚酯漆也应存放暗处，受热或曝光也易变质。

(6)木器表面的准备：要把木材表面处理平整、干净、除去油脂脏污，木材含水率不宜过高，染色或润湿处理后必须干燥至木材层含水率在10%以下。底漆可用硝基、聚氨酯及聚乙烯醇缩丁醛液等，要有选择性。

(7)使用引发剂应戴保护眼镜与橡皮手套，车间应有很好的排气抽风的通风系统。

(8)施工用的刷具、容器、工具等涂漆后都应及时用丙酮或洗衣粉洗刷，否则硬固无法洗除。刷子上的丙酮与水要甩净，否则带入漆中会影响固化。

(9)已放入引发剂、促进剂的漆或一次未使用完的漆不宜加进新漆，因旧漆已发生胶凝，黏度相当高，新漆即将开始胶凝，新旧漆存在胶化时间的差异，故新旧漆不能充分混溶而形成粒状涂膜。已经附着了旧漆的刷具、容器、喷枪、搅拌棒等用于新漆也有类似情况，故须洗过再用。可以选择或要求供漆厂家提供适于某种涂饰法(刷、喷、淋等)黏度的聚酯漆，直接使用聚酯漆原液涂饰而不要稀释。要降低黏度最好加入低黏度的不饱和聚酯，尽量不加苯乙烯或其他稀释剂，否则不能一次涂厚，增加涂饰次数，干燥后涂膜收缩大，发生收缩皱纹而得不到良好的涂膜。若加入丙酮则可能产生针孔，附着力差。

(10)当涂饰细孔木材(导管孔管沟小或没有管孔的树种如椴木、松木等)时，如不填孔直接涂饰时，应使用低黏度聚酯漆，使其充分渗透，有利于涂层的附着；当涂饰粗孔材(如柳安、水曲柳等)时，如不填孔直接涂饰应选用黏度略高的聚酯漆，以免向粗管孔渗透而发生收缩皱纹。

(11)如连续涂饰几遍可采用“湿碰湿”工艺，重涂间隔以25 min左右为宜，如喷涂后超过8h再涂，必须经砂纸彻底打磨后再涂，否则影响层间附着性。

(12)许多因素可能会影响聚酯漆的固化，如某些树种的不明内含物(浸提成分)，贴面薄木透胶，木材深色部位(多为心材)、节子、树脂囊等含有大量树脂成分，都可能使聚酯漆不干燥、变色或涂膜粗糙。传统的聚酯漆都是嫌氧型的，由于氧的阻聚作用，在空气中，其涂层的里层干燥但表层不干发黏，必须隔氧施工，如上所述采用蜡封法或膜封法，施工比较麻烦。现代聚酯由于配方的改进已不必隔氧施工了，在空气中就能正常固化，称作气干聚酯，大大方便了施工。喷涂的聚酯漆涂层可以不经抛光便可获得丰满光亮的漆膜，节省了工时，简化了工艺，提高了效率。

14.7　光敏漆

光敏漆也称光固化涂料，其涂层必须在一定波长的紫外线照射下才能固化。它属于辐射固化，广义地说凡是由电磁辐射和高能粒子引发的涂料固化过程均可称之为辐射固化，但目前的辐射固化主要是指紫外线(UV)固化和电子束(EB)固化。与传统的涂料固化技术相比，辐射固化的最大优点是固化速度快、涂膜质量高、环境污染少、能量消耗低等。电子束固化的关键设备——电子加速器价格比紫外线固化设备昂贵，应用远不如紫外线普及。

联邦德国在 1968 年最先将紫外线固化技术用于刨花板表面涂饰，引发不饱和聚酯-苯乙烯的聚合反应，实现了紫外线固化技术的工业化应用。近 30 年来，紫外线固化技术以及材料的研究和制造取得了长足的进步，应用领域不断拓展。在木材涂饰加工领域，它用于上光地板涂料和木材清漆涂料的固化。

14.7.1　光敏漆的组成与固化原理

光敏漆的主要成分包括反应性预聚物(光敏树脂)、活性稀释剂与光敏剂三个基本部分，另外根据需要加入其他添加剂，如填料、颜料、流平剂、促进剂等。

(1) 光敏树脂：可使用不饱和聚酯、丙烯酸改性聚氨酯、丙烯酸改性环氧树脂及胡麻油改性不饱和聚酯等。

用作反应性预聚物的光敏树脂是光固化涂料最主要的成分，它决定了涂料的性能。光固化涂料所用树脂，必须保持游离基聚合反应的官能团，也就是必须含有可进行聚合的双键，即带双键的齐聚物或预聚体。因此在前述聚酯漆中，把不饱和聚酯的过氧化物引发剂换成光敏剂的光固化不饱和聚酯就是最早应用的光敏树脂。

用不饱和聚酯作光敏树脂，其原料价廉易得，漆膜光泽性好，可以抛光，性能可以在广泛的范围内调节。

(2) 活性稀释剂：即各种不饱和度或官能度的单体，其作用是降低涂料黏度，使之便于涂布，并在固化时产生交联，因此光敏漆也属于无溶剂型漆。

国内外光敏漆品种中应用较广泛的活性稀释剂仍然是苯乙烯。另外许多丙烯酸酯类，如丙烯酸乙酯、丙烯酸丁酯等都可作为活性稀释剂。

(3) 光敏剂：也称紫外线聚合引发剂，即能吸收紫外线并产生活性分子，从而引发聚合反应的添加剂。

光敏树脂与苯乙烯之间的共聚反应也是游离基聚合反应。当用紫外光线照射光敏漆时，光敏剂吸收特定波长的紫外光，化学键被打断，解离生成活性游离基，起引发作用，使树脂与活泼稀释剂中的活性基团产生连锁反应，迅速交联成网状体型结构而固化成膜，对于某些品种的光敏漆，这个过程常在几十秒或几秒之内完成。

能被紫外线激发的物质适宜作光敏剂。能作光敏剂的物质很多，其中安息香及其各种醚类是目前使用最多的光敏剂，我国应用最多的是安息香乙醚。

14.7.2　光敏漆的特点

紫外线固化技术的优点：

（1）固化速度快，涂布和固化可在1～2s内完成。它为木制品组成机械化连续涂饰流水线创造了极为有利的条件，大大提高了木制品涂饰的生产效率。

（2）固化温度低，可在室温固化，适用于对热敏感材料的涂饰。不需加热基材，固化能耗低。

（3）涂料不含溶剂或含很少量的溶剂，属于无溶剂型漆，涂层固化过程中没有溶剂挥发，除涂饰前与贮存调配过程中有少量苯乙烯挥发外，基本上是一种无污染的涂料，可减少以至避免造成污染，施工卫生。

（4）可在流水线上作业，容易实现涂饰过程自动化。由于光敏漆涂层干燥快，紫外线固化装置短，被涂饰的零部件一经照射固化即可收集堆垛，因而可节约生产面积。投资少，生产设施占地小。

（5）涂膜的各项性能有很大改善，大大提高了产品的质量和商品价值。由于没有溶剂挥发，涂层在固化过程中收缩小，干后的漆膜平整，几乎不需修饰。

（6）节省能源，用紫外光照射比加热干燥要节省能源上百倍。

（7）涂覆设备简单，可以采用淋涂、辊涂、刷涂、喷涂等传统施工方法。大小工件可通用一套干燥设备，干燥设备通用性大。

（8）施工方便，没有施工时限的制约。光敏漆是在紫外线的照射下固化的，因此在没有紫外线直接照射的情况下它是很稳定的。在存放过程中，只要没有太阳光直接照射，它就不会胶化变质，所以光敏漆使用时不受可使用时间的限制。

紫外线固化技术的缺点：

（1）涂料价格较普通油漆贵。

（2）色漆固化有一定困难，需要采取特殊措施。

（3）光敏漆涂层不吸收光的部分不能固化，因此一般只能涂饰可拆装木制品平表面零部件（板材）产品，不适于整体装配好的形状复杂的木制品。

（4）重涂涂膜需充分研磨，否则涂层间附着不良。

（5）有紫外线泄露的危害。光敏漆接触人体会有刺激，紫外光长期直接照射人体会受到伤害。

（6）光引发剂残留在漆膜中会加速漆膜老化，影响漆膜耐久性。

光敏漆虽然比一般油漆贵，但漆膜较薄，固化更完全，因而漆膜质量更好。无溶剂性，固体分含量接近100%，涂料转化率高，则其涂装成本并不算高。光敏漆利用紫外光固化，其能源成本低，工期短，有利于及时交货，可以降低涂装总成本。

14.7.3 光敏漆的种类

光敏漆的品种很多，市场上销售的各种牌号商品总数不下几十种，进口与国产的均有。其中有专用于木材涂饰的，也有非专用但适用于木材涂饰的产品。现在光敏漆品种有光固化透明清漆、透明底漆、亚光面漆和高光面漆等几个配套品种。按其功能(即在涂料组成中所起的作用)可分为以下几类：

(1) 活性单体。

①双官能团单体：1，6-己二醇二丙烯酸酯，低玻璃化温度(T_g)，沸点高，固化速度快，挥发速度慢；1，3-丁二醇甲基丙烯酸酯，黏度低，用于木材浸渍树脂。

②多官能团单体(木材填料)：三(2-羟乙基)异氰脲酸三甲基丙烯酸酯，三氮杂苯，高熔点；季戊四醇三丙烯酸酯，高沸点，羧基基团，固化速度快。

(2) 颜料分散单体。氧化烷基二丙烯酸酯，用于降低黏度系数，改善涂料流动性。对颜料分散性好，适用于色漆，固化速度快。

(3) 齐聚物。

①聚氨酯丙烯酸酯：分脂肪族和芳香族两类。脂肪族有多种牌号，漆膜柔韧、弹性好、耐候、耐磨、收缩小、不变黄是其共同特点；芳香族牌号较多，漆膜硬度大、耐化学药品、耐热、耐磨、抗冲击性好、结合力强是其共同特性。有些牌号具有较好的柔韧性，固化速度一般都比脂肪族快。

②环氧丙烯酸酯：涂料反应活性高，漆膜硬度大、耐化学药品、耐水、耐磨、耐热、结合力强，但脆性大，抗冲击性差。

在选择光敏漆时，要考虑各种成分的紫外吸收特性，同时要考虑紫外灯的光谱特性，即紫外灯在不同波段的发射强度。不管使用哪一种单体，涂料的最大吸收波长与树脂的官能度和相对分子质量基本上无关。丙烯酸类单体的最大吸收波长几乎都在250nm附近，但聚酯和乙烯基树脂的吸收强度要大得多，分别是丙烯酸树脂的10倍和20倍。

在生产上选用哪一种齐聚体，要视产品的用途、使用环境以及对漆膜性能的要求而定。在确定配方时，要通盘考虑齐聚物的分子结构和相对分子质量分布、活性单体的官能度、混合物的黏度、光引发剂的添加量、紫外光源的特性、加入其他添加剂(如填料、颜料、表面活性剂和附着促进剂等)对涂料涂布性能和固化性能的影响等一系列因素，并进行必要的试验、调整，才能得到比较满意的结果。

漆膜的硬度和柔韧性主要是由齐聚物的分子结构和活性单体的官能度决定的。如果要得到柔韧的漆膜，应使用官能度低的活性单体；若想得到坚硬的漆膜，则应使用官能度高的活性单体。为了获得需要的漆膜性能，也可将两种或多种齐聚物混合在一起使用。

14.7.4 光引发剂

光引发剂是光敏漆不可缺少的成分，其用量占涂料质量的3%～5%，但其价格较贵，目前约占涂料成本的25%～35%。如果采用电子束固化，则无须使用光引发剂，利用高能电子束的能量就能引发涂料的聚合反应，使涂层固化。

市场上出售的光引发剂有自由基型和阳离子型两类。自由基型光引发剂占商业化产品总量的 90% 以上，阳离子型光引发剂的品种很少，使用也很有限，占不到 10%。自由基型光引发剂又可分为分子内 α-裂解型和分子间夺氢型两种类型。其中分子内 α-裂解型引发效率高，因而使用十分普遍。

有些光引发剂的紫外吸收波长与紫外光源的波长不匹配，会造成漆膜固化不良或不固化。在这种情况下，可以加入增敏剂。它在吸收一定波长的紫外光后，能发射与引发剂的最大吸收波长相对应的光能，激发光引发剂，引发聚合反应。

在选择光引发剂时，必须考虑其挥发性、毒性、引发聚合物反应的效能、价格、供货情况、在树脂中的溶解度、与涂料中其他成分的混溶性，及其最大吸收波长与所用紫外光源的发射光谱是否匹配等因素。还应考虑涂饰制品在使用过程中，因受光照等因素的作用，漆膜会慢慢变黄的问题。价格便宜的光引发剂(如 Irgacure 651)，可以降低生产成本，但对颜色较浅的木制品，必须考虑黄变问题，尽可能使用不会黄变的光引发剂(价格较贵)，以保证质量。

14.7.5　光敏漆的应用

光敏漆的涂布与传统油漆涂布大体相同，原则上可采用辊涂、淋涂、刷涂和喷涂等方法。考虑到光固化系统的线速度很大，要求涂布速度要快，但光敏漆的黏度比一般的油漆高，且自由涂刷的速度比较慢，而喷涂要求涂料黏度小等因素，因此光敏漆的涂布还是以辊涂和淋涂为宜。

涂布前对基材的处理与一般家具生产大致相同，但必须保证达到规定的砂光精度标准，可用毛刷或高压气流彻底除尘。

木材着色是通过着色剂与木材细胞壁成分的物理化学作用产生各种颜色的过程。着色有素板着色和涂层着色，而涂层着色是将着色剂混入涂料中使漆膜着色。由于涂料中的着色剂对紫外线有吸收作用，会与光引发剂产生竞争，降低光引发剂产生游离基的效率。若着色剂为颜料，还会对紫外线产生散射，这些都会严重影响涂料固化，给生产带来问题。但是若采用素板着色，由于着色剂不在涂膜中，不会吸收进入涂膜的紫外线，对涂层固化不会产生不利影响。

涂布分底涂和面涂，均为连续作业。底涂一般只需进行一次，面涂则需根据对产品质量要求，分两次或多次进行。底涂和面涂过的板材均需经紫外灯照射固化，并进行砂光、打磨、除尘。底涂以采用辊涂法为宜，因为主要是填缝打底，要求比面涂低。面涂宜采用淋涂法，其特点是能得到比较厚的涂层，使产品漆膜显得饱满。

氧阻聚是紫外线固化时普遍存在的问题，其特点是漆膜表面发黏。最初使用的紫外线固化涂料是以不饱和聚酯树脂为原料制成的，由于空气中的氧，尤其是在紫外线照射时产生的臭氧，通过淬灭光引发剂产生的游离基和抑制光引发剂的三线态反应，对树脂聚合反应起阻聚作用，漆膜表面硬化不良。为了解决这个难题，随后改用改性不饱和聚酯，进而开发出氧阻聚作用较小的各种丙烯酸化环氧树脂。其结果只是缓解了阻聚问题，并没有从根本上消除产生阻聚的根源。要获得比较满意的漆膜质量，最好的办法还是在惰性气体保护下用紫外灯照射。

用光敏漆涂饰木制品时，预聚体、活性单体、光引发剂和紫外光源的选择及其合理匹配、有机组合、灵活运用，是取得最佳效果的关键。

14.7.6 施工注意事项

(1)由于光敏漆硬化非常快，在短时间内即可达到最终硬度，且在经紫外线照射之前，必须先使其湿涂层稳定，稳定消光度，溶剂挥发完，再行照射，这些对正常施工都是很重要的，否则将会发生多种涂装缺陷。其中尤以做好静置干燥为首要条件，光敏漆涂装应注意以下事项：

①静置时间：光敏漆湿涂层经紫外线照射前最好有一段流平阶段挥发溶剂，否则由于光固化比历来传统的各种涂料固化都快便容易产生干燥缺陷。这段静置时间如常温最好在 20～30min，如红外线加热则需 10～15min。

②紫外线照射时间：光敏漆涂层需经紫外线照射才能固化，当照射不足时将会影响固化和漆膜性能；反之，若过度照射，漆膜性能也会受到损伤。因为紫外线对大多数涂膜都是破坏因素，是漆膜老化的主要原因，所以辐照强度、紫外灯管对涂层的照射距离、传送带速度等均影响照射时间的长短，生产实践中各工艺参数均应经实验确定。

(2)最适宜与光敏漆配套的是 UV 底漆或双组分 PU 木器底漆。

(3)用光敏漆涂饰的家具属于中高档产品，对工件的质量要求高于普通木器漆。板材的含水率也必须合格，含水率过高会引起漆膜起泡。

(4)在紫外灯照射下，光固化生产线会迅速升温，活性稀释剂会快速挥发，同时有臭氧产生，必须注意通风换气。另外，紫外灯管接通电源后温度会迅速上升，必须在接通电源前开通灯管冷却水，避免涂膜烧焦、灯管爆炸等事故发生。

14.8 水性木器漆

14.8.1 水性木器漆概述

水性漆(WB)是指成膜物质溶于水或分散在水中的漆，包括水溶性漆和水乳胶漆两种。它不同于一般溶剂型漆，是以水作为主要挥发分的。以其无毒环保、无气味、可挥发物极少、不燃不爆的高安全性、不黄变、涂刷面积大、节约大量有机溶剂、改善施工条件、保障施工安全等优点越来越受到市场的欢迎，在世界各国发展迅速。以合成树脂代替油脂，以水代替有机溶剂，这是世界涂料发展的两个主要方向。传统的溶剂型漆主要成膜物质通常是固体或极黏稠的液体，为了使涂料便于涂饰，常使其溶解或稳定地分散在某些溶剂中，长期以来所能使用的绝大多数是有机溶剂，如松节油、松香水、苯、酯、酮、醇类等。大部分涂料中溶剂含量都在 50% 以上(挥发型漆调漆后的溶剂含量高达 90%)，当湿涂层干燥时大量溶剂都要挥发到大气中去(只有无溶剂型漆例外)，既污染环境，又浪费资源，还容易引起中毒、火灾与爆炸。因此，用水代替有机溶剂制漆的意义重大。

水性涂料在我国起步较晚，算起来不过十几年的时间，但是，随着经济的快速发展，水性涂料在我国的发展非常迅速。目前我国家装用的内外墙建筑涂料都已采用水性乳胶漆，公众认知的品牌有立邦、多乐士、华润等。相对于建筑乳胶漆的普遍应用，木器涂料的水性比例却远远小于建筑涂料。近年来，国家大力推进节能减排，节约石油能源，保护环境，减少 VOC 排放，"低碳、绿色、健康"的理念逐步渗透进人们的生产和生活，人们要求环保家装、健康家居的意识日益增强。正是在这样的背景下，水性木器漆顺应时代的发展，凭借其卓越的性能越来越受到大家的重视，在我国悄然兴起。与传统的硝基漆、聚酯漆、聚氨酯漆等溶剂型涂料相比，水性木器漆主要以水为稀释剂，不含游离 TDI、苯及苯系物，对人体无害，对环境友好，是真正的生态环保漆。

目前我国木器涂料年用量达 80 多万 t，其中溶剂型涂料占 98% 左右，水性涂料占 2% 左右，年 VOC(挥发性有机化合物)排放总量在 50 万 t 以上。这些涂料不仅在涂装过程中因大量溶剂挥发严重危害工人的身体健康，还严重污染环境并造成石油资源的巨大浪费。我国近 80% 家具是木家具，出口量居全球第一。这些木质家具几乎全部用溶剂型涂料进行喷涂，产品出口国外，污染却留在了国内。2010 年 7 月，国家安监总局发布关于治理木质家具企业高毒物质危害的通知，水性木器涂料作为环境友好产品被列入《2010 年环境经济政策配套综合名录》。同时，国家对高毒溶剂型木器涂料的明令限制以及环境经济政策的支持，让苦苦支撑十几年的水性涂料界人士看到了曙光。涂料企业、家具企业、科研院所以及大专院校投入了大量的人力、物力来推动水性木器漆的发展，为水性木器漆在我国的发展做出了突出的贡献。

水性木器涂料主要市场有家具和橱柜、门窗及地板、玩具和木器工艺品。目前水性产品正在逐渐替代溶剂型产品，上游厂家国际大公司原材料供应商正在国内大力宣传推广水性化产品与水性化概念。国内各涂料生产厂家更是在积极储备并紧密关注着水性涂料的发展态势。2008 年 7 月，国家财政部与环境保护部公布的环境标志产品政府采购清单中，入围的水性涂料生产厂商 304 家，其中生产水性木器涂料的生产厂商已有 41 家。我国水性木器涂料在经历了十几年的技术攻关、产品开发后，目前技术已日臻成熟，具备了大范围推广使用的条件。多年来，业界一直在呼吁各方支持水性木器涂料的推广和应用，但是水性木器涂料的推广步伐却相当缓慢。造成水性木器涂料发展瓶颈有诸多原因，如水性涂料成本提高、市场认知不够、国家标准与行业标准与国外有差距，与溶剂型涂料相比在性能上存在差异等。而且最大的阻力还是来自家具企业，使用水性木器涂料价格较高，性能相对较低，而且必须更新现有涂装设备，使成本提高。但是随着人们的环保意识逐渐提高，对健康的要求日益强烈(包括对油漆工健康的考虑)，以及国家关于 VOC 排放标准的规定及强制执行，这些都会对涂料行业的走向产生重大影响，从这个方面讲，水性漆的优越性远远大于溶剂型漆。它作为溶剂型木器漆的升级换代产品，将会以较快的速度发展，必将成为家具涂装和家装涂装的重要潮流。

14.8.2 水性木器漆分类

水性木器漆的分类方法主要有以下几种。

14.8.2.1 按照成膜物质分类

第一类是以水性醇酸树脂为主要成分的水性木器漆。

第二类是以丙烯酸为主要成分的水性木器漆，采用丙烯酸乳液为主要成膜物质。主要特点是附着力好，不会加深木器的颜色，价格便宜，但耐磨及抗化学性较差，漆膜硬度较软，铅笔法硬度为 HB，丰满度较差，综合性能一般，施工易产生缺陷。光泽差，难以制作高光度的漆，只适宜做水性木器底漆、亚光面漆。因其成本较低且技术含量不高，是大部分水性漆企业推向市场的主要产品。这也是形成大多数人认为水性漆不好的原因所在。

第三类是以丙烯酸与聚氨酯的合成物为主要成分的水性木器漆。其除了具有丙烯酸漆的特点外，又增加了耐磨及抗化学性强的特点，有些企业标为水性聚脂漆。漆膜硬度较好，铅笔法硬度为 1H，丰满度较好，干燥快，黄变程度低或不黄变，适合做亮亚光漆、底漆、户外漆等。

第四类是百分之百聚氨酯水性木器漆，其综合性能优越，丰满度高，漆膜硬度可达到 1.5 ~2H，耐磨性能甚至达到油性漆的几倍，使用寿命、色彩调配方面都有明显优势，为水性漆中的高级产品，该技术在全球只有少数几家专业公司掌握。聚氨酯水性木器漆可以分为两大系列：第一系列是脂肪族和芳香族聚氨酯分散体，采用前者产品耐黄变性优异，采用后者产品具有更高的硬度和干燥性能。另一系列是采用水性双组分聚氨酯为主要成分的水性木器漆，其中一组分是带—OH 的聚氨酯水性分散体，二组分是水性固化剂，主要是脂肪族的。此两组分通过混合施工，产生交联反应，可以显著提高漆膜硬度、丰满度、光泽度以及耐水性能。

14. 8. 2. 2　按照成膜机理分类

主要可以分为自干型和强制干燥型两大类。

自干型涂料又可以分为空气氧化干燥型和熔融成膜干燥型。空气氧化干燥主要是指水性醇酸漆，依靠组分中的不饱和脂肪酸通过氧化固化成膜；熔融成膜干燥机理与常见的乳胶漆相同，包括乳胶颗粒紧密堆积、排列，相互渗透、扩散，逐步形成涂膜等几个过程。目前水性木器漆通过这种固化机理成膜的还是主流。大多数丙烯酸乳液涂料、丙烯酸改性聚氨酯涂料、单组分聚氨酯涂料都是采用这种固化机理。这种涂料成膜与天气状况关系很大，如高温、大风、低湿、低温、过度潮湿等都将导致乳胶粒子成膜不良，最终影响涂膜性能。

强制干燥型主要包括交联固化和紫外光固化。交联固化是显著提高涂膜性能的根本方法。阴离子水性漆树脂中存在羧基和羟基，提供了进一步交联的可能，室温下能与羧基或者羟基反应的多官能度化合物可做交联剂，品种很多，目前应用比较成熟的主要有多异氰酸酯交联和氮丙啶化合物交联。

14. 8. 2. 3　按照用途分类

按施工的先后顺序，水性木器漆分为水性泥子(又称水灰)、水性封闭底漆、水性面漆；根据面漆的光泽度又可以分为高光面漆、半光面漆和亚光面漆；根据面漆中颜料的含量多少，面漆可以分为清漆和色漆。

14. 8. 3　水性木器漆性能

水性木器漆的优异性能如下：①无毒、无味、无污染、不燃烧，不黄变，不挥发有害气体，不污染环境，施工卫生条件好，是真正的绿色环保产品，可当天涂刷，当天入住。②用水作溶剂，价廉易得，净化容易，节约有机溶剂。③可室温交联固化，附着力强。④不含游离TDI等致癌物质，不含苯类等有机溶剂。⑤不含铅、汞、铬等重金属。⑥施工方便，涂料黏度高可用水稀释，水性漆刷、辊、淋、喷、浸均可，施工工具设备容器等可用水清洗。⑦涂刷面积大(30～40m²/kg)，单位价格低。

近几年，水性木器漆综合性能突飞猛进，但是与溶剂型木器漆性能相比，其漆膜综合性能上还有差距，如涂膜丰满度不够、硬度低，价格较高，易返黏，耐水性、耐化学品性能、干燥速度还有待提高。目前，市场上推广水性木器漆受到阻力，原因是多方面的，在生产技术上和实际应用中还有很多瓶颈问题需要解决。除了以上水性木器漆性能上存在缺点，还有以下一些原因：①由于水性木器漆干燥固化机理发生根本改变，造成施工过程中的干燥设备需要更新，因此涂装问题成为限制水性木器漆发展的一个很重要的因素。②木材属于对水敏感的材料，木纤维吸水后膨胀，给涂装造成很大困扰，使得长期以来水性木器漆在木材表面的应用受到限制。③性价比问题使家具厂难于接受水性木器漆，出更好的产品，把成本做到最低，才能使市场容易接受。④影响水性木器漆涂装因素非常多，与油性漆相比，涂装工艺差异很大。因为水性漆有一个特点，它慢干，即干得慢。南方和北方的温差比较大，夏天和冬天的气候条件不一样，比如哈尔滨的水性漆可能很难施工，但是在深圳等南方地区施工相对好一点。还有湿度方面的问题，湿度非常高的场合漆膜也干得很慢。因此，环境对水性木器漆的影响非常大，差异也非常大。⑤应用工程师或油漆工对水性木器漆的性能、施工要点了解较少，涂装经验非常不足，使得他们不愿意用水性漆，因此还需要在技术上给予他们帮助与引导，以解决水性木器漆应用中的问题。

14.8.4 水性木器漆应用

近年来由于国际市场对环保产品需求的增加，水性木器漆得到了日益广泛的应用。应用领域包括木质家具、木质地板、木质门窗、装饰板、玩具和竹器等。对于水性木器漆而言，最大的市场还是出口的家具企业。由于我国出口家具行业的带动，水性木器漆在国内也得到了长足的发展。

14.8.5 水性木器漆展望

木器漆庞大的应用市场、环保的呼声高、石油价格动荡激烈以及水性技术的成熟，均预示着水性木器涂料存在巨大的市场发展空间。木器漆的合成技术国外已走在前列，但这也代表着我们可以在高起点上进行研发。目前虽然我国水性木器漆的产品质量良莠不齐，但是随着时间的推移，有广大涂料科研工作者孜孜不倦的开拓创新，水性木器漆的综合性能会逐步提高，应用技术瓶颈将逐步解决。涂料行业内从上游到下游的整个产业链的整体配合与推广，同时还有相应的国家政策与法规和相关标准的支持，必将进一步加快木器漆水性化的前进步伐。购买和使用水性木器漆必将成为人们一种消费理念，水性木器漆终将在我国市场得到更好的发展。美国、欧盟水性木器漆使用率已达80%～90%，中国市场正在与国际接轨，水性木器漆代替溶剂型木器漆将是大势所趋。

14.9 丙烯酸木器漆

14.9.1 丙烯酸木器漆概述

我国于 20 世纪 60 年代开始研发丙烯酸酯涂料，1984 年我国丙烯酸的生产基地——东方化工厂建成投产，为我国发展丙烯酸树脂涂料开创了新局面。自 90 年代以来，我国丙烯酸酯涂料工业出现了突飞猛进的发展态势。丙烯酸酯乳液涂料干燥快、保光保色性好、价格低廉，但其成膜后耐水性、耐磨性、抗回黏性及柔韧性较差，上漆后制品丰满度较低，不适于高档木器使用，使用范围较窄。

丙烯酸树脂涂料可分为溶剂型和水性涂料。木器涂料用丙烯酸乳液常用于配制水性木器底漆或中低档木器面漆。从目前的市场消费来看，国内水性木器涂料市场中，水性丙烯酸涂料因价格相对较低，市场销量相对不错。

14.9.2 丙烯酸木器漆品种

丙烯酸树脂发展非常迅速，品种繁多，用途很广。由于单体不同和聚合方式不同，可以制成热塑性丙烯酸树脂和固化型丙烯酸树脂两大类，其中固化型丙烯酸树脂又分为冷固化和热固化两种。

在木材涂料中，丙烯酸树脂是一类用途广泛的涂料品种。有挥发性的纯丙烯酸树脂木器漆和丙烯酸硝基漆木器漆等，有室温下固化的反应型酸固化丙烯酸氨基漆和双组分丙烯酸聚氨酯漆，有辐射固化的丙烯酸 UV 漆和丙烯酸粉末 UV 木器漆。

14.9.3 丙烯酸木器漆性能

丙烯酸树脂性能十分优异：价格低廉，附着力高，具有较高的光泽度、丰满度、稳定性，优良的耐候性、耐热性、耐化学品性、耐污染性及耐酸碱性，色浅、水白、透明度高，保光、保色性好等优点。

丙烯酸酯应用于木器涂料还存在着一些缺点，如最低成膜温度高、涂膜硬度低、抗回黏性差、机械性能差、热黏冷脆等，可以采用环氧树脂、聚氨酯等对其改性，如丙烯酸聚氨酯水分散性树脂既具有水性聚氨酯优异的硬度、耐磨性、柔韧性、附着力等性能，又具有丙烯酸树脂优异的耐候性、耐化学品性及对颜料的润湿性等性能，比起丙烯酸树脂和水性聚氨酯的物理共混体系的性能有很大的提高，一般用于制备中高档水性木器面漆。

14.9.4 丙烯酸木器漆应用

热塑性丙烯酸木器漆是依靠溶剂挥发而干燥成膜，无化学转化反应，漆膜遇到溶剂可以重新溶解，干燥快，户外老化以及保光保色等性能优越，但是施工应用时固含量低，为硝基漆的取代产品。该漆还具有其他涂料所达不到的性能：外观水白，不带任何杂质，尤其适用于松木、杉木等颜色浅的针叶树种，还可以用它来调配金漆和银漆。不足之处是，它仍有热塑性树脂的缺点，漆膜受热容易发黏，遇到溶剂会溶解，漆膜不丰满，施工时容易出现拉丝、流平性不好等弊病，正在被固化型丙烯酸漆所取代。由于它施工方便，能挥发自干等特点，所以广泛用作修补漆。

由天津油漆厂生产的天津灯塔涂料 B22－1 丙烯酸木器漆曾经风靡一时，该漆由三组分组成，属于高级木器漆，可以室温固化。漆膜丰满、光泽高、附着力强、漆膜坚硬，经久不变，耐寒性、耐温变性、耐烫性良好，性能较硝基漆优异，曾经在钢琴、高光家具、工艺品、缝纫机台面等木制品的涂装上广泛应用。

木器涂料中使用含羟基丙烯酸树脂制成的丙烯酸聚氨酯木器漆，秉承了丙烯酸木器漆和聚氨酯木器漆的优点，同时由于丙烯酸树脂具有不泛黄的优良性能，加之与脂肪族异氰酸酯基硬化剂配合使用，可使涂层在长期使用中不泛黄，在室温下可快速固化，是目前木制家具表面涂饰领域中性能最好的涂料品种之一，高级浅色家具多使用这类不泛黄的 PU 聚氨酯漆。

水性丙烯酸木器漆由于光泽、耐热性、丰满度还不能满足高装饰性木制家具表面涂膜的要求，所以这类涂料还只适用于木制玩具、木材封闭底漆等。

14.10　酸固化氨基漆

14.10.1　酸固化氨基漆概述

氨基漆的主要成膜物质由两部分组成，其一是氨基树脂组分，主要有丁醚化三聚氰胺甲醛树脂、甲醚化三聚氰胺甲醛树脂、丁醚化脲醛树脂等树脂。其二是羟基树脂组分，主要有中短油度醇酸树脂、含羟丙烯酸树脂、环氧树脂等树脂。氨基漆本是烘漆，是靠烘烤使漆中树脂交联固化，所以它的主要品种都需要加热固化，高温烘烤，一般固化温度都在 100℃以上，固化时间都在 20min 以上，日常生活中的汽车、电冰箱、洗衣机，大多数都是采用氨基烤漆来涂装的。由于木材对高温比较敏感，不适宜高温烘烤，为了满足室温干燥的特点，于是采用外加催化剂的方法，这种催化剂一般都采用酸，因此把适合于木材涂装的这种涂料称之为酸固化氨基漆，简称为 AC 漆。这样就可以使性能良好的氨基烘漆常温固化而用于木材表面涂饰。

木材用酸固化氨基漆是采用脲醛树脂或三聚氰胺甲醛树脂与短、中油度的醇酸树脂或含羟基的丙烯酸树脂为主要原料，用酸作为催化剂的两液型涂料。有时把酸催化剂称为固化剂。在催化剂的选择中，由于硫酸、磷酸、盐酸等无机酸的催化作用很强，容易造成木材酸污染，所以通常选用有机酸，在实际操作中以对甲基苯磺酸为主。此种涂料可以在 40～50℃的低温环境中快速固化成膜，为酸固化氨基醇酸树脂漆在木家具中的应用提供了条件。酸固化氨基醇酸树脂漆漆膜不容易变黄，比醇酸漆耐磨、硬度高，比硝基漆、聚氨酯漆等便宜，在马来西亚等东南亚地区广泛用于室内木地板、门窗、工具木把柄等的涂装。在我国由于受到低温加热设备的限制，只在少数有条件的家具厂中使用。

14.10.2 酸固化氨基漆的性能

(1)优点。

①固体分含量高，一次涂装能得到较厚涂膜，漆膜厚度可以达到硝基漆的2倍。

②漆膜不容易变黄，制成的白漆不容易黄变，对需要白色涂装的木家具可以采用AC漆。由于普通PU聚氨酯漆漆膜容易泛黄，采用不黄变的PU聚氨酯漆价格又太高，硝基漆的固体含量又太低，此时从成本、耐黄变方面考虑，采用AC漆比较合适。

③硬度高，光泽度高，丰满度好，耐磨性好，耐热性好，装饰性好。

(2)缺点。

①施工过程中及漆膜干燥过程中有游离甲醛释放，污染环境，要求施工环境必须保证良好的通风。

②加入酸固化剂后必须在规定的时间里用完，尽管AC漆的施工时限较长(可以在8h以上)，但仍然受到使用时间的限制，所以施工调配时，必须用多少配多少，否则造成浪费。

③AC漆膜柔韧性相对较差，耐水性、耐温变性差，当温差较大时，漆膜容易开裂。

④由于AC漆适用酸性固化剂，所以涂装时不能直接接触碱性颜料、染料着色剂或填充剂，否则涂膜不干燥，易变色。

⑤AC漆不适合与其他漆种配套使用，采用此种涂料涂装时，底漆和面漆最好使用同一种类的涂料。

14.10.3 施工注意事项

(1)固化剂的用量需随施工环境的温度变化而变化，温度低则适量增加；温度高则适量酌减。注意在施工时不能只为追求干燥速度而多加固化剂，尤其是天气冷的时候。这种做法会使漆膜过早老化，少则3个月，多则6个月，就会出现漆膜开裂。由于各生产厂家配方不同，所需固化剂用量也不同，必须依据产品说明书，将漆和固化剂、稀释剂按比例调配好。需要多少配多少，在漆增稠时可适量加氨基稀料稀释油漆。

(2)固化剂系酸性物质，对金属具腐蚀性，应存储在非金属容器内。调漆时最好用塑料、玻璃、陶瓷等，尽量不要用不耐酸的容器。调色时也要采用耐酸性好的色浆。

(3)漆膜不宜太厚，否则漆膜容易开裂。

(4)主剂与固化剂混合后，应在规定的时间内用完。使用后涂装工具应立即清洗干净，以免固化后堵塞。

(5)储存时放在通风阴凉处。由于醇酸树脂与脲醛树脂温度较高时会自行发生反应，所以AC漆不能储存过久，一般不超过6个月。

(6)AC漆适用于木材涂装，但不适用于金属涂装，如果木制品上有五金配件，需要将其遮掩后再进行涂装。

参 考 文 献

[1] Ю.Г.多罗宁，等. 木材工业用合成树脂[M]. 北京：中国林业出版社，1984.

[2] 包学耕. 木工胶粘剂[M]. 哈尔滨：东北林学院印刷厂，1981.

[3] A. 皮齐. 木材胶粘剂化学与工艺学[M]. 北京：中国林业出版社，1992.

[4] 卢庆曾，季仁和. 国外木工胶粘剂文集[M]. 北京：中国林业出版社，1991.

[5] 李兰亭. 胶粘剂与涂料[M]. 北京：中国林业出版社，1992.

[6] 夏志远. 木材工业实用大全・胶粘剂卷[M]. 北京：中国林业出版社，1996.

[7] 陈根座. 胶粘应用手册（胶接设计与胶粘剂）[M]. 北京：电子工业出版社，1994.

[8] 王孟钟，黄应昌. 胶粘剂应用手册[M]. 北京：化学工业出版社，1987.

[9] 殷荣忠. 酚醛树脂及其应用[M]. 北京：化学工业出版社，1990.

[10] 王致禄. 合成胶粘剂概况及其进展[M]. 北京：科学出版社，1994.

[11] 山口章三郎監修. 接着・粘着の事典[M]. 朝倉書店，1986.

[12] 編集・(社) 日本木材加工技術協会. 木材の接着・接着剤[M]. 産調出版，1996.

[13] 特集：ウレタン系接着剤[J]. 接着の技術，1996，15(3): 1-67.

[14] 特集：ウレタン系接着剤[J]. 接着の技術，1997，16(4): 1-70.

[15] 井本稔著. 接着の基礎理論[J]. 高分子刊行会，1993.

[16] 塔村真一郎. フェノル樹脂接着剤の硬化反応[J]. 1996, 51(4): 148-153.

[17] 顧継友，等. ユリア樹脂の合成条件と化学構造（3 種類の方法で合成した樹脂の性質）[J]. 木材学会誌，1995, 41(12): 1115-1121.

[18] 顧継友，等. ユリア樹脂の合成条件と化学構造（強酸性条件下での縮合を伴う合成法と生成樹脂の性質）[J]. 木材学会誌，1996, 42(2): 149-156.

[19] 顧継友，等，ユリア樹脂の合成条件と化学構造（強酸性下縮合法による樹脂の分子構造）[J]. 木材学会誌，1996, 42(5): 483-488.

[20] 顧継友等. ユリア樹脂の合成条件と化学構造（樹脂の硬化挙動）[J]. 木材学会誌，1996, 42(10): 992-997.

[21] 顾继友. 刨花板生产物料流量计算与控制[J]. 林产工业，1994, 21(21): 23-25.

[22] 包学耕，等. E_1级刨花板 DN-6 号低毒性脲醛树脂胶的研制[J]. 林产工业，1990, 16(6): 9-14.

[23] 顾继友，包学耕. E_1级干法中密度纤维板制造工艺研究[J]. 林产工业，1993, 20(6): 1-4.

[24] 顾继友，包学耕. 特种无臭胶合板调胶与制板工艺研究[J]. 林产工业，1993, 22(1-2): 15-16, 7-10.

[25] 長谷川博史. 水性生ウレタン樹脂[J]. 日本接着学会誌，1996, 36(6): 224-229.

[26] 坂口晋一. ウレタン系接着剤の特徴と使用状況[J]. 1995, 15(1): 10-14.

[27] 田中東念，井上大成，桑子延照. 水性高分子イソシアネート木材接着剤[J]. 日本化学会誌，1996, (1): 1-7.

[28] 山西卓顔. ポリ酢酸ビニルエマルシュンの進歩[J]. 接着，1997, 40(4): 145-150.

[29] 山村二郎. 木材塗装[J]. 木材工業，1996, 51(1): 37-40.

[30] 张广仁. 木材涂饰原理[M]. 哈尔滨：东北林业大学出版社，1990.

[31] 陈士杰. 涂料工艺. 第一分册（增订本）[M]. 北京：化学工业出版社，1994.

[32] 虞兆年. 涂料工艺. 第二分册(增订本)[M]. 北京：化学工业出版社，1996.
[33] 王树强. 涂料工艺. 第三分册(增订本)[M]. 北京：化学工业出版社，1996.
[34] 顾继友. 脲醛树脂研究进展[J]. 世界林业研究，1998，11(4)：47 - 54.
[35] 林昌镇，顾继友. 三聚氰胺改性脲醛树脂胶黏剂研究进展[J]. 粘接，2001，22(5)：29 - 32.
[36] 顾继友. 异氰酸酯树脂胶黏剂[J]. 国际木业，2002，10(10)：8 - 12；2002，11(11)：13 - 16.
[37] 顾继友. 室内用人造板与低甲醛释放脲醛树脂胶黏剂的开发与应用[J]. 林产工业，2003，30(1)：11 - 14.
[38] 顾继友，朱丽滨，高振华，等. 低甲醛释放脲醛树脂固化反应机理研究[J]. 科学技术与工程，2003，3(5)：513 - 514.
[39] 周广荣，顾继友，刘海英. 聚醋酸乙烯酯乳液改性研究新进展[J]. 中国胶粘剂，2004，13(1)：50 - 53.
[40] 顾继友，周广荣. 水性高分子——异氰酸酯拼板胶的研制[J]. 中国胶粘剂，2005，14(6)：29 - 30.
[41] 顾继友. 我国木材工业用胶黏剂与胶接技术现状和展望[J]. 木材工业，2006，20(2)：66 - 68.
[42] 吴伟剑，顾继友，刘海英. 聚醋酸乙烯酯乳液的耐水性改性研究进展[J]. 化学与黏合，2006，28(5)：345 - 348，351.
[43] 顾继友. 低甲醛释放木材胶黏剂研究进展[J]. 粘接，2008，29(2)：36 - 41.
[44] 刘杰，顾继友，邸明伟. 大豆蛋白胶黏剂的研究进展[J]. 粘接，2008，29(9)：43 - 47.
[45] 陈刚，顾继友，赵佳宁. 三聚氰胺 - 尿素 - 甲醛共缩合树脂胶黏剂的研制[J]. 中国胶粘剂，2010，19(7)：1 - 4.
[46] 顾继友. 水性高分子复合型胶黏剂[J]. 粘接，2010，31(10)：75 - 78.
[47] 赵焕，刘海英，顾继友. 淀粉在聚合乳粉中的应用[J]. 粘接，2011，32(11)：80 - 83.
[48] 王必囤，顾继友，左迎峰，等. 木材用淀粉基复合胶黏剂的制备与应用[J]. 东北林业大学学报，2012，40(2)：85 - 88.